MATLAB 应用——信号与控制

主 编 袁世英 钟燕科

西南交通大学出版社
·成 都·

图书在版编目（CIP）数据

MATLAB 应用：信号与控制 / 袁世英，钟燕科主编.
成都：西南交通大学出版社，2025. 7. -- （普通高等教育电子信息自动化专业系列教材）. -- ISBN 978-7-5774-0440-0

Ⅰ．TP317

中国国家版本馆 CIP 数据核字第 2025R2J501 号

普通高等教育电子信息自动化专业系列教材
MATLAB Yingyong——Xinhao yu Kongzhi

MATLAB 应用——信号与控制

主编　袁世英　钟燕科

策 划 编 辑	黄庆斌　黄淑文　周　杨
责 任 编 辑	穆　丰
助 理 编 辑	卢韵玥
封 面 设 计	曹天擎
出 版 发 行	西南交通大学出版社 （四川省成都市金牛区二环路北一段 111 号 西南交通大学创新大厦 21 楼）
营销部电话	028-87600564　028-87600533
邮 政 编 码	610031
网　　　址	https://www.xnjdcbs.com
印　　　刷	成都中永印务有限责任公司
成 品 尺 寸	185 mm × 260 mm
印　　　张	20.5
字　　　数	512 千
版　　　次	2025 年 7 月第 1 版
印　　　次	2025 年 7 月第 1 次
书　　　号	ISBN 978-7-5774-0440-0
定　　　价	65.00 元

图书如有印装质量问题　本社负责退换
版权所有　盗版必究　举报电话：028-87600562

前言

在当今科技快速发展的时代，信号与控制理论的应用已经渗透到工程领域的每一个角落。MATLAB 作为一种高效、强大的计算和仿真工具，其高效的矩阵运算、丰富的工具箱和直观的图形界面，成为信号处理与控制系统分析、设计和仿真的首选工具。

本着易于教学、便于自学的宗旨，本书《MATLAB 应用——信号与控制》深入浅出地介绍了信号与控制的基本理论在 MATLAB 的应用实践。全书共分 8 章，以下是本书各章的内容概览：第 1 章 MATLAB 基础，包括软件界面操作、基本编程语法和常用函数，为读者使用 MATLAB 进行信号与控制仿真打下坚实的基础。第 2 章 MATLAB 的集成环境，详细介绍 Simulink 仿真环境的使用方法，包括模块库、模型搭建、参数设置、仿真运行和结果分析等，让读者能够熟练地构建仿真模型并进行实验。第 3 章电力电子电路的仿真与分析，紧密结合实际应用，通过 MATLAB 对电力电子电路进行详细的仿真与分析，帮助读者理解电路的工作原理和性能特点，有助于读者掌握电力电子电路仿真技巧，提高实践能力。第 4 章信号与系统分析，利用 MATLAB 进行信号的时域分析、频域分析、系统响应分析等。第 5 章数字滤波器的设计，紧密结合工程实际，利用 MATLAB 工具箱设计各种类型的数字滤波器，有助于读者了解滤波器的设计实现方法。第 6 章控制系统的仿真与分析，利用 MATLAB 进行系统建模、仿真、分析和设计，内容丰富，为读者掌握控制系统仿真与分析技巧提供指导。第 7 章信号处理工具——signal Analyzer 和 filter Designer，详细介绍 signal Analyzer 和 filter Designer 两个信号处理工具的使用方法，为读者在实际工作中解决问题提供了有力支持。第 8 章 MATLAB 工程应用实例，通过两个具体应用案例"基于 MATLAB 语音信号处理"和"汽车防抱制动系统的控制仿真"的详细分析描述，进一步帮助读者将所学知识应用于实践。

本书由袁世英、钟燕科主编。第 1 章由曹晖编写；第 2 章、第 3 章、第 6 章、第 8 章的第 2 节由钟燕科编写；第 4 章、第 5 章、第 7 章、第 8 章的第 1 节，全书审校工作由袁世英完成。

本书在编写构思和选材过程中参考了国内外诸多的文献资料，在此向文献资料的作者表示最衷心的感谢。同时本书的编写和出版得到了许多专家和同行的帮助和支持，在此一并表示衷心的感谢。

由于编者水平有限，书中内容组织、结构安排和文字表述难免有不妥之处，敬请广大读者批评指正，以便我们在未来的版本中不断改进和完善。

编 者

2024 年 12 月

C/目录
ontents

1　MATLAB 基础

1.1　MATLAB 系统环境…………………………………………………………001
1.2　MATLAB 程序结构…………………………………………………………009
1.3　数值、变量和表达式…………………………………………………………015
1.4　数组与矩阵……………………………………………………………………020
1.5　数据分析………………………………………………………………………035
1.6　图形绘制………………………………………………………………………042
习　题………………………………………………………………………………065

2　MATLAB 的集成环境——Simulink

2.1　Simulink 的界面环境…………………………………………………………067
2.2　Simulink 的基本功能模块及其用途…………………………………………070
2.3　建立 Simulink 仿真模型………………………………………………………076
2.4　创建子系统……………………………………………………………………081
习　题………………………………………………………………………………083

3　电力电子电路的仿真与分析

3.1　单相桥式交流-直流变换器仿真………………………………………………084
3.2　DC/DC 变换电路………………………………………………………………090
习　题………………………………………………………………………………100

4　信号与系统分析

4.1　信号与系统的时域分析………………………………………………………101
4.2　信号与系统的频域（复频域）分析…………………………………………126
4.3　离散傅里叶变换………………………………………………………………142
习　题………………………………………………………………………………159

5 数字滤波器的设计

5.1 IIR 滤波器的设计 …………………………………………………… 161
5.2 FIR 滤波器的设计 …………………………………………………… 207
习　题 ……………………………………………………………………… 235

6 控制系统的仿真与分析

6.1 线性系统的 MATLAB 描述与转化 ………………………………… 239
6.2 模型对象的属性 ……………………………………………………… 249
6.3 结构框图的模型表示 ………………………………………………… 251
6.4 控制系统频域分析 …………………………………………………… 256
6.5 现代控制系统的分析 ………………………………………………… 267
习　题 ……………………………………………………………………… 268

7 信号处理工具——signal Analyzer 和 filter Designer

7.1 信号分析器 signal Analyzer ………………………………………… 270
7.2 滤波器设计工具 filter Designer …………………………………… 287
习　题 ……………………………………………………………………… 297

8 MATLAB 工程应用实例

8.1 基于 MATLAB 语音信号处理 ……………………………………… 298
8.2 防抱装置的建模与仿真 ……………………………………………… 316

参考文献 …………………………………………………………………… 322

1 MATLAB 基础

MATLAB 是 matrix 和 laboratory 两个词的组合，意为矩阵工厂（矩阵实验室），软件主要面对科学计算、可视化以及交互式程序设计的高科技计算环境。它将数值分析、矩阵计算、科学数据可视化以及非线性动态系统的建模和仿真等诸多强大功能集成在一个易于使用的视窗环境中，为科学研究、工程设计以及必须进行有效数值计算的众多科学领域提供了一种全面的解决方案，并在很大程度上摆脱了传统非交互式程序设计语言（如 C、Fortran）的编辑模式。

MATLAB 系统由 MATLAB 开发环境、MATLAB 数学函数库、MATLAB 语言、MATLAB 图形处理系统和 MATLAB 应用程序接口（API）五大部分构成。

MATLAB 开发环境是一套方便用户使用的 MATLAB 函数和文件工具集，其中许多工具是图形化用户接口。它是一个集成的用户工作空间，允许用户输入输出数据，并提供了 M 文件的集成编译和调试环境，包括 MATLAB 桌面、命令窗口、M 文件编辑调试器、MATLAB 工作空间和在线帮助文档。MATLAB 数学函数库包括了大量的计算算法，从基本算法如四则运算、三角函数，到复杂算法如矩阵求逆、快速傅里叶变换等。MATLAB 语言是一种高级的基于矩阵/数组的语言，它有程序流控制、函数、数据结构、输入/输出和面向对象编程等特色，用这种语言能够方便快捷建立起简单运行快的程序，也能建立复杂的程序。图形处理系统使得 MATLAB 能方便地图形化显示向量和矩阵，而且能对图形添加标注和打印。它包括强大的二维三维图形函数、图像处理和动画显示等函数。MATLAB 应用程序接口（API）是一个使 MATLAB 语言能与 C、Fortran 等其他高级编程语言进行交互的函数库。该函数库的函数通过调用动态链接库（DLL）实现与 MATLAB 文件的数据交换，其主要功能包括在 MATLAB 中调用 C 和 Fortran 程序，以及在 MATLAB 与其他应用程序间建立客户、服务器关系。

从 2006 年开始，MATLAB 分别在每年的 3 月和 9 月进行两次产品发布，每次发布都涵盖了产品家族中的所有模块，包含已有产品新特性和 bug（程序缺陷）修订，以及新产品的发布。其中 3 月发布的产品称为"a"，9 月发布的产品称为"b"。

本书的所有介绍都以 MATLAB R2021b 版本为基础，如使用其他版本，可能有所不同。

1.1 MATLAB 系统环境

单击 MATLAB 图标来启动 MATLAB，进入到用户界面，此命令行窗口主要包括文本的编辑区域和菜单栏，如图 1.1.1 所示。

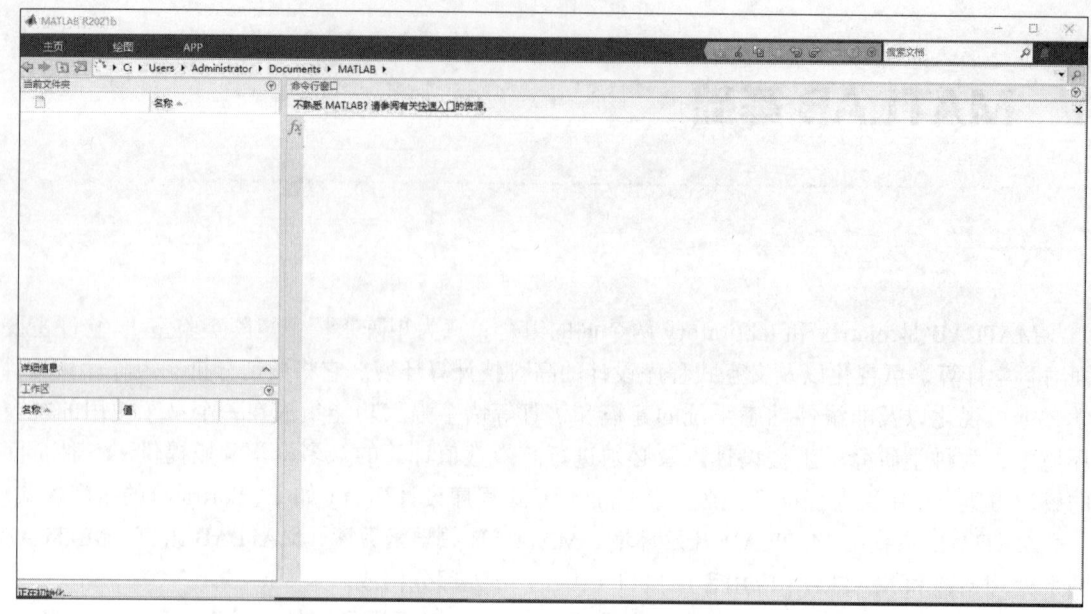

图 1.1.1　用户界面

1.1.1　命令行窗口

命令行窗口用于输入命令，并显示命令的执行结果。用户的大部分操作都是在命令行窗口完成的。

命令行窗口中的两个大于号叫作命令提示符，表示 MATLAB 处于准备状态，可以接收并执行 MATLAB 的命令。在命令提示符后输入命令并按下回车键后，MATLAB 就会解释执行所输入的命令，并且在命令后面显示运行结果。

【例 1.1.1】

x=1:11

mean(x)

运行结果如下：

x =1　　2　　3　　4　　5　　6　　7　　8　　9　　10　　11

ans = 6

以上的代码是求出 1~11 这 11 个数字的平均值。

MATLAB 分为两步骤来执行：

（1）定义矩阵 x，并给其赋值。

（2）调用内置函数 mean，求矩阵元素的平均值。

此外，在命令行窗口的文字前面输入"%"符号，就可以作为代码的诠释。

【例 1.1.2】利用函数 errorbar 来绘制带有统一标准差误差线的余弦与正弦叠加函数曲线。

x=linspace(0,2*pi,15);

y=cos(x)+sin(x);

e=std(y)*ones(size(x))　%计算误差值。此处 std(y) 计算整个 y 向量的标准差（结果为 1.0328），

并通过 ones(size(x))将其扩展到与 x 相同长度的向量，因此所有数据点的误差值相同

errorbar(x,y,e)

运行结果如下：

e =

列 1 至 8

1.0328　　1.0328　　1.0328　　1.0328　　1.0328　　1.0328　　1.0328　　1.0328

列 9 至 15

1.0328　　1.0328　　1.0328　　1.0328　　1.0328　　1.0328　　1.0328

运行结果如图 1.1.2 所示。

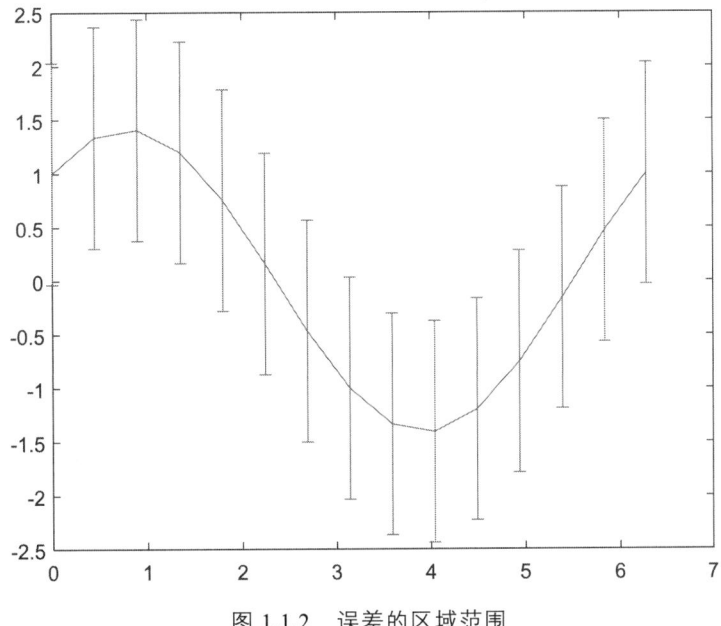

图 1.1.2　误差的区域范围

在 MATLAB 中，命令行窗口常用的命令及功能如表 1.1.1 所示。

表 1.1.1　命令行窗口常用的命令功能

命　令	功　能
clc	删去一页命令行窗口，光标回屏幕左上角
clear	从工作空间清除所有变量
clf	清除图形窗口内容
who	列出当前工作空间中的变量
whos	列出当前工作空间中的变量及信息或用工具栏上的 Workspace 浏览器
delete	从磁盘删除指定文件
which	查找指定文件的路径
clear all	从工作空间清除所有变量和函数
help	查询所列命令的帮助信息
save name	保存工作空间变量到文件 name.mat

续表

命　令	功　能
save name x y	保存工作空间变量 xy 到文件 name.mat
load name	加载 name 文件中的所有变量到工作空间
load name x y	加载 name 文件中的变量 xy 到工作空间
diary name1.m	保存工作空间一段文本到文件 name1.m
diary off	关闭日志功能
type name.m	在工作空间查看 name.m 文件内容
what	列出当前目录下的 m 文件和 mat 文件
↑或者 Ctrl+p	调用上一次的命令
↓或者 Ctrl+n	调用下一行的命令
←或者 Ctrl+b	退后一格
→或者 Ctrl+f	前移一格
Ctrl+- 或者 Ctrl+r	向右移一个单词
Ctrl+→或者 Ctrl+l	向左移一个单词
Home 或者 Ctrl+a	光标移到行首
End 或者 Ctrl+e	光标移到行尾
Esc 或者 Ctrl+u	清除一行
Del 或者 Ctrl+d	清除光标后字符
Backspace 或者 Ctrl+h	清除光标前字符
Ctrl+k	清除光标至行尾字
Ctrl+c	中断程序运行

1.1.2　当前文件夹

当前文件夹是 MATLAB 运行时的工作文件夹，为了方便管理文件，用户可以将自己的文件夹设置为当前文件夹，这样用户将在当前文件夹中进行搜索、浏览、打开等操作，如图 1.1.3 所示。

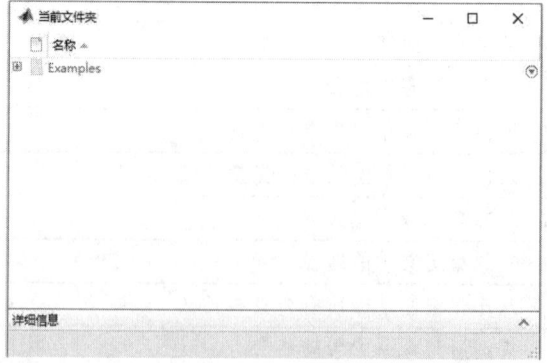

图 1.1.3　当前文件夹

1.1.3 工作区

工作区也称作工作空间窗口，是用来显示当前计算机内存中 MATLAB 变量的名称、数学结构、该变量的字节数以及类型，在 MATLAB 中不同的变量类型对应不同的变量名图标，在工作区窗口还可以对变量进行编辑、保存和删除等操作，如图 1.1.4 所示。

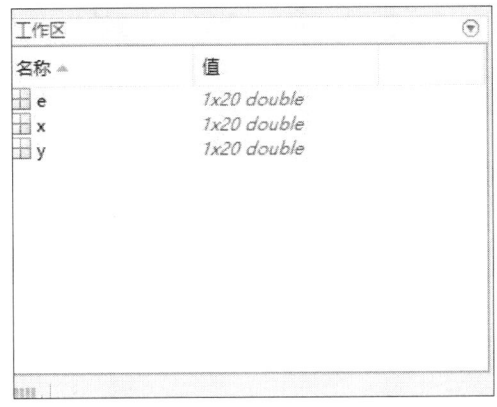

图 1.1.4　工作区窗口

若要查看变量的具体内容，可以双击该变量名称，例如双击图 1.1.4 的 e 变量打开如图 1.1.5 所示的变量编辑。

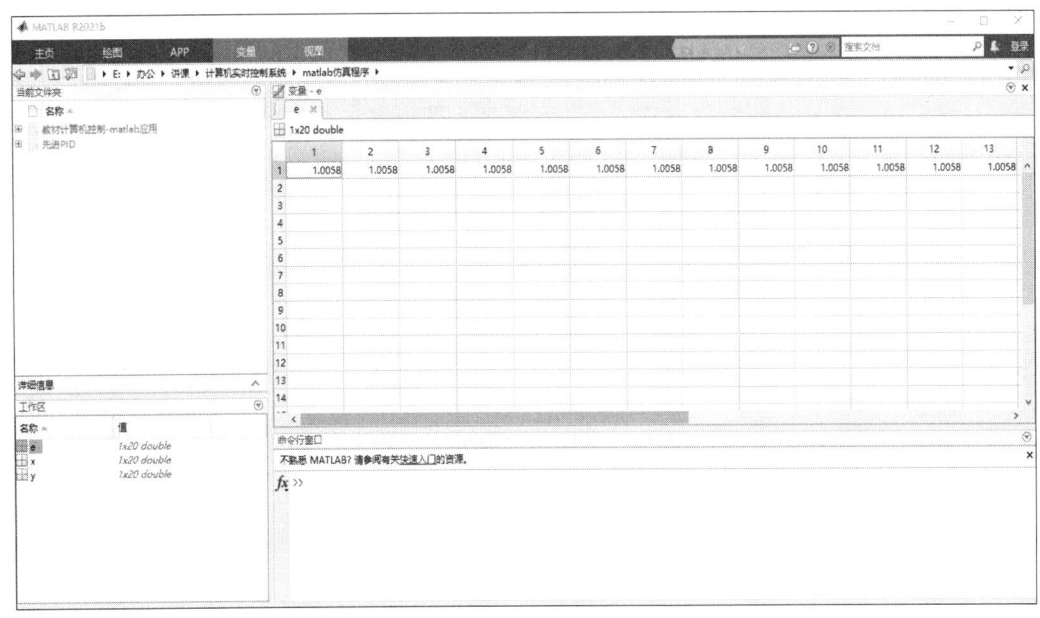

图 1.1.5　变量编辑

1.1.4 搜索路径

用户可以通过选择菜单栏中的"Set path"，或者在命令窗口输 pathtool 或 editpath 指令来查看 MATLAB 的搜索目录，如图 1.1.6 所示。

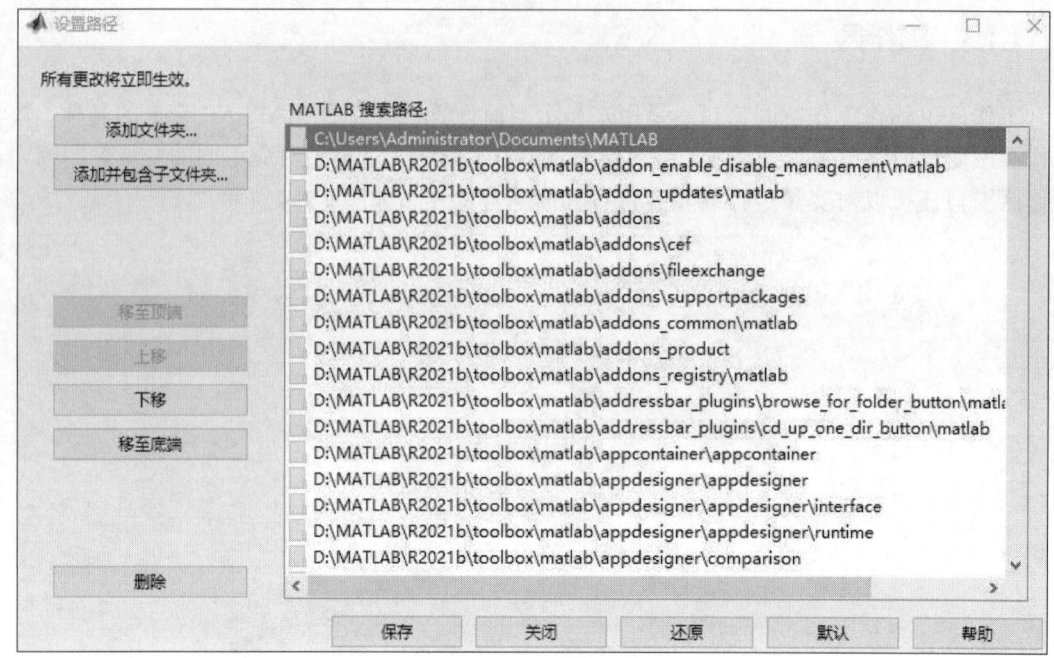

图 1.1.6 设置路径

1.1.5 图形窗口

图形窗口用来显示 MATLAB 所绘制的图形，这些图形可以是二维图形，也可以是三维图形。用户可以通过选择"新建"→"图形"命令进入图形窗口，如图 1.1.7 所示。也可以通过运行程序自动弹出图形窗口，如图 1.1.8 所示。

```
>> t=-pi:0.1:pi;
y=cos(t);
plot(t,y)
```

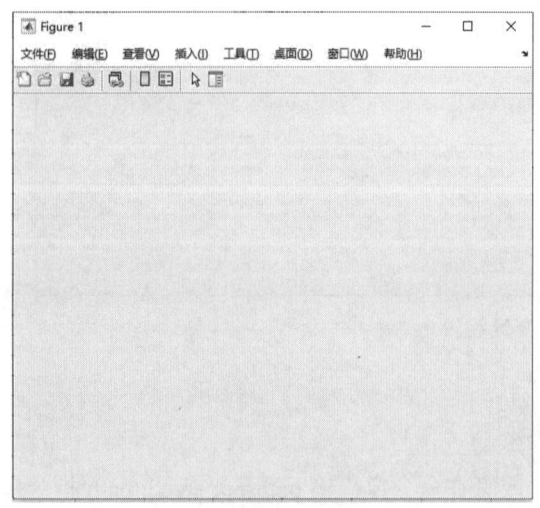
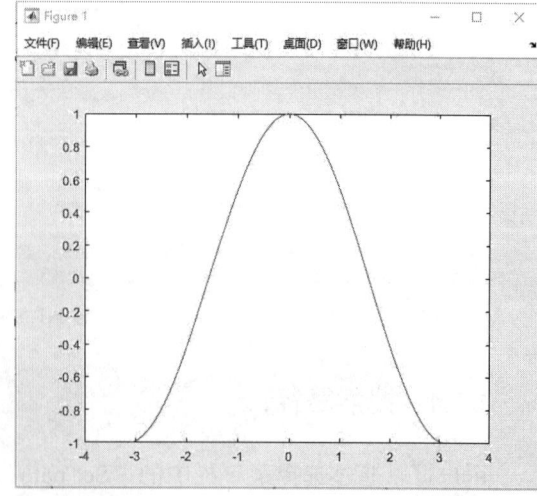

图 1.1.7　进入图形窗口　　　　　图 1.1.8　运行程序自动弹出图形窗口

1.1.6 M 文件编辑窗口

可以在 MATLAB 界面的命令行窗口中的 MATLAB 提示符下输入指令并运行，然而当需要完成的运算比较复杂，需要几十行甚至成百上千行指令时，命令行窗口就不再适用了。

为了代替在命令行窗口中输入 MATLAB 指令的语句，MATLAB 平台上提供了一个文本文件编辑器，用来创建一个 M 文件来写入这些指令。M 文件的扩展名为.m。一个 M 文件包含许多连续的 MATLAB 指令，这些指令完成的操作可以是引用其他的 M 文件，也可以是引用自身文件，还可以进行循环和递归等。

M 文件主要功能如下：

1. 编辑功能

（1）选择：与通常鼠标选择方法类似。还可使用 Shift+方向键操作。
（2）复制粘贴：使用 Ctrl+C、Ctrl+V 键完成。
（3）寻找替代：寻找字符串时用 Ctrl+F 键显然比用鼠标点击菜单方便。
（4）查看函数：阅读大的程序常需要看看都有哪些函数并跳到感兴趣的函数位置，M 文件编辑器提供了一个简单的函数查找快捷按钮，单击该按钮，可查找到该 M 文件所有的函数。
（5）注释：Ctrl+r 添加注释%，Ctrl+t 删除注释。
（6）缩进：良好的缩进格式为用户提供了清晰的程序结构。编程时应该使用不同的缩进量，以使程序显得错落有致。增加缩进量用 Ctrl+]键，减少缩进量用 Ctrl+[键。

2. 调试功能

M 程序调试器的热键设置和 VC（Microsoft Visual C++，微软开发的集成环境）的设置有些类似，如果用户有其他语言的编程调试经验，则调试 M 程序显得相当简单。因为它没有指针的概念，这样就避免了一大类难以查找的错误。

M 程序可能会经常出现索引错误，如果设置了 stop if error（Breakpoints 菜单下），则程序的执行会停在出错的位置，并在 MATLAB 命令行窗口显示出错信息。下面列出了一些常用的调试方法。

（1）设置或清除断点：使用快捷键 F12。
（2）执行：使用快捷键 F5。
（3）单步执行：使用快捷键 F10。
（4）step in：当遇见函数时，进入函数内部，使用快捷键 F11。
（5）step out：执行流程跳出函数，使用快捷键 Shift+F11。
（6）执行到光标所在位置：使用菜单来完成这个功能。
（7）查看变量或表达式的值：将鼠标放在要观察的变量上停留片刻，就会显示出变量的值，当矩阵太大时，只显示矩阵的维数。
（8）退出调试模式：没有设置快捷键，使用菜单命令或者快捷按钮来完成。

通常 MATLAB 以指令驱动模式工作，即在 MATLAB 命令行用户输入单行指令时，MATLAB 立即处理这条指令，并显示结果，这就是 MATLAB 命令行方式。

命令行操作时，MATLAB 窗口只允许一次执行一行上的一条或几条语句。

3. 创建一个 M 文件的方法

（1）在 MATLAB 主菜单上选择菜单命令"新建"→"脚本"，如图 1.1.9 所示。

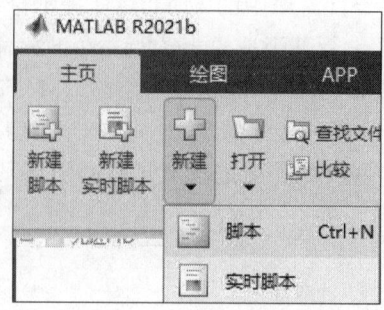

图 1.1.9　创建新的 M 文件

（2）选择"保存"→"另存为"命令，将工作空间中的内容存入文件，如图 1.1.10 所示。

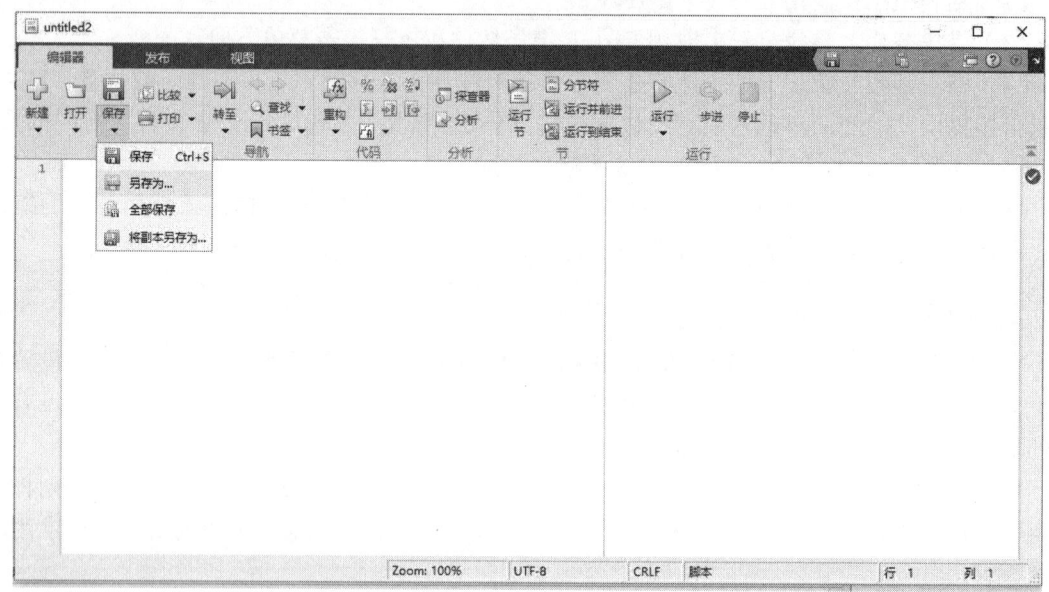

图 1.1.10　M 文件的保存

1.1.7　帮助和文档

有效地使用帮助系统所提供的信息，是用户掌握好 MATLAB 应用的最佳途径。MATLAB 的帮助系统分为联机帮助系统和命令行窗口查询帮助系统。

常用的帮助信息有：help，demo，doc，who，whos，what，which，lookfor，helpbrowser，helpdesk，exit，web 等。例如：在窗口中输入"help filter"就可以获得函数"filter"的帮助信息。

>>help　filter

filter - 1 维数字滤波器

此 MATLAB 函数使用由分子和分母系数 b 和 a 定义的有理传递函数对输入数据 x 进行滤波。

y = filter(b,a,x)
y = filter(b,a,x,zi)
y = filter(b,a,x,zi,dim)
[y,zf] = filter(___)
See also conv, filter2
filter 的文档
名为 filter 的其他函数

1.2 MATLAB 程序结构

在 MATLAB 中，程序流程控制包含控制程序的基本结构和语法，结构化的程序主要有三种基本的程序结构。MATLAB 语言的程序结构与其他高级语言是一致的，分为顺序结构、循环结构、分支结构。

MATLAB 语言也给出了丰富的流程控制语句，以实现具体的程序设计。在 M 文件中，通过对流程控制语句的组合使用，实现多种复杂功能。MATLAB 语言的流程控制语句主要有 for、while、if-else-end 及 switch-case 4 种语句。

1.2.1 顺序结构

顺序结构是最简单的程序结构。用户在编写完程序后，系统就将按照程序的实际位置逐一顺次执行。

在 MATLAB 言函数中，主要有输入变量、输出变量和函数内所使用的变量。

1. 数据输入

使用 input 函数从键盘输入数据，调用格式为

A=input(提示信息，选项);

其中，提示信息为一个字符串，用于提示用户输入什么样的数据。

如果在 input 函数调用时采用's'选项，则允许用户输入一个字符串。例如，问一个人多大，可采用以下命令：

xy=input('How old are you?','s');

2. 数据输出

MATLAB 提供的命令窗口输出函数主要有函数 disp，其调用格式为

disp (输出项);

其中，输出项可以为字符串，也可以为矩阵。

【例 1.2.1】数据输出示例。

A='Hello,MATLAB!';

disp(A)

运行结果如下：
Hello,MATLAB!

【例1.2.2】输入 a, b 的值，并将它们的值互换后输出。
```
a=input('Input    a     please:');
b=input('Input    b     please:');
c=a;
a=b;
b=c;
disp(a);
disp(b);
```
运行结果如下：
Input a please:11
Input b please:22
22
11

【例1.2.3】对任一自然数 n，按如下法则进行运算：若 n 为偶数，则将 n 除以 2；若 n 为奇数，则将 n 乘 3 加 1。将运算结果按上面法则继续运算，重复若干次后计算结果最终是 1。
```
n=input('input n=');         %输入数据
    while n~=1      %如果n不等于1,得结果真为1,如果n为别的值,得结果假为0
  r=rem(n,2);              % 求 n/2 的余数
  if   r == 0
    n=n/2                    % n 为偶数时的操作
  else
    n=3*n+1                  % n 为奇数时的操作
  end
end
```
运行结果如下：
        input n=3
        n = 10
        n = 5
        n = 16
        n = 8
        n = 4
        n = 2
        n = 1

1.2.2　循环结构

一组被重复执行的语句称为循环体，每循环一次，都必须做出是否继续重复执行的决定，

这个决定所依据的条件称为循环的终止条件。MATLAB 提供了 for 循环结构和 while 循环结构。

1. for 语句

for 语句的格式为

for 循环变量=初值:步长:终值
    执行语句 1
    ⋮
    执行语句 n
end

其中，步长的默认值为 1，可以省略；初值、步长、终值可以是正数也可以是负数，可以是整数也可以是小数，符合数学逻辑即可。

2. while 循环结构

while 语句可以实现"当"型的循环结构，其语句格式为

while(表达式)
    MATLAB 语句
end

其中，循环判断语句为某种形式的逻辑判断表达式，当该表达式值为真时，执行循环体内的语句；当表达式的逻辑值为假时，退出当前的循环体。

在 while 循环语句中，在语句内必须有可以修改循环控制变量的命令，否则该循环语言将陷入死循环中，除非循环语句中有控制退出循环的命令，如 break 命令、continue 命令。当程序流程运行至该命令时，则不论循环控制变量是否满足循环判断语句都退出当前循环，执行循环后的其他语句。

while 循环和 for 循环的差别就是，while 循环事先不知道要循环多少次，而 for 循环是依照之前设置好的次数来循环的。

1.2.3 分支结构

MATLAB 中可用的分支结构有 3 种，分别是 if-else-end 结构、switch-case 结构和 try-catch 结构。

1. if-else-end 结构

（1）假设可选择的运行命令组仅仅有一组，则调用以下的结构：

if expression
    commands
end

（2）假设可选择的运行命令组有两组。则调用以下的结构：

if expression
    commands1 %如果条件为真则运行 commands1

```
else
    commands2 %如果条件为假则运行 commands2
end
```

(3) 假设可选择的运行命令组有 n（n>2）组。则调用以下的结构：
```
if expression1
    commands1 %假设条件 expression1 为真则运行 commands1
elseif expression2
    commands2 %假设条件 expression2 为真则运行 commands2
...
else
    commandsn %假设前面的全部条件都不满足就运行最后一条
end
```

【例 1.2.4】计算分段函数的值。

运行程序如下：
```
x=input('请输入 x 的值：');
if x<=0
    y=(x+sqrt(pi))/exp(2)
else
    y=log(x+sqrt(1+x*x))/2
end
```

运行结果如下：

请输入 x 的值：-2

y=-0.0308

请输入 x 的值：2

y= 0.7218

【例 1.2.5】输入三角形的三条边，求面积。

运行程序如下：
```
A=input( '请输入三角形的三条边：');
if A(1)+A(2)>A(3)&A(1)+A(3)>A(2)&A(2)+A(3)>A(1)
    p=(A(1)+A(2)+A(3))/2;
    s=sqrt(p*(p-A(1))*(p-A(2))*(p-A(3)));
    disp(s);
else
    disp('不能构成一个三角形.')
end
```

运行结果如下：

请输入三角形的三条边：[6 8 10]

24

【例 1.2.6】输入一个字符，若为大写字母，则输出其后继字符，若为小写字母，则输出其前导字符，若为其他字符则原样输出。

运行程序如下：

```
c=input('','s');
    if c>='A'&c<='Z'
        disp(setstr(abs(c)+1));
    elseif   c>='a'&c<='z'
        disp(setstr(abs(c)-1));
    else
        disp(c);
    end
```

运行结果如下：

c
b

2. switch-case 结构

```
switch value                %value 为要进行推断的标量或字符串
    case test1
        commands1           %假设 value 的值等于 test1，运行 commands1
    case test2
        commands2           %假设 value 的值等于 test2，运行 commands2
    ...
    otherwise
        commandsn           %假设全部的条件都不满足就运行这条命令
end
```

与其他程序设计语言的 switch-case 语句不同的是，在 MATLAB 语言中，当其中一个 case 语句后的条件为真时，switch-case 语句不对其后的 case 语句进行判断，也就是说在 MATLAB 语言中，即使有多条 case 判断语句为真，也只执行所遇到的第一条为真的语句。

这样就不必像 C 语言那样，在每条 case 语句后加上 break 语句以防止继续执行后面为真的 case 条件语句。

【例 1.2.7】试编写某地产公司对顾客所购买的房产实行打折销售的标准。

运行程序如下：

```
price=input('请输入商品价格');
switch    fix(price/100)
case    {0,1}                    %价格小于 200
    rate =0;
case {2,3,4}                     %价格大于等于 200 但小于 500
    rate=0.1/100;
```

```
    case    num2cell(5:9)              %价格大于等于 500 但小于 1000
        rate=0.2/100;
    case num2cell(10:24)               %价格大于等于 1000 但小于 2500
        rate=0.3/100;
end
price=price*(1-rate)                   %输出商品实际销售价
```
运行结果如下：

请输入商品价格 1800

price =1.6946e+03

3. try-catch 结构

try 语句是 MATLAB 特有的语句，它先试探性地执行语句 1，如果出错，则将错误信息存入系统保留变量 lasterr 中，然后再执行语句 2；如果不出错，则转向执行 end 后面的语句。此语句可以提高程序的容错能力，增加编程的灵活性。该指令的一般结构是

```
try
    command1 %命令组 command1 首先被运行。若正确，则 catch 下的命令组将不会被运行
catch
    command2 %假设 command1 命令组运行出错了，那么该命令组将会被运行
end
```

假设在 catch 下 command2 的命令组运行过程也出错了。那么 MATLAB 将停止运行。

try-catch 结构在程序调试场合很实用。

【例 1.2.8】已知某图像文件名为 football，但不知其存储格式为.bmp 还是.jpg，试编程正确读取该图像文件。

```
try
    picture=imread('basketball.bmp','bmp');
    filename='basketball.bmp';
catch
    picture=imread('basketball.jpg','jpg');
    filename='basketball.jpg';
end
filename
```

运行结果如下：

filename =

basketball.jpg

picture=imread('basketball.jpg','jpg');

imshow(picture)

该 try 指令图形效果如图 1.2.1 所示。

图 1.2.1　try 指令图形效果

【例 1.2.9】先求两矩阵的乘积，若出错，则自动转去求两矩阵的点乘。
A=[1,2;4,5];B=[7,8;10,11];
　try
　　　C=A*B;
　catch
　　　C=A.*B;
　end
C
lasterr　　%显示出错原因
运行结果如下：
　　　C = 27　　30
　　　　　78　　87
　　　ans ='函数或变量 'Lasterr' 无法识别。'

1.3　数值、变量和表达式

1.3.1　数　值

在 MATLAB 中，数值均采用习惯的十进制，可以带小数点及正负号。例如：
100　　-10　　-0.008　　1.2345
科学记数法采用字符 e 来表示 10 的幂。例如：
1.60230e-20　　1.16e4　　　-3.01e-5
虚数采用 i 或 j 作为扩展名。例如：
4i　　2e7j（表示虚部为 2e7）　　-3.14j
在采用 IEEE 浮点算法的计算机上，实数的数值范围大致为-10e308~10e308。
在 MATLAB 中输入同一数值，有时会发现，在命令行窗口中显示数据的形式有所不同。例如，由于数据显示的格式不同，0.5 有时显示为 0.5，但有时会显示为 0.500。在一般情况下，MATLAB 内部每一个数据元素都是用双精度数来表示和存储的，数据输出时用户可以用 format 命令设置或改变数据输出格式。表 1.3.1 给出了不同种类的数据显示格式。

表1.3.1 数据显示格式

格 式	说 明
format	设置输出格式
format short	表示短格式（默认显示格式），只显示5位。例如3.1416
format long	表示长格式，双精度数15位，单精度数7位。例如3.141 592 653 589 79
format short e	表示短格式e方式，只显示5位。例如3.1416e+000
format long e	表示长格式e方式。例如3.141 592 653 589 793e+000
format short g	表示短格式g方式（自动选择最佳表示格式），只显示5位。例如3.1416
format long g	表示长格式g方式。例如3.141 592 653 589 79
format compact	表示压缩格式。变量与数据之间在显示时不留空行
format loose	表示自由格式。变量与数据之间在显示时留空行
format hex	表示十六进制格式。例如400921fb54442d18

【例1.3.1】在不同数据格式下显示 π 的值。

\>\>pi

ans =3.1416

\>\>format long

\>\>pi

ans =3.141592653589793

\>\>format short e

\>\>pi

ans =3.1416e+00

\>\>format long g

\>\>pi

ans=3.14159265358979

\>\>format hex

\>\>pi

ans =400921fb54442d18

1.3.2 变 量

"变量"来源于数学，是计算机语言中能储存计算结果和能表示值抽象概念。变量名由英文字母、数字和下划线组成，并且必须以字母作为第一个字符。表1.3.2给出了系统自定义的一些特殊的变量。

表1.3.2 MATLAB的预定义变量

预定义变量	含义	预定义变量	含义
ans	计算结果的默认变量名	NaN	非数
pi	圆周率	realmin	最小的正实浮点数，2.2251e-308
Inf	无穷大	realmax	最大的正实浮点数，1.7977e+308
i 或 j	虚数单位	bitmax	最大正整浮点数
eps	机器零阈值，浮点数相对精度，eps=2.2204e-016		

在 MATLAB 中，当遇到一个新的变量名时，会自动产生一个变量并分配一个合适的存储空间，不需要对变量进行类型声明或维数声明。如果变量已经存在，则自动用新内容替换该变量的原有内容；若需要还会分配新的存储空间。例如：

>>eps

ans=2.2204e-16

>>eps=5.2

eps=5.2000

>>eps　=eps+3

eps=8.2000

（1）变量名区分大小写。如 Price 与 price 为两个不同的变量名，SIN 不代表正弦函数。

（2）变量名最多能包含 63 个字符，如果超出限制范围，从第 64 个字符开始，其后的字符都将被忽略。

（3）变量名必须以字母开头，其后可以是任意数字、字母或下划线。

（4）不允许出现标点符号，因为很多标点符号在 MATLAB 中具有特殊的意义。例如，"AB"与"A,B"会产生完全不同的结果，系统会认为"A,B"中间的逗号为分隔符，表示两个变量。

注意：以下这些关键字不能作为变量。用户可以在命令行窗口输入 iskeyword 列出这些关键字。

>>iskeyword

ans =

　　20×1 cell 数组

　　　　{'break'　　}
　　　　{'case'　　 }
　　　　{'catch'　　}
　　　　{'classdef' }
　　　　{'continue' }
　　　　{'else'　　 }
　　　　{'elseif'　 }
　　　　{'end'　　 }
　　　　{'for'　　 }
　　　　{'function' }
　　　　{'global'　 }
　　　　{'if'　　 }
　　　　{'otherwise'}
　　　　{'parfor'　 }
　　　　{'persistent'}
　　　　{'return'　 }
　　　　{'spmd'　　 }
　　　　{'switch'　 }

{'try'   }
{'while'   }

在 MATLAB 语言函数中，变量主要有输入变量、输出变量和函数内所使用的变量。

输入变量相当于函数入口数据，是一个函数操作的主要对象。某种程度上讲，函数的作用就是对输入变量进行加工以实现一定的功能。

函数的输入变量为形式参数，即只传递变量的值而不传递变量的地址，函数对输入变量的一切操作和修改，如果不依靠输出变量传出，将不会改变工作空间中该变量的值。

MATLAB 语言提供了函数 nargin 和函数 varargin 来控制输入变量的个数，以实现不定个数参数输入的操作。

例如：

function y =bar(varargin)

也就是说，调用 bar 这个函数，可以传递 1 个参数，2 个参数……或者不给参数。varargin 表示输入变量的个数。

【例 1.3.2】变量控制示例。

定义子程序如下：

function[num1,num2,num3]=text1(varargin)

num1=0;

num2=0;

num3=0;

if   nargin==1

  num1=1;

elseif nargin ==2

  num2   =2;

else nargin==3

  num3   =3;

end

运行程序如下：

[num1,num2,num3]=text1(A,B,C)

num1=0

num2=0

num3=3

[num1,num2,num3]=text1(A)

num1=1

num2=0

num3=0

函数对于函数变量而言，还应当指出其作用域的问题。在 MATLAB 语言中，函数内定义的变量均被视为局部变量，即不加载到工作空间中，如果希望使用全局变量，则应当使用命令 global 定义，而且在任何使用该全局变量的函数中都应加以定义。

【例 1.3.3】 全局变量的示例。

定义子程序如下：
```
function[num1,num2,num3]=text(varargin)
global    firstlevel    secondlevel
num1=0;
num2=0;
num3=0;
list=zeros(nargin);
for   i=1:nargin
   list(i)=sum(varargin{i}(:));
   list(i)=list(i)/length(varargin{i});
   if   list(i)>firstlevel
       num1=num1+1
   elseif      list(i)>secondlevel
       num2=num2+1;
   else
       num3=num3+1;
   end
end
```

运行程序如下：
```
%在命令窗口中也应定义相应的全局变量
global firstlevel secondlevel
firstlevel=85;
secondlevel=75;
[num1,num2,num3]=text(A)
num1 = 0
num2 = 0
num3 = 1
```

定义全局变量，与定义输入变量和输出变量不同，变量之间必须用空格分隔，而不能用逗号分隔，否则系统将不能识别逗号后的全局变量。

1.3.3 表达式

在 MATLAB 中，数学表达式的运算操作尽量设计接近于习惯，不同于其他编程语言在有些情况下一次只能处理一个数据，MATLAB 允许快捷、方便地对整个矩阵进行操作。MATLAB 表达式采用熟悉的数学运算符和优先级，如表 1.3.3 所示（表中运算符的优先级从上到下依次升高）。

表 1.3.3　MATLAB 的运算符优先级与表达式

运算	数学表达式	MATLAB 运算符	MATLAB 表达式
加	a+b	+	a+b
减	a−b	-	a-b
乘	a×b	*(.*)	a.b
除	a÷b	/	a/b
幂	a^b	^(.^)	a^b
复数矩阵的（共轭）转置		'(.')	
小括号指定优先级	(a+b)×c		(a+b)*c

MATLAB 与经典的数学表达式有所区别，例如，对矩阵进行右除与左除操作结果是不同的。下面通过一个简单的例子演示复数矩阵的转置与共轭转置操作以及区别。

【例 1.3.4】求复数矩阵的转置及共轭转置。

```
format   short
 A=[1 5;2 9]+[10 1;9 12]*i
A'                 %复数矩阵 A 转置
A.'                %共轭转置
```

运行结果如下：

```
A= 1.0000 +10.0000i   5.0000 + 1.0000i
   2.0000 + 9.0000i   9.0000 +12.0000i
A'= 1.0000 -10.0000i   2.0000 - 9.0000i
    5.0000 - 1.0000i   9.0000 -12.0000i
A.'=1.0000 +10.0000i   2.0000 + 9.0000i
    5.0000 + 1.0000i   9.0000 +12.0000i
```

1.4　数组与矩阵

MATLAB 是一个强大的数学软件，可以方便地处理数组和矩阵。

在 MATLAB 中，数组是一组相同类型的数据元素，可以是标量（单个数值）、向量（一维数组）或矩阵（二维数组）。在 MATLAB 中，数组可以用来表示向量和矩阵。

矩阵是一个二维数组，其中每个元素都有一个唯一的行和列索引。矩阵在 MATLAB 中很常见，因为 MATLAB 的核心数学函数和大多数工具箱都支持矩阵计算。在 MATLAB 中，矩阵可以表示为一个行向量、列向量或一个二维矩阵。

MATLAB 提供了一些方便的函数来创建和操作数组和矩阵。例如，可以使用 linspace 函数创建一个等间距的向量，使用 zeros 函数创建一个全零矩阵，使用 eye 函数创建一个单位矩阵，等等。

在 MATLAB 中，可以使用基本算术运算符和矩阵运算符对数组和矩阵进行数学操作。例如，可以使用加法运算符对两个数组或矩阵相加，使用乘法运算符对两个矩阵相乘。

总之，MATLAB 的数组和矩阵是其强大功能的基础，因此深入理解和掌握这些概念是使用 MATLAB 进行数学计算和分析的关键。

1.4.1 一维数组的创建与寻访

在 MATLAB 中一般使用方括号"[ ]"、逗号","、空格和分号";"来创建数组，数组中同一行的元素使用逗号或空格进行分隔，不同行之间用分号进行分隔。

【例 1.4.1】创建数组示例。
```
clear all
A=[]
B=[7 8 4 0 2 1]
C=[10,9,4,5,2,1]
D=[7;8;4;5;2;1]
E=B'                 % 转置
```
运行结果如下：

```
A =      []
B =      7    8    4    0    2    1
C =      10   9    4    5    2    1
D =   7
      8
      4
      5
      2
      1
```

【例 1.4.2】访问数组示例。
```
clear   all
A=[1 2 3 4 5 6]
a1=A(1)              %访问数组第一个元素
a2=A(1:3)            %访问数组第 1、2、3 个元素
a3 =A(3:end)         %访问数组第 3 个到最后一个元素
a4=A(end:-1:1)       %数组元素反序输出
a5=A([1 6])          %访问数组第 1、6 个元素
```
运行结果如下：

```
A =     1    2    3    4    5    6
a1 =    1
a2 =    1    2    3
a3 =    3    4    5    6
a4 =    6    5    4    3    2    1
a5 =    1    6
```

【例 1.4.3】数组赋值。
```
clear   all
A=[1 2 3 3 2 1]
A1(3)=0
A2([1 4])=[1 1]
```
运行结果如下：

A =   1   2   3   3   2   1
A1 =   0   0   0
A2 =   1   0   0   1

【例 1.4.4】用冒号创建一维数组。

在 MATLAB 中，通过冒号创建一维数组的方法如下：

x =a:b

x =a:inc:b

其中，a 是数组 x 中的第一个元素，b 不一定是数组 x 的最后一个元素。默认 inc=1。具体程序示例如下：

```
clear all
A=3:6
B=3.1:1.4:6
C=3.1:-1.4:-6
D=3.1:-1.4:6
```

运行结果如下：

A = 3   4   5   6
B = 3.1000   4.5000   5.9000
C = 3.1000   1.7000   0.3000   -1.1000   -2.5000   -3.9000   -5.3000
D = 空的 1×0 double 行向量

【例 1.4.5】用 logspace()函数创建一维数组。

x=logspace(a,b):创建行向量 x，第一个元素为 $10a$，最后一个元素为 $10b$，形成总数为 50 个元素的等比数列。

x=logspace(a,b,n):创建行向量 x，第一个元素为 $10a$，最后一个元素为 $10b$，形成总数为 n 个元素的等比数列。具体程序示例如下：

```
clear all；clc
format   short;
A=logspace(1,4,10)
B=logspace(1,4,5)
```

运行结果如下：

A =   1.0e+04 *

   0.0010   0.0022   0.0046   0.0100   0.0215   0.0464   0.1000
0.2154   0.4642   1.0000

B =   1.0e+04 *

    0.0010   0.0056   0.0316   0.1778   1.0000

【例 1.4.6】 用 linspace()函数创建一维数组。

y=linspace(a,b)：创建行向量 y，返回包含 a 和 b 之间的 100 个等间距点的行向量。

y=linspace(a,b,n)：创建行向量 y，返回包含 a 和 b 之间的 n 个等间距点的行向量。

具体程序示例如下：

```
clear    all
format    short;
A=linspace(1,20,10)
B=linspace(1,20,1)
```

运行结果如下：

A =1.0000   3.1111   5.2222   7.3333   9.4444   11.4556   13.6667   15.7778   17.8889   20.0000

B =20

1.4.2　常见的数组运算

数组的运算是从数组的单个元素出发，针对每个元素进行的运算。

1. 数组的算数运算

两个一维数组之间进行运算的要求如下：

（1）两个数组都为行数组（或都为列数组）；

（2）数组元素个数相同。

在 MATLAB 中，一维数组的算术运算包括加、减、乘、左除、右除和乘方。右除和左除的关系：A./B=B.\A，其中 A 是被除数，B 是除数。通过乘方格式".^"实现数组的乘方运算。数组的乘方运算包括数组间的乘方运算、数组与某个具体数值乘方运算，以及常数与数组的乘方运算。表 1.4.1 给出了数组常用的运算格式。

表 1.4.1　数组常用的算术运算格式

格　式	说　明	格　式	说　明
x+y	数组加法	x./y	数组左除
x-y	数组减法	x.\y	数组右除
x.*y	数组乘法	x.^y	数组求幂

【例 1.4.7】 数组加减法示例。

```
clear all
A=[1 4 6 8 9 6]
B=[9 8 5 6 4 0]
C=[1 1 1 1 1 1]
```

```
D=A+B                  %加法
E=A-B                  %减法
F=A+4                  %数组与常数的加法
G=A-C
```
运行结果如下：

A =	1	4	6	8	9	6
B =	9	8	5	6	4	0
C =	1	1	1	1	1	1
D =	10	12	11	14	13	6
E =	-8	-4	1	2	5	6
F =	5	8	10	12	13	10
G =	0	3	5	7	8	5

【例 1.4.8】数组乘法示例。

```
clear    all
A=[1 4 6 8 9 6]
B=[9 8 5 6 4 0]
C=A.*B                 %数组的点乘
D=A*4                  %数组与常数的乘法
```
运行结果如下：

A =	1	4	6	8	9	6
B =	9	8	5	6	4	0
C =	9	32	30	48	36	0
D =	4	16	24	32	36	24

【例 1.4.9】数组除法示例。

```
clear    all
A=[1 4 6 8 9 6]
B=[9 8 5 6 4 0]
C=A./B                 %数组和数组的左除
D=A.\B                 %数组和数组的右除
E=A./3                 %数组与常数的除法
F=A/3
```
运行结果如下：

A =	1	4	6	8	9	6
B =	9	8	5	6	4	0
C =	0.1111	0.5000	1.2000	1.3333	2.2500	Inf
D =	9.0000	2.0000	0.8333	0.7500	0.4444	0
E =	0.3333	1.3333	2.0000	2.6667	3.0000	2.0000
F =	0.3333	1.3333	2.0000	2.6667	3.0000	2.0000

【例1.4.10】数组乘方示例。
```
clear   all
A=[1 4 6 8 9 6]
B=[9 8 5 6 4 0]
C=A.^B              %数组的乘方
D=A.^3              %数组的某个具体数值的乘方
E=3.^A              %常数的数组乘方
```
运行结果如下：

A =	1	4	6	8	9	6
B =	9	8	5	6	4	0
C =	1	65536	7776	262144	6561	1
D =	1	64	216	512	729	216
E =	3	81	729	6561	19683	729

【例1.4.11】数组点积示例。

通过函数dot()可以实现数组的点积运算，该函数调用方法如下：

C=dot(A,B);

C=dot(A,B,DIM);

具体示例如下：
```
clear all
A=[1 4 6 8 9 6]
B=[9 8 5 6 4 0]
C=dot(A,B)          %数组元素的点积
D=sum(A.*B)         %数组元素的乘积之和
```
运行结果如下：

A =	1	4	6	8	9	6
B =	9	8	5	6	4	0
C =	155					
D =	155					

2. 数组的关系运算

在MATLAB中提供了6种数组关系运算："<"（小于）、"<="（小于等于）、">"（大于）、">="（大于等于）、"=="（恒等于）、"~="（不等于）。

关系运算的运算法则如下：

（1）当两个比较量是标量时，直接比较两个数的大小。若关系成立，则返回的结果为1，否则为0。

（2）当两个比较量是维数相等的数组时，逐一比较两个数组相同位置的元素，并给出比较结果。

最终关系运算结果是一个与参与比较的数组维数相同的数组，其组成元素为0或1。

【例1.4.12】数组的关系运算示例。

```
clear all
A=[1 4 5 8 9 6]
B=[9 8 5 6 4 0]
C=A<5            %数组与常数比较,小于
D=A>=5           %数组与常数比较,大于等于
E=A<B            %数组与数组比较,小于
F=A==B           %恒等于
```

运行结果如下:

```
A =     1    4    5    8    9    6
B =     9    8    5    6    4    0
C =   1×6 logical 数组
    1   1   0   0   0   0
D =   1×6 logical 数组
    0   0   1   1   1   1
E =   1×6 logical 数组
    1   1   0   0   0   0
F =   1×6 logical 数组
    0   0   1   0   0   0
```

3. 数组的逻辑运算

在 MATLAB 中提供了 3 种数组逻辑运算符,即"&"(与)、"|"(或)和"~"(非)。逻辑运算的运算法则如下:

(1)如果是非零元素则为真,用 1 表示;如果是零元素则为假,用 0 表示。

(2)当两个比较量是维数相等的数组时,逐一比较两个数组相同位置的元素,并给出比较结果。

最终的逻辑运算结果是一个与参与比较的数组维数相同的数组,其组成元素为 0 或 1。

(1)在进行与运算(a&b)时,a、b 全为非零,则为真,运算结果为 1。

(2)在进行或运算(a|b)时,只要 a、b 有一个为非零,则运算结果为 1。

(3)在进行非运算(~a)时,若 a 为 0,则运算结果为 1;若 a 为非零,则运算结果为 0。

【例1.4.13】数组的逻辑运算示例。

```
clear all
A=[1 4 5 8 9 6]
B=[9 8 5 6 4 0]
C=A&B            %与运算
D=A|B            %或运算
E=~A             %非运算
```

运行结果如下:

```
A =     1    4    5    8    9    6
```

B =   9   8   5   6   4   0
C = 1×6 logical 数组
  1   1   1   1   1   0
D = 1×6 logical 数组
  1   1   1   1   1   1
E = 1×6 logical 数组
  0   0   0   0   0   0

1.4.3 矩阵的创建

MATLAB 的强大功能之一体现在能直接处理向量或矩阵。当然首要任务是输入待处理的向量或矩阵。对于数组的创建有如下 4 种方法：

（1）直接输入法；
（2）载入外部数据文件；
（3）利用 M 文件创建和保存数组；
（4）利用 MATLAB 内置函数创建矩阵。

【例 1.4.14】用直接输入法来创建矩阵。
A=[1,2,3;4,5,6;7,8,9]
B=[1 2 3;4 5 6;7 8 9]
运行结果如下：
A =   1   2   3
      4   5   6
      7   8   9
B =   1   2   3
      4   5   6
      7   8   9

使用此方法创建矩阵需要注意：
（1）矩阵元素必须在"[ ]"内；
（2）矩阵的元素行与行之间需要使用分号";"间隔；
（3）矩阵的元素之间使用逗号","或者空格间隔。

【例 1.4.15】利用 load 函数载入外部数据文件。
```
clear all;
load trees              %读取二进制数据文件
image(X)                %以图像的形式显示数组 X
colormap(map)           %设置颜色查找表为 map
```
运行结果如图 1.4.1 所示。

图 1.4.1 读取数据文件 trees

读取数据文件 trees，在工作空间会产生数组 X，可以打开查看、编辑该数组。

【例 1.4.16】用 Windows 自带的记事本或用 MATLAB 的文本调试编辑器创建一个包含下列数字的文本文件。

1 2 3
4 5 6

把该文件命名为 data.txt，并保存在 MATLAB 的目录下。如需读取该文件，可在命令窗口中输入：

>>load   data.txt

系统将读取该文件并创建一个变量 data，包含上面的这个矩阵。在 MATLAB 工作空间中可以查看这个变量。

【例 1.4.17】用 M 文件创建矩阵，即用 MATLAB 自带的文本编辑调试器或其他文本编辑器来创建一个文件并以.m 格式保存。如把输入的内容 A=[3,4,5;6,7,8]以纯文本方式存盘（设文件名为 ttmatrix.m）。

%在 MATLAB 命令窗口中输入 ttmatrix
>>ttmatrix
A =   3   4   5
       6   7   8

运行该 M 文件，就会自动建立一个名为 ttmatrix 的矩阵，可供以后使用。

【例 1.4.18】利用系统内置的特殊函数来创建矩阵。

A1=zeros(5,4)   %产生 5×4 全为 0 的矩阵
A2=ones(5,4)   %产生 5×4 全为 1 的矩阵
A3=eye(5,4)   %产生 5×4 的单位矩阵
A4=rand(5,4)   %产生 5×4 的在(0,1)区间均匀分布的随机矩阵
A5=randn(5,4)   %产生 5×4 的均值为 0，方差为 1 的标准 1 正态分布随机矩阵
A6=hilb(3)   %产生 3 维的 Hilbert 矩阵
A7=magic(3)   %产生 3 阶的魔方矩阵

运行结果如下：

```
A1 = 0    0    0    0
     0    0    0    0
     0    0    0    0
     0    0    0    0
     0    0    0    0
A2 = 1    1    1    1
     1    1    1    1
     1    1    1    1
     1    1    1    1
     1    1    1    1
A3 = 1    0    0    0
     0    1    0    0
     0    0    1    0
     0    0    0    1
     0    0    0    0
A4 = 0.8147    0.0975    0.1576    0.1419
     0.9058    0.2785    0.9706    0.4218
     0.1270    0.5469    0.9572    0.9157
     0.9134    0.9575    0.4854    0.7922
     0.6324    0.9649    0.8003    0.9595
A5 = 0.6715    1.0347    0.8884    1.4384
    -1.2075    0.7269   -1.1471    0.3252
     0.7172   -0.3034   -1.0689   -0.7549
     1.6302    0.2939   -0.8095    1.3703
     0.4889   -0.7873   -2.9443   -1.7115
A6 = 1.0000    0.5000    0.3333
     0.5000    0.3333    0.2500
     0.3333    0.2500    0.2000
A7 = 8    1    6
     3    5    7
     4    9    2
```

在 MATLAB 中，系统内置特殊函数可以用于创建矩阵，通过这些函数，可以方便地得到想要的特殊矩阵。系统内置创建矩阵特殊的函数如表 1.4.2 所示。

表 1.4.2　系统内置创建矩阵特殊的函数

函数名	功能介绍
ones()	产生全为 1 的矩阵
zeros()	产生全为 0 的矩阵

续表

函数名	功能介绍
eye()	产生单位矩阵
rand()	产生在(0,1)区间均匀分布的随机矩阵
randn()	产生均值为0,方差为1的标准正态分布随机矩阵
compan	伴随矩阵
gallery	Higham 检验矩阵
hadamard	Hadamard 矩阵
hankel	Hankel 矩阵
hilb	Hilbert 矩阵
invhilb	逆 Hilbert 矩阵
magic	魔方矩阵
pascal	Pascal 矩阵
rosser	经典对称特征值
toeplitz	Toeplitz 矩阵
vander	Vander 矩阵
wilknsion	wiknsion 特征值检验矩阵

1.4.4 矩阵的拼接

两个或者两个以上的单个矩阵,按一定的方向进行连接,生成新的矩阵就是矩阵的拼接。矩阵的拼接就是一种创建矩阵的特殊方法,区别在于基础元素是原始矩阵,目标是新的合并矩阵。

1. 矩阵直接拼接

矩阵的拼接有按照水平方向拼接和按照垂直方向拼接两种。例如:
水平方向拼接:C=[A B]或 C=[A,B];
垂直方向拼接:C=[A;B]。

【例 1.4.19】把 3 阶魔术矩阵和 3 阶单位矩阵在水平方向上拼接成为一个的新矩阵,垂直方向上拼接成为另一个的新矩阵。

```
clear all;
A=magic(3)       %3 阶魔术矩阵
B=eye(3)         %3 阶单位矩阵
C =[A,B]         %水平方向上拼接
D =[A;B]         %垂直方向上拼接
```
运行结果如下:
```
A =   8    1    6
      3    5    7
      4    9    2
```

```
B =  1  0  0
     0  1  0
     0  0  1
C =  8  1  6  1  0  0
     3  5  7  0  1  0
     4  9  2  0  0  1
D =  8  1  6
     3  5  7
     4  9  2
     1  0  0
     0  1  0
     0  0  1
```

2. 函数拼接

在 MATLAB 中，除了使用矩阵拼接符[]，还可以使用矩阵拼接函数进行矩阵的拼接，具体的函数和功能如表 1.4.3 所示。

表 1.4.3　MATLAB 中矩阵拼接函数

函　数	功　能
cat	指定维数拼接矩阵
horzcat	水平拼接
vertcat	垂直拼接
repmat	通过对现有矩阵复制和粘贴操作拼接成新矩阵
blkdiag	现有矩阵构造一个块对角矩阵

【例 1.4.20】利用函数 cat 在不同方向连接矩阵。

```
clear    all;
A=[1 2;3 4]
B=[5 6;7 8]
C=horzcat(A,B)              %水平拼接
运行结果如下：
A =  1  2
     3  4
B =  5  6
     7  8
C =  1  2  5  6
     3  4  7  8
```

1.4.5 矩阵寻访

在 MATLAB 中，矩阵寻访的主要方法有下标寻访、单元素寻访、多元素寻访。下面进行介绍。

【例 1.4.21】利用上下标来寻访矩阵元素。

A=[1 2 3;4 5 6;7 8 9]
A(1,1)
A(2,2)
A(3,2)

运行结果如下：

A =   1   2   3
       4   5   6
       7   8   9
ans =   1
ans =   5
ans =   8

注：矩阵中的元素对应的为"第几行，第几列"。

【例 1.4.22】单元素寻访。

F=randn(3)
x=F(1,2)
y=F(2,3)
z=F(3,3)

运行结果如下：

F =   1.1093   -1.2141   1.5326
      -0.8637   -1.1135   -0.7697
       0.0774   -0.0068   0.3714
x =   -1.2141
y =   -0.7697
z =   0.3714

注：MATLAB 中单元素寻访，必须指定两个参数，即其所在的行数和列数，才能访问一个矩阵中的单个元素。例如，访问矩阵 M 中的任何一个单元素。

M=(row,column)表示 row 和 column 分别代表行数和列数。

【例 1.4.23】多元素寻访。

M=randn(3)
M(1,:)   %访问第 1 行所有元素
M(1:2,:)   %访问 1~2 行所有元素
M(:,2)   %访问第 2 列所有元素
M(:)   %访问所有元素

运行结果如下：

```
M =    -0.7423    -0.6156     0.8886
       -1.0616     0.7481    -0.7648
        2.3505    -0.1924    -1.4023
ans =  -0.7423    -0.6156     0.8886
ans =  -0.7423    -0.6156     0.8886
       -1.0616     0.7481    -0.7648
ans =  -0.6156
        0.7481
       -0.1924
ans =  -0.7423
       -1.0616
        2.3505
       -0.6156
        0.7481
       -0.1924
        0.8886
       -0.7648
       -1.4023
```

说明：利用冒号表达式可获得寻访该矩阵的某一行或某一列的若干元素，访问整行或整列元素，访问若干行或若干列的元素以及访问矩阵所有元素等。

（1）A(el:e2:e3)表示取数组或矩阵 A 的第 e_1 元素开始，每隔 e_2 步长一直到 e_3 的所有元素。

（2）A(:,j)表示取矩阵 A 的第 j 列全部元素。

（3）A(i,:)表示矩阵 A 第 i 行的全部元素。

（4）A(i:i+m,:)表示取矩阵 A 第 i~$(i+m)$ 行的全部元素。

（5）A(:,k:k+m)表示取矩阵 A 第 k~$(k+m)$ 列的全部元素。

（6）A(i:i+m,k:k+m)表示取矩阵 A 第 i~$(i+m)$ 行内，并在第 k~$(k+m)$ 列中的所有元素。

（7）利用一般向量和 end 运算符来表示矩阵下标，从而获得子矩阵。end 表示某一维的末尾元素下标。

1.4.6 矩阵的运算

在 MATLAB 中，矩阵的运算包括："+"（加）、"-"（减）、"*"（乘）、"/"（右除）、"\"（左除）、"^"（乘方）等。

【例 1.4.24】对矩阵 A 和 B 进行加减运算。

```
A=[5 4 6;8 3 7;3 6 4]
B=[9 2 7;5 6 3;5 4 8]
C=A+B
D=A-B
```

运行结果如下：

```
A =    5    4    6
       8    3    7
       3    6    4
B =    9    2    7
       5    6    3
       5    4    8
C =   14    6   13
      13    9   10
       8   10   12
D =   -4    2   -1
       3   -3    4
      -2    2   -4
```

注：要求相加减的矩阵阶数相同，如果不满足维数相同，则 MATLAB 将给出错误信息：Error using +Matrix dimensions must agree，提示用户两个矩阵的维数不匹配。

【例 1.4.25】矩阵的相乘。

A=[5 4 6;8 3 7;3 6 4]
B=[9 2 7;5 6 3;5 4 8]
C=A*B

运行结果如下：

```
A =    5    4    6
       8    3    7
       3    6    4
B =    9    2    7
       5    6    3
       5    4    8
C =   95   58   95
     122   62  121
      77   58   71
```

说明：矩阵 A 的列数必须等于矩阵 B 的行数，若 A 为 $m \times n$ 矩阵，B 为 $n \times p$ 矩阵，则 $C = A \times B$ 为 $m \times p$ 矩阵。标量可与任何矩阵相乘，即矩阵的所有元素都与标量相乘。

当矩阵相乘不满足被乘矩阵的列数与乘矩阵的行数相等时，则 MATLAB 将给出错误信息：Error using * Matrix dimensions must agree，提示用户两个矩阵的维数不匹配。

【例 1.4.26】矩阵除法。

clear
A=[5 4 6;8 9 7 ;3 6 4]
B=[5;1;7]
C=A\B

运行结果如下：

```
A =     5       4       6
        8       9       7
        3       6       4
B =     5
        1
        7
C =  -3.6923
      0.7308
      3.4231
```

说明：左除（\）时要求两矩阵行数相等，右除（/）时要求两矩阵列数相等。*A\B* 等效于 *A* 矩阵的逆左乘 *B* 矩阵，而 *B/A* 等效于 *A* 矩阵的逆右乘 *B* 矩阵。左除和右除表示两种不同的除数矩阵和被除数矩阵的关系。对于矩阵运算，一般 ***A\B***≠***B/A***。

【例 1.4.27】 求矩阵的乘方。

A=[1 2 3;4 5 6;7 8 9];
B=A^2
C=A^3

运行结果如下：

```
B =     30      36      42
        66      81      96
        102     126     150
C =     468     576     684
        1062    1305    1548
        1656    2034    2412
```

说明：若 *A* 为方阵，*x* 为标量，一个矩阵的乘方运算可以表示为 A^x。若 *A* 不是方阵，求矩阵的乘方，则 MATLAB 将给出错误信息，Error:The expression to the left of the equals sign is not a valid target for an assignment。

1.5 数据分析

数据分析是指用适当的统计分析方法对收集的大量数据进行分析，以求最大化地开发数据的功能，发挥数据的作用。数据分析是为了提取有用信息和形成结论而对数据加以详细研究和概括总结的过程。

1.5.1 平均值与中值

在 MATLAB 中，可以利用函数 mean 求算术平均值，该函数的调用方法为
mean(X): *X* 为向量，返回 *X* 中各元素的平均值。

mean(A): A 为矩阵，返回 A 中各列元素的平均值构成的向量。

mean(A,dim): 给出维数内的平均值。dim 为维数，返回 A 中。

当 X 为向量时，算术平均值的数学含义是 $\bar{x} = \frac{1}{n}\sum_{i=1}^{n}x_i$，即样本均值。

【例 1.5.1】利用函数 mean 求算术平均值。

A=[1 2 3;4 5 6;7 8 9]
mean(A)
mean(A,1)

运行结果如下：

```
A =    1    2    3
       4    5    6
       7    8    9
ans =  4    5    6
ans =  4    5    6
```

1.5.2 数据比较

在 MATALB 中，函数 sort 可以用于排序，该函数的调用方法为

Y=sort(X): X 为向量，返回 X 按由小到大排序后的向量。

Y=sort(A): A 为矩阵，返回 A 的各列按由小到大排序后的矩阵。

[Y,I]=sort(A): Y 排序的结果，I 中元素表示 Y 中对应元素在 A 中的位置。

sort(A,dim): 在给定的维数 dim 内排序。

【例 1.5.2】利用函数 sort 排序。

A=[9 7 8;4 6 5;3 2 1]
sort(A)
[Y,I]=sort(A)

运行结果如下：

```
A =    9    7    8
       4    6    5
       3    2    1
ans =  3    2    1
       4    6    5
       9    7    8
Y =    3    2    1
       4    6    5
       9    7    8
I =    3    3    3
       2    2    2
       1    1    1
```

函数 sortrows 可以用于按行方式排序，该函数的调用方法为

Y=sortrows(A): A 为矩阵，返回矩阵 Y，Y 按 A 的第 1 列由小到大，以行方式排序后生成的矩阵。

Y=sortrows(A,col): 按指定列 col 由小到大进行排序。

[Y,I]=sortrows(A,col): Y 为排序的结果，I 表示 Y 中第 col 列元素在 A 中位置。

【例 1.5.3】利用函数 sortrows 进行排序。

A=[9 6 8;4 7 2;3 5 1]
sortrows(A)
sortrows(A,1)
sortrows(A,3)
sortrows(A,[3 2])
[Y,I]=sortrows(A,3)

运行结果如下：

A =	9	6	8
	4	7	2
	3	5	1
ans =	3	5	1
	4	7	2
	9	6	8
ans =	3	5	1
	4	7	2
	9	6	8
ans =	3	5	1
	4	7	2
	9	6	8
ans =	3	5	1
	4	7	2
	9	6	8
Y =	3	5	1
	4	7	2
	9	6	8
I =	3		
	2		
	1		

函数 range 用于求最大值与最小值之差，该函数调用方法如下：

Y=range(X): X 为向量，返回 X 中的最大值与最小值之差。

Y=range(A): A 为矩阵，返回 A 中各列元素的最大值与最小值之差。

【例 1.5.4】函数 range 应用示例。

A=[9 6 8;4 7 2;3 5 1]
Y=range(A)
运行结果如下：
A =   9   6   8
       4   7   2
       3   5   1
Y =   6   2   7

1.5.3 期 望

函数 mean 用于计算样本均值。返回 A 沿大小不等于1的第一个数组维度元素的均值。

【例 1.5.5】 试求样本平均值。

X=[15.60 15.21 14.90 15.91 15.32 15.22];
mean(X)   %计算样本均值
运行结果如下：
ans =
    15.3600

1.5.4 方 差

函数 var 用于求样本方差，该函数的调用方法如下：

D=var(X,1): $\text{var}(X)=s^2=\dfrac{1}{n-1}\sum\limits_{i=1}^{n}(x_i-\bar{X})^2$，若 X 为向量，则返回向量的样本方差。

D=var(A): A 为矩阵，则 D 为 A 的列向量的样本方差构成的行向量。

D=var(X,1): 返回向量（矩阵）X 的简单方差（即前置因子为 $\dfrac{1}{n}$ 的方差）。

D=var(X,w): 返回向量（矩阵）X 的以 w 为权重的方差。

函数 std 用于求标准差，该函数的调用方法如下：

std(X): 返回向量（矩阵）X 的样本标准差（置前因子即 $\text{std}=\sqrt{\dfrac{1}{n}\sum\limits_{i=1}^{n}(x_i-\bar{X})}$。

std(X,1): 返回向量（矩阵）X 的标准差（前置因子为 $\dfrac{1}{n}$ 的方差）。

std(X,0): 与 std(X) 相同。

std(X,flag,dim): 返回向量（矩阵）中维数为 dim 的标准差值，其中 flag=0 时，前置因子为 $\dfrac{1}{n-1}$ 的方差；否则置前因子为 $\dfrac{1}{n}$。

【例 1.5.6】 求下列样本的方差和标准差，样本方差和样本标准差。

X=[15.60 15.21 14.90 15.91 15.32 15.22];
DX=var(X,1)   %方差

```
sigma=std(X,1)              %标准差
DX1=var(X)                  %样本方差
sigma1=std(X)               %样本标准差
```
运行结果如下：
```
DX =      0.1026
sigma =   0.3203
DX1 =     0.1231
sigma1 =  0.3508
```
【例 1.5.7】求解随机数矩阵的方差、标准差和斜度。
```
X=randn(2,8)
DX=var(X')
DX1=var(X',1)
S=std(X',1)
S1=std(X')
SK=skewness(X')
SK1=skewness(X',1)
```
运行结果如下：
```
X =-0.0825   -0.4390   0.8404   0.1001   0.3035   0.4900   1.7119   -2.1384
   -1.9330   -1.7947  -0.8880  -0.5445  -0.6003   0.7394  -0.1941   -0.8396
DX =1.2391      0.7299
DX1 =1.0842     0.6387
S = 1.0413      0.7992
S1 =1.1132      0.8544
SK = -0.7385    0.1944
SK1 = -0.7385   0.1944
```

1.5.5 协方差与相关系数

函数 cov 用于求协方差，该函数的调用方法如下：

cov(X)：求向量 X 的协方差。

cov(A)：求矩阵 A 的协方差矩阵，该协方差矩阵的对角线元素是 A 各列的方差，即 var(A)= diag(cov(A))。

函数 corrcoef 用于求相关系数，该函数的调用方法如下：

corrcoef(X,Y)：返回列向量 X,Y 的相关系数，等同于 corrcoef([X,Y])。

corrcoef(A)：返回矩阵 A 的列向量的相关系数矩阵。

【例 1.5.8】协方差示例。
```
X=[0 -2 2]';Y=[1 2 2]';
C1=cov(X)              %X 的协方差
C2 =cov(X,Y)           %列向量 X、Y 的协方差矩阵，对角线元素为各列向量的方差
```

A=[1 2 3;4 0 -1;1 7 3]
M1=cov(A)   %求矩阵 A 的协方差矩阵
M2=var(A(:,1))   %求矩阵 A 的第 1 列向量的方差
M3=var(A(:,2))   %求矩阵 A 的第 2 列向量的方差
M4=var(A(:,3))
运行结果如下：
C1 =   4
C2 =   4.0000   0
            0   0.3333
A =   1   2   3
        4   0   -1
        1   7   3
M1 = 3.0000   -4.5000   -4.0000
    -4.5000   13.0000   6.0000
    -4.0000   6.0000   5.3333
M2 = 3
M3 = 13
M4 = 5.3333

【例 1.5.9】求相关系数。
A=[1 2 3;4 5 -2;1 7 8]
C1=corrcoef(A)   %求矩阵 A 的相关系数矩阵
C2=corrcoef(A(:,2),A(:,3)) %求矩阵 A 的第 2 列
运行结果如下：
A =   1   2   3
        4   5   -2
        1   7   8
C1 = 1.0000   0.1147   -0.8660
     0.1147   1.0000   0.3974
    -0.8660   0.3974   1.0000
C2=1.0000   0.3974
   0.3974   1.0000

【例 1.5.10】利用以上两种函数分别计算数据的协方差和相关系数。
x=ones(1,4)
r=rand(4,1)
X=ones(4)
A=magic(4)
C1=cov(x)
C2=cov(r)
C3=cov(x,r)

C4=cov(X)
C5=cov(A)
C6=corrcoef(x,r)
C7=corrcoef(X,A)
C8=corrcoef(A)
运行结果如下：

```
x = 1    1    1    1
r = 0.9133
    0.1524
    0.8258
    0.5383
X = 1    1    1    1
    1    1    1    1
    1    1    1    1
    1    1    1    1
A = 16   2    3    13
    5    11   10   8
    9    7    6    12
    4    14   15   1
C1 = 0
C2 = 0.1177
C3 = 0         0
     0    0.1177
C4 = 0    0    0    0
     0    0    0    0
     0    0    0    0
     0    0    0    0
C5 = 29.6667   -27.6667   -25.6667    23.6667
     -27.6667   27.0000    26.3333   -25.6667
     -25.6667   26.3333    27.0000   -27.6667
      23.6667  -25.6667   -27.6667    29.6667
C6 =  NaN    NaN
      NaN     1
C7 =  NaN    NaN
      NaN     1
C8 = 1.0000   -0.9776   -0.9069    0.7978
    -0.9776    1.0000    0.9753   -0.9069
    -0.9069    0.9753    1.0000   -0.9776
     0.7978   -0.9069   -0.9776    1.0000
```

1.6 图形绘制

1.6.1 二维曲线

二维图形是将平面坐标上的数据点连接起来的平面图形。可以采用不同的坐标系,如直角坐标、对数坐标、极坐标等。二维图形的绘制是其他绘图操作的基础。

【例 1.6.1】演示绘图。在同一坐标轴上绘制 $\cos(t)$、$\cos(2t)$ 和 $\cos(3t)$ 这三条曲线。

```
clear all;
t=0:0.01:3*pi;
y1=cos(t);y2=cos(2*t);y3=cos(3*t);
figure;                          %设置当前绘图区
plot(t,y1,t,y2,t,y3);            %绘图
axis([0 8 -2 2]);                %设置坐标轴和网格线属性
grid on;
xlabel('t');   ylabel('y');      %标注图形
title('演示绘图');legend('cos(t)','cos(2t)','cos(3t)');
```

运行结果如图 1.6.1 所示。

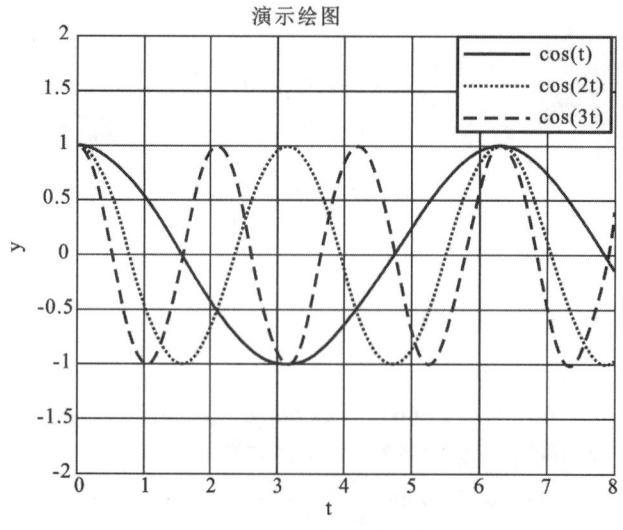

图 1.6.1 在同一坐标轴上绘制三条曲线

1. 绘制二维曲线图函数

在 MATLAB 中,主要的二维绘图函数如表 1.6.1 所示。

表 1.6.1 常用绘图函数

函数	说明
plot	x 轴和 y 轴均为线性刻度
loglog	x 轴和 y 轴均为对数刻度

续表

函数	说明
semilogx	x 轴为对数刻度，y 轴为线性刻度
semilogy	x 轴为线性刻度，y 轴为对数刻度
plotyy	绘制双纵坐标图形
polar	绘制极坐标图
grid	在图形窗口添加网格（grid on）或去掉网格（grid off）
zoom	对图形进行放大缩小操作（zoom on 容许或 zoom off 不容许）
ginput	用鼠标获取图形中点的位置

其中，plot 是最基本的二维绘图函数，其调用格式如表 1.6.2 所示。

表 1.6.2 plot 调用格式

格式	说明
plot(Y)	若 *Y* 为实向量，则以该向量元素的下标为横坐标，以 *Y* 的各元素值为纵坐标，绘制二维曲线
	若 *Y* 为复数向量，则等效于 plot(real(Y),imag(Y))
	若 *Y* 为实矩阵，则按列绘制每列元素值相对其下标的二维曲线，曲线的条数等于 *Y* 的列数
	若 *Y* 为复数矩阵，则按列分别以元素实部和虚部为横、纵坐标绘制多条二维曲线
plot(X,Y)	若 *X*、*Y* 为长度相等的向量，则绘制以 *X* 和 *Y* 为横、纵坐标的二维曲线
	若 *X* 为向量，*Y* 是有一维与 *X* 同维的矩阵，则以 *X* 为横坐标，与 *X* 同维的 *Y* 的一维为纵坐标。曲线条数与 *Y* 的另一维相同
	若 *X*、*Y* 为同维矩阵，则绘制以 *X* 和 *Y* 对应的列元素为横、纵坐标的多条二维曲线，曲线条数与矩阵的列数相同
plot(X1,Y1,X2,Y2,$\cdots$,Xn,Yn)	每一对参数 *Xi* 和 *Yi* 的取值和所绘图形与 plot(X,Y) 中相同
plot(X1,Y1,LineSpec,$\cdots$)	以 LineSpec 指定的属性，绘制所有 *Xn*、*Yn* 对应的曲线
plot(X1,Y1,'PropertyName', PropertyValue,$\cdots$)	由 plot 绘制的所有曲线，按照设置的属性值进行绘制
h=plot($\cdots$)	调用函数 plot 时，同时返回每条曲线的图形句柄 h

【例 1.6.2】用 plot 在同一坐标内通过不同线型和颜色绘制曲线 $y = 2e^{-0.5x}\sin(2\pi x)$ 及其包络线。

运行程序如下：

```
x=(0:pi/100:2*pi)';
y1=2*exp(-0.5*x)*[1,-1];
y2=2*exp(-0.5*x).*sin(2*pi*x);
x1=(0:12)/2;
y3=2*exp(-0.5*x1).*sin(2*pi*x1);
plot(x,y1,'g:',x,y2,'b--',x1,y3,'rp');
```

运行结果如图 1.6.2 所示。

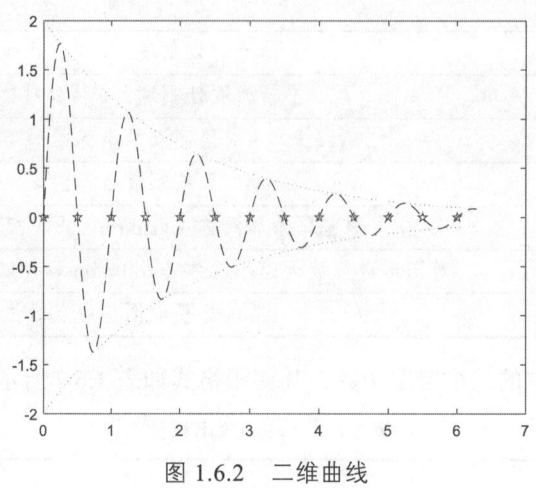

图 1.6.2 二维曲线

2. 绘制对数曲线图

MATLAB 提供了绘制对数和半对数坐标曲线的函数，调用格式为

semilogx(x1,y1,选项 1,x2,y2,选项 2,…)

semilogy(x1,y1,选项 1,x2,y2,选项 2,…)

loglog(x1,y1,选项 1,x2,y2,选项 2,…)

【例 1.6.3】绘制函数 e^x，运行程序如下：

x=logspace(-1,2);

loglog(x,exp(x),'-s')

grid on

运行结果如图 1.6.3 所示。

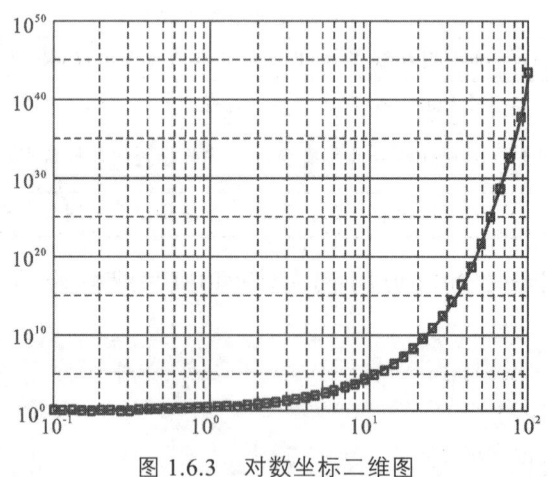

图 1.6.3 对数坐标二维图

3. 绘制双纵坐标曲线图

在 MATLAB 中，可以使用绘图函数 plotyy 绘制出具有不同纵坐标的两个图形。

调用格式为

plotyy(x1,y1,x2,y2,'fun1','fun2')

其中 x_1, y_1 对应一条曲线，x_2, y_2 对应另一条曲线。横坐标的标度相同，纵坐标有两个，左纵坐标用于 x_1, y_1 数据对，右纵坐标用于 x_2, y_2 数据对。

【例 1.6.4】绘制双纵坐标曲线图。运行程序如下：

x=0:0.01:5;

y=exp(x);

plotyy(x,y,x,y,'semilogy','plot')

运行结果如图 1.6.4 所示。

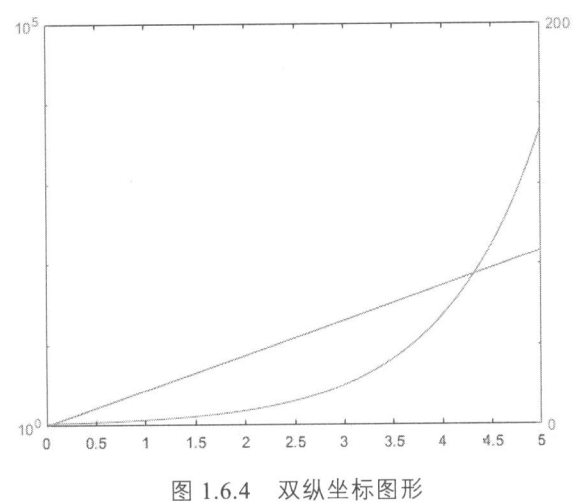

图 1.6.4 双纵坐标图形

4. 绘制其他类型的曲线图

在 MATLAB 中，还有其他绘图函数，绘制不同类型的二维图形，如表 1.6.3 所示。

表 1.6.3 其他类型二维图形函数

函数	二维图的形状	备注
bar(x,y)	条形图	x 是横坐标，y 是纵坐标
fplot(y,[a b])	精确绘图	y 代表某个函数，$[a\ b]$ 表示需要精确绘图的范围
polar(θ,r)	极坐标图	$θ$ 是角度，r 代表以 $θ$ 为变量的函数
stairs(x,y)	阶梯图	x 是横坐标，y 是纵坐标
stem(x,y)	针状图	x 是横坐标，y 是纵坐标
fill(x,y,'b')	实心图	x 是横坐标，y 是纵坐标，'b' 代表颜色
scatter(x,y,s,c)	散点图	x 是圆圈标记点的面积，c 是标记点颜色
pie(x)	饼图	x 为向量

【例1.6.5】绘制 r=cos(4x)+0.25 的极坐标图。

运行程序如下：

theta=0:pi/50:2*pi;
r=cos(4*theta)+1/4;
polar(theta,r,'-*');

运行结果如图 1.6.5 所示。

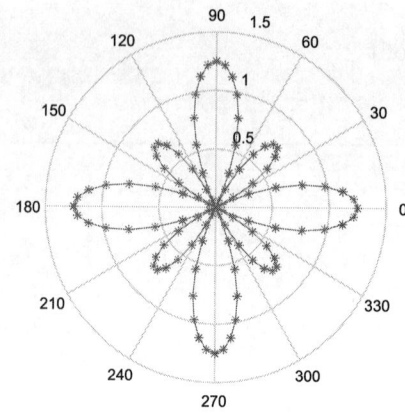

图 1.6.5　极坐标二维图

【例1.6.6】绘制其他二维图形。

运行程序如下：

figure
subplot(221)
x=-2.9:0.2:2.9;   %条形图
bar(x,exp(-x.^2))
subplot(222)
x=0:0.1:4;   %针状图
y=(x.^0.6).*exp(-x)
stem(x,y)
subplot(223)
x=0:0.25:10;   %阶梯图
stairs(x,sin(2*x)+sin(x))
subplot(224)
x=[43 78 86 43 20];   %饼图
pie(x)

运行结果如图 1.6.6 所示。

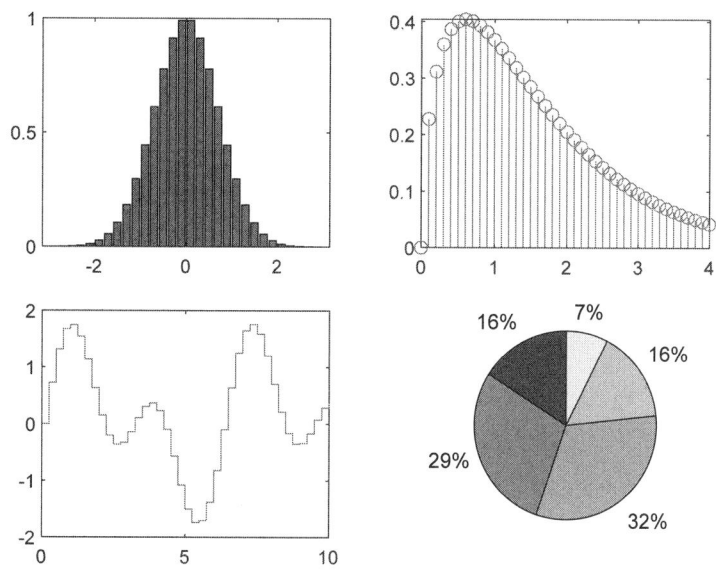

图 1.6.6 其他类型的二维图

1.6.2 绘制图形的辅助操作

1. 色彩和线型

在 MATLAB 中为区别位于同一窗口中的多条曲线,可以改变曲线的颜色和线型等图形属性。plot 函数可以接受字符串输入变量,这些字符串输入变量用来指定不同的颜色、线型和标记符号(各数据点上的显示符号),如表 1.6.4 所示。

表 1.6.4 plot 绘图函数的常用参数

颜色参数	颜色	标记符号	标记	线型参数	线型
b(bule)	蓝色	.	点	-	实线
g(green)	绿色	o	圈	:	点线
r(red)	红色	x	x 标记	-.	点虚线
y(yellow)	黄色	+	加号	--	虚线
c(cyan)	青色	*	星号		
m(magenta)	洋红色	s	正方形		
k(black)	黑色	d	菱形		
w(white)	白色	v	下三角		
		∧	上三角		
		<	左三角		
		>	右三角		
		p	五角星		
		h	六角星		

【例 1.6.7】绘制两条不同颜色、不同线型的曲线。

运行程序如下：
x=0:0.2:8
y1=0.2+sin(-2*x)
y2=x.^0.5;
plot(x,y1,'g-+',x,y2,'r--d')

运行结果如图 1.6.7 所示。

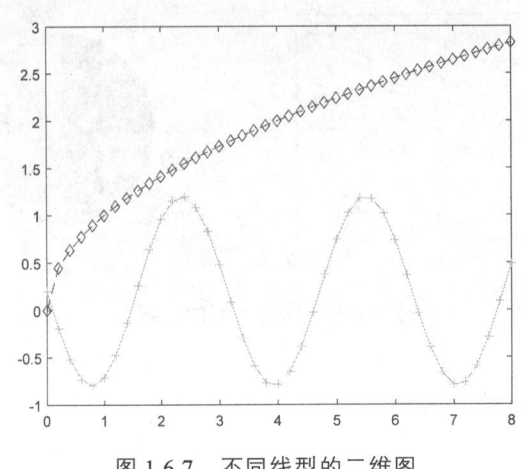

图 1.6.7 不同线型的二维图

2. 图形的标注与修饰

在 MATLAB 中，提供了一些图形函数，专门对所画出的图形进行修饰，使其更加美观，更便于应用。图形绘制以后，需要对图形进行标注、说明等修饰性的处理，以增加图的可读性，使之反映出更多的信息。表 1.6.5 列出了常用图形修饰函数。

表 1.6.5 常用图形修饰函数

函数	说明
axis([Xmin,Xmax,Ymin,Ymax])	x，y 坐标轴范围的调整
xlabel('string')	标注 x 轴名称
ylabel('string')	标注 y 轴名称
title('string')	标注图形标题
legend('string1','string2',…,pos)	用指定文字 string 在当前坐标轴中对所给数据每一部分显示一个图例，在指定位置 pos 放置这些图例
legend('off')	清除图例
legend('hide')	隐藏图例
legend('show')	显示图例
grid	转换网格线的显示与否的状态
grid on	给图形增加网格
grid off	给图形取消网格
text(x,y,'string')	在图形中指定的位置(x,y)显示字符串 string

续表

函数	说明
text(x,y,string,option)	在图形指定坐标位置(x,y)处，写出由 string 所给出的字符串。坐标(x,y)的单位是由选项参数 option 决定的。如果不给出该选项参数，则(x,y)坐标的单位与图中的单位是一致的。如果选项参数取值为'sc'，则(x,y)坐标表示规范化的窗口相对坐标，其变化范围为 0~1，即该窗口绘图范围的左下角坐标为(0,0)，右上角坐标为(1,1)
gtext('string')	表示当光标位于一个图形窗口内时，等待用户单击鼠标或键盘。若按下鼠标或键盘，则在光标的位置显示给定的文字 string
hold	切换当前的绘图叠加模式
hold on	制定当前绘图窗口叠加绘图模式的开状态
hold off	制定当前绘图窗口叠加绘图模式的关状态
hold all	使得当前绘图窗口的叠加绘图模式打开，而且使新的绘图指令循环初始设置的颜色循环序和线型循环序

1）axis 函数的用法

在 MATLAB 中，axis 函数用于根据需要适当调整坐标轴，其详细用法见表 1.6.6。

表 1.6.6　axis 函数用法

格式	功能
axis([xmin xmax ymin ymax])	x 轴和 y 轴的最大、最小值选择坐标系
axis('auto')	表示自动设置坐标系 xmin=min(x):xmax=max(x); ymin=min(y);ymax=max(y)
axis('xy')	表示使用笛卡儿坐标系
axis('ij')	表示使用 matrix 坐标系。即坐标原点在左上方，x 坐标从左向右增大，y 坐标从上向下增大
axis('square')	表示将当前图形设置为正方形图形
axis('equal')	表示将 x,y 坐标轴的单位刻度设置为相等
axis('normal')	表示关闭 axis equal 和 axis square 命令
axis('off')	表示关闭网络线、xy 坐标的用 label 命令所加的注释，但保留用图形中 text 命令和 gtext 命令所添加的文本说明
axis('on')	表示打开网络线、xy 坐标的用 label 命令所加的注释

【例 1.6.8】利用函数 axis 调整 $y=\cos x$ 的坐标轴范围。

x=0:pi/100:2*pi;y=cos(x);
line([0,2*pi],[0,0])
hold on;
plot(x,y);axis([0 2*pi -1 1])

运行结果如图 1.6.8 所示。

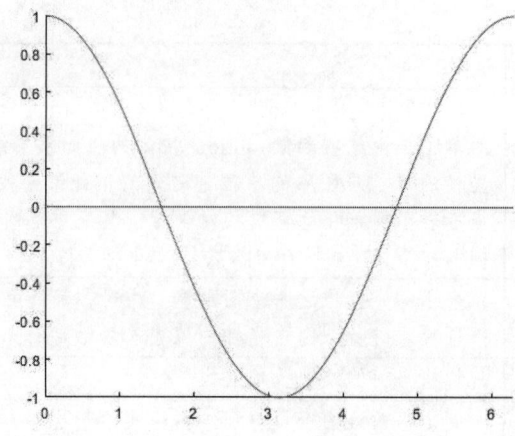

图 1.6.8 函数 axis 调整 $y=\cos x$ 的坐标轴范围

【例 1.6.9】利用 axis 函数为 $y=\cos x$ 绘制笛卡儿坐标系。
x=0:pi/100:2*pi;y=cos(x);
line([0,3*pi],[0,0])
hold on;
plot(x,y);axis([0 3*pi -2 2]);axis('xy');
运行结果如图 1.6.9 所示。

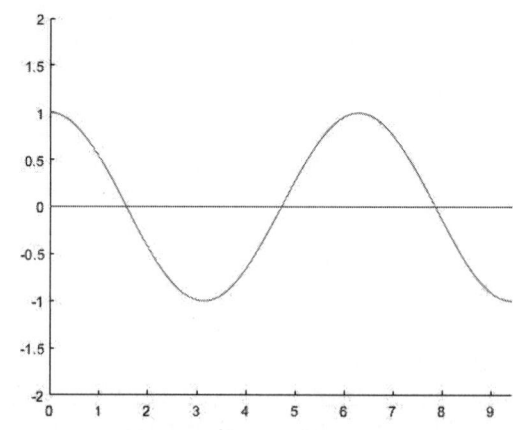

图 1.6.9 axis 函数为 $y=\cos x$ 绘制笛卡儿坐标系

【例 1.6.10】利用函数 axis 绘制一个圆。
在命令行窗口直接输入以下程序代码：
alpha=0:0.01:2*pi;
x=cos(alpha);y=sin(alpha);
plot(x,y);axis([-2 2 -2 2]);
grid on;axis square
运行结果如图 1.6.10 所示。

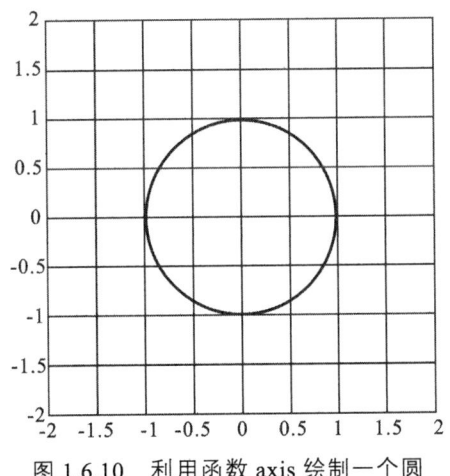

图 1.6.10 利用函数 axis 绘制一个圆

【例 1.6.11】坐标轴刻度范围函数的应用。

运行程序如下：

x=0:0.2:8;y1=0.2+sin(-2*x)

y2=sin(x.^0.5)

plot(x,y1,'g-+',x,y2,'r--d')

axis([-0.5 5 -0.5 1.2])

运行结果如图 1.6.11 所示。

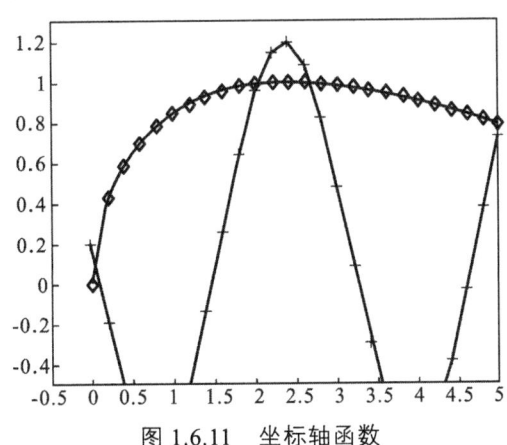

图 1.6.11 坐标轴函数

2）xlabel、ylabel、title 函数的用法

在 MATLAB 中，函数 xlabel、ylabel 用于给 x 轴、y 轴贴上标签；函数 title 用于给当前轴加上标题。每个 axes 图形对象可以有一个标题，标题定位于 axes 上方正中央。

【例 1.6.12】在当前坐标轴上方正中央放置字符串"余弦函数"作为标题。

x=-pi:0.1:pi;

y=sin(x);

plot(x,y);title('正弦函数')

运行结果如图 1.6.12 所示。

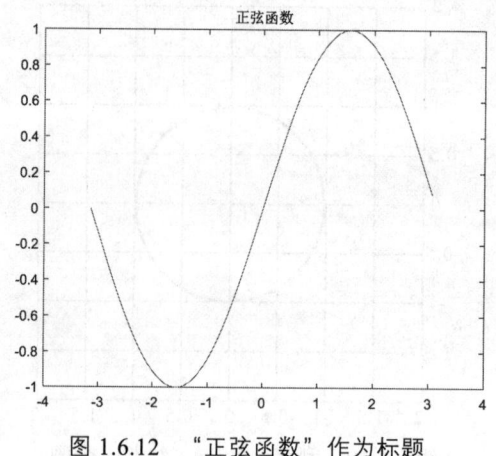

图 1.6.12 "正弦函数"作为标题

【例 1.6.13】坐标轴标注函数 xlabel 和 ylabel 使用实例。
x=[2004:1:2013];
y=[1.35 0.91 2.3 0.86 1.36 0.95 1.0 0.96 1.11 0.74];
xin=2004:0.2:2013;
yin=spline(x,y,xin);
plot(x,y,'ob',xin,yin,'-.r');
title('2004 年到 2013 年北京年平均降水量图');
xlabel('年份','FontSize',10);ylabel('每年降雨量','FontSize',10)
运行结果如图 1.6.13 所示。

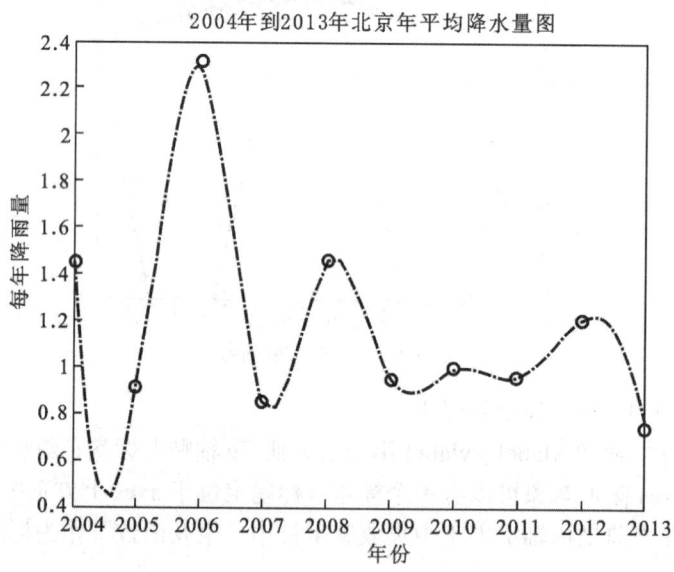

图 1.6.13 坐标轴标注函数 xlabel 和 ylabel

【例 1.6.14】对例 1.6.2 进行标注。
运行程序如下：
x=(0:pi/100:2*pi)';

y1=2*exp(-0.5*x)*[1,-1];y2=2*exp(-0.5*x).*sin(2*pi*x);
x1=(0:12)/2;
y3=2*exp(-0.5*x1).*sin(2*pi*x1);
plot(x,y1,'g:',x,y2,'b--',x1,y3,'rp');
title('曲线及其包络线');xlabel('变量 X');ylabel('变量 Y');
text(3.2,0.5,'包络线');legend('包络线','包络线','曲线 Y','离散数据点');
运行结果如图 1.6.14 所示。

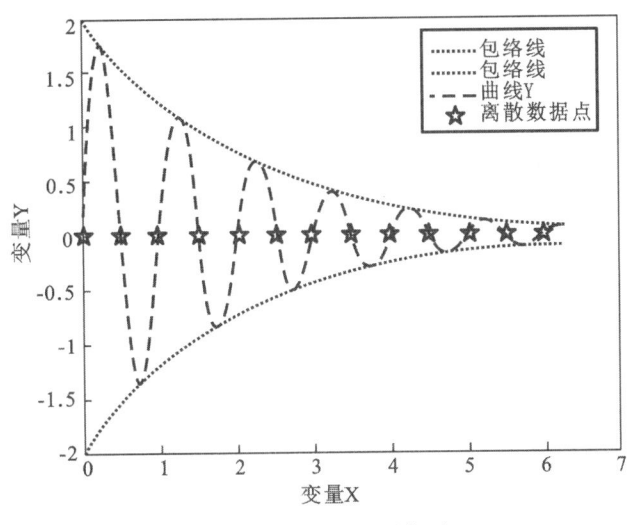

图 1.6.14　二维图形标注

3）grid、legend 函数的用法

函数 grid 用于给二维或三维图形的坐标面增加网格线。函数 legend 用于在图形上添加图例。该命令对有多种图形对象类型（线条图、条形图、饼形图等）的窗口中显示一个图例。对于每一线条，图例会在用户给定的文字标签旁显示线条的线型，标记符号和颜色等。

【例 1.6.15】给余弦函数图形增加网格线。

x=-pi:0.1:pi;
y=cos(x);
plot(x,y);title('余弦函数');grid on
运行结果如图 1.6.15 所示。

【例 1.6.16】利用 grid 命令去掉单位圆图形的网格线。

alpha=0:0.01:2*pi;
x=sin(alpha);y=cos(alpha);
plot(x,y);
axis([-1.1 1.1 -1.1 1.1]);grid off;axis square
运行结果如图 1.6.16 所示。

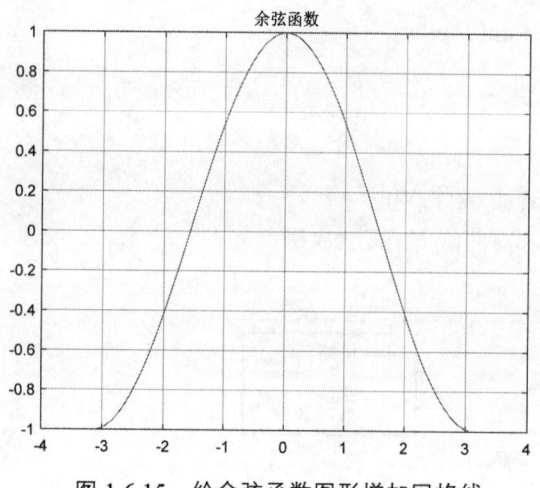
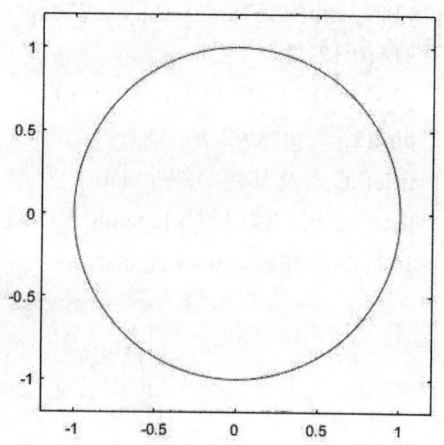

图 1.6.15　给余弦函数图形增加网格线　　　图 1.6.16　去掉单位圆图形的网格线效果

【例 1.6.17】使用函数 legend 在图形中添加图例。
y=magic(3);bar(y);
legend('第一列','第二列','第三列');
grid on
运行结果如图 1.6.17 所示。

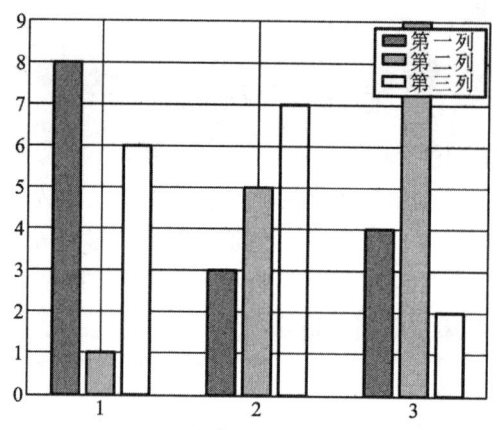

图 1.6.17　图形中添加图例效果

【例 1.6.18】图形标定函数 legend 使用实例。
x=0:0.01*pi:4*pi;
y1=2*sin(x);
y2=cos(x);
y3=sin(2*x).*cos(x);
plot(x,[y1;y2;y3])
axis([0 4*pi -2 2.5])
set(gca,'XTick',[0 pi 2*pi],'XTickLabel',{'0','pi','2pi'})
legend('2*cos(x)','sin(x)','cos(2x)sin(x)')
运行结果如图 1.6.18 所示。

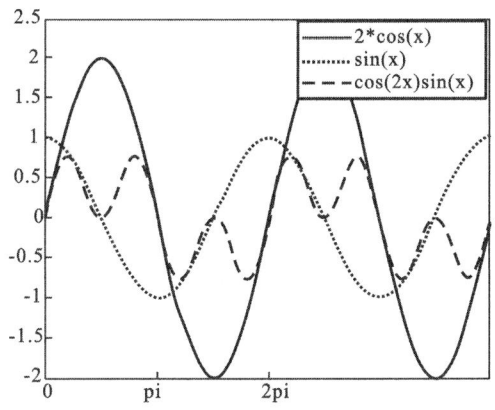

图 1.6.18　图形标定函数 legend 使用实例

4）text、gtext 函数的用法

函数 text 用于在当前轴中创建 text 对象，可用该函数在图形中指定的位置显示字符串；gtext 函数用于在当前二维图形中用鼠标放置文字，当光标进入图形窗口时，会变成一个大十字，表明系统正等待用户的动作。

【例 1.6.19】利用函数 text 将文本字符串显示在图形中的任意位置。

x=0:pi/100:6;

plot(x,sin(x));

text(3*pi/4,sin(3*pi/4),'\leftarrowsin(x)=0.707','fontsize',14);

%放置文本字符串

text(pi,sin(pi),'\leftarrowsin(x)=0','fontsize',14);

text(5*pi/4,sin(5*pi/4),'sin(x)=0.707\rightarrow','horizontal','right','fontsize', 14);

运行结果如图 1.6.19 所示。

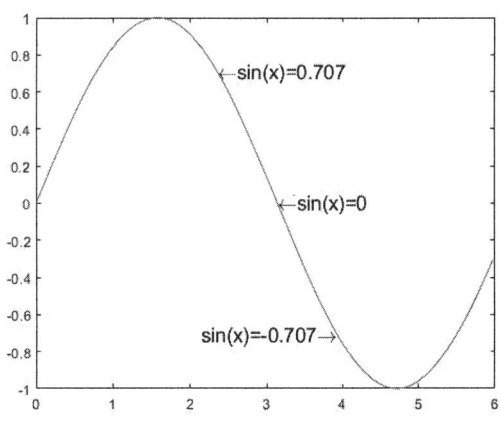

图 1.6.19　在图形中添加文本标注

【例 1.6.20】使用函数 gtext 将一个字符串放到图形中，位置由鼠标来确定。

plot(peaks(80));

gtext('图形','fontsize',16)

运行结果如图 1.6.20 所示。

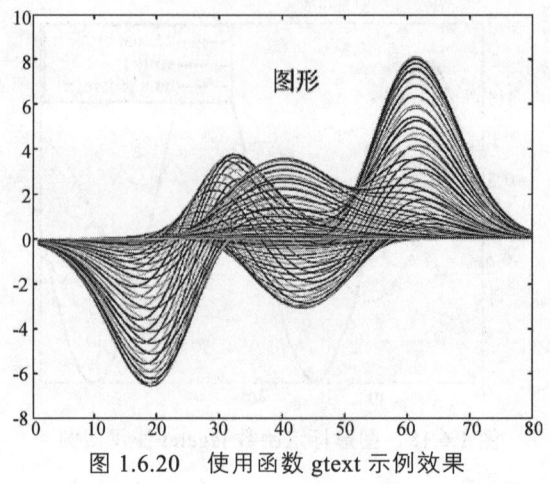

图 1.6.20 使用函数 gtext 示例效果

5) hold 函数的用法

【例 1.6.21】利用函数 hold 绘制叠加图形。

```
x=-5:5;
y1=randn(size(x)); y2=sin(x);
subplot(2,1,1)
hold
hold                    %切换子图 1 的叠加绘图模式到关闭状态
plot(x,y1,'b')
plot(x,y2,'r')          %新的绘图指令覆盖了原来的绘图结果
title('hold off')
subplot(2,1,2)
hold on                 %打开子图 2 的叠加绘图模式
plot(x,y1,'b')
plot(x,y2,'r')          %新的绘图结果叠加在原来的图形中
title('hold on')
```

运行结果如图 1.6.21 所示。

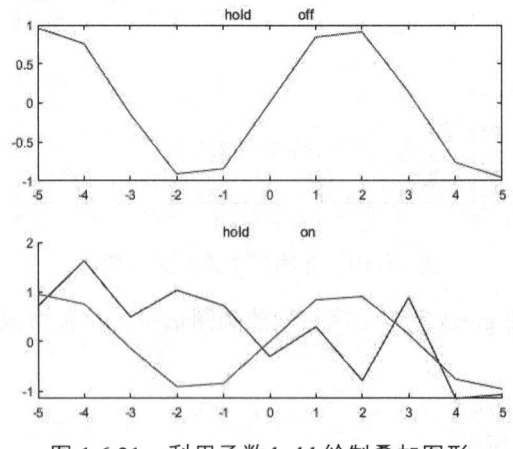

图 1.6.21 利用函数 hold 绘制叠加图形

3. 图形分割

在一个图形窗口用函数 subplot 可以同时画出多个子图形，其调用格式见表 1.6.7。

表 1.6.7　函数 subplot 调用格式

格式	功能
subplot(m,n,p)	将当前图形窗口分成 $m \times n$ 个子窗口，并在第 p 个子窗口建立当前坐标平面。子窗口按从左到右，从上到下的顺序编号
subplot(m,n,p,'replace')	建立当前子窗口的坐标平面时，若指定位置已经建立了坐标平面，则以新建的坐标平面代替
subplot(h)	指定当前子图坐标平面的句柄 h，h 为按 mnp 排列的整数
subplot('Position',[left bottom width height])	在指定位置建立当前子图坐标平面，把当前图形窗口看作 1.0×1.0 的平面，所以 left、bottom、width、height 分别在 (0.0,1.0) 的范围内取值，分别表示所创建当前子图坐标平面距离图形窗口左边、底边的长度，以及所建子图坐标平面的宽度和高度
h=subplot(…)	创建当前子图坐标平面时，同时返回其句柄

【例 1.6.22】图形分割。

运行程序如下：

x=linspace(0,2*pi,100)
subplot(2,2,1),plot(x,sin(x))
xlabel('x'),ylabel('y'),title('sin(x)')
subplot(222),plot(x,cos(x))
xlabel('x'),ylabel('y'),title('cos(x)')
subplot(223),plot(x,exp(x))
xlabel('x'),ylabel('y'),title('exp(x)')
subplot(2,2,4),plot(x,exp(-x))
xlabel('x'),ylabel('y'),title('exp(-x)')

运行结果如图 1.6.22 所示。

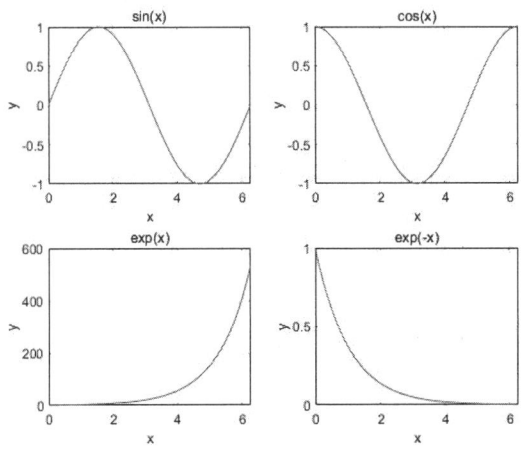

图 1.6.22　图形分割

【例 1.6.23】 画出参数方程的图形。

clear all;
t1=0:pi/4:3*pi;t2=0:pi/25:3*pi;
x1=3*(cos(t1)+t1.*sin(t1));y1=3*(sin(t1)-t1.*cos(t1));
x2=3*(cos(t2)+t2.*sin(t2));y2=3*(sin(t2)-t2.*cos(t2));
subplot(2,2,1);plot(x1,y1,'r.');title('图形 1');
subplot(2,2,2);plot(x2,y2,'r.');title('图 形 2 ') ;
subplot(2,2,3);plot(x1,y1);title('图形 3');
subplot(2,2,4);plot(x2,y2);title('图形 4');
运行结果如图 1.6.23 所示。

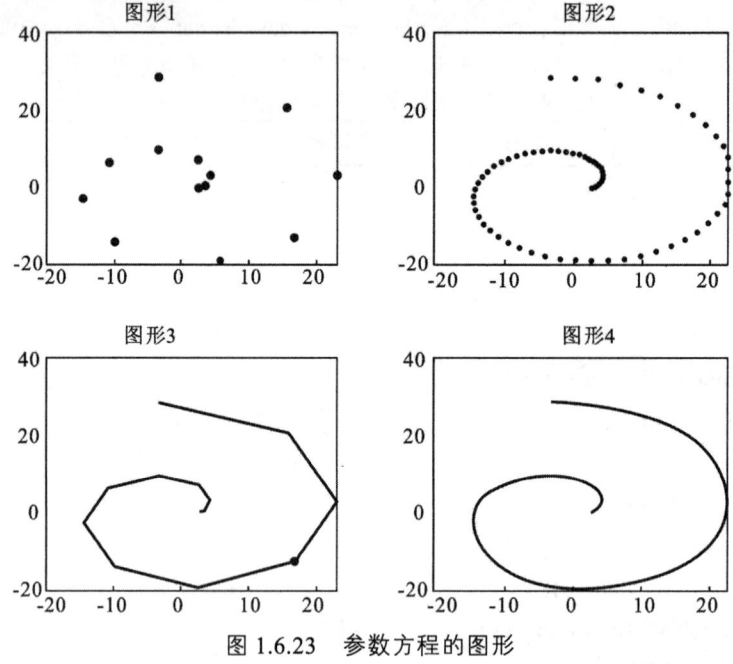

图 1.6.23　参数方程的图形

【例 1.6.24】 利用函数 subplot(m,n,P)演示对图形进行分割。
%均匀分割
figure
subplot(2,2,1)
text(.5,.5,{'1'},'FontSize',20,'HorizontalAlignment','center')
subplot(2,2,2)
text(.5,.5,{'2'},'FontSize',20,'HorizontalAlignment','center')
subplot(2,2,3)
text(.5,.5,{'3'},'FontSize',20,'HorizontalAlignment','center')
subplot(2,2,4)
text(.5,.5,{'4'},'FontSize',20,'HorizontalAlignment','center')
运行结果如图 1.6.24（a）所示。

```
%左右分割
figure
subplot(2,2,[1 3])
text(.5,.5,'[1 3])','FontSize',20,'HorizontalAlignment','center')
subplot(2,2,2)
text(.5,.5,'2', 'FontSize',20,'HorizontalAlignment','center')
subplot(2,2,4)
text(.5,.5,'4', 'FontSize',20,'HorizontalAlignment','center')
```
运行结果如图 1.6.24（b）所示。

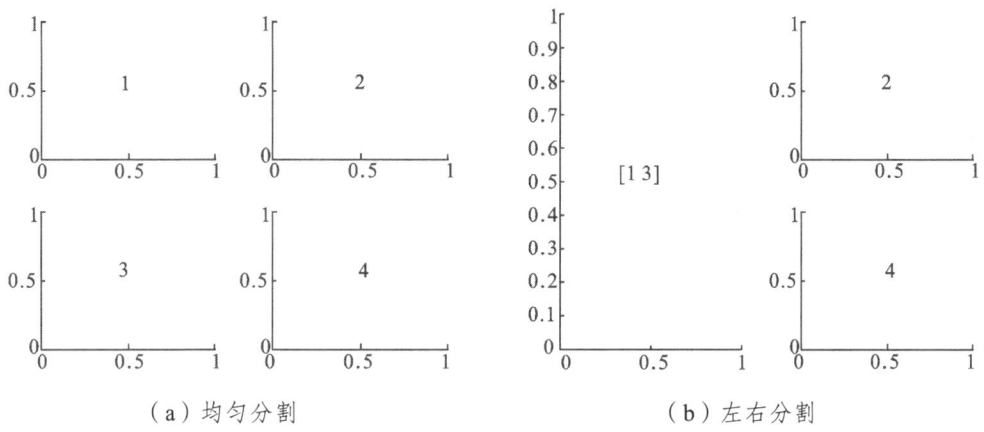

（a）均匀分割　　　　　　　　　　（b）左右分割

图 1.6.24　图形分割

1.6.3　三维图形

三维图形具有更强的数据表现能力，为此 MATLAB 提供了丰富的函数来绘制三维图形。绘制三维图形与绘制二维图形的方法十分类似，很多都是在二维绘图的基础上扩展而来。

1. 绘制三维曲线的基本函数

基本的三维图形函数为 plot3，它是将二维绘图函数 plot 的有关功能扩展到三维空间，用来绘制三维曲线。其调用格式如下：

plot3(x1,y1,z1,选项 1,x2,y2,z2,选项 2,…,xn,yn,zn,选项 n)

其中，每一组 *x*、*y*、*z* 组成一组曲线的坐标参数，选项指明了所绘图中线条的线性、颜色以及各个数据点的标记符号。plot3 命令使用逐点连线的方法绘制三维折线，当各个数据点的间距较小时，也可利用它来绘制三维曲线。

当 *x*、*y*、*z* 是同长度的向量时，则 *x*、*y*、*z* 对应元素构成一条三维曲线。

当 *x*、*y*、*z* 是同型矩阵时，则以 *x*、*y*、*z* 对应列元素绘制三维曲线，曲线条数等于矩阵列数。

【例 1.6.25】绘制三维螺旋图，将 *t* 定义为由介于 0 和 10π 之间的值组成的向量。将 *st* 和 *ct* 定义为正弦和余弦值向量。然后绘制曲线。

t=0:pi/50:10*pi;

st=sin(t);

ct=cos(t);

plot3(st,ct,t)

运行结果如图 1.6.25 所示。

2. 三维图形坐标标记的函数

MATLAB 提供了下述 3 个用于三维图形坐标标记的函数，并提供了用于图形标题说明的语句。这些函数的调用方法如下：

xlabel(str)：将字符串 str 水平放置于 X 轴。

ylabel(str)：将字符串 str 水平放置于 Y 轴。

zlabel(str)：将字符串 str 水平放置于 Z 轴。

title(str)：将字符串 str 水平放置于图形的顶部。

【例 1.6.26】利用函数为 $x=\sin t$、$y=\cos t$ 的三维螺旋线图形添加标题。

t=0:pi/50:10*pi;

st=sin(t);

ct=cos(t);

plot3(st,ct,t)

xlabel('sin(t)');ylabel('cos(t)');zlabel('t');title('三维螺旋线');

运行结果如图 1.6.26 所示。

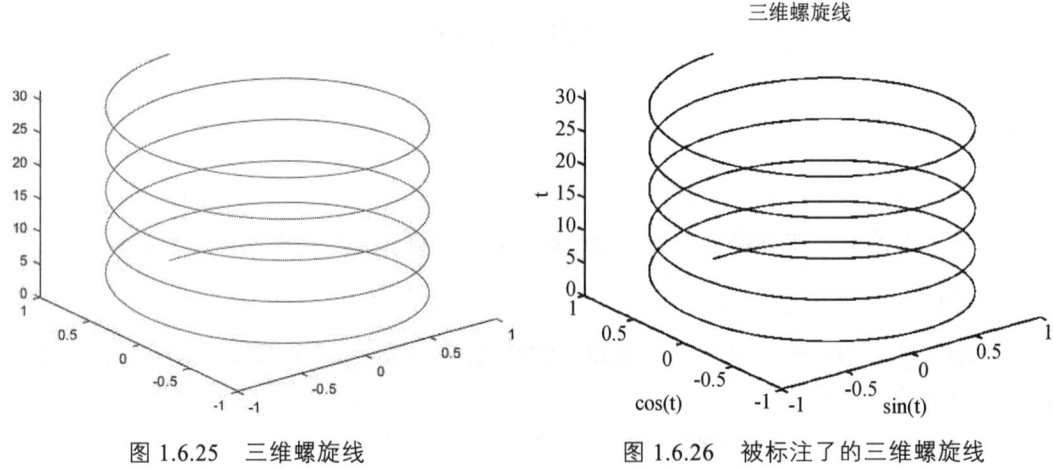

图 1.6.25　三维螺旋线　　　　　图 1.6.26　被标注了的三维螺旋线

3. 三维网格曲面的绘制

1）平面网格坐标矩阵的生成

绘制 $z=f(x,y)$ 所代表的三维曲面图，先要在 xy 平面选定一矩阵区域，假定矩形区域 $D=[a,b]\times[c,d]$，然后将 $[a,b]$ 在 x 方向分成 m 份，将 $[c,d]$ 在 y 方向分成 n 份。

由各划分点分别作平行于两坐标轴的直线，将区域 D 分成 $m\times n$ 个小矩形，生成代表每一个小矩形顶点坐标的平面网格坐标矩阵，最后利用有关函数进行绘图即可。

产生平面区域内的网格坐标矩阵有以下两种方法。

(1)利用矩阵运算生成。
x=-5:0.5:5;
y=(5:-0.5:-5)';
X=ones(size(y))*x;
Y=y*ones(size(x));
plot(X,Y,'o')
运行结果如图 1.6.27 所示。

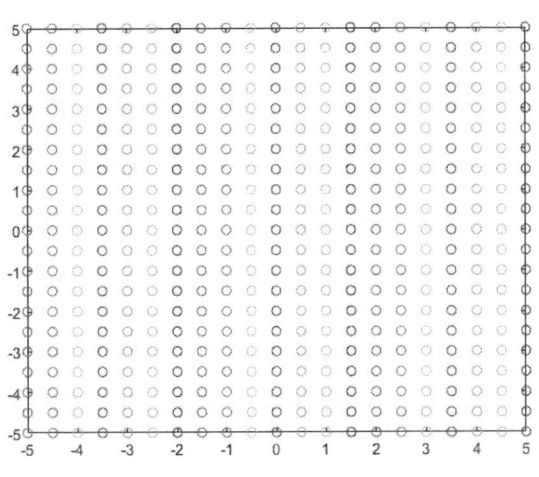

图 1.6.27　矩形网络

在上述程序段中，矩阵 **X** 的每一行都是向量 **x**，行数等于向量 **y** 的元素的个数，矩阵 **Y** 的每一列都是向量 **y**，列数等于向量 **x** 的元素的个数。

于是 **X** 和 **Y** 相同位置上的元素$((X(i,j)，Y(i,j))$恰好是区域 D 的(i,j)网格点的坐标。若根据每一个网格点上的 x、y 坐标求函数值 z，则得到函数值矩阵 **Z**。

显然，**X**、**Y**、**Z** 各列或各行所对应坐标，对应于一条空间曲线，空间曲线的集合组成空间曲面。

(2)利用 meshgrid 函数生成。

调用格式如下：

[X,Y]=meshgrid(x,y)表示由 x 向量和 y 向量值通过复制的方法产生绘制三维图形时所需的栅格数据 **X** 矩阵和 **Y** 矩阵。在使用该命令的时候，需要说明以下两点：① 向量 **x** 和 **y** 分别代表三维图形在 x 轴、y 轴方向上的取值数据点；② **x** 和 **y** 分别是 1 个向量，而 **X** 和 **Y** 分别代表 1 个矩阵。

【例 1.6.27】meshgrid 绘制矩形网格。

x=-5:0.5:5;y=5:-0.5:-5;[X,Y]=meshgrid(x,y);plot(X,Y,'o')

运行结果如图 1.6.27 所示。

2）绘制三维曲面函数

MATLAB 提供了 mesh 函数和 surf 函数来绘制三维曲面图。mesh 函数用于绘制三维网格图。在不需要绘制特别精细的三维曲面图时，可以通过三维网格图来表示三维曲面。surf 函数用于绘制三维曲面图，各线条之间的补面用颜色填充。函数 hidden 用于隐藏线的显示和关闭。

这些函数的调用方法如下：

mesh(x,y,z,c);

surf(x,y,z,c);

一般情况下，x、y、z 是同型矩阵。x、y 是网格坐标矩阵，z 是网格点上的高度矩阵，c 称为色标（color scale）矩阵，用于指定曲面的颜色。

在默认情况下，系统根据 c 中元素大小的比例关系，把色标数据变换成色图矩阵中对应的颜色。

当 c 省略时，MATLAB 认为 c=z，亦即颜色的设定正比于图形的高度，这样就可以得出层次分明的三维图形。

当 x、y 省略时，把 z 矩阵的列下标当作 x 轴坐标，把 z 矩阵的行下标当作 y 轴坐标，然后绘制三维曲面图。

当 x、y 是向量时，要求 x 的长度等于 z 矩阵的列数，y 的长度等于 z 矩阵的行数，x、y 向量元素的组合构成网格点的 x、y 坐标，z 坐标则取自 z 矩阵，然后绘制三维曲面图。

另外，MATLAB 中还有两个 mesh 的派生函数：函数 meshc 用于在绘图的同时，在 X-Y 平面上绘制函数的等值线；函数 meshz 则用于在网格图基础上，在图形的底部外侧绘制平行 z 轴的边框线。

函数 surf 也有两个类似的函数，即具有等高线的曲面函数 surfc 和具有光照效果的曲面函数 surfl。

Hidden on 表示去掉网格曲面的隐藏线。

Hidden off 表示显示网格曲面的隐藏线。

【例 1.6.28】制三维曲面图 $z=\sin y\cos x$。用三种方式实现。

x1=0:0.1:2*pi;

[x1,y1]=meshgrid(x1);

z1=sin(y1).*cos(x1);

figure(1);mesh(x1,y1,z1);

xlabel('x-axis');ylabel('y-axis');zlabel('z-axis');title('mesh');

x2=0:0.1:2*pi;

[x2,y2]=meshgrid(x2);

z2=sin(y2).*cos(x2);

figure(2);surf(x2,y2,z2);

xlabel('x-axis');ylabel('y-axis');zlabel('z-axis');title('surf');

x3=0:0.1:2*pi;

[x3,y3]=meshgrid(x3);

z3=sin(y3).*cos(x3);

figure(3);plot3(x3,y3,z3);

xlabel('x-axis');ylabel('y-axis');zlabel('z-axis');title('plot3');

grid;

程序运行结果如图 1.6.28 所示。网格图（mesh）中线条有颜色，线条间补面无颜色。曲面图（surf）的线条是黑色，线条间补面有颜色。曲面图补面颜色和网格图线条颜色都是沿 z

轴变化的。用plot3绘制的三维曲面实际上由三维曲线组合而成。

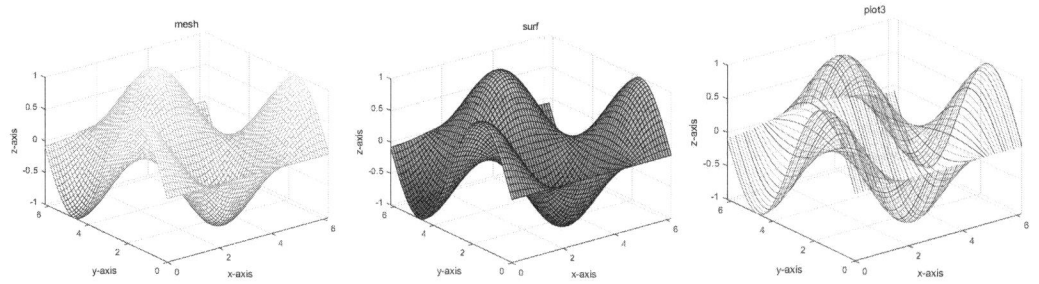

图1.6.28 实现函数z=sinycosx曲面图

【例1.6.29】在xy平面内选择区域[-8,8]×[-8,8]，绘制函数

$$z = \frac{\sin\sqrt{x^2+y^2}}{\sqrt{x^2+y^2}}$$

的4种三维曲面图（墨西哥帽子图形）。

程序如下：

```
[x,y]=meshgrid(-8:0.5:8);
z=sin(sqrt(x.^2+y.^2))./sqrt(x.^2+y.^2+eps);
subplot(2,2,1);meshc(x,y,z);title('meshc(x,y,z)');
subplot(2,2,2);meshz(x,y,z);title('meshz(x,y,z)');
subplot(2,2,3);surfc(x,y,z);title('surfc(x,y,z)');
subplot(2,2,4);surfl(x,y,z);title('surfl(x,y,z)');
```

程序运行结果如图1.6.29所示。

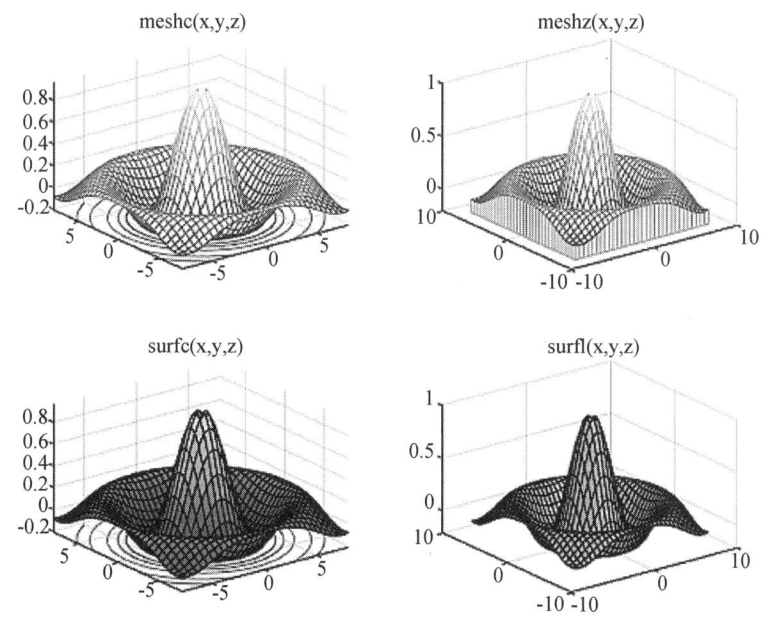

图1.6.29 墨西哥帽子图形

4. 标准三维曲面

MATLAB 提供了一些函数用于绘制标准三维曲面，还可以利用这些函数产生相应的绘图数据，常用于三维图形的演示。sphere 函数和 cylinder 函数分别用于绘制三维球面和柱面。peaks 函数（又称为多峰函数），常用于三维曲面的演示。该函数可以用来生成绘图数据矩阵，矩阵元素由以下函数在矩形区域[-3,3]×[-3,3]的等分网格点上的函数值确定。

sphere 函数的调用格式如下：

[x,y,z]=sphere(n)

该函数将产生$(n+1)\times(n+1)$矩阵 x、y、z，采用这 3 个矩阵可以绘制出圆心位于原点、半径为 1 单位球体。若在调用该函数时不带输出参数，则直接绘制所需球面。n 决定了球面的圆滑程度，默认值为 20。若 n 值取得较小，则将绘制出多面体表面图。

cylinder 函数的调用格式如下：

[x,y,z]=cylinder(R,n)

其中，**R** 是一个向量，存放柱面各个等间隔高度上的半径，n 表示在圆柱圆周上有 n 个间隔点，默认有 20 个间隔点。

peaks 函数的调用格式如下：

Z=peaks：返回在一个 49×49 网格上计算的 peaks 函数的 z 坐标。

Z=peaks(n)：返回在一个 $n\times n$ 网格上计算的 peaks 函数。如果将 n 指定为长度为 k 的向量，则将在一个 $k\times k$ 网格上计算该函数。

Z=peaks(Xm,Ym)：返回在 X_m 和 Y_m 指定的点上计算的 peaks 函数。X_m 和 Y_m 的大小必须相同或兼容。

[X,Y,Z]=peaks(___)：返回 peaks 函数的 x、y 和 z 坐标。

【例 1.6.30】绘制标准三维曲面图形。

程序运行如下：

```
t=0:pi/20:2*pi;
[x,y,z]=cylinder(2+sin(t),30);
subplot(1,3,1);surf(x,y,z);%生成一个正弦型柱面
axis([-5,5,-5,5,0,1]);title('正弦型柱面');
[x,y,z]=sphere;
subplot(1,3,2);surf(x,y,z);%生成一个球面
axis equal;title('球面');
[x,y,z]=peaks(30);
subplot(1,3,3);meshz(x,y,z);%生成一个多峰曲面
title('多峰曲面');axis([-5,5,-5,5,-10,10]);
```

程序运行结果如图 1.6.30 所示。

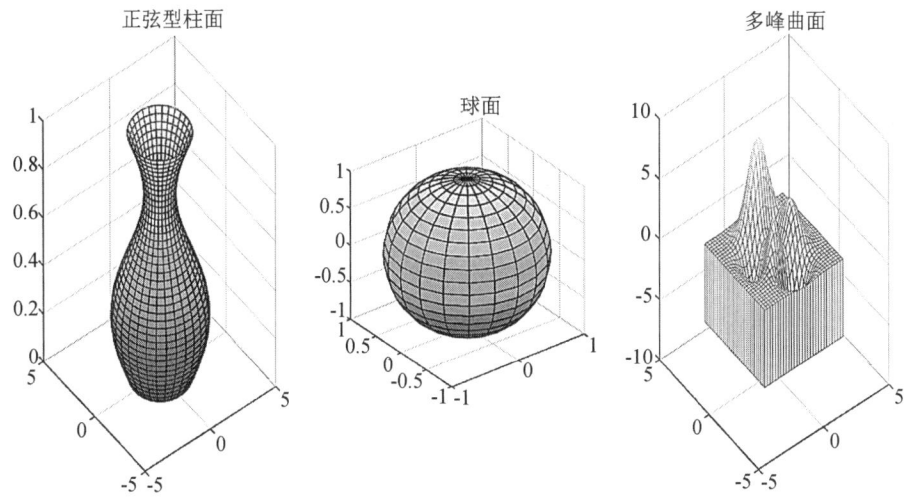

图 1.6.30　标准三维曲面图形

习　题

1. MATLAB 中的循环语句有哪些？用法有什么不同？

2. 在 MATLAB 中，A=[1,2,3;4,5,6;7,8,0]，B=[2,1,6;8,5,2;14,2,1]。写出下面 MATLAB 语句执行的结果：

（1）A==B

（2）A.*B

（3）A(:)'

（4）A(1,:)*B(:,3)

3. 在 MATLAB 中，写出下面 MATLAB 语句执行的结果：

（1）clear,A=ones(2,6)

（2）A(:)=1:2:24

（3）A([1:3:7])

（4）diag(diag(A))

（5）B=A(:,end:-1:1)

4. 请编写一段 MATLAB 程序，完成以下功能：

（1）生成一个 100 行、200 列的二维随机数组；

（2）找出数组 A 中所有大于 0.49 且小于 0.51 的元素的单下标；

（3）数组 A 中满足（2）中的条件的元素有多少个？

（4）求出数组 A 中满足（2）中的条件的元素的和，并求出这些元素的平均值；

（5）将（4）求出的平均值赋值给数组 A 中满足（1）中的条件的每个元素。

5. 用 for 语句实现求解 1+2+3+…+100。

6. 编写一个 M 文件，求 N 个数中的最大值。

7. 用 square 函数产生一个周期为 2，峰值为±2，占空比为 70%的方波信号。

8. 分别用 for 和 while 循环语句计算 $S = \sum_{i=0}^{31} 2^i$ 的程序，还请写出一种避免循环的计算程序。

9. 编写一段 MATLAB 程序，绘制出二元函数 $z = \dfrac{2\sin x \sin y}{xy}$ 三维网线图，要求如下：

（1）x, y 的取值范围为 $-9 \leqslant x \leqslant 9, -9 \leqslant y \leqslant 9$；

（2）x, y 每隔 0.5 取一个点；

（3）图形的线型和颜色由 MATLAB 自动设定。

10. 编写一段 MATLAB 程序，绘制出函数 $y1 = x\sin\left(\dfrac{1}{x}\right), y2 = \sin(2x)$ 图形的 MATLAB 语句。

要求如下：

（1）x 的取值范围为 $-3 \leqslant x \leqslant 3$；

（2）x 每隔 0.01 取一个点；

（3）$y1$ 和 $y2$ 的图形要画在同一幅图里。

2 MATLAB 的集成环境——Simulink

Simulink 是 MATLAB 的一个功能强大的工具包，能实现动态系统的建模、仿真与分析。因此，在 Simulink help 文档中，将它描述为 Tool for Model Based Design、Tool for Simulation 和 Tool for Analysis。

Simulink 功能强大，可以便捷地处理各种动态系统。它能处理的系统包括线性系统、非线性系统、连续系统、离散系统、混杂系统（连续系统和离散系统混合而成的复杂系统）。由于 Simulink 采用图形化方式的建模仿真，与基于语言编程等其他建模仿真方式相比，它具有直观形象、简单便捷、高效的突出优点；能够大幅度地减少设计、分析的工作量，显著提高科研工作效率。因此被广大科技工作者广泛使用。

Simulink 不仅分析处理功能强大，还为使用者提供了灵活的操作空间。例如，它可以将仿真的结果以变量的形式保存到 MATLAB 的工作空间，供进一步的分析、处理和利用，还支持把 MATLAB 工作空间中的数据导入到仿真模型中；难能可贵的是，Simulink 具有开放的体系结构，支持用户开发各种自己的功能模块，并可无限制地将其添加到 Simulink 中；最后，Simulink 自带了大量的仿真模型实例和帮助文档，方便初学者自主学习和上手。

本章的主要内容：介绍 Simulink 的仿真环境；介绍 Simulink 的常用的一些功能模块及其作用；阐述 Simulink 仿真模型的构建流程及方法，包括模块的选择、模块之间的连线、模块参数设置、仿真参数设置等，这是本章的重点；Simulink 仿真实例。

2.1 Simulink 的界面环境

【例 2.1.1】创建一个阶跃信号的仿真模型。通过该例题熟悉 Simulink 的界面环境。

步骤如下：

（1）在 MATLAB 的命令窗口运行 Simulink 命令，或单击工具栏中的"启动 Simulink"图标，就会弹出新窗口，如图 2.1.1 所示。

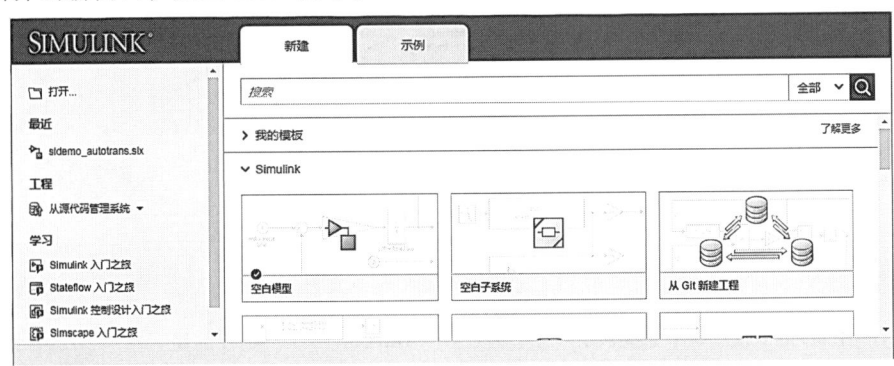

图 2.1.1　Simulink 首页

（2）鼠标左点击新窗口中的 Simulink 下方的"空白模型"，即会弹出一个名为"untitled-Simulink"的空白模型，如图 2.1.2 所示。

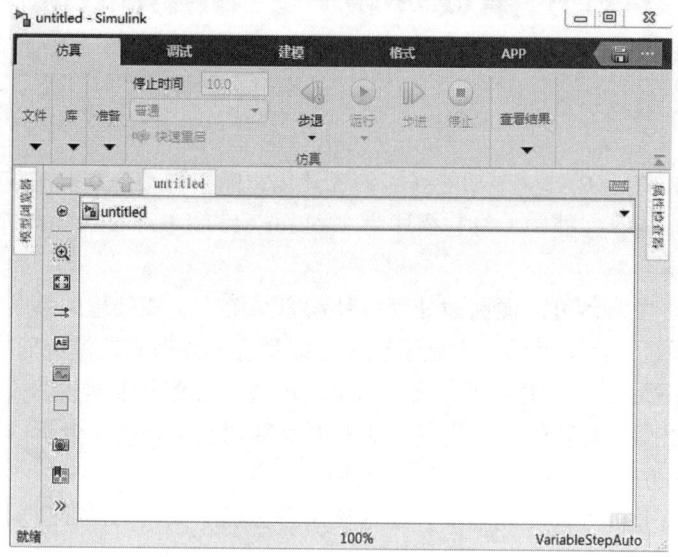

图 2.1.2　Simulink 空白模型

（3）在"untitled-Simulink"中找到"库浏览器"，然后鼠标左点击它，就可以打开 Simulink 库浏览器窗口，如图 2.1.3 所示。

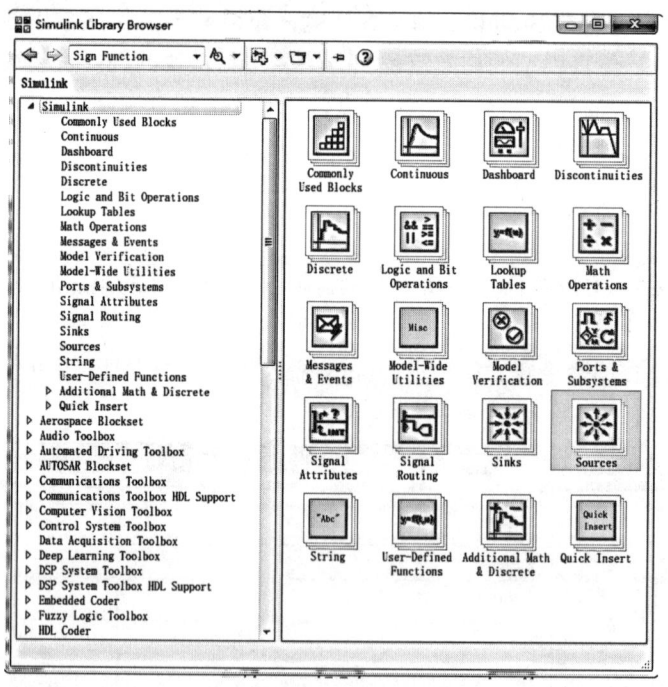

图 2.1.3　Simulink 库浏览器

（4）在图 2.1.3 的右侧子模块窗口中，单击"Source"子模块库前的"+"（或双击 Source），或者直接在左侧模块和工具箱栏单击 Simulink 下的 Source 子模块库，便可看到各种输入源模块。

（5）用鼠标单击所需要的输入信号源模块"Step"（阶跃信号），将其拖放到的空白模型窗口"untitled"，则"Step"模块就被添加到 untitled 窗口；也可以用鼠标选中"Step"模块，单击鼠标右键，在快捷菜单中选择"add to 'untitled'"命令，就可以将"Step"模块添加到 untitled 窗口。

（6）用同样的方法打开接收模块库"Sinks"，选择其中的"Scope"模块（示波器）拖放到"untitled"窗口中。

（7）在"untitled"窗口中，用鼠标指向"Step"右侧的输出端，当光标变为十字符时，按住鼠标拖向"Scope"模块的输入端，松开鼠标按键，就完成了两个模块间的信号线连接，一个简单模型已经建成。如图 2.1.4 所示。

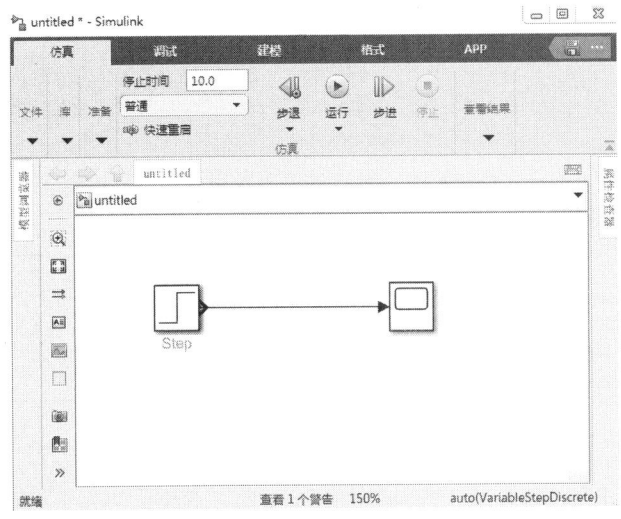

图 2.1.4　阶跃信号波形观察模型

（8）开始仿真。单击"untitled"模型窗口中"开始仿真"图标▶，则仿真开始。双击"Scope"模块出现示波器显示屏，可以看到阶跃信号波形。如图 2.1.5 所示。

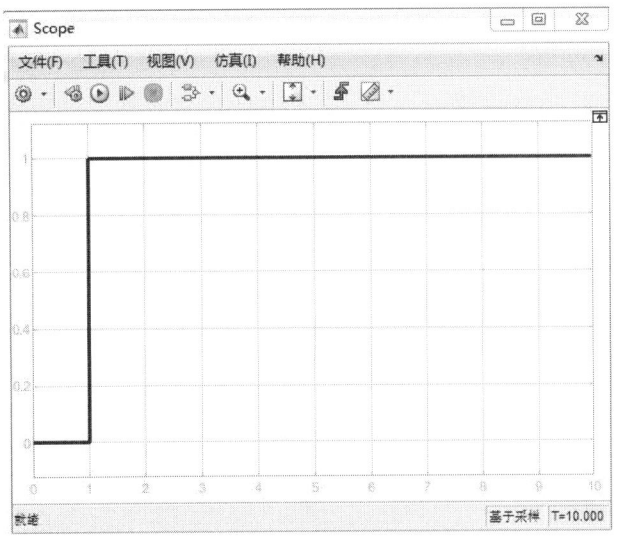

图 2.1.5　阶跃信号波形图

（9）仿真模型保存。在"untitled"模型窗口中，单击工具栏的保存图标，将该模型保存为"moxing1.mdl"文件，该例题的建模与仿真工作结束。

2.2 Simulink 的基本功能模块及其用途

2.2.1 基本模块

与旧版相比，2021b 版 MATLAB 仿真软件的 Simulink 基本模块有所扩展，达到十几个。现介绍几个常用的子模块库。

1. 信号源模块库（Sources）

信号源模块的作用是为仿真模型提供输入信号、激励信号。较为常用的信号源模块列在表 2.2.1 中。

表 2.2.1　常用的输入信号源模块

名称	模块形状	功能说明
Constant	Constant	恒值常数，可设置数值
Step	Step	阶跃信号
Ramp	Ramp	线性增加或减小的信号
Sine Wave	Sine Wave	正弦波输出
Signal Generator	Signal Generator	信号发生器，可以产生正弦、方波、锯齿波和随机波信号
From File	untitled.mat From File	从文件获取数据
From Workspace	simin From Workspace	从当前工作空间定义的矩阵读数据
Clock	Clock	仿真时钟，输出每个仿真步点的时间
In	In1	输入模块

2. 接收模块库（Sinks）

顾名思义，接收模块的功能是接收信号的，常用的接收模块列于表 2.2.2 中。

表 2.2.2　常用的接收模块

名称	模块形状	功能说明
Scope	Scope	示波器，显示实时信号
Display	Display	实时数值显示
XY Graph	XY Graph	显示 X-Y 两个信号的关系图
To File	untitled.mat To File	把数据保存为文件
To Workspace	simout To Workspace	把数据写成矩阵输出到工作空间
Stop Simulation	Stop Simulation	输入不为零时终止仿真，常与关系模块配合使用
Out	Out1	输出模块

3. 连续系统模块库（Continuous）

连续系统的仿真模型需要利用"连续系统模块"来构建，一般的连续系统模块列于表 2.2.3 中。

表 2.2.3　常用的连续系统模块

名称	模块形状	功能说明
Integrator	$\frac{1}{s}$ Integrator	积分环节
Derivative	du/dt Derivative	微分环节
State-Space	x' = Ax+Bu y = Cx+Du　State-Space	状态方程模型
Transfer Fcn	$\frac{1}{s+1}$ Transfer Fcn	传递函数模型
Zero-Pole	$\frac{(s-1)}{s(s+1)}$ Zero-Pole	零-极点增益模型
Transport Delay	Transport Delay	把输入信号按给定的时间做延时

4. 离散系统模块库（Discrete）

离散系统模块是用来构成离散系统的环节，常用的离散系统模块如表 2.2.4 所示。

表 2.2.4　常用的离散系统模块

名称	模块形状	功能说明
Discrete Transfer Fcn	$\frac{1}{z+0.5}$ Discrete Transfer Fcn	离散传递函数模型
Discrete Zero-Pole	$\frac{(z-1)}{z(z-0.5)}$ Discrete Zero-Pole	离散零极点增益模型
Discrete State-Space	Discrete State-Space	离散状态方程模型
Discrete Filter	$\frac{1}{1+0.5z^{-1}}$ Discrete Filter	离散滤波器
Zero-Order Hold	Zero-Order Hold	零阶保持器
First-Order Hold	First-Order Hold	一阶保持器
Unit Delay	$\frac{1}{z}$ Unit Delay	采样保持，延迟一个周期

5. 信号路由模块库（Signal Routing）

信号模块。信号路由模块用来处理信号在传输过程中的合成、分解、切换、选择等操作。常用的在表 2.2.5 中。

表 2.2.5　常用的信号路由模块

名称	模块形状	功能说明
Bus Assignment	Bus Assignment	总线分配赋值模型
Bus Creator	Bus Creator	总线创建器

续表

名称	模块形状	功能说明
Bus Seletor	Bus Selector	总线元素选择（分解）器
Demux	Demux	向量分解器
Mux	Mux	合成向量器

2.2.2 仿真模块的参数与属性设置

仿真模型构建好之后，需要正确设置各模块的参数、属性。否则，可能无法获得满意的仿真结果，甚至仿真无法启动。下面通过几个简单的例子说明模型的参数、属性的设置方法。

1. 信号发生器（Signal Generator）

双击 Signal Generator 模块，会出现如图 2.2.1 所示的参数设置对话框。

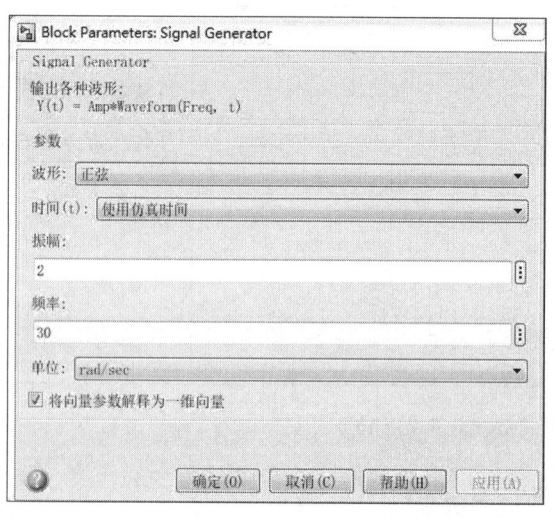

图 2.2.1 Singnal Generator 参数设置框

用户可以在该对话框中，根据仿真的需要，确定信号的波形、振幅、频率、单位等参数。设置好模块参数之后，对着 Signal Generator 模块单击右键，然后在弹出的对话栏中，找到"属性"并单击左键，会弹出模块属性设置框，如图 2.2.2 所示。在该框中完成"说明""优先级""标记"等属性设置。

（1）说明。

描述模块在模型中的用法、作用等。

（2）优先级。

规定该模块在模型中相对于其他模块执行的优先顺序。

图 2.2.2　Singnal Generator 属性设置框

（3）标记。

用户为模块添加的文本标记。

（4）调用函数。

指定双击该模块时调用的 MATLAB 函数。

（5）属性格式字符串。

指定在该模块的图标下显示模块的哪个参数值。

2. 阶跃信号源（Step）

阶跃信号模块的参数对话框如图 2.2.3 所示。

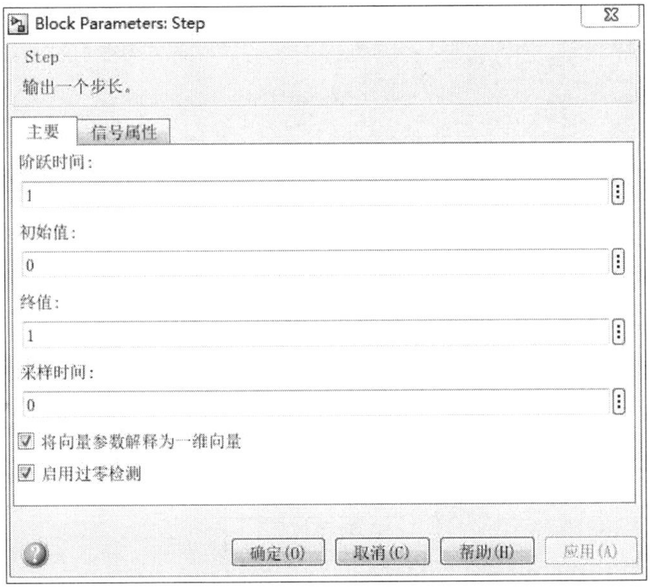

图 2.2.3　阶跃信号模块参数设置表

通过该框完成对阶跃时间、初始值、终值、采样时间等参数的设置。由于各模块的属性对话框的结构基本一致，在此不再给出阶跃信号模块的属性对话框图。需要强调的是，如果用户对模块的参数物理含义、参数的影响等因素不了解时，可以点击"帮助"，查看相关文档对模块参数的详细阐述，还可以通过反复调整参数值，分析对比仿真实验结果的异同，加深对模块参数的理解。

3. 从工作空间获取数据（From workspace）

该模块具有重要的应用价值，它能从工作空间调取数据，作为 Simulink 仿真系统的输入信号。

【例 2.2.1】在工作空间计算变量 t 和 y，将其运算的结果作为系统的输入。

输入代码：

　y=sin(t);

　t=0:0.1:10;

　T=t';

　Y=y';

然后，在"From Workspace"模块的参数设置对话框中，按照图 2.2.4 显示内容，在"Data"栏填写"[t,y]"，单击"OK"按钮完成参数设置。此时，在模型窗口中该模块就自动显示为图 2.2.5。构建一个 Simulink 仿真系统，运用上述的"From Workspace"模块作为输入信号源，选择示波器作为接收模块，那么仿真观察到的输出波形为正弦波。

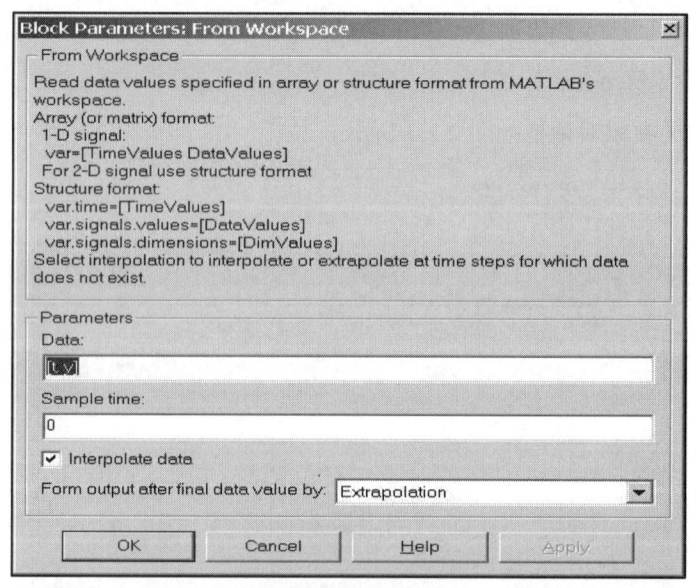

图 2.2.4　模块参数设置

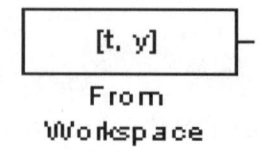

图 2.2.5　从工作空间获取数据模块

"Data"的类型可以是矩阵、结构数组等。"From Workspace"模块的接收模块必须有输入端口,"Data"矩阵的列数应等于输入端口的个数+1,第一列自动当成时间向量,后面几列依次对应各端口。

4. 从文件获取数据(From file)

该模块的功能是指从 mat 数据文件中获取数据,也具有重要的应用价值。

【例 2.2.2】任意创建一组新数据,并以.mat 文件形式保存:

输入代码:

t=0:0.1:2*pi;

y=sin(t);

y1=[t,y];

save my y1　　　　　　%保存在"my.mat"文件中

然后打开"From File"模块的参数设置对话框,在"File name"栏填写"my.mat",单击"OK"按钮完成。用示波器作为接收模块,可以查看输出波形。

5. 传递函数(Transfer function)

传递函数模块是用来构成连续系统的重要模块,其模块参数对话框如图 2.2.6 所示。在图中设置"Denominator"为"[1　1.414　1]",则在模型窗口中显示为如图 2.2.7 所示。

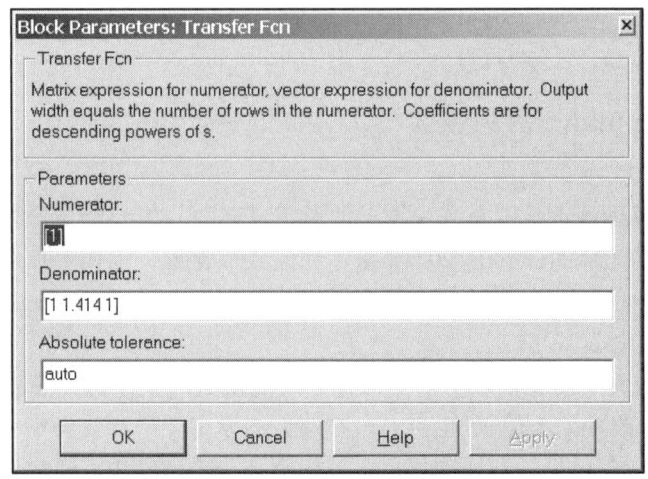

图 2.2.6　传递函数模块参数设置

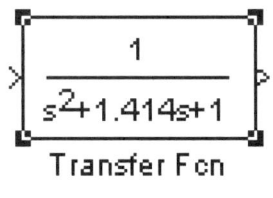

图 2.2.7

6. 示波器(Scope)

示波器模块可以接收输入信号,并实时显示信号波形。双击示波器模块,弹出的示波器窗口如图 2.2.8 所示。利用该窗口的工具栏设置示波器。

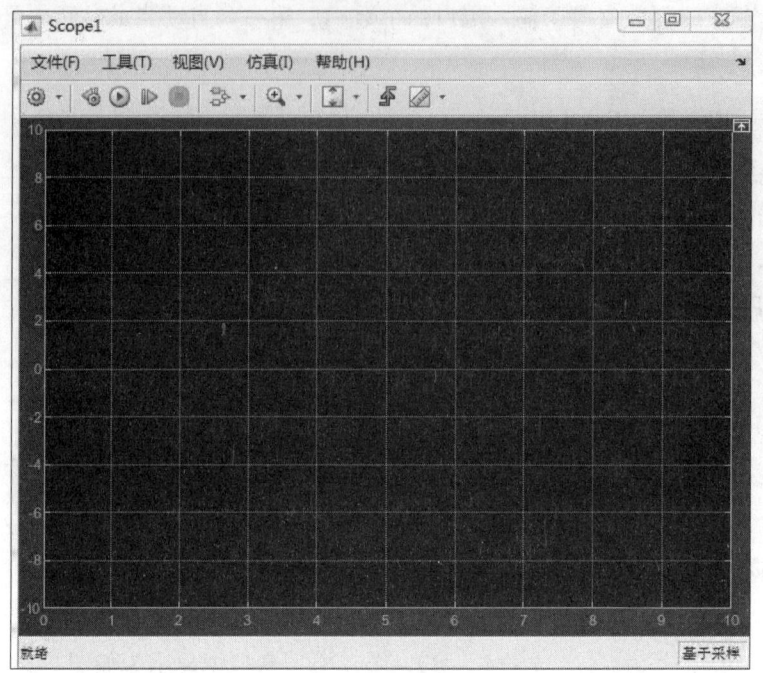

图 2.2.8　示波器窗口

2.3　建立 Simulink 仿真模型

Simulink 仿真模型的本质就是采用图形的形式描述微分或差分方程组，仿真就是求解方程组。与历史版本相比，MATLAB 2021b 版本功能更加强大，操作更加简单。本节将主要采用例举实例的方法，介绍构建 Simulink 仿真模型的步骤、方法。Simulink 仿真模型是由功能模块搭建而成。

首先，介绍一些关于功能模块的基本操作。功能模块的基本操作主要有对其外在属性的操作（如移动位置、改变大小等），也有对内在属性的设定（如参数设定、模块输入输出信号设定等）。在对模块或模块组进行操作之前，首先应该选中该模块或模块组。选择一个模块时用鼠标单击就可以，模块被成功选中的标志为四周出现白或黑点。选择一些模块则可以首先在选择区域的一角按下鼠标左键，然后拖动鼠标到区域斜对角处释放。此时整个区域内所有的模块均被选中。选择任意模块组合时可按下 Shift 键，再依次单击各备选模块即可。当模块被选中后，可根据需要进一步完成操作。

（1）移动。

选中模块，右击鼠标左键将其拖曳到所需的位置；如要脱离线而移动，可先按住 Shift 键，再进行拖曳。

（2）复制。

选中模块，然后点击鼠标右键，左点击"复制"即可。

（3）删除。

选中模块，按 Delete 键即可。若要删除多个模块，可以按住 Shift 键，再用鼠标选中多个模块，最后按 Delete 键即可。也可以用鼠标选取某区域，再按 Delete 键就可以把该区域中的所有模块、线全部删除。

（4）转向。

为了能够顺序连接功能模块的输入和输出端，功能模块有时需要转向。右键点击需要转向的模块，然后点击"格式"，选择"顺时针或逆时针旋转 90"，即可实现模块的旋转。

（5）改变大小。

选中模块，对模块出现的四个黑色标记进行拖曳即可。

（6）模块命名。

先用鼠标在需要更改的名称上单击，然后直接更改即可。

（7）颜色设定。

右击模块，选择格式，然后可以根据需要改变模块的前景颜色、背景颜色。

（8）参数设定。

用鼠标双击模块，就可以进入模块的参数设定窗口，从而对模块进行参数设定。参数设定窗口包含了该模块的基本功能帮助，为获得更详尽的帮助，可以单击其上的"Help"按钮。通过对模块的参数设定，就可以获得需要的功能模块。

（9）属性设定。

选中模块，右击"Block Properties"，或打开 Edit 菜单的"Block Properties"，可以设定模块的属性，包括"Description"属性、"Priority"属性、"Tag"属性和"Callbacks"属性等。其中，当指定 Callbacks 函数名时，则当该模块被双击之后，Simulink 就会调用该函数，这种函数称为回调函数。

（10）模块的输入输出信号。

信号包括标量信号和向量信号。标量信号是单一信号，向量信号为多个信号的集合。大多数模块输出为标量信号。对于输入信号，模块都能"智能"识别其类型。

（11）字体设定。

选中若干个模块，选择 Format 菜单中的"Font Style"菜单项，则将自动出现字体设置对话框。选择不同的字体就得到不同的字体显示效果。

2.3.1 仿真的设置

构建 Simulink 仿真系统的一般步骤如下：

（1）根据构建仿真系统的需要，在"库浏览器"中选择好合适的仿真模块；
（2）依据仿真对象的工作机理，正确连接选择好的各模块；
（3）按照前面介绍的方法，完成所有模块的属性、参数设置；
（4）然后，设置好仿真系统的仿真时间、仿真算法等；
（5）最后，查看仿真数据、波形等仿真结果，判断、分析仿真结果。

接下来介绍如何完成第（4）步的设置。Simulink 建模工作界面如图 2.3.1 所示，利用该界面工具栏中的"仿真""调试"等可以完成对仿真系统的仿真时间、算法等重要参数的设置。

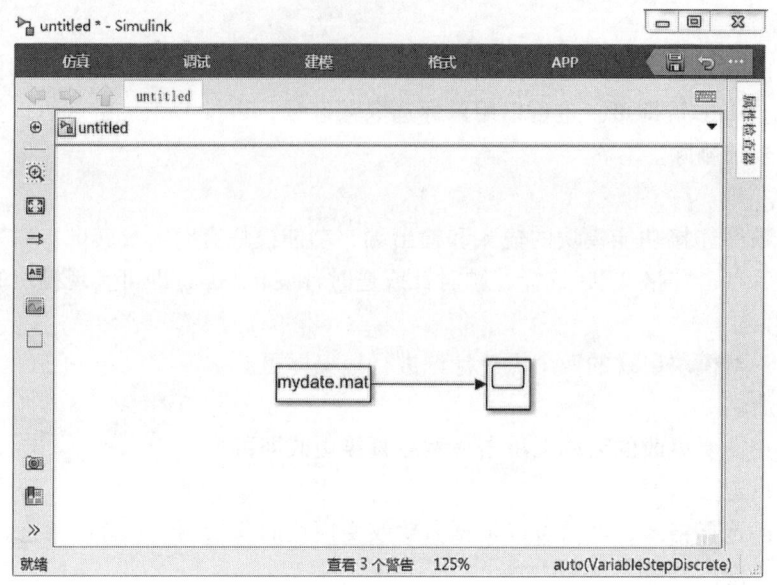

图 2.3.1　Simulink 工作界面

（1）设置仿真时长。

一般地，系统仿真的起始时间点默认为 0；点"仿真"，在"停止时间"框里填入合适的数值；那么仿真时长为："停止时间"-0。

（2）设置仿真算法。

"停止时间"的下方空格设置仿真算法。点击该空格，里面有"普通""加速""快速加速"三个选项可供选择。一般情况下，选择"普通"即可满足仿真要求。如果仿真速度过慢，可以尝试选择其他 2 个算法，加快仿真进程。

（3）诊断/编译。

点击"调试"，选择下拉栏里的"诊断""编译"可以完成对仿真系统的诊断与编译。

（4）启动仿真。

点击工具栏中的"运行"按钮，系统仿真以连续的方式进行仿真。点击"步进"按钮，则系统以固定时间步长的方式进行仿真；点击"停止"按钮，则中断仿真进程。

（5）与工作空间（workspace）交互数据。

值得注意的是，2021b 版 MATLAB 的 Simulink 工作界面直接提供 workspace I/O。我们可以利用"from workspace"模块读取工作空间的数据，并导入到 Simulink 仿真系统；利用"to workspace"模块将 Simulink 仿真系统的数据传导至工作空间。通过上述 2 个模块，可以实现仿真系统与工作空间交互数据。

2.3.2　连续系统仿真

【例 2.3.1】建立一个二阶单位负反馈系统的仿真模型，其开环传递函数为 $\dfrac{1}{s^2+6s}$。

系统使用开环传递函数 $\dfrac{1}{s^2+6s}$，接收模块使用示波器来构成模型。

(1)选用仿真模块。

选用阶跃信号作为输入信号源,在"Sources"模块库选择"Step"模块。在"Continuous"模块库中,选择"Transfer Fcn"模块。在"Math Operations"模块库选择"Sum"模块。在"Sinks"模块库选择"Scope"作为观察仿真系统波形的工具。

(2)连接各模块。

按照该二阶系统的结构,利用鼠标完成系统模块的信号连线,构成二阶闭环系统。

(3)设置模块参数。

打开"Sum"模块参数设置对话框,如图 2.3.2 所示。点"主要",将"图标形状"设置为"舍入",将"符号列表"设置为"|+-",其中"-"用来连接系统的反馈环节。

"Transfer Fcn"模块的参数设置对话框如图 2.3.3 所示,按照开环传递函数结构,设置好分子、分母系数即可。

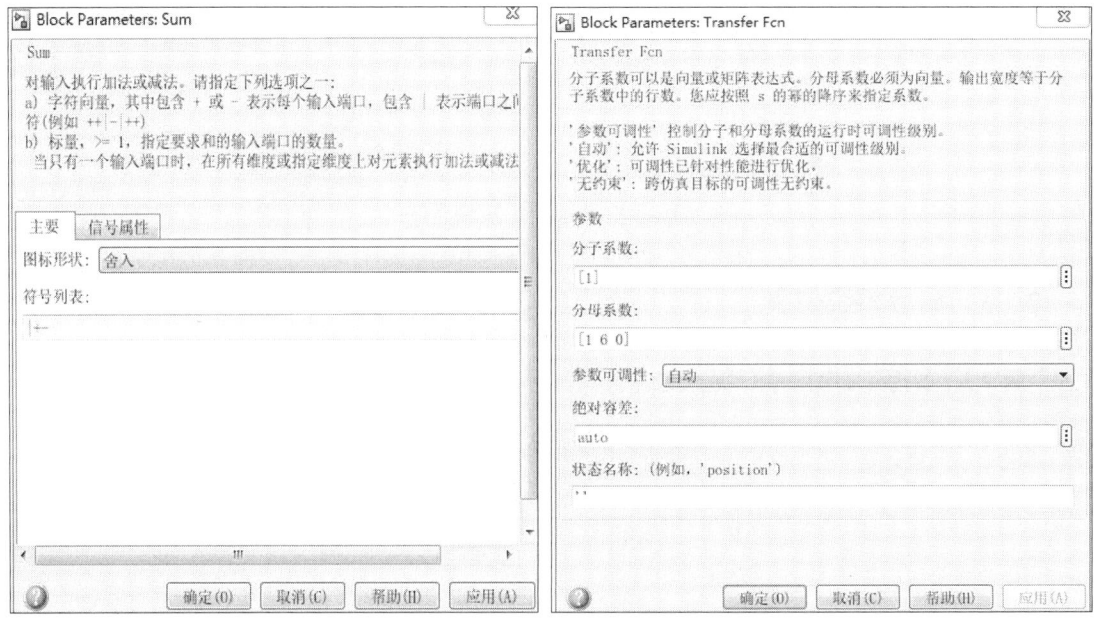

图 2.3.2　Sum 模块参数设置　　　　图 2.3.3　Transfer Fcn 模块参数设置

双击"Step"模块,在模块参数对话框中,阶跃时间设置为 1;初始值设为 0;终值设为 1;采样时间设为 0。双击"Scope"模块,找到"设置"一栏中的"样式",然后选择图窗颜色为白色,图标区为白色。构建好的仿真模型如图 2.3.4 所示。

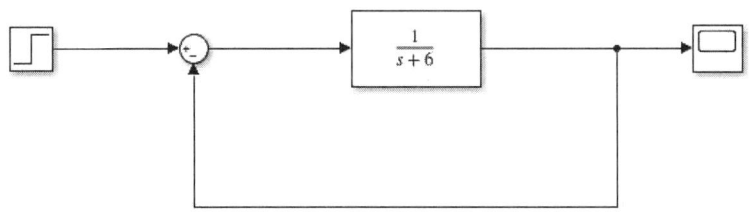

图 2.3.4　某二阶单位负反馈系统仿真模型

(4)设置仿真参数。设置仿真时长为 10 s,采用"普通"算法仿真方式。

（5）运行仿真，观察结果。点击"运行"按钮，运行仿真。待仿真完成后，点击"Scope"模块，查看仿真结果，如图 2.3.5 所示。

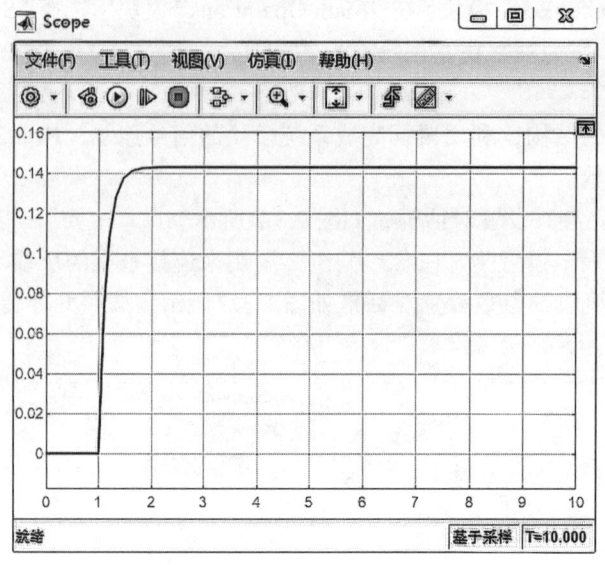

图 2.3.5　例 2.3.1 仿真结果

2.3.3　离散系统仿真

【例 2.3.2】构建如图 2.3.6 所示的含有离散环节的系统的仿真模型。

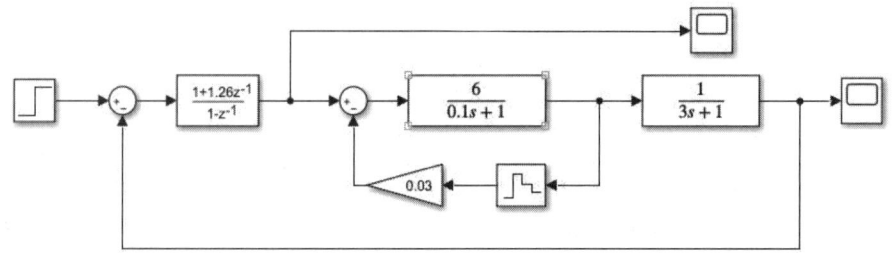

图 2.3.6　例 2.3.2 仿真模型

（1）选用仿真模块。

信号源选择"Step"模块；"Continuous"模块子库中，选择"Transfer Fcn"模块 2 个；"Discrete"模块子库中，选择"Discrete Filter"和"Zero-Order Hold"模块各一个。选择 2 个"Sum"模块，选择 2 个"Scope"模块，选择 1 个"Gain"模块。

（2）连接各模块。

按照该系统的结构，利用鼠标完成系统各模块的信号连线。

（3）设置模块参数。

"Step"模块、"Transfer Fcn"模块、"Sum"模块、"Scope"模块的设置方法前面已经阐述，不再重复。打开离散滤波器"Discrete Filter"模块的参数设置对话框，分子系数设置为[1 1.26]，采样时间设为 0.1，分母系数设置为[1 -1]；将增益"Gain"模块的增益设为 0.03；"Zero-Order

Hold"模块的采样时间设为 0.1。

（4）设置仿真参数。设置仿真时长为 10 s，采用"普通"算法仿真方式。

（5）运行仿真，观察结果。点击"运行"按钮，运行仿真。待仿真完成后，点击"Scope"模块，查看仿真结果，如图 2.3.7 所示。

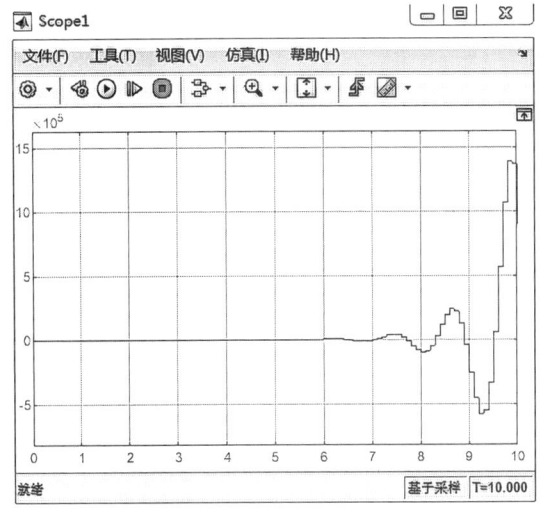
（a）离散滤波器环节输出

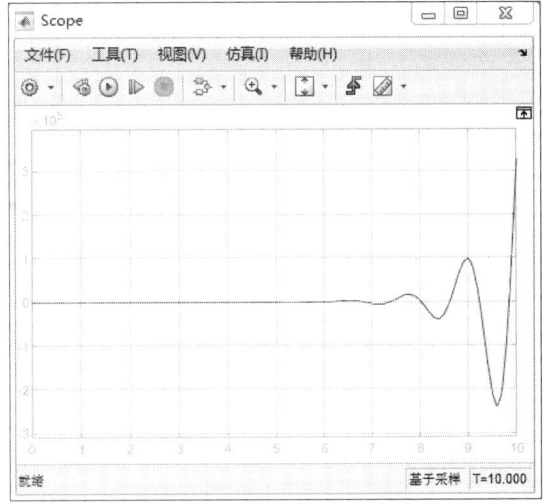
（b）系统输出波形图

图 2.3.7　例 2.3.2 的系统仿真实验图

2.4　创建子系统

对于一般的简单系统，可以直接建立系统模型并对其进行分析。但对于复杂系统来说，因其含有大量模块将显得杂乱而不利于分析。考虑到这个因素，Simulink 提出子系统的概念，所谓的子系统可以理解为：将若干个联系紧密、相关的模块集成，从而形成的一个超级模块。采用子系统的本质目的是：以分层结构的形式，构建复杂系统的仿真模型，便于实现复杂系统仿真模型的构建和分析。集成好的子系统，同一般仿真模块一样，可以进行模块的设置，在模型仿真过程中应当将其作为一个模块来理解。需要指出的是，一般是将具有功能、逻辑、特征相关性的若干模块创建为子系统，不要胡乱创建子系统，以免给分析系统带来不便。

关于子系统建立的方法，下面结合实例进行介绍。

2.4.1　在已有的系统中创建子系统

【例 2.4.1】已有系统模型如图 2.4.1 所示，创建子系统。

选中要创建子系统的模块部分，如选择 G_1 和 G_2 并右击，选择"创建为子系统"，即生成如图 3.4.2 所示的模型。再双击该子系统仍可查看其内部结构，如图 2.4.3 所示。

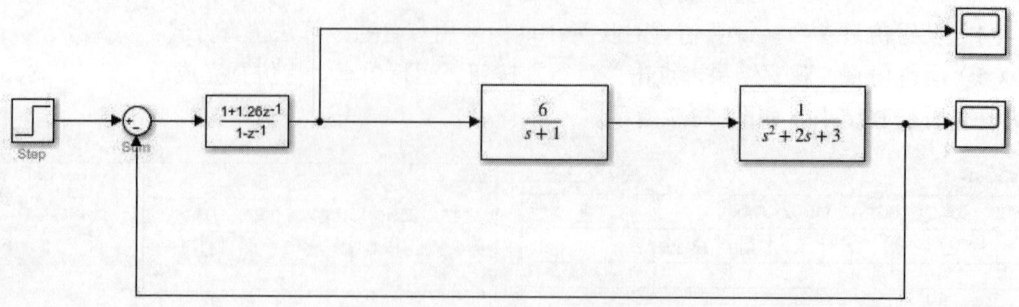

图 2.4.1　例 2.4.1 的系统结构

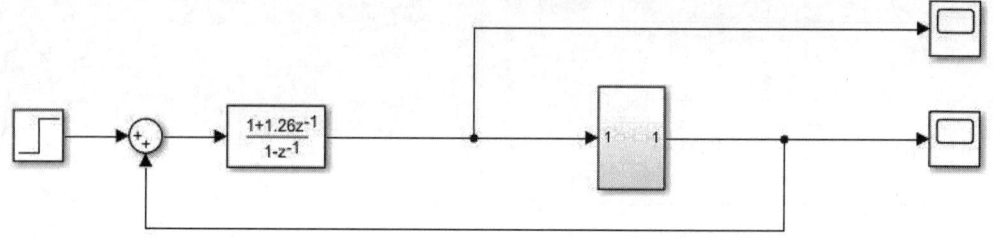

图 2.4.2　例 2.4.1 系统局部构造成子系统后的结构

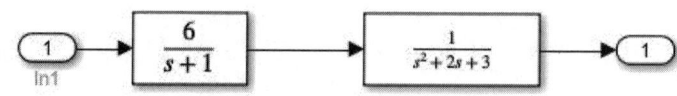

图 2.4.3　子系统的内部结构

2.4.2　直接创建子系统

【例 2.4.2】直接使用子系统模块创建一个如图 2.4.4 所示的系统模型。

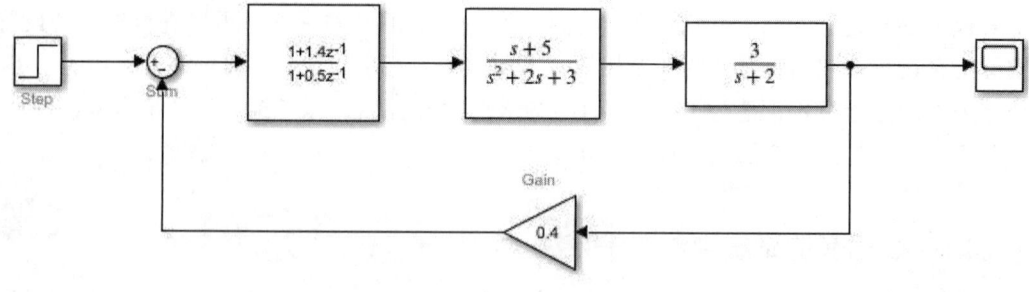

图 2.4.4　例 2.4.2 的系统结构

创建过程如下：
（1）创建子系统。
在模块库中的 Ports&.Subsystems 模块组中选"Subsystem"。双击该"Subsystem"子系统

模块，在子系统窗口中编辑模块，子系统创建好之后，其内部结构如图 2.4.5 所示。

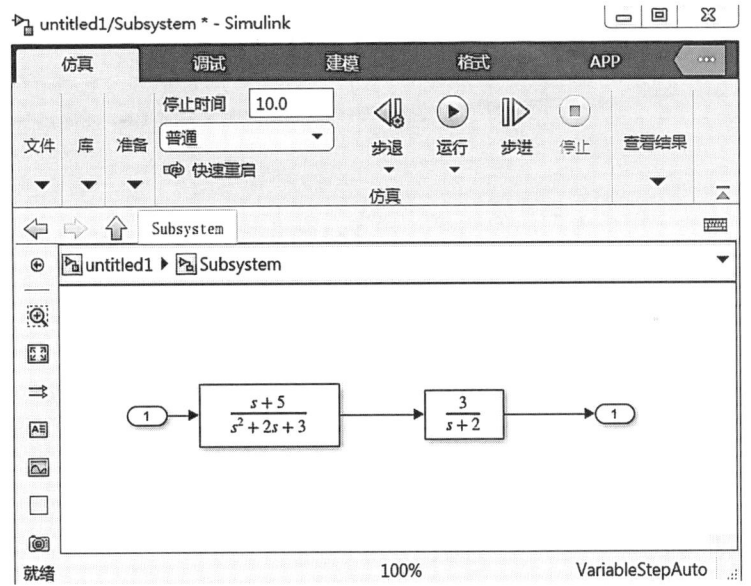

图 2.4.5　直接创建的子系统内部结构

（2）构建完整的系统模块。

选择"Step"模块、"Scope"模块、"Gain"模块。按照图 2.4.4 所示的系统结构，将它们与步骤（1）所构建的子系统一一连线。最终得到所要求的系统仿真模型。

从该例题可知，这两种子系统创建方法的效果是一样的。不同之处在于创建顺序正好相反。在已有的系统中创建，相当于先建立模型，再为其编辑界面；而直接创建子系统，相当于先编辑界面，再在该界面下建立模型。

习　题

1. 与其他仿真方式相比，采用 Simulink 仿真具有哪些优点？
2. 仿照例 2.2.1，采用 From workspace 模块、示波器模块观察余弦函数曲线。
3. 仿照例 2.2.2，采用 From file 模块、示波器模块观察余弦函数曲线。
4. 试阐述 Simulink 仿真模型与数学模型（微分或差分方程组）之间的关系。
5. 简洁地写出构建 Simulink 仿真模型的一般步骤。
6. 建立一个二阶负反馈系统的 Simulink 仿真模型，其开环传递函数为 $\dfrac{1}{s^2+5s+2}$。系统反馈增益为 1.5，接受模块使用示波器来构成模型。
7. 自己任选一个合适的 Simulink 仿真模型，举例示范说明创建子系统的方法与过程。

3 电力电子电路的仿真与分析

电能是现代社会应用最为广泛的能源，分为直流电和交流电两类。不同的应用场合对电能的类型、性能指标要求不同。在实际工程应用中，有时需要将交流电转换为直流电，有时又需要将直流电转换为交流电，有时还需对频率、功率因数、谐波等进行调节，才能满足应用需要。针对上述需求，人们往往采用电力电子变流技术设计相关电路解决此类问题。

变流包括交流电和直流电之间的相互转换；也包括交流或直流的电压、电流的调节；还包括交流电的频率、相数、相位的变换和控制。总之，电力电子变流电路分为 4 类：交流/直流（AC/DC）变换、直流/直流（DC/DC）斩波调压、直流/交流（DC/AC）变换、交流/交流（AC/AC）变换。考虑到本书主要针对的是信号与控制类专业，本章仅介绍交流/直流（AC/DC）变换、DC/DC 斩波电路的 MATLAB 建模仿真方法。

3.1 单相桥式交流-直流变换器仿真

交流/直流变换器又称为整流器或 AC/DC 变流器。它不仅能将交流电变换为直流电，还能通过控制电子开关器件的导通角实现调节直流的电压、电流大小。整流器可分为单相整流器、三相整流器；从控制角度划分，又分为不可控、半控和全控整流电路。整流电路常用的电子器件是二极管、晶闸管、IGBT 等。整流电路的 Simulink 仿真建模需要的仿真模块主要集中在 Simscape 模型库，如二极管、IGBT、各种脉冲等模块。

单相桥式全控整流电路如图 3.1.1 所示，电路由交流电源 u1、IGBT1~4、负载 R 以及触发电路组成。在电源电压的正半周触发 IGBT1 和 IGBT4，在电源电压的负半周触发 IGBT2 和 IGBT3。改变 IGBT 的控制角，即可方便地调节输出直流电压、电流的大小。

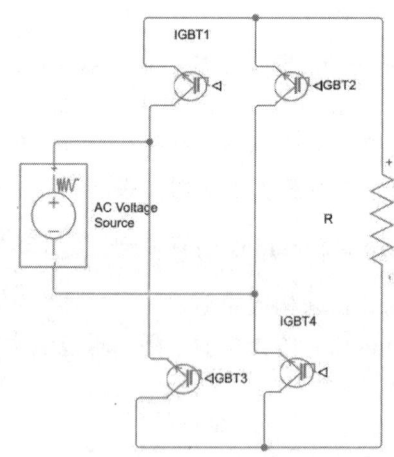

图 3.1.1 单相桥式全控整流原理电路

3.1.1 建立仿真模型

(1) 在 MATLAB 工作区的工具栏,点击"Simulink"启动 Simulink 仿真平台(见图 3.1.2),再点击"空白模型",此时弹出一个名为"untitled"的模型构建界面(见图 3.1.3)。接下来,将在该界面构建单相桥式整流电路的仿真模型。

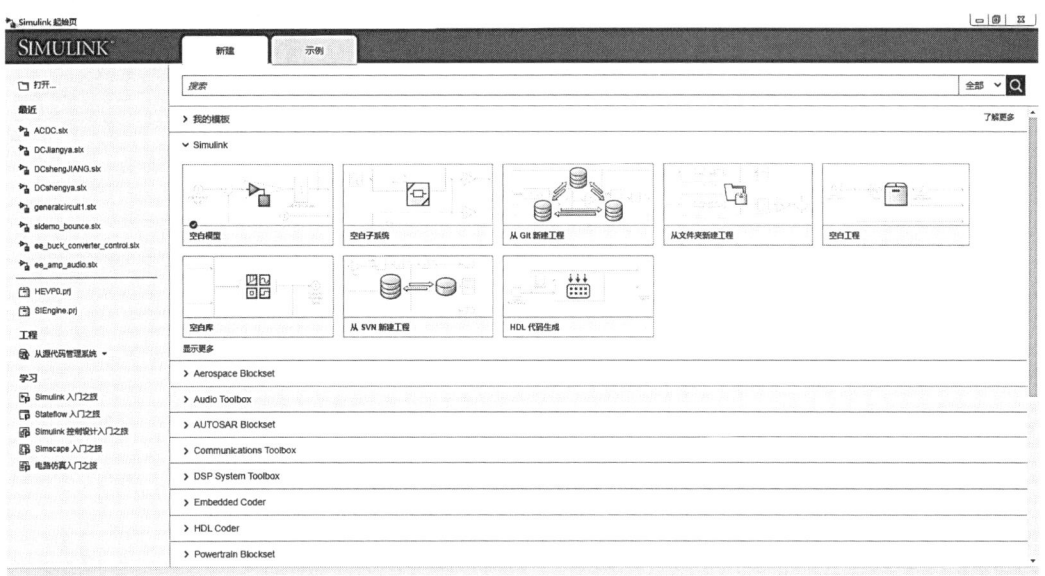

图 3.1.2　Simulink 仿真平台

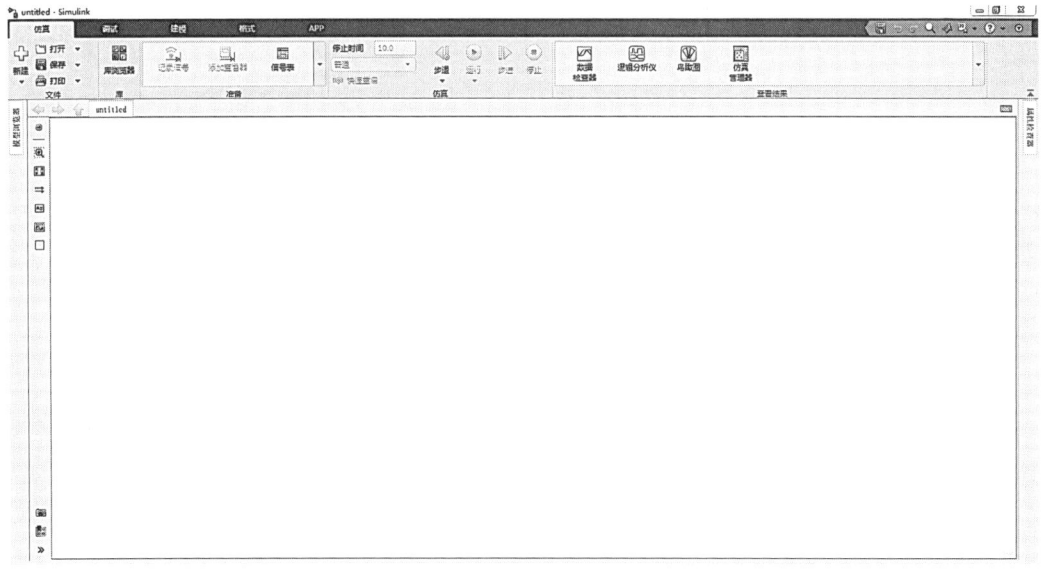

图 3.1.3　模型构建界面

(2) 选取电路仿真模块。在仿真构建界面的工具栏上点击图标"库浏览器",调出模型库(见图 3.1.4)。按照表 3.1.1 的描述,在该模型库中,依次选取正确的仿真模块,并逐一添加至模型构建界面中的空白区。然后,将各仿真模块拖拉到合适位置(先将光标箭头指向需移动的仿真模块,然后按住鼠标左键不放,再移动鼠标即可将模块拖拉到目标位置)。如果需要用到多个相同模块,可以从模块库里多次添加该模块至模型构建界面中;也可以使用复制模块的方法:先鼠标单击模块图标,当模块图标底色变蓝,且四角出现小白块,表明该模块已被选中。然后点击鼠标右键,再点复制(copy),最后在模型构建界面的空白处,点击鼠标右键,再点粘贴,即完成该仿真模块的复制。

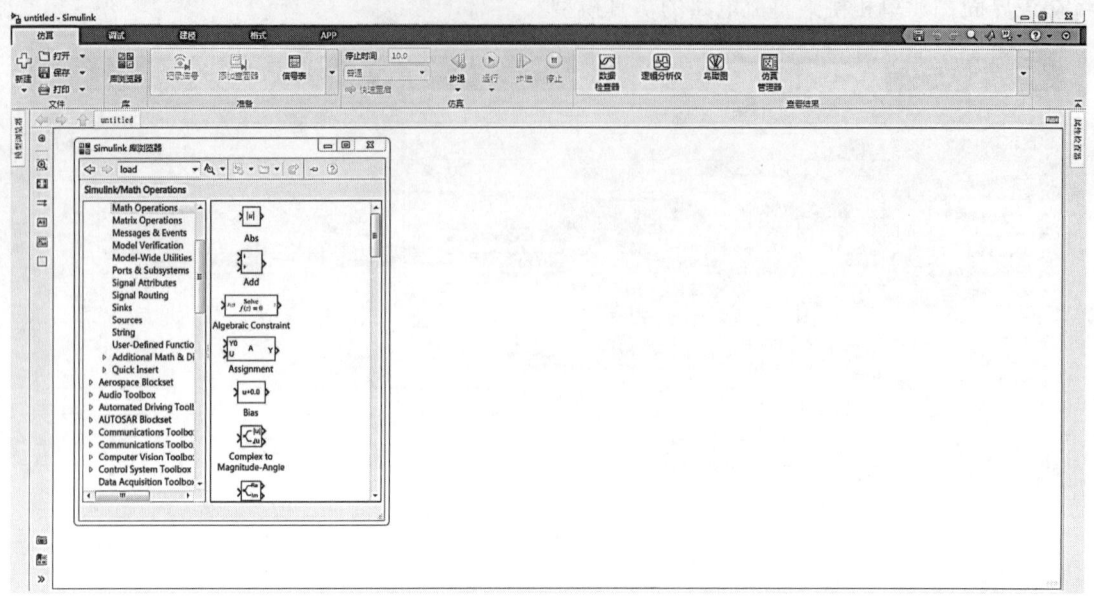

图 3.1.4 "库浏览器"示意

表 3.1.1 直流降压电路的仿真模块

序号	模块名称	功能/作用	所在模块库	参数设置
1	Programmable Voltage Source	可编程交流电压电源	Simscape/Electrical/Sources	电压幅值:200 V 频率:100 Hz 相偏移:0 直流电压:0 谐波:None 噪声:disabled
2	IGBT	一种电子开关器件	Simscape/Foundation Library/Electrical Elements	采用默认值
3	Resistor	电阻	Simscape/Foundation Library/Electrical Elements	10 ohm
4	Electrical Reference	接电(电气)	Simscape/Foundation Library/Electrical Elements	无须设置参数
5	Solver Configuration	求解与配置器	Simscape/Electrical/Connectors&References	其参数设置见图 3.1.6
6	Pulse Generator	按固定间隔生成方波脉冲	Simulink / Sources	其参数设置见图 3.1.7

续表

序号	模块名称	功能/作用	所在模块库	参数设置
7	Scope	示波器	Simulink / Commonly Used Blocks	其参数设置见第2章相关内容
11	Voltage Sensor	电压感应器,用于采集电压	Simscape/Foundation Library/Electrical Sensor	直接使用,无须设置参数
12	PS-Simulink Converter	信号转换器,将物理信号转换为Simulink信号	Simscape / Utilities	设为inherit(传输继承)
13	Simulink-PS Converter	信号转换器,将Simulink信号转换为物理信号	Simscape / Utilities	设为inherit(传输继承)

（3）按照整流电路结构，连接各仿真模块，如图3.1.5所示。当连接仿真模块时，需将光标移到仿真模块的输出端，点击左键不放并移动鼠标，即可拉出一条连线，再将连线拉到另一模块的输入端。观察到两模块间确实出现一条实线，则松开鼠标左键，即完成一条接线。

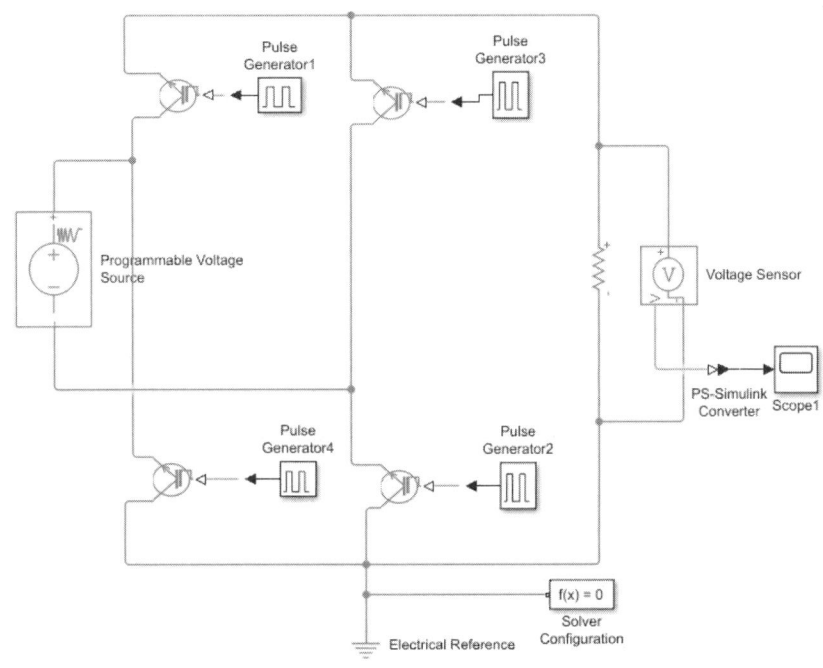

图 3.1.5　单相整流电路仿真模型

有三点值得特别注意：一是在电路仿真模型中，必须连接"Electrical Reference"模块，若仿真模型中没有连接该模块，缺乏参考点，导致初始条件不足，无法求解仿真模型对应的仿真方程，将会报编译错误。二是仿真模型里必须包含"Solver Configuration"模块，该模块用于设置仿真算法、环境参数等。三是在本例仿真模型中，存在Simulink和物理两类模块，它们的输出信号属于不同类型，两类模块之间不能直接连接。例如，Pulse Generator模块输出的是Simulink信号，不能直接为IGBT物理模块所用，因此两者无法直接连接。不同类模块之间的连接需要运用信号转换器（PS-Simulink Converter、Simulink-PS Converter），先完成信号的转换，然后方可连接。

（4）设置模块参数。正确设置模块参数是保证仿真准确的关键步骤，双击模块图标，弹出参数设置对话框，如图 3.1.6 所示，然后按照表 3.1.1 和参数对话框的提示录入参数即可。若有疑问，可点击对话框底部的"帮助"寻求帮助。本例中的多数仿真模块的参数设置较为简单。

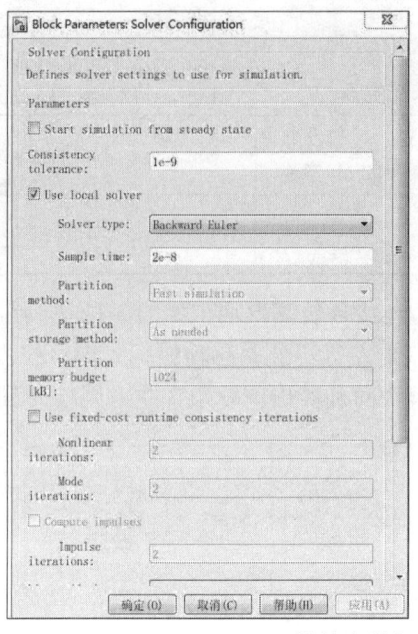

图 3.1.6 Solver Configuration 模块参数设置

容易出错的是 Pulse Generator 模块的参数设置，根据单相桥式整流电路的工作原理，IGBT1 和 IGBT4 对应的 2 个 Pulse Generator 模块应当设置一致，见图 3.1.7（a）；IGBT2 和 IGBT3 对应的 2 个 Pulse Generator 模块应当设置一致，见图 3.1.7（b）。

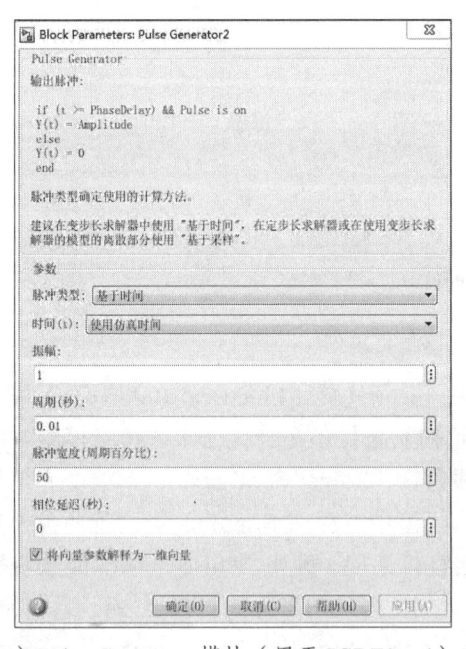 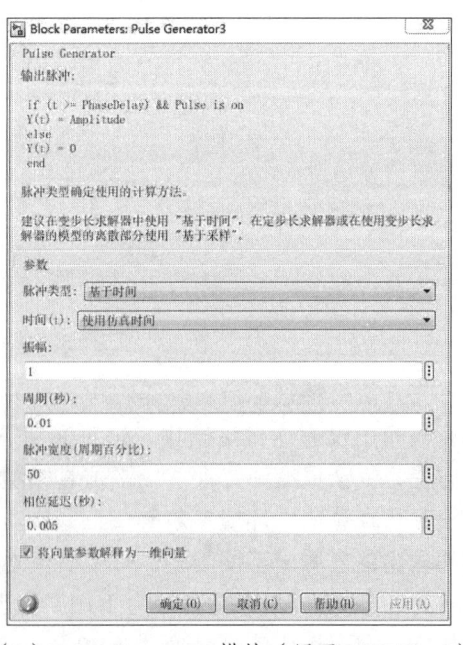

（a）Pulse Generator 模块（用于 IGBT1、4）　　（b）Pulse Generator 模块（用于 IGBT2、3）

图 3.1.7 Pulse Generator 模块参数设置

（5）设置仿真运行参数。在模型开始仿真前，必须设置仿真参数。在 MATLAB 2021b 中，由于存在 Solver Configuration 模块，它解决了许多算法和仿真环境参数的配置问题。余下需要设置的仿真参数已经很少了，主要是在仿真模型构建界面的工具栏上设置仿真的"停止时间"。停止时间不宜设置太大，以免仿真花费过长时间；也不宜设置太小，防止仿真还未进入稳态就已结束。本例设置为 0.1。

（6）启动仿真。在参数设置完毕后即可开始仿真。直接点击工具栏上的"▶"运行按钮，仿真即会开始，如想中途停止仿真，可以点击工具栏上的"■"停止按钮。如需细致动态地了解仿真过程，点"步进"仿真模式，可以逐步观察仿真进程。

在结束后，一般通过示波器来观察仿真结果。我们已经在需要观测的点上连接了示波器，双击示波器图标，即弹出示波器窗口显示波形，可以用放大镜作仔细观察和分析。

（7）仿真结果与分析。

① 纯电阻负载、导通角 $\alpha=0°$ 时。

启动仿真后，单相桥式整流电路纯电阻负载的负载电压（输出电压）的波形如图 3.1.8 所示。由该图可知，输出电压的波形呈周期性正弦半波、极性始终为正，属于脉动的直流电压，表明电源交流电经整流器后已转换成为直流电，成功实现了整流。

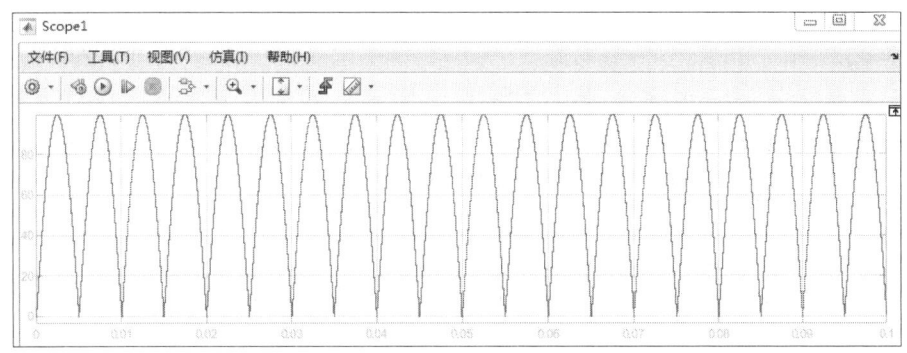

图 3.1.8　整流电路（纯电阻负载、$\alpha=0°$）输出电压波形图

② 纯电阻负载、导通角 $\alpha=90°$ 时。

将控制 IGBT1、4 导通的 Pulse Generator 模块的参数修改为：周期 0.01 s、脉冲宽度 25%、相位延迟 0.0025 s。控制 IGBT2、3 导通的 Pulse Generator 模块的参数修改为：周期 0.01 s、脉冲宽度 25%、相位延迟 0.0075 s。启动仿真后，整流电路纯电阻负载的负载电压（输出电压）的波形如图 3.1.9 所示。由该图可知，极性始终为正，属于脉动的直流电压，表明电源交流电经整流器后已成功实现了整流。另一方面，输出电压波形为周期性的 90°正弦波，符合纯电阻负载、导通角 $\alpha=90°$ 的理论分析。

③ 纯电阻负载、导通角 $\alpha=45°$ 时。

将控制 IGBT1、4 导通的 Pulse Generator 模块的参数修改为：周期 0.01 s、脉冲宽度 37.5%、相位延迟 0.001 25 s。控制 IGBT2、3 导通的 Pulse Generator 模块的参数修改为：周期 0.01 s、脉冲宽度 37.5%、相位延迟 0.006 25 s。启动仿真后，整流电路的输出电压波形如图 3.1.10 所示。由该图可知，极性始终为正，属于脉动的直流电压，表明电源交流电经整流器后已成功实现了整流。另一方面，输出电压波形为周期性的 45°正弦波，符合纯电阻负载、导通角 $\alpha=45°$ 的理论分析。

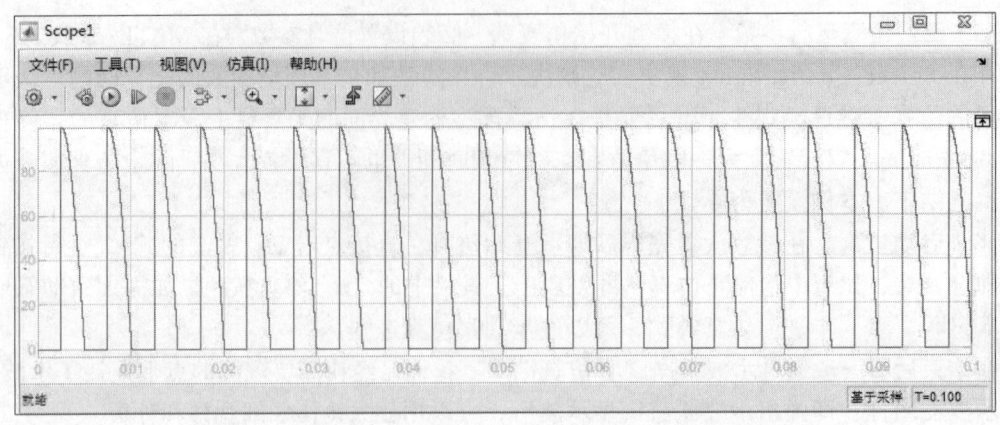

图 3.1.9　整流电路（纯电阻负载、$\alpha=90°$）输出电压波形图

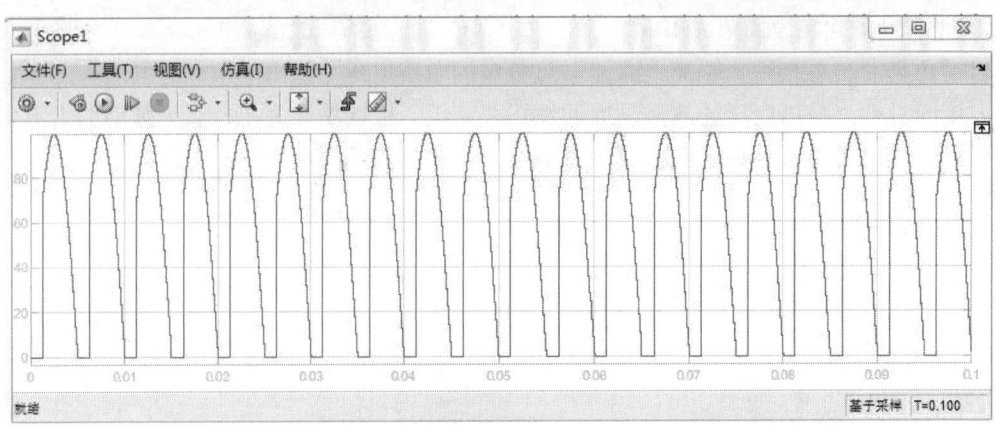

图 3.1.10　整流电路（纯电阻负载、$\alpha=45°$）输出电压波形图

3.2　DC/DC 变换电路

DC/DC 变换电路也称直流斩波器（DC Chopper）、直流-直流变换器，主要用于调整直流电的电压大小。它有多种类型，常见的有降压（Buck）变换器、升压（Boost）变换器和桥式（H 形）直流变换器。

3.2.1　直流降压变换器设计

直流降压变换器（Buck Chopper）用于降低直流电源的电压，使负载侧电压低于电源电压，其电路结构如图 3.2.1 所示。当开关器件 VT 导通时，有电流经电感 L 向负载供电。当 VT 关断时，储能电感 L 释放电能，维持负载流通电流，电流经负载和二极管 VD 形成闭合回路。只需调节开关器件 VT 的通断时间，便可快捷地调整负载侧输出电流和电压的大小。负载侧输出电压的平均值为

$$U_R = \frac{t_{on}}{T}E = \alpha E$$

式中，T 为 VT 的开关周期，t_{on} 为 VT 导通时间，α 为占空比。

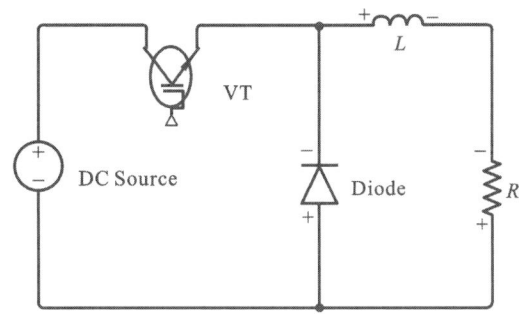

图 3.2.1　直流降压变换器电路图

直流降压变换器主电路的设计除要选择开关器件和二极管外，还需要确定电感 L 的参数。电感参数的计算较为麻烦，但如果借助仿真手段，根据仿真效果，迅速调节不同的电感参数，能快速、简洁地确定电感参数。接下来，通过例 3.2.1 展示构建降压变换器的 Simulink 仿真模型的方法。

【例 3.2.1】设直流降压变换器电源电压 $E=200\text{ V}$，$\alpha=0.5$，电阻负载 $R=5\text{ }\Omega$。选择合适的电感，构建其仿真模型，并观察驱动 IGBT 的 PWM 和电阻负载电压的波形。

该电路的仿真模型如图 3.2.2 所示。由于 IGBT 的通/断都可由脉冲信号控制，且能快速地完成通/断状态的切换，本例选用 IGBT 作为该电路的开关器件。IGBT 的驱动信号由脉冲发生器 Pulse 产生，通过设置脉冲发生器的脉冲周期和脉冲宽度，就可以调节脉冲占空比。

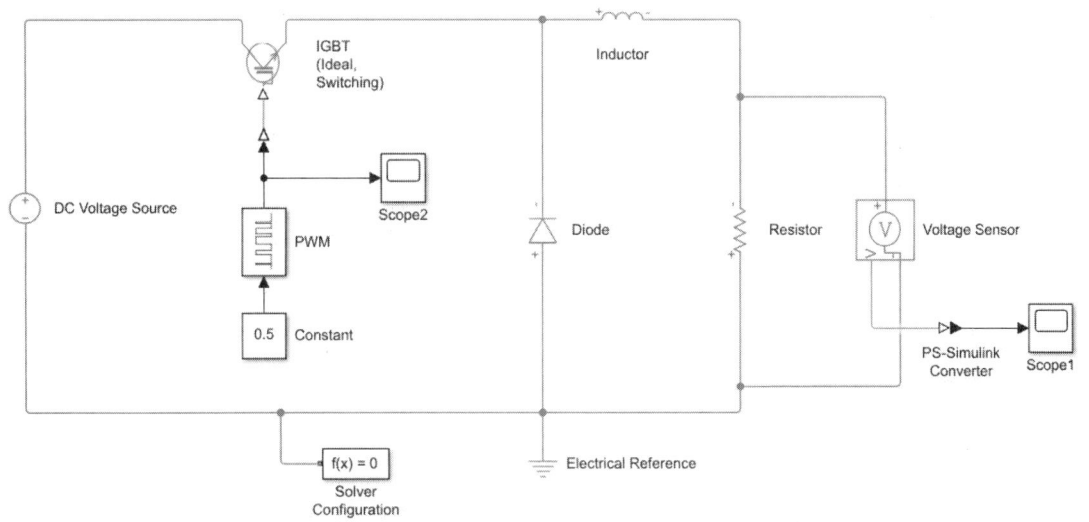

图 3.2.2　直流降压变换器仿真模型

图 3.2.2 所示的直流降压变换器仿真模型的构建过程大致如下：

（1）选择仿真模块。根据直流降压变换器的工作原理和电路结构，确定所需的仿真模块。

（2）确定仿真模块参数。依据例题条件，确定各仿真模块的参数，见表 3.2.1。对部分关键仿真模块参数的设置，还需要参考注 1 和注 2。

表 3.2.1 直流降压斩波器仿真模块

序号	模块名称	功能/作用	所在模块库	参数设置
1	DC Voltage Source	理想直流电压电源	Simscape/Foundation Library/Electrical Sources	电源电压幅值：200 V
2	IGBT	IGBT 电子器件	Simscape/Foundation Library/Electrical Elements	采用模块默认参数
3	Inductor	电感	Simscape/Foundation Library/Electrical Elements	L 值：100 mH
4	Resistor	电阻	Simscape/Foundation Library/Electrical Elements	电阻值：5 ohm
5	Diode	二极管	Simscape/Foundation Library/Electrical Elements	采用模块默认值
6	Electrical Reference	接电（电气）	Simscape/Foundation Library/Electrical Elements	无须设置参数
7	Solver Configuration	求解与配置器	Simscape/Electrical/Connectors&References	其参数设置见前例
8	PWM	依据指定的占空比，生成 PWM	Simulink/ Discontinuities	周期设为 0.002 s
9	Constant	常量	Simulink / Commonly Used Blocks	设为 0.5
10	Scope	示波器	Simulink / Commonly Used Blocks	参数设置见第 2 章
11	Voltage Sensor	电压感应器，用于采集电压	Simscape/Foundation Library/Electrical Sensor	直接使用，无须设置参数
12	Simulink-PS Converter	信号转换器，将 Simulink 信号转换为物理信号	Simscape / Utilities	设为 inherit（传输继承）

注：1. 模型中 IGBT 和二极管的参数可以采用默认值，电源电压和负载电阻可以根据实际要求设定，驱动脉冲宽度取决于脉冲周期和占空比，应当根据对输出电压、电流的要求而设定。

2. 如前所述，对于包括直流降压变换器在内的直流斩波电路而言，电感参数的合理确定是成功构建 Simulink 仿真模型的关键。一般地，电感参数难以一次设定，需要通过多次设置，反复比较仿真效果，最后方能确定本例的电感值为 100 mH。

3. pulse 模块属于 Simulink 仿真模型，IGBT 属于物理仿真模块，因此 pulse 模块的输出脉冲需先经过 Simulink-PS Converter 模块的转换，才能输入至 IGBT。Simulink 仿真模型之间的连线是带有箭头的细黑线，物理仿真模块之间的连线是无箭头的粗蓝线。这个特征是迅速判断两类不同仿真模块的有效方法。此外，查询仿真模块来自哪个模块库，也可以判断仿真模块的类型。

（3）连接仿真模块。将仿真模块拖拉至合适位置，并逐一连接。

（4）设置仿真时间。由于 PWM 的周期为 0.002 s，开关器件的通/断切换十分频繁，仿真过程中的计算量是很大的，导致仿真速度比较慢；同时考虑到该仿真模型较快就可进入稳态工作状态，所以将仿真时间设置为 0.1 s。

（5）运行仿真。仿真结果如图 3.2.3 所示，其中图 3.2.3（b）为 IGBT 的驱动脉冲，IGBT 的开关频率较高，占空比为 0.5。图 3.2.3（a）为电阻负载的电压波形，其平均值大约为 100 V，改变占空比可以调节该电压值。

从电阻负载电压波形可以看到，电压的波动比较明显，如要减小该电压的脉动，可以适当增大电感值。但是，增大电感值会延迟仿真进入稳态的时间。一般地，既要减少输出电压的脉动，又要使电感不太大，还可以考虑：一是提高变换频率，不过此种方法尽管有效，但会极大地增加计算量，大大降低仿真的速度与效率；二是在电阻两端并联一个电容，利用电容对电压进行滤波。

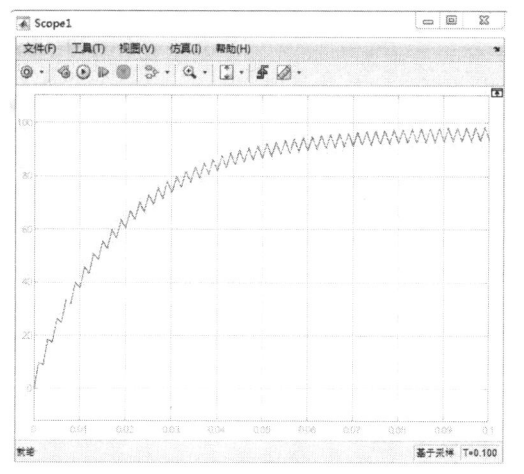
（a）电阻负载电压

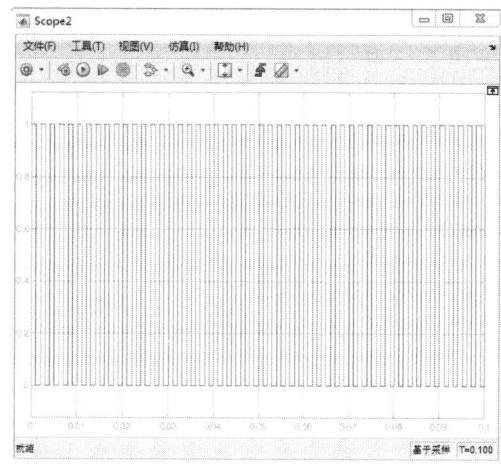
（b）IGBT 的驱动信号

图 3.2.3　直流降压变换器仿真结果

（6）修改仿真模型，进行对比分析。在原始的仿真模型基础上，将电感值由 100 mH 修改为 200 mH，然后点击运行仿真。仿真结果如图 3.2.4（a）所示，和原仿真结果相比，电阻负载电压的纹波明显减小了。可是直到 0.1 s 仿真结束之时，该电压仍在总体上升，表明仿真系统仍未进入稳态。在原始的仿真模型基础上，再次对仿真模型进行修改，在电阻负载两端并联一个电容（$C=200\ \mu F$），L 等于 100 mH 保持不变。点击运行仿真，仿真结果如图 3.2.4（b）所示，与前 2 次仿真实验结果对比，不仅电阻负载的电压的脉冲明显减小，而且仿真系统仍未延迟进入稳态。

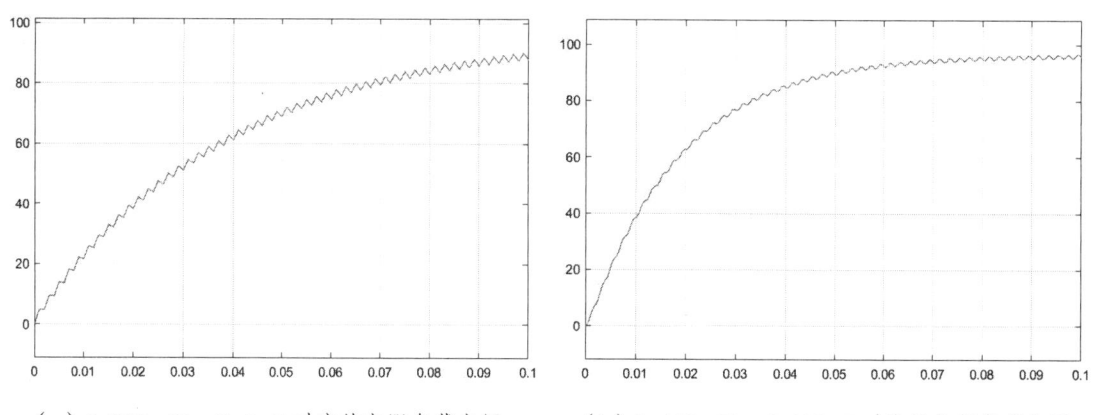

（a）$L=200$ mH、$C=0\ \mu F$ 对应的电阻负载电压　　（b）$L=100$ mH、$C=200\ \mu F$ 对应的电阻负载电压

图 3.2.4　优化后的直流降压变换器仿真结果

从本例可以看到，用 Simulink 仿真来设计电力电子电路，电路结构和参数的修改特别方便，不同设计方案的效果可以直观呈现和对比分析，因此该方法能极大地简化电路设计工作，常应用于电路的原理设计阶段。

3.2.2 直流升压变换器设计

直流升压变换器（Boost Chopper）的功能是提升直流电压，其电路原理如图 3.2.5（a）所示。当电路中的开关器件导通时，电流由直流电源 E 经电感 L 和开关器件形成回路，电感 L 电流增大，电感储能。当开关器件关断时，电感产生的反电动势和直流电源电压串联后共同向负载供电。此时，由于电感的反电动势和直流电源电压方向相同互相叠加，从而可以在负载侧获得比电源更高的电压。二极管的作用是，当开关器件导通时，保证电容只与负载组成放电回路。直流升压变换器的输出电压 $U_o = \dfrac{1}{1-\alpha} E$，其电感和电容值选择可以通过仿真实验确定。

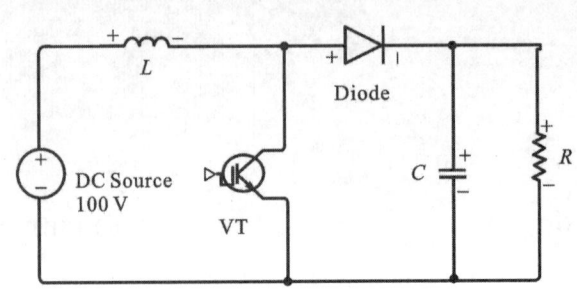

（a）直流升压斩波器电路

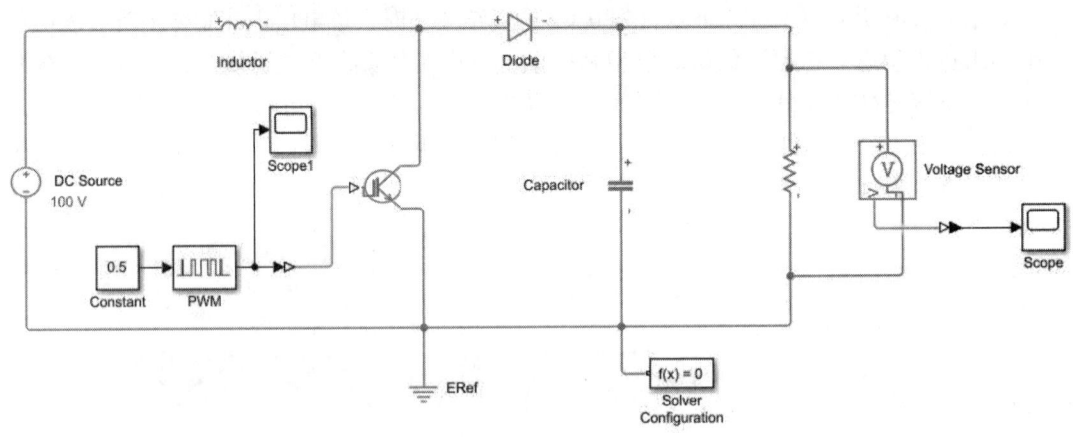

（b）直流升压斩波器模型

图 3.2.5 直流升压斩波器

【例 3.2.2】已知直流电源 100 V，要求将负载电压提升到 200 V，且输出电压的脉动控制在 10%以内，负载的等值电阻为 10 Ω。设计一个直流升压变换器，并选择合适的斩波频率、电感以及电容参数。

仿真设计步骤如下。

（1）根据直流升压变换器原理电路建立变换器的仿真模型，如图 3.2.5（b）所示。

（2）设置元器件参数。按照表 3.2.2 设置仿真模型的参数。

表 3.2.2　直流升压电路的仿真模块

序号	模块名称	功能/作用	所在模块库	参数设置
1	DC Voltage Source	理想直流电压电源	Simscape/Foundation Library/Electrical Sources	100 V
2	Capacitor	电容	Simscape/Foundation Library/Electrical Elements	200 μF
3	IGBT	一种电子器件	Simscape/Foundation Library/Electrical Elements	按照前例设置
4	Inductor	电感	Simscape/Foundation Library/Electrical Elements	0.1 mH
5	Resistor	电阻	Simscape/Foundation Library/Electrical Elements	10 Ω
6	Diode	二极管	Simscape/Foundation Library/Electrical Elements	采用模块默认值
7	Electrical Reference	接电（电气）	Simscape/Foundation Library/Electrical Elements	无须设置参数
8	Solver Configuration	求解器（配置）	Simscape/Electrical/Connectors&References	按照前例设置
9	PWM	依据指定的占空比，生成PWM	Simulink/ Discontinuities	周期设为 0.0002 s
10	Constant	常量	Simulink/Commonly Used Blocks	设为 0.5
11	Scope	示波器	Simulink/Commonly Used Blocks	按前例设置
12	Voltage Sensor	电压感应器，用于采集电压	Simscape/Foundation Library/Electrical Sensor	直接使用，无须设置参数
13	Simulink-PS Converter	信号转换器，将 Simulink 信号转换为物理信号	Simscape / Utilities	单位设为 V
14	PS-Simulink Converter	信号转换器，将物理信号转换为 Simulink 信号	Simscape / Utilities	单位设为 V

（3）设置仿真参数。取仿真时间为 0.01 s。

（4）分析仿真结果。从图 3.2.6 可见，选择的参数能够满足要求。电路稳定工作后，输出电压达到 200 V，且脉动在 10%以内。如果需要进一步减少输出电压波动，可以提高脉冲发生器产生脉冲的频率；也可以选择多组 *LC* 参数比较，以得到更满意的结果。

其他参数不变，只把 PWM 的周期减小到 0.0001 s，即将频率增加到 10 000 Hz。运行仿真，仿真结果如图 3.2.7（a）所示。与图 3.2.6（a）相比，输出电压的脉动幅度有所降低，但是与此同时输出电压的平均值大约下降了 5%，只有 190 V 左右，不能满足输出电压 200 V 的设计要求。由此可知，通过增大 PWM 的频率，加快开关器件的通/断动作，能够减小输出电压的脉动，但可能会导致输出电压略有下滑，存在一定的"副作用"。

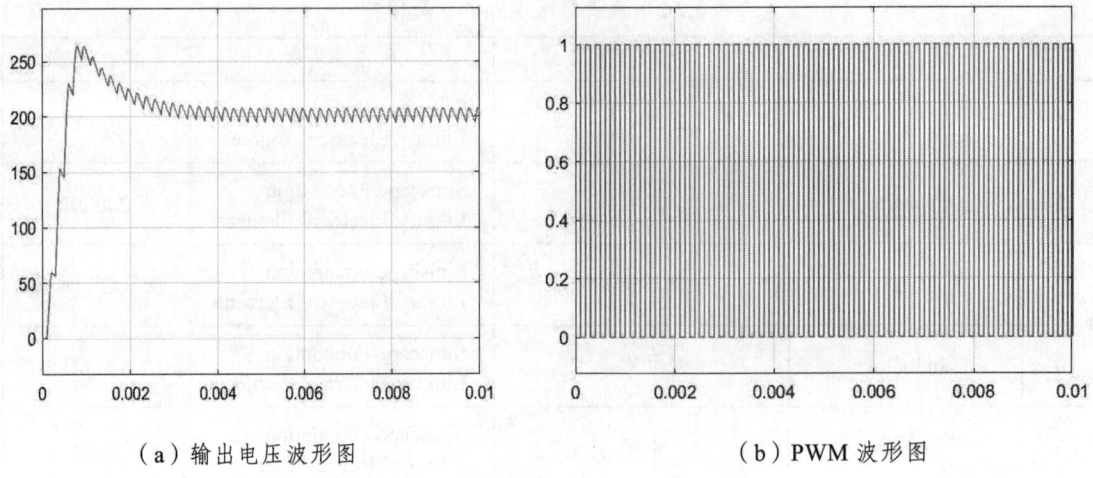

（a）输出电压波形图　　　　　　　　（b）PWM 波形图

图 3.2.6　直流升压电路仿真波形图

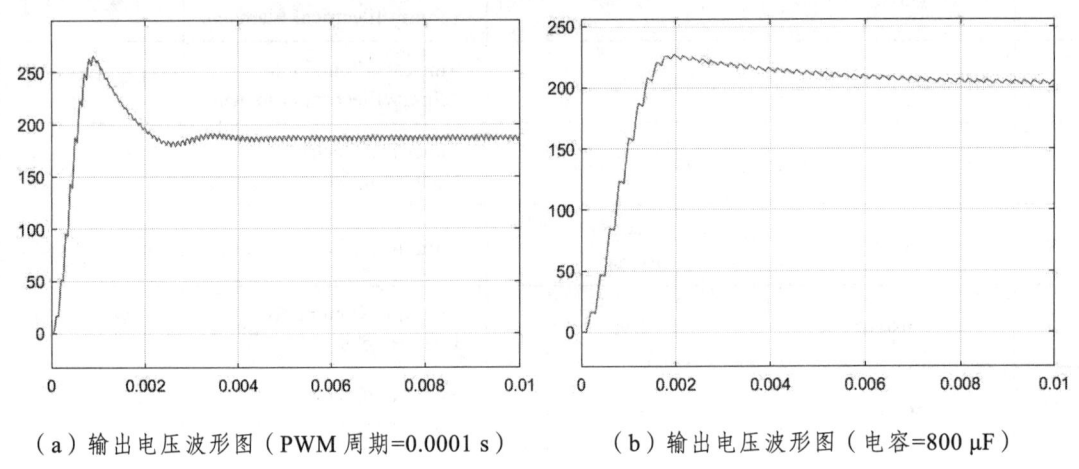

（a）输出电压波形图（PWM 周期=0.0001 s）　　　（b）输出电压波形图（电容=800 μF）

图 3.2.7　直流升压电路仿真波形图（调整参数后）

其他参数不变，只把电容值增大为 800 μF。运行仿真，仿真结果如图 3.2.7（a）所示。与图 3.2.6（a）相比，输出电压的脉动幅度有所降低，且电路稳定工作之后的电压约为 200 V，能够满足电路的设计要求。但是，需注意到：与原电路相比，该电路进入稳定工作状态有所延迟。

综合上述分析，调整电路参数一般可以优化电路的部分性能指标，但同时往往以恶化某些电路性能为代价。这表明：实际电路的设计是一个反复、复杂的过程，一般不是一蹴而就；确定电路参数的时候，在满足设计要求的硬性指标的前提下，需要平衡考虑多种电路性能指标。

3.2.3　Cuk 升降压变换电路仿真

Cuk 电路是一种既可以提升直流电压，又可以用于降低直流电路的斩波电路，其电路结构如图 3.2.8 所示。电路只有一个开关器件 VT，在 VT 导通时，电感 L_1 电流上升，在 VT 关断时，电源 E 和电感 L_1 的反电势共同给电容 C_1 充电，C_1 电压可以高于电源电压 E。在 VT 导通时，电容 C_1 也经 C_2、L_2 回路放电，使电容 C_2 电压受开关 VT 驱动脉冲的占空比控制，$U_d = \alpha U_{C1} = \dfrac{\alpha}{1-\alpha} E$。在 VT 关断时，电感 L_2 经二极管 VD 和 C_2 回路续流。Cuk 电路的特点是输入和输出侧都串联了电感，而电感 L_2 和电容 C_2 的滤波作用，减小了负载 R 的电压和电流波动。Cuk 电路的仿真模型如图 3.2.8 所示，模型中开关器件选用 IGBT。

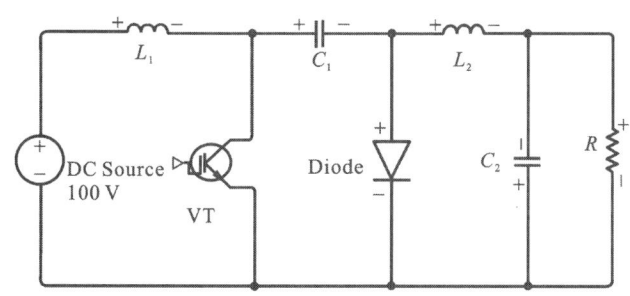

图 3.2.8 Cuk 升降压变换电路

【例 3.2.3】采用 Cuk 电路，选择不同的占空比进行两次仿真，第一次将直流电压调低，第二次将直流电压调高。模型主要参数为：电源 VS 为 100 V，L 为 0.1 mH、L_1 为 0.1 mH、C_1 为 1 μF、C_2 为 200 μF、R 为 10 Ω。取脉冲发生器脉冲周期为 T_s=0.2 ms，仿真时间设为 0.01 s。

仿真设计步骤：

（1）根据直流升压变换器原理电路建立变换器的仿真模型，如图 3.2.9 所示。

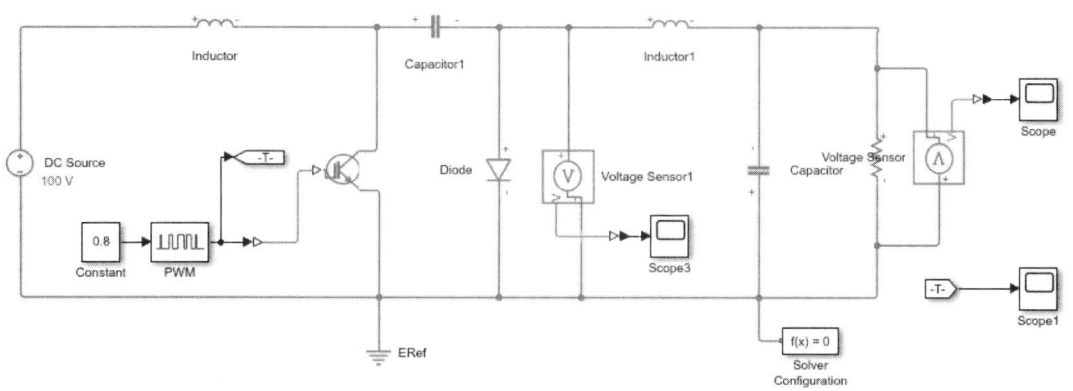

图 3.2.9 Cuk 升降压变换电路仿真模型

（2）设置模块参数。按照表 3.2.3 设置仿真模型的参数。

表 3.2.3 直流升降压电路的仿真模块

序号	模块名称	功能/作用	所在模块库	参数设置
1	DC Voltage Source	理想直流电压电源	Simscape/Foundation Library/Electrical Sources	100 V
2	Capacitor	电容	Simscape/Foundation Library/Electrical Elements	C=200 μF C_1=1 μF

续表

序号	模块名称	功能/作用	所在模块库	参数设置
3	Goto	向对应的 From 模块无线发送信号	Simulink / Signal Routing	填 T
4	From	向对应的 Goto 模块无线接收信号	Simulink / Signal Routing	填 T
5	IGBT	IGBT 电子器件	Simscape/Foundation Library/Electrical Elements	按照前例设置
6	Inductor	电感	Simscape/Foundation Library/Electrical Elements	L=0.1 mH L_1=1 mH
7	Resistor	电阻	Simscape/Foundation Library/Electrical Elements	10 Ω
8	Diode	二极管	Simscape/Foundation Library/Electrical Elements	采用模块默认值
9	Electrical Reference	接电（电气）	Simscape/Foundation Library/Electrical Elements	无须设置参数
10	Solver Configuration	求解器（配置）	Simscape/Electrical/Connectors&References	按照前例设置
11	PWM	依据指定的占空比，生成 PWM	Simulink/ Discontinuities	周期设为 0.002 s
12	Constant	常量	Simulink / Commonly Used Blocks	2 次仿真，分别设为 0.2、0.8
13	Scope	示波器	Simulink / Commonly Used Blocks	按照前例设置参数
14	Voltage Sensor	电压感应器，用于采集电压	Simscape/Foundation Library/Electrical Sensor	直接使用，无须设置参数
15	Simulink-PS Converter	信号转换器，将 simulink 信号转换为物理信号	Simscape / Utilities	单位设为 V
16	PS-Simulink Converter	信号转换器，将物理信号转换为 simulink 信号	Simscape / Utilities	单位设为 V

（3）设置仿真参数。取仿真时间为 0.01 s。

（4）分析仿真结果。

第一次仿真，将占空比设为 0.2，实现直流降压；第二次仿真，占空比设为 0.8，实现直流升压。两次仿真结果分别如图 3.2.10、图 3.2.11 所示。

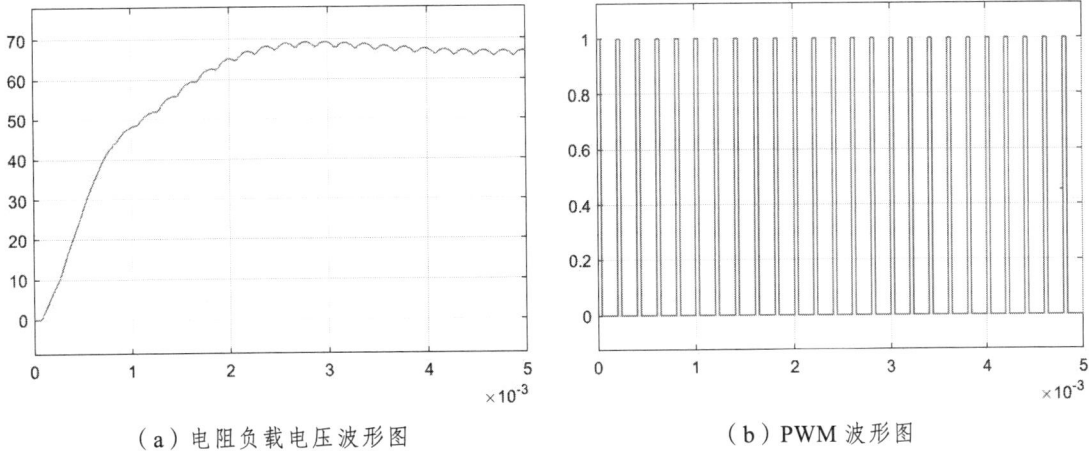

(a)电阻负载电压波形图　　　　　　　(b)PWM 波形图

图 3.2.10　Cuk 斩波电路降压仿真结果（占空比=0.2）

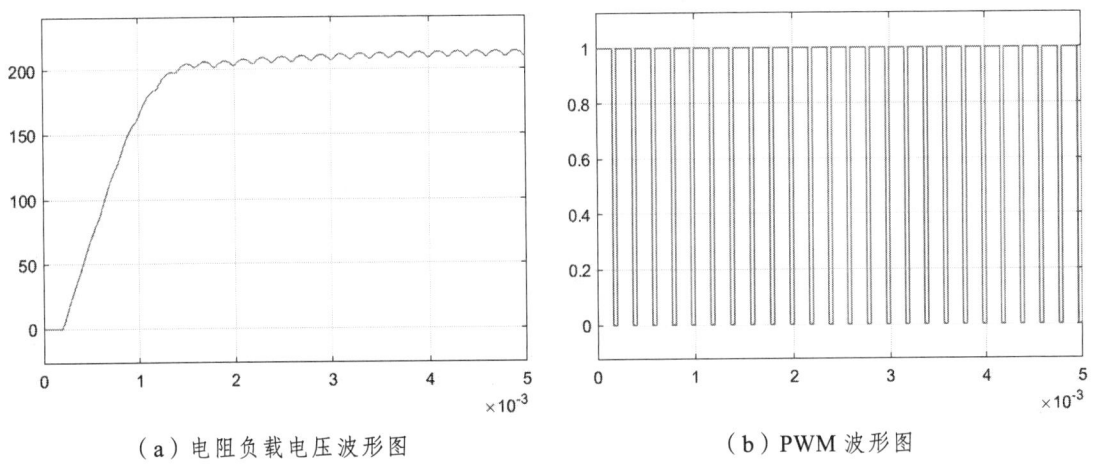

(a)电阻负载电压波形图　　　　　　　(b)PWM 波形图

图 3.2.11　Cuk 斩波电路升压仿真结果（占空比=0.8）

由上述 2 个仿真图可知：第一次仿真的输出电压小于 100 V，成功实现了直流降压；第二次仿真的输出电压大于 200 V，成功实现了直流升压。因此，仿真结果表明该电路确实具备既能提升直流电压，又能降低直流电压的功能。

此外，与直流降压变换器、直流升压变换器相比，Cuk 电路的调压效果比前两种电路要好，输出电压的脉动小一些。这是因为 C_2 具有平滑电压、抑制电压波纹的作用，因此负载电压的波动较小。但是，电容 C_1 两端峰值电压较高，对电路元器件的耐压提出较高要求。最后，与直流降压变换器、直流升压变换器相比，由于该电路采用电子元器件更多、结构更复杂，因此它的实际输出电压与理论计算输出电压之间的偏差会更大。这意味着：输出电压的精度可能较低；为满足输出电压的设计要求，电路参数的调整会相对较难。

习 题

1. 试构建一个交流电源电压幅值 220 V、频率 50 Hz，负载为 10 Ω 电阻的单相桥式全控整流电路的 Simulink 仿真模型，并分别观察导通角为 0°、30°、60°、90°时的负载电压波形。

2. 设直流降压变换器电源电压 $E=200$ V，电阻负载 $R=5$ Ω，要求输出电压为 120 V。选择合适的电感、占空比，构建其仿真模型，并观察驱动开关器件的 PWM、电阻负载电压的波形。

3. 已知直流电源 110 V，要求将负载电压提升到 220 V，且输出电压的脉动控制在 5%以内，负载的等值电阻为 8 Ω。设计一个直流升压变换器，并选择合适的斩波频率、电感以及电容参数。

4. 采用 Cuk 电路，构建其仿真模型，进行两次仿真。第一次将直流电压调低为 50 V；第二次将直流电压调高为 200 V；电压脉动均控制在 10%以内。已知直流电源电压为 100 V，R 为 10 Ω。选择合适的电路参数以及仿真参数，并观察驱动开关器件的 PWM、电阻负载电压的波形。

4 信号与系统分析

本章用 MATLAB 实现信号与系统的分析，首先从模拟信号采样展开分析，其次分别对信号与系统的时域和频域展开讨论，最后深入讨论离散傅里叶变换。

4.1 信号与系统的时域分析

4.1.1 信号的采样与恢复

采样定理指出，一个有限频宽的连续时间信号 $x_a(t)$，其最高频率为 Ω_h，经过等间隔采样后，只要采样频率 Ω_s 不小于信号最高频率 Ω_h 的两倍，即满足 $\Omega_s \geqslant 2\Omega_h$，就能从采样信号 $\hat{x}_a(t)$ 中恢复源信号，得到 $y_a(t)$。$y_o(t)$ 与 $x_a(t)$ 相比没有失真，只有幅度和相位的差异。一般把最低采样频率 $\Omega_{s\min} = 2\Omega_h$ 称为奈奎斯特采样频率。当 $\Omega_s < 2\Omega_h$ 时，$\hat{x}_a(t)$ 的频谱将产生混叠现象，此时将无法恢复源信号。

$x_a(t)$ 的幅度频谱为 $|X_a(\mathrm{j}\Omega)|$。开关信号 $p_\delta(t)$ 为周期矩形脉冲，其脉宽 τ 相对于周期 T 非常小，故将其视为冲激序列，所以 $p_\delta(t)$ 的幅度频谱 $|p_\delta(\mathrm{j}\Omega)|$ 亦为冲激序列；采样信号 $\hat{x}_a(t)$ 的幅度频谱为 $|\hat{X}_a(\mathrm{j}\Omega)|$。$y_o(t)$ 的幅度频谱为 $|Y_a(\mathrm{j}\Omega)|$。

观察采样信号的频谱 $|\hat{X}_a(\mathrm{j}\Omega)|$，可以发现利用低通滤波器（其截止频率满足 $\Omega_h < \Omega_c < \Omega_s - \Omega_h$）就能恢复源信号，其示意图如图 4.1.1 所示。信号采样与恢复的原理框图如图 4.1.2 所示。

通过图 4.1.2 原理框图可以看出，A/D 转换环节实现采样、量化、编码的过程；数字信号处理环节对得到的数字信号进行处理；D/A 转换环节实现数/模转换，得到连续时间信号；低通滤波器的作用是滤除截止频率以外的信号，恢复与源信号相比无失真的信号。

【例 4.1.1】已知一个连续时间信号

$$f(t) = \cos(2\pi f_0 t) + \frac{1}{3}\cos(6\pi f_0 t)$$

其中 $f_0 = 1\,\mathrm{Hz}$，取最高有限带宽频率 $f_h = 3f_0$，分别显示原连续时间信号波形和 $f_s > 2f_h, f_s = 2f_h, f_s < 2f_h$ 三种情况下采样信号的波形。并画出它们的幅频特性曲线，并对采样后的信号进行恢复。

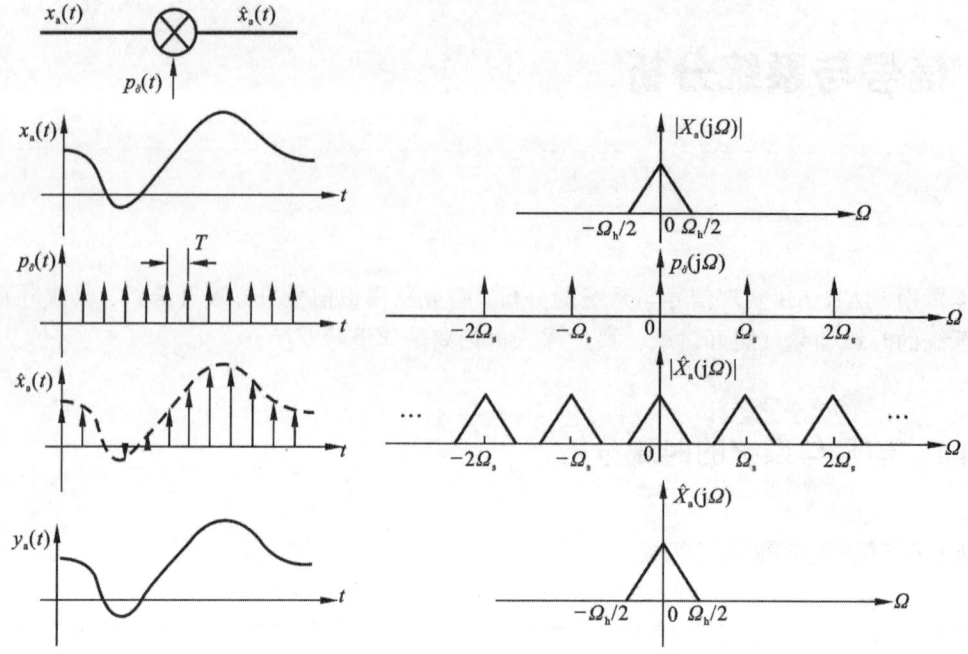

图 4.1.1　信号采样与恢复的原理框图

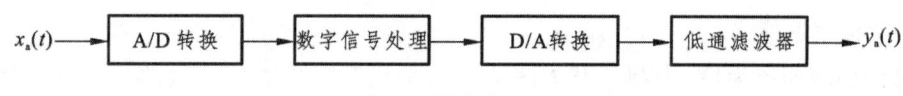

图 4.1.2　信号采样与恢复的原理框图

程序代码如下：
（1）绘制出采样信号。

```
clf;f0=1;fh=3*f0; %根据题目写出已知信息
t=-2:0.01:2;    %设置时间区间和步长
xa=cos(2*pi*f0*t)+(1/3)*cos(6*pi*f0*t);
subplot(411);plot(t,xa);title('连续时间信号 x_{a}(t)');
for i=1:3;   %for 循环绘制不同采样频率下的数字信号
    fs=i*fh;Ts=1/fs;%Ts 为采样周期（采样间隔）
    n=-2:Ts:2;
    xn=cos(2*pi*f0*n)+(1/3)*cos(6*pi*f0*n);
    subplot(4,1,1+i);%绘制剩下三个采样信号
    stem(n,xn,'filled');%以实心圆进行绘制
    title(sprintf('离散信号 x(n)，采样频率为:%d',i*fh));
end
```

正弦信号的采样结果如图 4.1.3 所示。

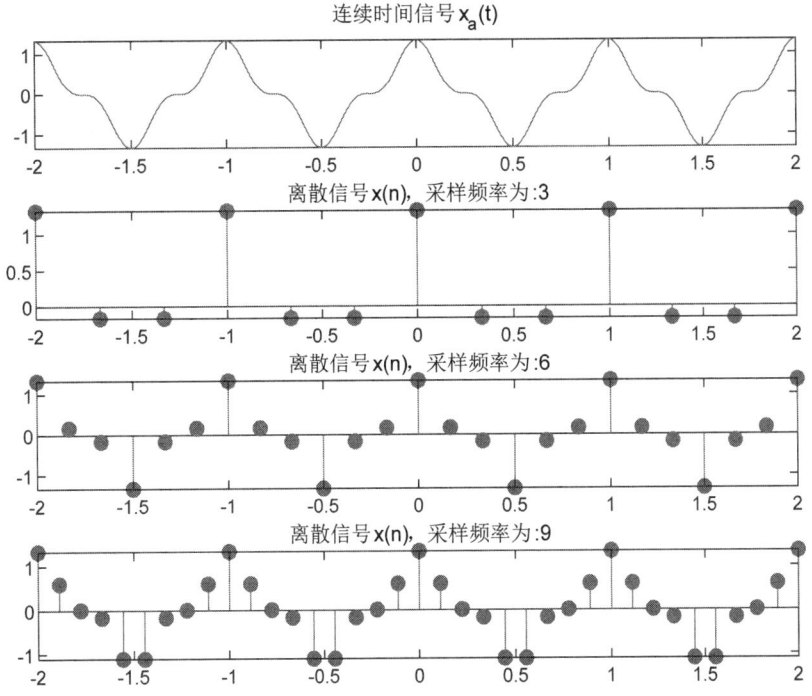

图 4.1.3 不同采样频率下采样信号

（2）绘制幅频特性曲线，根据傅里叶变换公式，确定相关的变量。

close all;clf;f0=1;fh=5*f0;fs1=2*fh;
t=-2:0.01:2;   %设置时间区间和步长
x=cos(2*pi*f0*t)+(1/3)*cos(6*pi*f0*t);
%对原始信号进行傅里叶变换
N=length(t);
k=0:N-1;%序号
wm=2*pi*fh;
w1=k*wm/N;%频域对应的角频率，wm/N 可以理解为频率间隔，k*wm/N 为第 k 个点对应的频率
dt=1/fh;%时域时间间隔
X=x*exp(-j*t'*w1)*dt;%矩阵形式计算傅里叶变换
subplot(4,1,1);plot(w1/(2*pi),abs(X));
axis([0,max(3*fh),1.1*min(abs(X)),1.1*max(abs(X))]);
title('原信号的傅里叶变换');
%绘制 fh,2fh,3fh 采样频率下信号的的频谱，对离散信号进行傅里叶变换
for i=1:3;
        fs=i*fh;Ts=1/fs;
    n=-2:Ts:2;
    xs=cos(2*pi*f0*n)+(1/3)*cos(6*pi*f0*n);

```
N=length(n);    ws=2*pi*fs;
k=0:N-1;   n1=0:N-1;
WN=exp(-2*pi*j/N);
XS=xs*WN.^(n1'*k);
w=k*ws/N;
Xs=xs*exp(-j*n'*w)*Ts;
%绘制关于频率变化的幅度谱（FT），绘制关于采样点的幅值和相角用 DFT
subplot(4,1,1+i);plot(w/(2*pi),abs(Xs));
axis([0,max(3*fh),1.1*min(abs(Xs)),1.1*max(abs(Xs))]);
title(sprintf('不同采样信号下的傅里叶变换，采样频率(Hz):%d',i*fh));
end
```
其运行结果如图 4.1.4 所示。

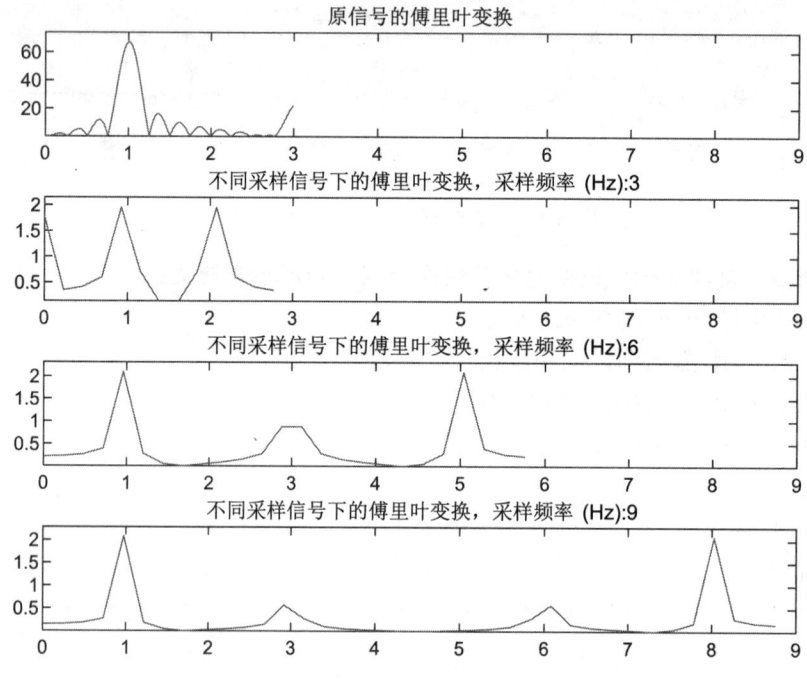

图 4.1.4 不同采样频率下信号的傅里叶变换

（3）采样信号的恢复。

这里信号的恢复，主要采用的方式是插值法。时域卷积是用时域采样信号 $\hat{x}_a(t)$ 与理想滤波器系统的单位冲激响应 $h(t)$ 进行卷积积分来求解。卷积积分的公式通过推导化简为内插公式。

$$x(t) = \sum_{n=-\infty}^{\infty} x(nT)S_a[\omega_c(t-nT_s)]$$

特别注意生成 t-nTs 的这个过程，要很好地利用矩阵的规律。程序代码如下：
```
%信号重建
f0=1;T0=1/f0;fh=3*f0;    %写出已知条件
```

```
Tm=1/fh;    %时域间隔
t=0:0.1:3*T0;
x=cos(2*pi*f0*t)+1/3*cos(6*pi*f0*t);
subplot(411); plot(t,x);title('原始信号');
%生成采样后的信号
for i=1:1:3;
    fs=i*fh;Ts=1/fs;
        t1=0:Ts:3*T0;
        xs=cos(2*pi*f0*t1)+1/3*cos(6*pi*f0*t1);
        %生成 t-nTs 矩阵用于构建插值函数
        n=0:(3*T0)/Ts;
        TN=ones(length(n),1)*t1-n'*Ts*ones(1,length(t1));
        x1=xs*sinc(2*pi*fs*TN);
        subplot(4,1,1+i);plot(t1,x1);
        title(sprintf('不同采样频率下信号的恢复，采样频率(Hz):%d',i*fh));
        axis([min(t1),max(t1),1.1*min(x1),1.1*max(x1)]);
end
```
其运行结果如图 4.1.5 所示。

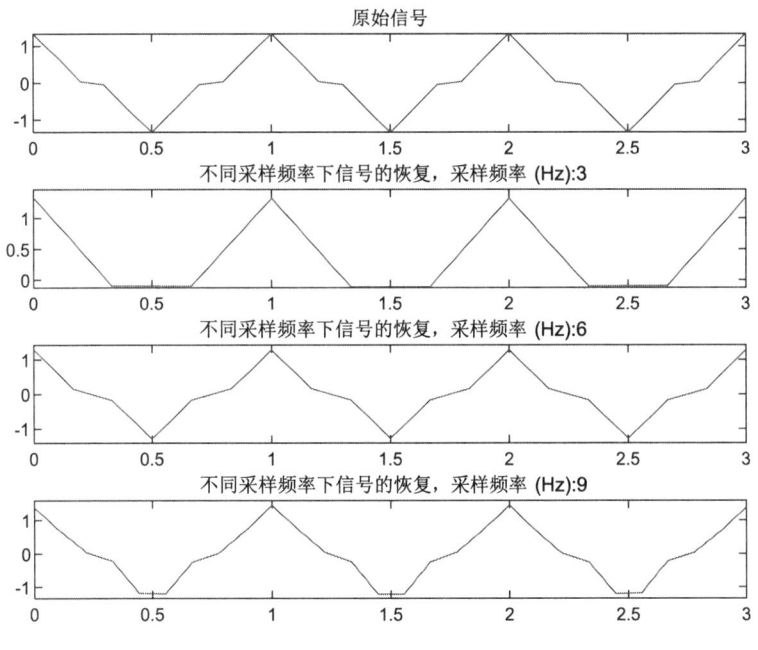

图 4.1.5 不同采样频率下信号的信号恢复

分析图 4.1.5 发现，当采样频率大于信号频率的 2 倍时，才可以进行恢复，也就是进行无失真传输。

4.1.2 常用连续/离散时间信号的实现

1. 常用连续时间信号的实现

信号是随时间变化的物理量。信号的本质是时间的函数。

信号的描述可以从时域描述：时域法是信号在时间上的变化规律，对信号进行描述和分析的方法。信号的时间特性指的是信号的波形出现时间的先后、持续时间的长短、随时间变化的快慢和大小、周期的长短等。

信号也可以从频域（变换域）描述：频域法是通过正交变换，将信号表示成其他变量的函数来对信号进行描述的方法，一般常用的是傅里叶变换。信号的频域特性包括频带的宽窄、频谱的分布等。

信号的频域特性与时域特性之间有着密切的关系。

【例 4.1.2】直流信号 $f(t)$=const。

（1）符号推理法生成直流信号。

t=-5:0.01:5;
f=sym('3');%将信号的大小定义为符号变量
ezplot(f,[-10,10]);%绘制范围在[-10,10]上 f 的图形
title('符号法生成直流信号');xlabel('时间(t)');ylabel('幅值(f)');
用符号法生成的直流信号如图 4.1.6 所示。

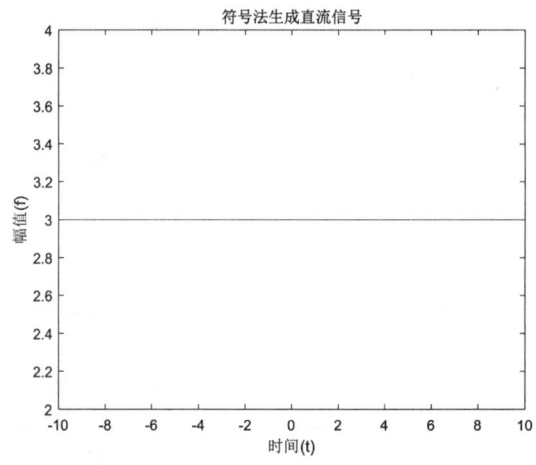

图 4.1.6 符号法生成直流信号

（2）数值法生成直流信号。

t=-5:0.01:5;
a1=3;%信号的大小
plot(t,a1,'b.');title('数值法生成直流信号');
xlabel('时间(t)');ylabel('幅值(f)');
用数值法生成的直流信号如图 4.1.7 所示。

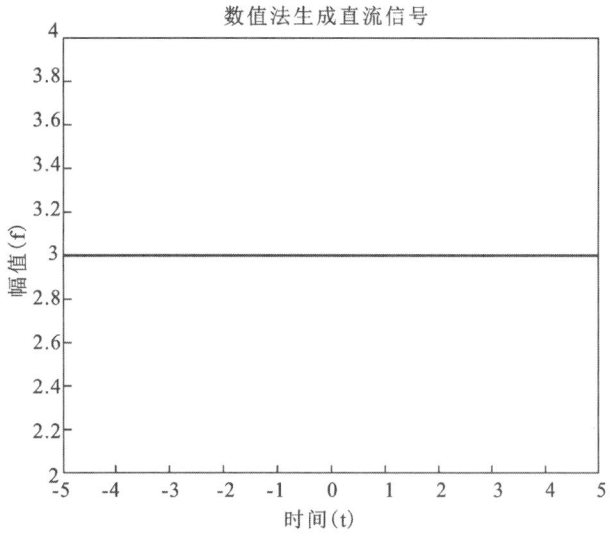

图 4.1.7　数值法生成直流信号

【例 4.1.3】正弦信号 $f(t) = \sin(\omega t + \varphi)$。

t=0:0.001:1;
y=sin(2*pi*t);
plot(t,y,'k');xlabel('时间(t)');ylabel('幅值(f)');title('正弦信号');
运行结果如图 4.1.8 所示。

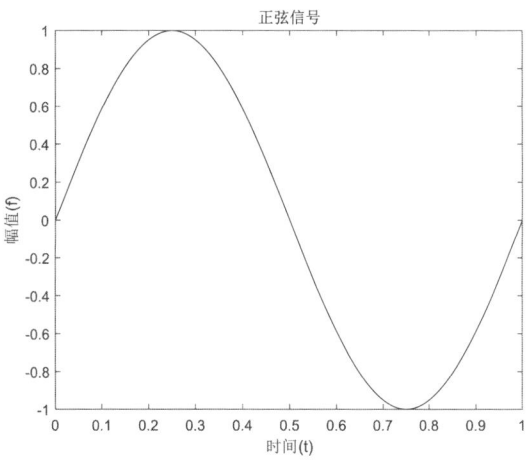

图 4.1.8　正弦信号

【例 4.1.4】单位阶跃信号 $f(t) = u(t)$。

t0=0;t1=-1;t2=2;dt=0.01;
t=t1:dt:-t0;n=length(t);
t3=-t0:dt:t2;n3=length(t3);
u=zeros(1,n);u3=ones(1,n3);
plot(t,u); hold on;
plot(t3,u3);

plot([-t0,-t0],[0,1]);hold off; axis([t1,t2,-0.2,1.2]);
xlabel('时间(t)');ylabel('幅值(f)');title('单位阶跃信号');
运行结果如图 4.1.9 所示。

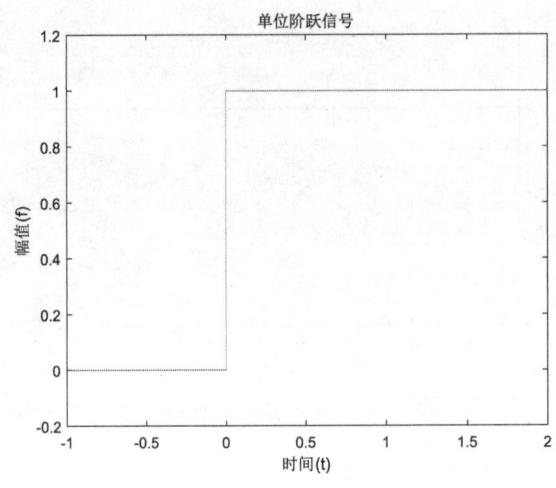

图 4.1.9　单位阶跃信号

【例 4.1.5】单位冲激信号 $f(t)=\delta(t)$ 。
t0=0;t1=-1;t2=2;dt=0.01;
t=t1:dt:t2;n=length(t);
k1=floor((t0-t1)/dt);%向下取整,即将一个数组中所有元素向下取整为最接近较小整数
x=zeros(1,n);
x(k1)=1/dt;
stairs(t,x);%stairs 函数用于绘制阶梯状图
axis([-1,2,0,20]);xlabel('时间(t)');ylabel('幅值(f)');title('单位冲激信号');
运行程序如图 4.1.10 所示。

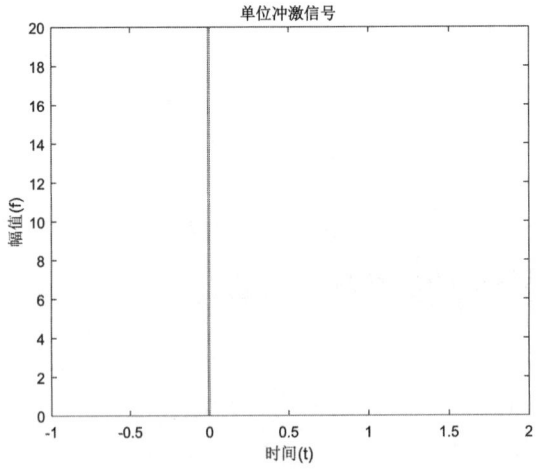

图 4.1.10　单位冲激信号

【例 4.1.6】斜坡信号 $f(t)=tu(t)$。
t1=-1;t2=5;dt=0.01;
t=t1:dt:t2;
al=4;%斜率
n=al*t;plot(t,n);
axis([t1,t2,-1.5,15]);%横坐标及纵坐标的范围
xlabel('时间(t)');ylabel('幅值(f)');title('斜坡信号')
运行程序如图 4.1.11 所示。

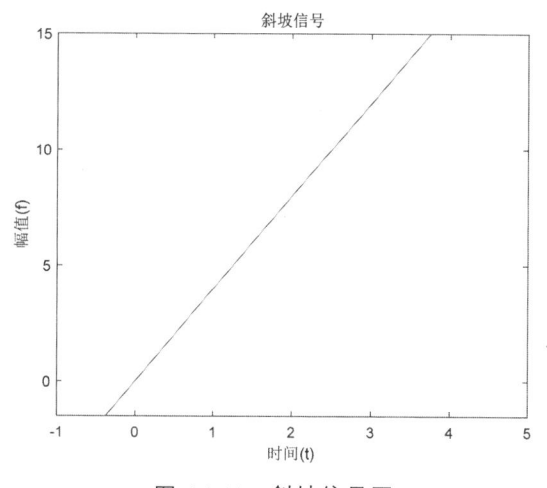

图 4.1.11　斜坡信号图

【例 4.1.7】Sinc 函数。
t=linspace(-5,5);
f=sinc(t);
plot(t,y);
title('Sinc 函数');xlabel('时间(t)');ylabel('幅值(f)');
运行程序如图 4.1.12 所示。

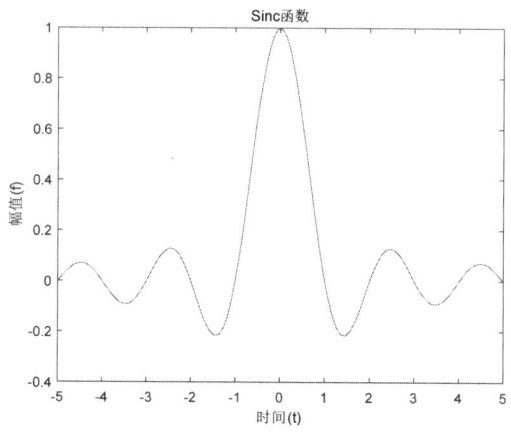

图 4.1.12　Sinc 函数

2. 常用离散时间信号的实现

离散信号是在离散的时间点上才有确定值的信号，而在其他的时间点信号值没有定义。离散信号一般可以由连续信号经模数转换得到。计算机处理的是离散信号。

【例 4.1.8】单位脉冲序列。
k1=-3;k2=3;k=k1:k2;
n=1;%单位脉冲出现的位置
f=[(k-n)==0];
stem(k,f,'filled');title('单位脉冲序列');xlabel('时间(k)');ylabel('幅值 f(k)');
运行程序如图 4.1.13 所示。

【例 4.1.9】单位阶跃序列。
k0=0; k1=-3;k2=5;k=k1:k0-1;n=length(k);
k3=-k0:k2;
n3=length(k3);
u=zeros(1,n);
u3=ones(1,n3);
stem(k,u,'filled'); hold on;
stem(k3,u3,'filled'); hold off;
axis([k1,k2,-0.2,1.1]); title('单位阶跃序列');xlabel('时间(k)');ylabel('幅值 f(k)');
运行程序如图 4.1.14 所示。

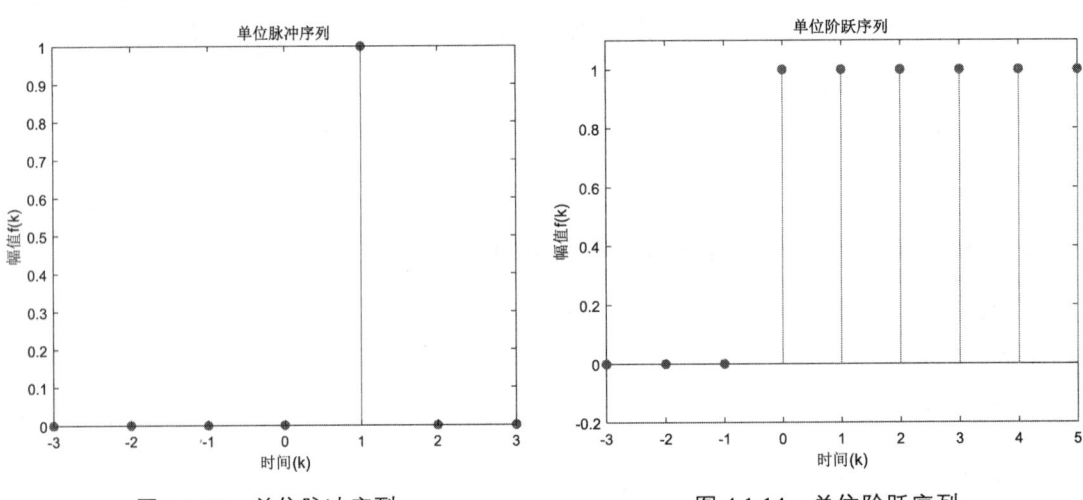

图 4.1.13　单位脉冲序列　　　　　图 4.1.14　单位阶跃序列

【例 4.1.10】单位斜坡序列。
clf;
k1=-1;k2=20;k0=0;
n=[k1:k2];
if　(k0>=k2)
　　x=zeros(1,length(n));

```
elseif (k0<k2)&(k0>k1)
     x=[zeros(1,k0-k1),[0:k2-k0]];
else
     x=(k1-k0)+[0:k2-k1];
end
stem(n,x);title('单位斜坡序列');xlabel('时间(k)');ylabel('幅值 f(k)');
```
生成的单位斜坡序列如图 4.1.15 所示。

【例 4.1.11】正弦序列。

```
clf;k1=-20;k2=20;
k=k1:k2;
f=sin(k*pi/8);
stem(k,f,'filled');title('正弦序列');xlabel('时间(k)');ylabel('幅值 f(k)');
```
生成的正弦序列如图 4.1.16 所示。

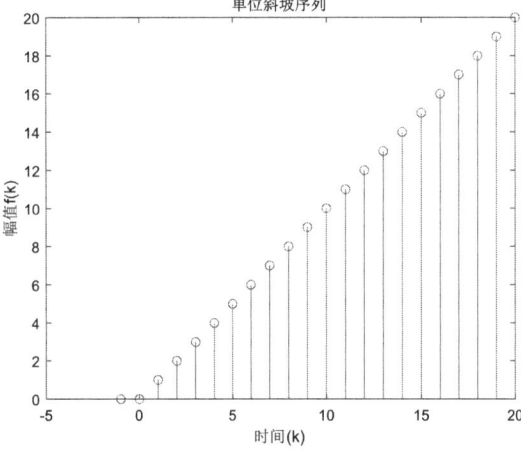
图 4.1.15 单位斜坡序列

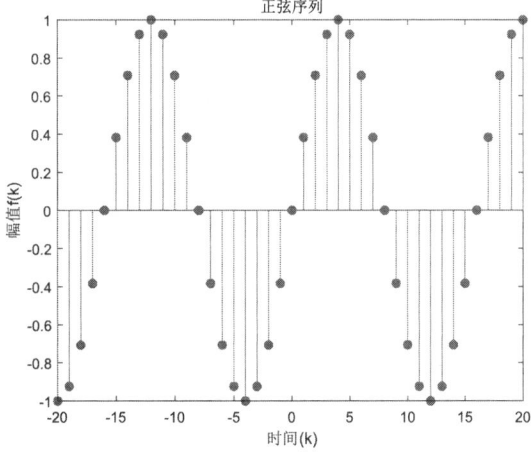
图 4.1.16 正弦序列

【例 4.1.12】复指数序列。

```
clf;c=-(1/15)+(pi/8)*i;
K=2;
n=0:40;
x=K*exp(c*n);
subplot(2,1,1);
stem(n,real(x));xlabel('时间(k)');ylabel('幅值 f(k)');title('实部');
subplot(2,1,2);
stem(n,imag(x));xlabel('时间(k)');ylabel('幅值 f(k)');title('虚部');
```
运行程序如图 4.1.17 所示。

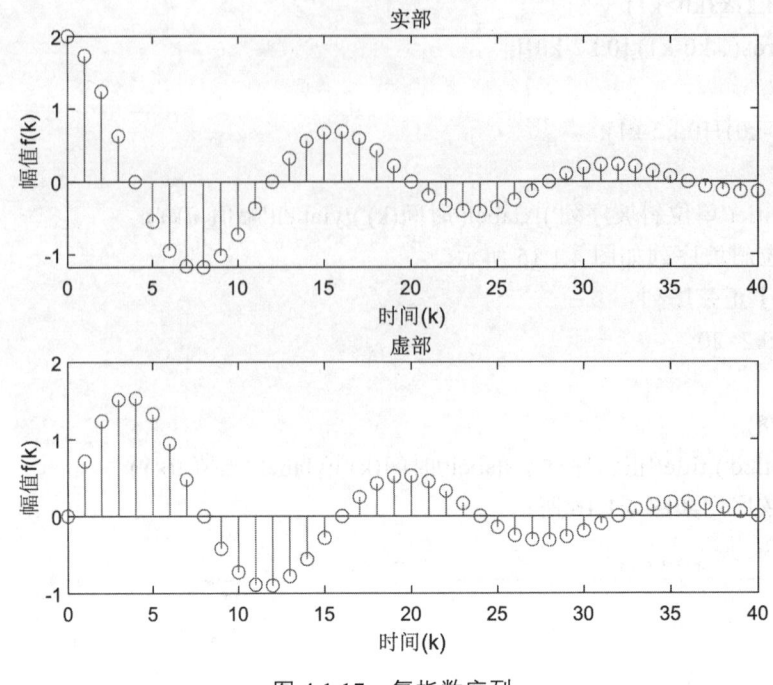

图 4.1.17 复指数序列

4.1.3 连续/离散时间信号的时域基本运算

信号的基本运算包括信号的加（减）和乘（除）。信号的时域变换包括信号的平移、翻转、倒相以及尺度变换等。

1. 连续时间信号的时域基本运算

【例 4.1.13】实现信号相加，即 $f(t)=f_1(t)+f_2(t)$。

clear all;
t=0:0.0001:3;
b=3;t0=1;u=stepfun(t,t0);n=length(t);
for i=1:n;   %产生一个斜坡信号
    u(i)=b*u(i)*(t(i)-t0);
end
y=cos(2*pi*t);%产生一个余弦信号
f=y+u;%信号相加
plot(t,f);xlabel('时间(t)');ylabel('幅值 f(t)');title('连续信号的相加');
连续信号的相加结果如图 4.1.18 所示。

【例 4.1.14】实现两个连续信号相乘，即 $f(t)=f_1(t)\times f_2(t)$。

clear all;
t=0:0.0001:5;
b=3;t0=1;

```
u=stepfun(t,t0);
n=length(t);
for i=1:n;
    u(i)=b*u(i)*(t(i)-t0);
end
y=cos(2*pi*t);
f=y.*u;
plot(t,f);
xlabel('时间(t)');ylabel('幅值 f(t)');title('连续信号的相乘');
```
两个连续信号的相乘结果如图 4.1.19 所示。

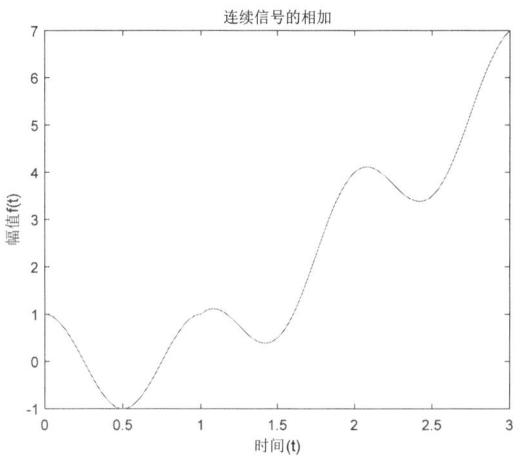

图 4.1.18　连续信号相加

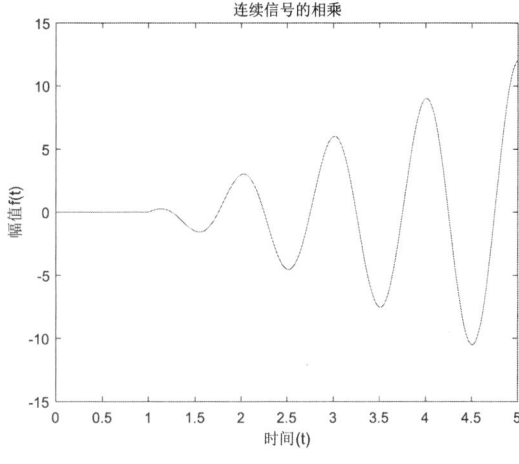

图 4.1.19　连续信号相乘

【例 4.1.15】实现连续信号移位，即 $f(t-t_0)$，或者 $f(t+t_0)$，常数 $t_0 > 0$。
```
clear all;
t=0:0.0001:2;
y=cos(2*pi*(t));
y1=cos(2*pi*(t-0.2));
plot(t,y,'-',t,y1,'--');
ylabel('f(t)');xlabel('t');title('信号的移位');
```
信号及其移位结果如图 4.1.20 所示。

【例 4.1.16】信号翻转。

将信号的波形以纵轴为对称轴翻转 180°，将信号 $f(t)$ 中的自变量 t 替换为 $-t$ 即可得到其翻转信号。
```
clear all;
t=0:0.02:1;t1=-1:0.02:0;
g1=3*t;g2=3*(-t1);
grid on;
plot(t,g1,'--',t1,g2);xlabel('t');ylabel('g(t)');title('信号的翻转');
```

信号及其翻转结果如图 4.1.21 所示。

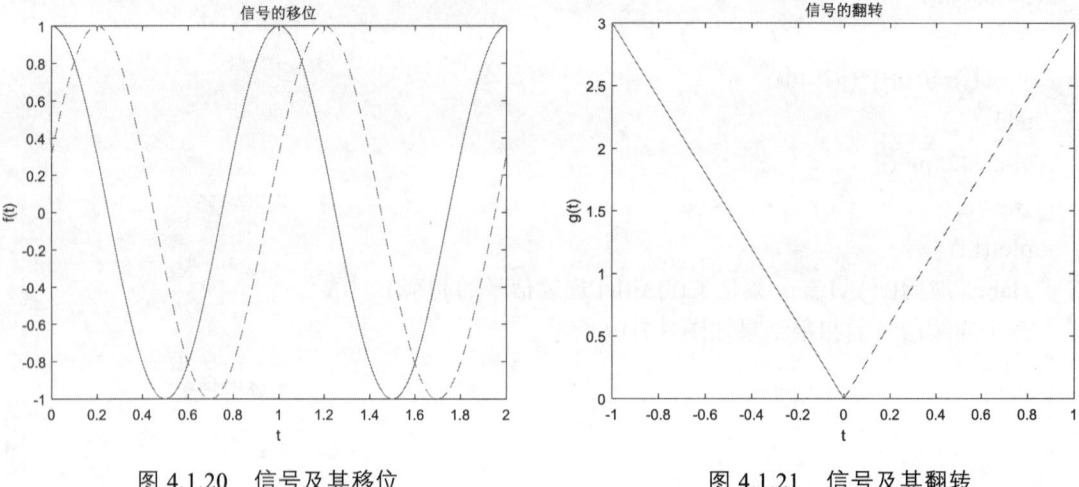

图 4.1.20　信号及其移位　　　　　图 4.1.21　信号及其翻转

【**例 4.1.17**】尺度变换，将信号 $f(t)$ 中的自变量 t 替换为 at。
clear all;
t=0:0.001:1;
a=3;
y=sin(2*pi*t);
y1=sin(2*a*pi*t);
subplot(211);plot(t,y);ylabel('y(t)');xlabel('t');title('尺度变换');
subplot(212);plot(t,y1);ylabel('y1(t)');xlabel('t');
信号及其尺度变换结果如图 4.1.22 所示。

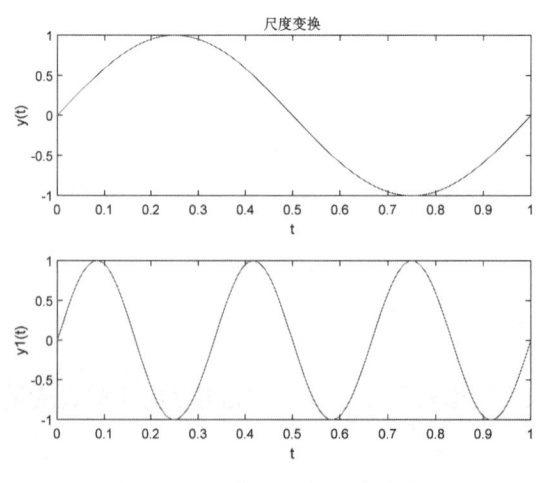

图 4.1.22　信号及其尺度变换

【**例 4.1.18**】倒相，将信号 $f(t)$ 以横轴为对称轴对折得到 $-f(t)$。
close all;
t=-1:0.02:1;

g1=2.*t.*t;g2=-2.*t.*t;
grid on;
plot(t,g1,'-',t,g2,'--');xlabel('t');ylabel('g(t)');title('倒相');
信号及其倒相结果如图 4.1.23 所示。

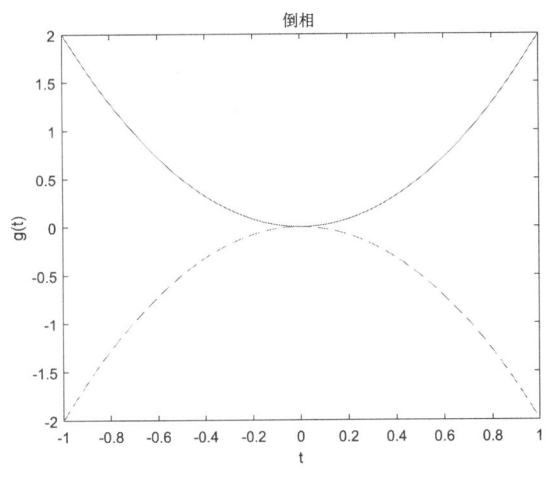

图 4.1.23　信号及倒相

2. 离散时间信号的时域基本运算

【例 4.1.19】序列的加法。

k1=-3:3;x1=-3:3;　　　%序列 1 的值
k2=-1:1;x2=[1,0,1];　　%序列 2 的值
k=min([k1,k2]):max([k1,k2]);
f1=zeros(1,length(k));f2=zeros(1,length(k))
f1(find((k>=min(k1))&(k<=max(k1))==1))=x1;
f2(find((k>=min(k2))&(k<=max(k2))==1))=x2;
f=f1+f2;stem(k,f,'filled');
axis([min(min(k1),min(k2))-1,max(max(k1),max(k2))+1,min(f)-0.5,max(f)+0.5]);
两个序列的加法如图 4.1.24 所示。

【例 4.1.20】序列的乘法。

k1=-3:3;x1=-3:3;%序列 1 的值
k2=-1:1;x2=[1,0,1];%序列 2 的值
k=min([k1,k2]):max([k1,k2]);
f1=zeros(1,length(k));f2=zeros(1,length(k));
f1(find((k>=min(k1))&(k<=max(k1))==1))=x1;
f2(find((k>=min(k2))&(k<=max(k2))==1))=x2;
f=f1.*f2;stem(k,f,'filled');
axis([min(min(k1),min(k2))-1,max(max(k1),max(k2))+1,min(f)-0.5,max(f)+0.57]);
两个序列的乘法如图 4.1.25 所示。

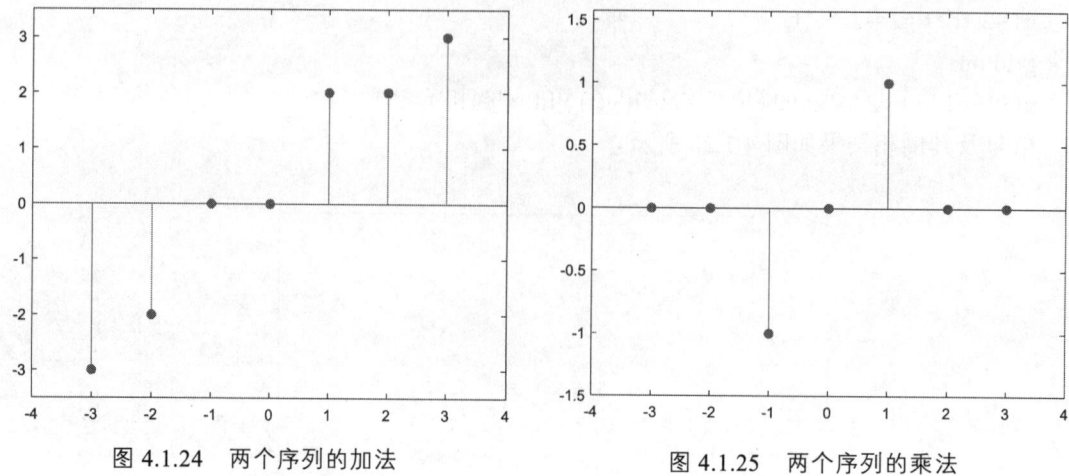

图 4.1.24 两个序列的加法　　　　　　图 4.1.25 两个序列的乘法

【例 4.1.21】序列的翻转。

k1=-2:2;x1=[1,1.5,-1,0.5,-0.5]; %序列 1 的值

k=-fliplr(k1);f=fliplr(x1); %实现矩阵行元素的左右翻转。

subplot(1,2,1);stem(k1,x1,'filled');subplot(1,2,2);stem(k,f,'filled');

序列及其翻转如图 4.1.26 所示。

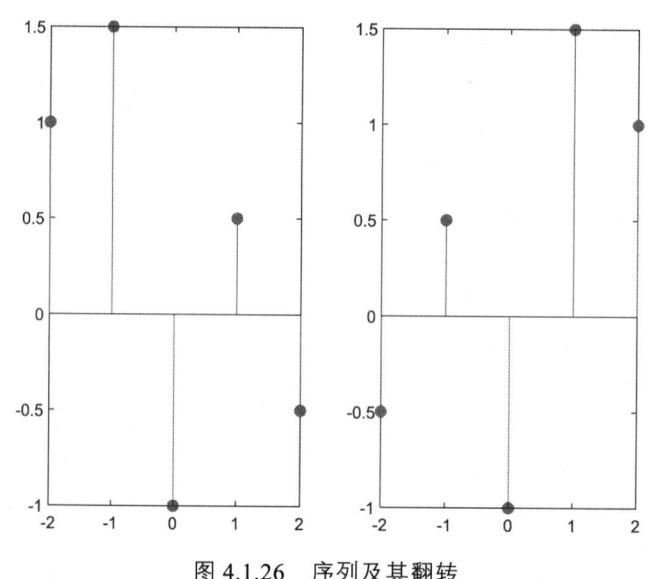

图 4.1.26 序列及其翻转

【例 4.1.22】序列的倒相。

k1=-2:2;x1=[1,1.5,-1,0.5,-0.5];;%序列 1 的值

k=k1;f=-x1;

subplot(1,2,1);stem(k1,x1,'filled');subplot(1,2,2);stem(k,f,'filled');

序列及其倒相如图 4.1.27 所示。

【例 4.1.23】序列的平移。

k1=-2:2; x1=[1,1.5,-1,0.5,-0.5];%序列 1 的值

k0=2;
k=k1+k0;f=x1;
subplot(1,2,1);stem(k1,x1,'filled');subplot(1,2,2);stem(k,f,'filled');
序列及其平移如图 4.1.28 所示。

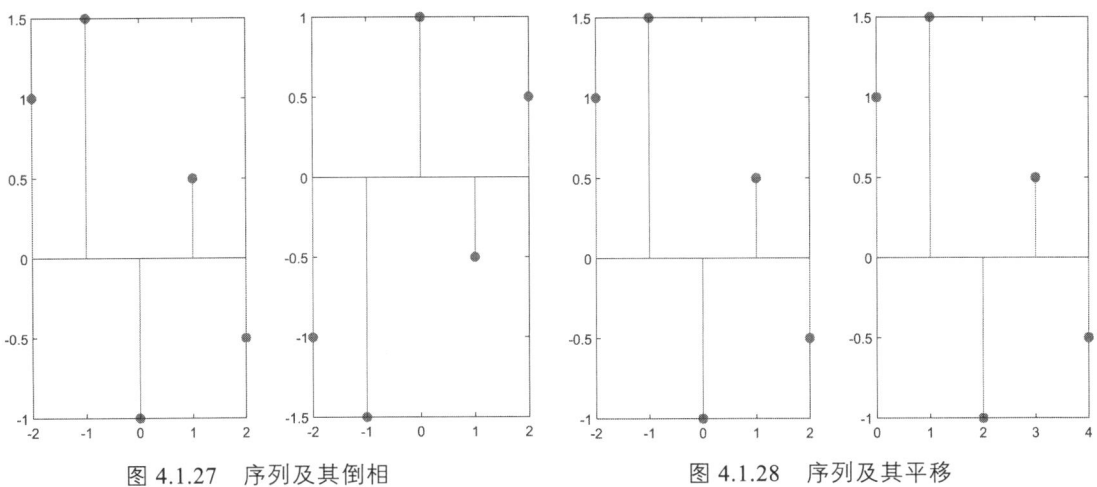

图 4.1.27　序列及其倒相　　　　　　　　图 4.1.28　序列及其平移

4.1.4　连续/离散时间信号的卷积运算

卷积积分的计算从几何上可以分为四个步骤：翻转→平移→相乘→叠加（积分）。
conv 函数
功能：实现信号的卷积运算。
调用格式：w=conv(u,v)，计算两个有限长度序列的卷积。
说明：该函数假定两个序列都从零开始。

1. 连续时间信号的卷积运算

【例 4.1.24】连续函数卷积计算（利用 conv 函数实现）。
```
   s=0.01;              %s:采样时间间隔
k1=0:s:2; k2=k1;   %k:对应时间向量
f1=2*k1;f2=2*k2;   %f:函数的样值向量
f=conv(f1,f2);
f=f*s;
k0=k1(1)+k2(1);
k3=length(f1)+length(f2)-2;k=k0:s:k3*s;
subplot(3,1,1);plot(k1,f1);title('f1(t)');      %f1(t)的波形
subplot(3,1,2);plot(k2,f2);title('f2(t)');      %f2(t)的波形
subplot(3,1,3);plot(k,f);title('f(t)');         %f3(t)的波形
```
连续函数卷积计算（利用 conv 函数）结果如图 4.1.29 所示。

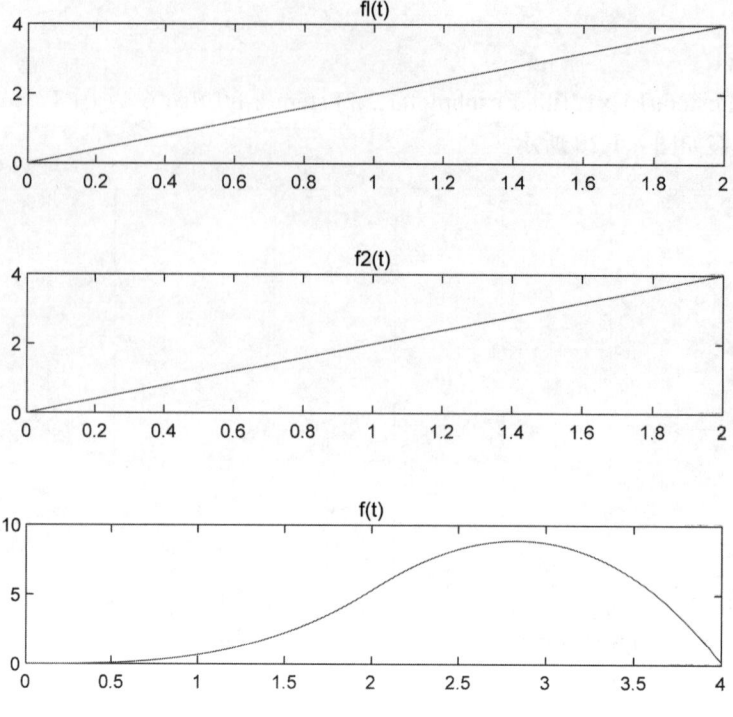

图 4.1.29 连续函数卷积计算（conv 函数）

【例 4.1.25】连续函数卷积计算（不利用 conv 函数）。
clear all;
T=0.1;t=0:T:10;f=cos(t);   %f 为第一个信号的样值序列,T 为采样间隔
h=0.5*(exp(-t)+exp(-3*t));   % h 为第二个信号的样值序列
Lf=length(f);Lh=length(h)
for k=1:Lf+Lh-1 y(k)=0;
for i=max(1,k-(Lh-1)):min(k,Lf)
y(k)=y(k)+f(i)*h(k-i+1);
end
yzsappr(k)=T*y(k);
end
subplot(3,1,1);plot(t,f);title('f(t)');%f(t)
subplot(3,1,2);plot(t,h);title('h(t)');;%h(t)
subplot(3,1,3);plot(t,yzsappr(1:length(t)));title('卷积的近似计算结果)');xlabel('时间')
连续函数卷积计算（不利用 conv 函数）结果如图 4.1.30 所示。

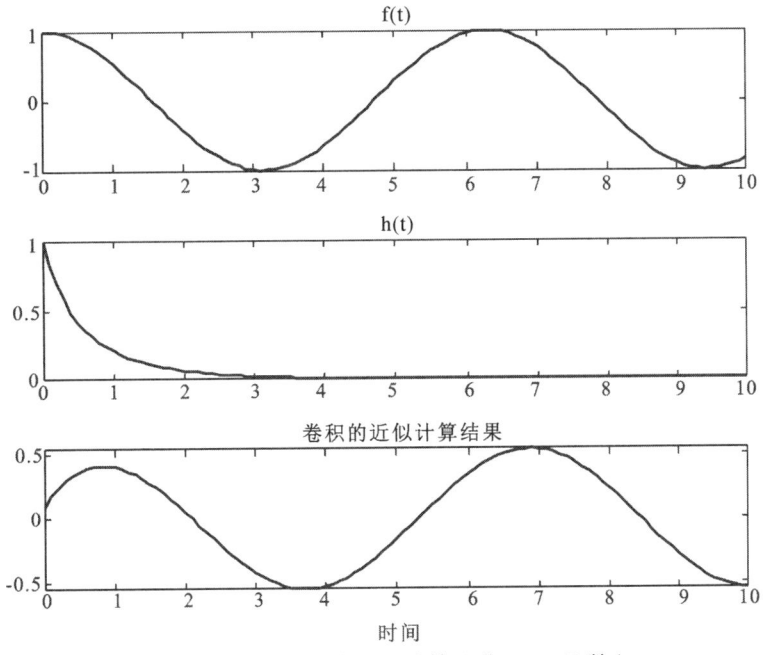

图 4.1.30 连续函数卷积计算（非 conv 函数）

2. 离散信号的卷积和

1）conv 函数

功能：进行两个序列的卷积运算（多项式系数乘法）。

调用格式：w=conv(u,v)，其中 u，v 为任意两向量，w 为积向量，其长度为 u，v 两相量长度之和减一。

2）deconv 函数

功能：两个序列的反卷积运算（多项式除法函数）。

调用格式：[q,r]=deconv(v,u)，其中 u，v 为任意两向量，q 为商向量，r 为余数向量。

采用函数 conv()，可以快速求出两个离散时间序列的卷积和，但是此函数不需要给出两序列对应的时间序列号，也不返回卷积和序列 $f(k)=f_1(k)\times f_2(k)$ 对应的序列号，因此需要讨论卷积和序列对应的序列号的问题。

若序列 $f_1(k)$ 在区间 $n_1 \sim n_2$ 非零，序列 $f_2(k)$ 在区间 $m_1 \sim m_2$ 非零，则 $f_1(k)$ 的时域宽度为 $L_1=n_2-n_1+1$，$f_2(k)$ 的时域宽度为 $L_2=m_2-m_1+1$。由卷积和定义，序列 $f(k)=f_1(k)\times f_2(k)$ 的时域宽度为 $L=L_1+L_2-1$，对应时间序列号区间为（n_1+m_1）～（n_2+m_2），在此区间内卷积和值非零。

【例 4.1.26】计算序列[-1 0 3 -1 2]和序列[1 0 -1 2]的离散卷积。

a=[-1 0 3 -1 2];b=[1 0 -1 2];
c=conv(a,b);
M=length(c)-1;
n=0:1:M;
stem(n,c);xlabel('n');ylabel('幅度');

两个序列的卷积如图 4.1.31 所示。

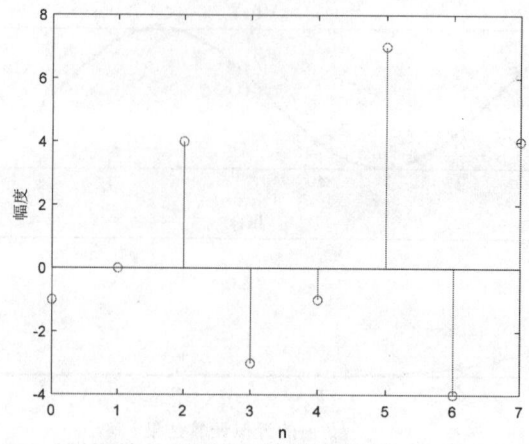

图 4.1.31　两个序列的离散卷积

【例 4.1.27】计算样值向量 $f_1(k)$ 与 $f_2(k)$ 的离散卷积。

```
%f:f(k)的样值向量
%k:f(k)对应的时间向量
clear all
k1=[-2 -1 0 1 2]; f1=[1 3 -2 4 -1];   %输入样值序列及其特征
k2=-3:3; f2=ones(1,5);
f=conv(f1,f2);
k0=k1(1)+k2(1);     %序列 f 非零样值的起点
k3=length(f1)+length(f2)-2;
k=k0:k0+k3;
subplot(3,1,1); stem(k1,f1);title('f1(k)');
subplot(3,1,2); stem(k2,f2);title('f2(k)');
subplot(3,1,3); stem(k,f); title('f(k)');
```

两个序列的卷积积分如图 4.1.32 所示。

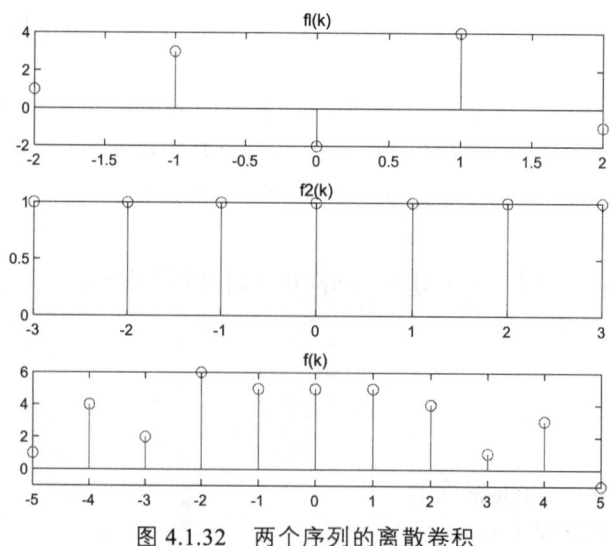

图 4.1.32　两个序列的离散卷积

【例 4.1.28】 计算 $f_1(k) = u(k)$，$f_2(k) = u(k) - u(k-5)$，$f_3(k) = f_1(k) * f_2(k)$ 的卷积。

k1=-5:15; f1=[zeros(1,5),ones(1,16)]; %f1:f1(k)样值向量，k1:f1(k)对应时间向量
subplot(3,1,1); stem(k1,f1); title('f1(k)')
k2=k1; f2=[zeros(1,5),ones(1,5),zeros(1,11)]; %f2:f2(k)样值向量，k2:f2(k)对应时间向量
subplot(3,1,2); stem(k2,f2); title('f2(k)')
k3=k1(1)+k2(1):k1(end)+k2(end); %k3:f3(k)对应时间向量
f3=conv(f1,f2); %f3:f3(k)样值向量
subplot(3,1,3); stem(k3,f3); title('f3(k)');

两个序列的卷积积分如图 4.1.33 所示。

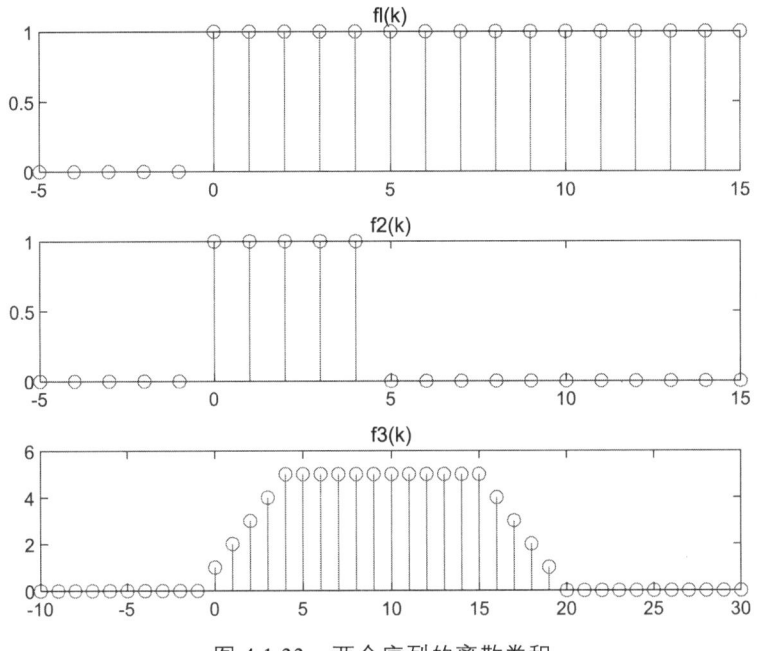

图 4.1.33 两个序列的离散卷积

4.1.5 连续/离散 LTI 系统的时域分析

1. 连续 LTI 系统的时域分析

连续时间线性非时变系统（LTI）可以用如下的线性常系数微分方程来描述：

$$a_n y^{(n)}(t) + a_{n-1} y^{(n-1)}(t) + \cdots + a_1 y'(t) + a_0 y(t) = b_m f^{(m)}(t) + b_{m-1} f^{(m-1)}(t) + \cdots + b_1 f'(t) + b_0 f(t)$$

其中，$n \geq m$，系统的初始条件为 $y(0_-)$，$y'(0_-)$，$y''(0_-)$，…，$y^{(n-1)}(0_-)$。系统的响应一般包括两个部分，即由当前输入所产生的响应（零状态响应）和由历史输入（初始状态）所产生的响应（零输入响应）。对于低阶系统，一般可以通过解析的方法得到响应。但是，对于高阶系统，手工计算就比较困难，这时 MATLAB 强大的计算功能就能比较容易地确定系统的各种响应，如冲激响应、阶跃响应、零输入响应、零状态响应、全响应等。常用的函数调用格式及功能见表 4.1.1。

表 4.1.1 调用格式及功能

函数	功能
impulse(sys)	sys 可以是利用命令 tf、zpk 或 ss 建立的系统函数
impulse(sys,t)	计算并画出系统在向量 t 定义的时间内的冲激响应
Y=impulse(sys,t)	保存系统的输出值
step(sys)	sys 可以是利用命令 tf、zpk 或 ss 建立的系统
step(sys,t)	计算并画出系统在向量 t 定义的时间内的阶跃响应
lsim(sys,x,t)	sys 可以是利用命令 tf、zpk 或 ss 建立的系统函数，x 是系统的输入，t 定义的是时间范围
lsim(sys,x,t,zi)	计算出系统在任意输入和零状态下的全响应，sys 必须是状态空间形式的系统函数，zi 是系统的初始状态
r=roots(b)	计算多项式 b 的根，r 为多项式的根

【例 4.1.29】求系统 $y^{(2)}(t)+6y^{(1)}(t)+8y(t)=3x^{(1)}(t)+5x(t)$ 的冲激响应和阶跃响应。

%求系统的冲激响应
b=[3 8];a=[1 6 8];
sys=tf(b,a);
t=0:0.1:10;
y=impulse(sys,t);
plot(t,y);xlabel('时间(t)');ylabel('y(t)');title('单位冲激响应');
系统的冲激响应如图 4.1.34 所示。

%求系统的阶跃响应
b=[3 8];a=[1 6 8];
sys=tf(b,a);
t=0:0.1:10;
y=step(sys,t);
plot(t,y);xlabel('时间(t)');ylabel('y(t)');title('单位阶跃响应');
系统的阶跃响应如图 4.1.35 所示。

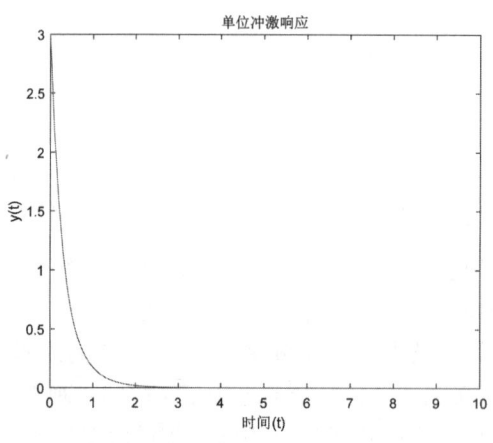

图 4.1.34 系统的冲激响应

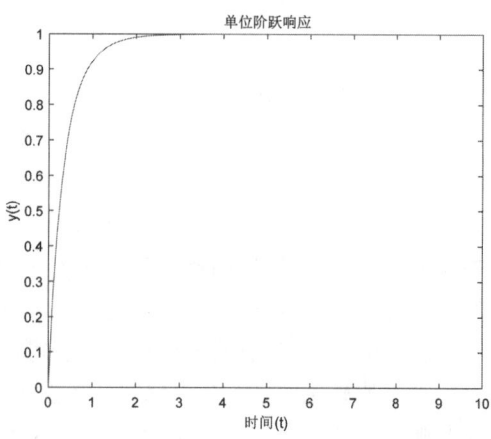

图 4.1.35 系统的阶跃响应

【例 4.1.30】求系统 $y^{(2)}(t)+y(t)=\sin tu(t), y(0^+)=y^{(1)}(0^+)=0$ 的全响应。

%求系统在正弦激励下的零状态响应
b=[1];a=[1 0 1];
sys=tf(b,a);
t=0:0.1:10;
x=sin(t);
y=lsim(sys,x,t);
plot(t,y);
xlabel('时间(t)');
ylabel('y(t)');title('零状态响应');
系统的零状态响应如图 4.1.36 所示。
%求系统的全响应
b=[1];a=[1 0 1];
[A B C D]=tf2ss(b,a);
sys=ss(A,B,C,D);
t=0:0.1:10;
x=sin(t);zi=[-1 0];
y=lsim(sys,x,t,zi);
plot(t,y);
xlabel('时间(t)');ylabel('y(t)');title('系统的全响应');
系统的全响应如图 4.1.37 所示。

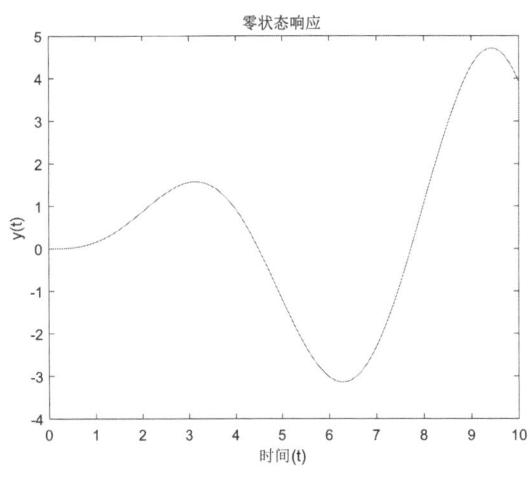

图 4.1.36 系统的零状态响应曲线

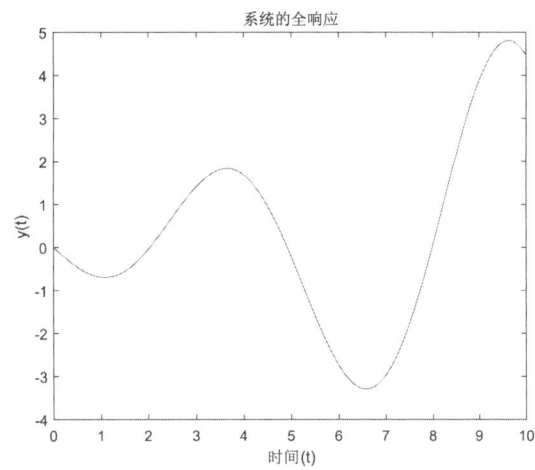

图 4.1.37 系统的全响应曲线

【例 4.1.31】已知某 LTI 系统的激励为 $f(t)=\cos tu(t)$，单位冲激响应为 $h(t)=te^{-2t}u(t)$，试给出系统零状态响应 $y_f(t)$ 的数学表达式。

clear all;close all;
T=0.1;t=0:T:10;f=cos(t);

```
h=t.*exp(-2*t);Lf=length(f);Lh=length(h);
for k=1:Lf+Lh-1
y(k)=0;
for i=max(1,k-(Lh-1)):min(k,Lf)
y(k)=y(k)+f(i)*h(k-i+1);
end
yzsappr(k)=T*y(k);
end
subplot(3,1,1);plot(t,f);title('f(t)');    %f(t)的波形
subplot(3,1,2);plot(t,h);title('h(t)');    %h(t)的波形
subplot(3,1,3);plot(t,yzsappr(1:length(t)));title('零状态响应近似结果');%零状态响应近似结果
```

系统的响应如图 4.1.38 所示。

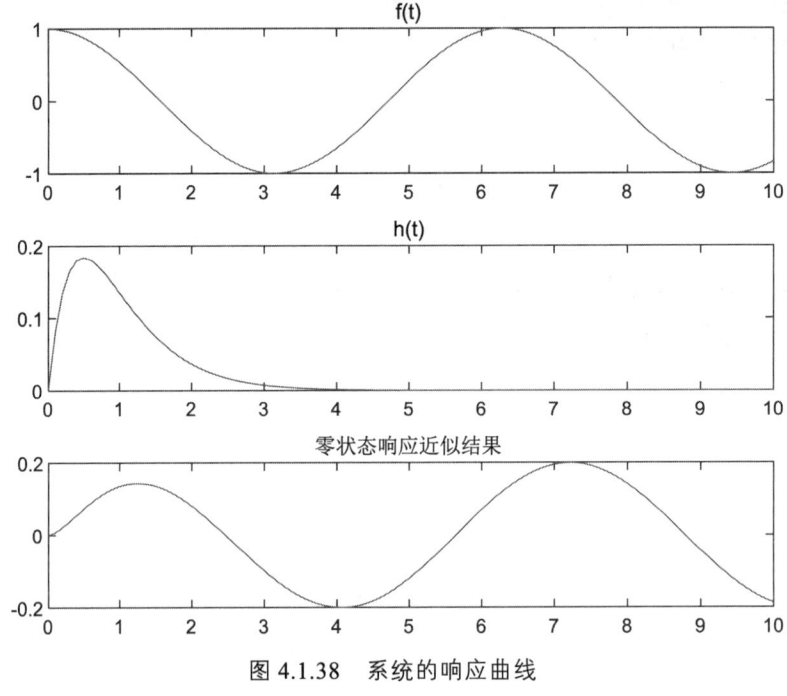

图 4.1.38 系统的响应曲线

2. 离散 LTI 系统的时域分析

离散时间系统的时域分析与连续时间系统的时域分析方法相同，只是描述系统使用的数学工具不同，可以采取与连续系统对比的方法学习，其调用格式、功能如表 4.1.2 所示。

表 4.1.2 调用格式及功能

函数	功能
impz(b,a)	以默认方式绘出向量 a，b 定义的离散系统单位序列响应的时域波形
impz(b,a,n)	绘出由向量 a，b 定义的离散系统在 $0\sim n$（n 必须为整数）离散时间范围内的单位序列响应的时域波形

续表

函数	功能
impz(b,a,nl:n2)	绘出由向量 a，b 定义的离散系统在 n1~n2（n1，n2 必须为整数，且 n1<n2）离散时间范围内的单位序列响应的时域波形
y=impz(b,a,nl:n2)	求出向量 a，b 定义的离散系统在 n1~n2（n1，n2 必须为整数，且 n1<n2）离散时间范围内的单位序列响应的数值
y=filter(b,a,x)	返回向量 a，b 定义的离散系统在输入为 x 时的零状态响应。如果 x 是一个矩阵，那么函数 filter 矩阵 x 的列进行操作；如果 x 是一个 N 维数组，函数 filter 对数组中的一个非零量进行操作
[y,zf]=filter(b,a,x)	返回了一个状态向量的最终值 z_f
[y,zf]=filter(b,a,x,zi)	指定了滤波器的初始状态向量 z_i
[y,zf]=filter(b,a,x,zi,dim)	给定 x 中要进行滤波的维数 dim。如果要使用零初始状态，则将 z_i 设为空间量
[h,w]=freqz(b,a)	返回向量 a，b 定义的离散系统频率响应的值与对应的频

【例 4.1.32】采用函数 conv 编程，实现离散时间序列的卷积和运算（或系统的零状态响应），完成两序列的卷积和，其中 $f_1(k) = \{1, \underline{2}, 0, 1\}$，$f_2(k) = \{1, 1, \underline{1}, 1, 2\}$。

clc;
f1=[1,2,0,1];f2=[1,1,1,1,1];   %序列 1 和序列 2
k1=[-1,0,1,2];k2=[-2,-1,0,1,2];   %序列的 k 值
y=conv(f1,f2);
nyb=k1(1)+k2(1);nye=k1(length(f1))+k2(length(f2));   %求卷积的起点和终点
ny=[nyb:nye];   %卷积的 k 值
stem(ny,y);xlabel('ny');ylabel('y');title('离散信号的卷积');

离散信号的卷积如图 4.1.39 所示。

【例 4.1.33】采用差分方程的迭代解法，求离散时间系统的全响应。

已知离散 LTI 系统的差分方程为 $6y(k) - 5y(k-1) + y(k-2) = \sin(k\pi/6)u(k)$，初始条件为 $y(0) = 0$，$y(1) = 1$，试画出该系统的全响应 $y(k)$ 的波形。

y0=0;   %初值 y(0)=0
y(1)=1;y(2)=5/6*y(1)-1/6*y0+sin(2*pi/6)/6;
for k=3:20;
y(k)=5/6*y(k-1)-1/6*y(k-2)+sin(k*pi/6)/6;
end
yy=[y0 y(1:20)];   %取 y(k) 从 y(0) 到 y(20)
k=1:21;
stem(k-1,yy);
grid on; xlabel('k'); ylabel('y(k)'); title('系统全响应');

离散系统的全响应如图 4.1.40 所示。

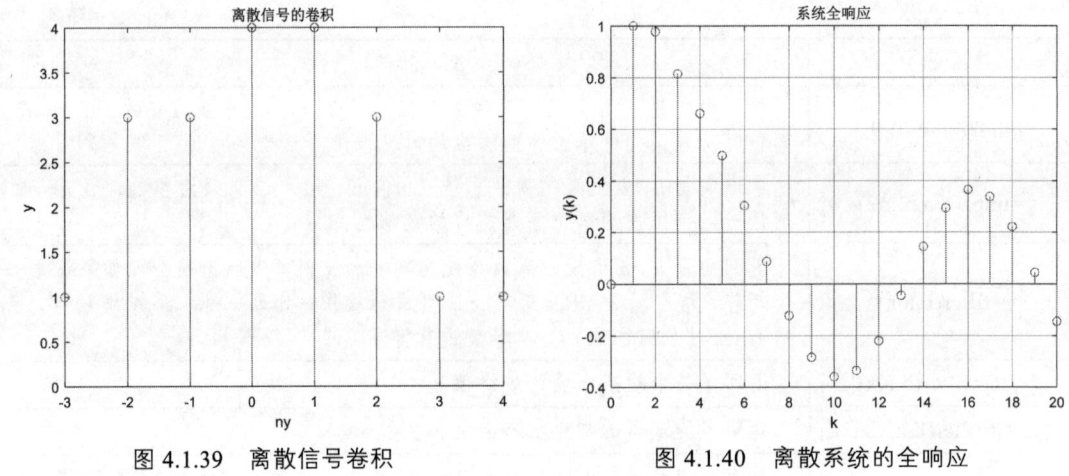

图 4.1.39 离散信号卷积　　　　图 4.1.40 离散系统的全响应

【例 4.1.34】 采用函数 impz 编程，求离散时间系统的单位序列响应。

某离散 LTI 系统的差分方程为 $y(k)-y(k-1)+0.8y(k-2)=f(k)$。试画出该系统的单位序列响应 $h(k)$ 的波形。

a=[1,-1,0.8];b=[1];
impz(b,a);

离散系统的单位序列响应如图 4.1.41 所示。

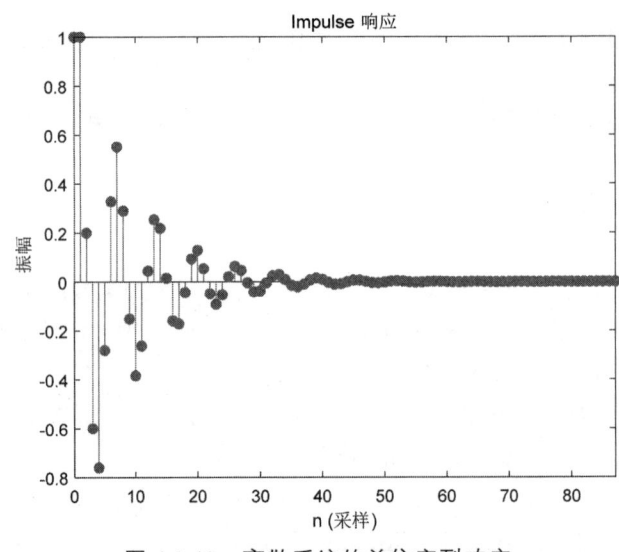

图 4.1.41 离散系统的单位序列响应

4.2 信号与系统的频域（复频域）分析

4.2.1 连续 LTI 系统的频域分析

连续系统的频域分析主要用函数 fourier 对信号 $f(t)$ 作傅里叶变换，函数 ifourier 实现信号

$F(j\omega)$ 傅里叶逆变换。其调用格式及功能见表 4.2.1。

表 4.2.1 调用格式及功能

函数	功能
F=fourier(f)	符号函数 f 傅里叶变换，默认返回函数 F 是关于 ω 的函数
F=fourier(f,v)	符号函数 f 的傅里叶变换，返回函数 F 是关于 v 的函数
F=fourier(f,u,v)	关于 u 的函数 f 傅里叶变换，返回函数 F 是关于 v 的函数
f=ifourier(F)	函数 F 傅里叶逆变换，默认的独立变量为 ω，默认返回是关于 x 的函数
f=ifourier(F,u)	返回函数 f 是 u 的函数，而不是默认的 x 的函数
f=ifourier(F,v,u)	对关于 v 的函数 F 进行傅里叶逆变换，返回关于 u 的函数 f

【例 4.2.1】编程实现信号的傅里叶变换：已知连续时间信号 $f(t) = e^{-2|t|}$，通过程序完成信号 $f(t)$ 的傅里叶变换。

```
syms t;
F=fourier(exp(-2*abs(t)));
ezplot(F);
```

信号 $f(t)$ 的傅里叶变换如图 4.2.1 所示。

【例 4.2.2】傅里叶逆变换：$F(j\omega) = \dfrac{1}{1+\omega^2}$，求信号 $F(j\omega)$ 的逆傅里叶变换。

```
syms  t  w
ifourier(1/(1+w^2),t)
```

运行结果如下：

ans   exp(-abs(t))/2

【例 4.2.3】傅里叶变换数值计算：已知门函数 $f(t) = g_2(t) = u(t+1) - u(t-1)$，试采用数值计算方法确定信号的傅里叶变换 $F(j\omega)$。

```
R=0.02;t=-2:R:2;f=stepfun(t,-1)-stepfun(t,1);
W1=2*pi*5;            %频率宽度
N=500;      %采样数为 N
k=0:N;
W=k*W1/N;       %W 为频率正半轴的采样点
F=f*exp(-j*t'*W)*R;   %  求  F(jw)
F=real(F);W=[-fliplr(W),W(2:501)]; F=[fliplr(F),F(2:501)];
subplot(2,1,1);plot(t,f);
xlabel('t');ylabel('f(t)');axis([-2,2,-0.5,2]);title('f(t)=u(t+1)-u(t-1)');
subplot(2,1,2);plot(W,F);
xlabel('w');ylabel('F(w)');title('f(t)的傅里叶变换');
```

信号的傅里叶变换如图 4.2.2 所示。

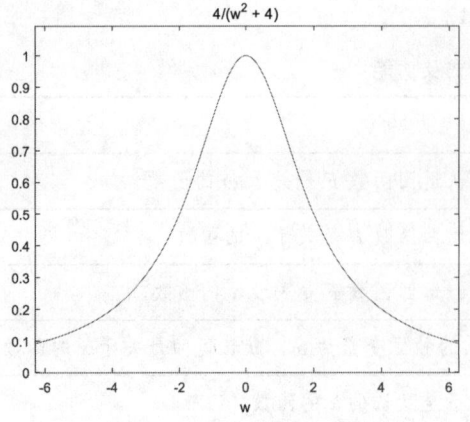

图 4.2.1 信号 $f(t)$ 的傅里叶变换

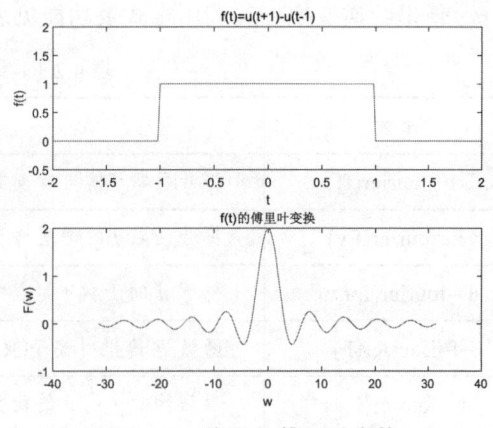

图 4.2.2 信号的傅里叶变换

【例 4.2.4】 连续函数的傅里叶变换。

clf;
dt=2*pi/8;w=linspace(-2*pi,2*pi,2000)/dt;
k=-2:2;f=ones(1,5);F=f*exp(-j*k'*w);
f1=abs(F);plot(w,f1);grid;

连续函数的傅里叶变换如图 4.2.3 所示。

【例 4.2.5】 连续周期信号的傅里叶级数。

clf;   %计算连续周期信号的傅里叶级数
N=8;n1=-N:-1;   %计算 N 为负数时的傅里叶级数
c1=-4*j*sin(n1*pi/2)/pi^2./n1.^2;
c0=0;   %计算 N 为零时的傅里叶级数
n2=1:N;   % 计算为 N 正数时的傅里叶级数
c2=-4*j*sin(n2*pi/2)/pi^2./n2.^2;cn=[c1 c0 c2];n=-N:N;
subplot(2,1,1);stem(n,abs(cn));title('Am of CN');xlabel('\omega');
subplot(2,1,2);stem(n,angle(cn));title('phase of CN');xlabel('\omega');

连续周期信号的傅里叶级数如图 4.2.4 所示。

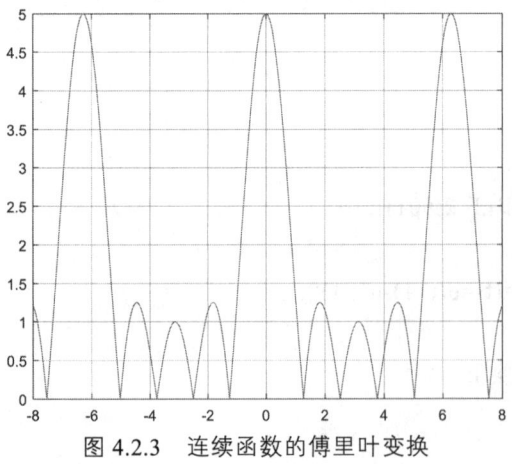

图 4.2.3 连续函数的傅里叶变换

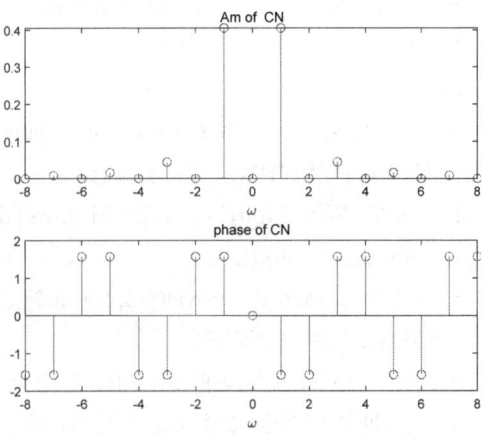

图 4.2.4 连续周期信号的傅里叶级数

【例 4.2.6】傅里叶变换时移特性。

分别绘出信号 $f(t) = \frac{1}{2}e^{-2t}u(t)$ 与信号 $f(t-2)$ 的频谱图,并观察信号时移对信号频谱的影响。

MATLAB 程序实现如下:

```
r=0.02;t=-5:r:5;N=200;W=2*pi;k=-N:N;w=k*W/N;
f1=1/2*exp(-2*t).*stepfun(t,0);        %f(t)
F=r*f1*exp(-j*t'*w);                   %f(t)的傅里叶变换
F1=abs(F);P1=angle(F);
subplot(3,2,1);plot(t,f1);grid;xlabel('t');ylabel('f(t)');
subplot(3,2,3);plot(w,F1);xlabel('w');grid;ylabel('|F1(jw)|');
subplot(3,2,5);plot(w,P1*180/pi);grid;xlabel('w');ylabel('F1 相位(度)');
f2=1/2*exp(-2*(t-2)).*stepfun(t,1);    %f(t-2)
F=r*f2*exp(-j*t'*w);                   %f(t-2)的傅里叶变换
F2=abs(F);P2=angle(F);
subplot(3,2,2);plot(t,f2);grid on;xlabel('t');ylabel('f(t-2)')
subplot(3,2,4);plot(w,F2);xlabel('w');grid on;ylabel('|F2(jw)|');
subplot(3,2,6);plot(w,P2*180/pi);grid;xlabel('w');ylabel('F2 相位(度)');
```

傅里叶变换的时移特性如图 4.2.5 所示。

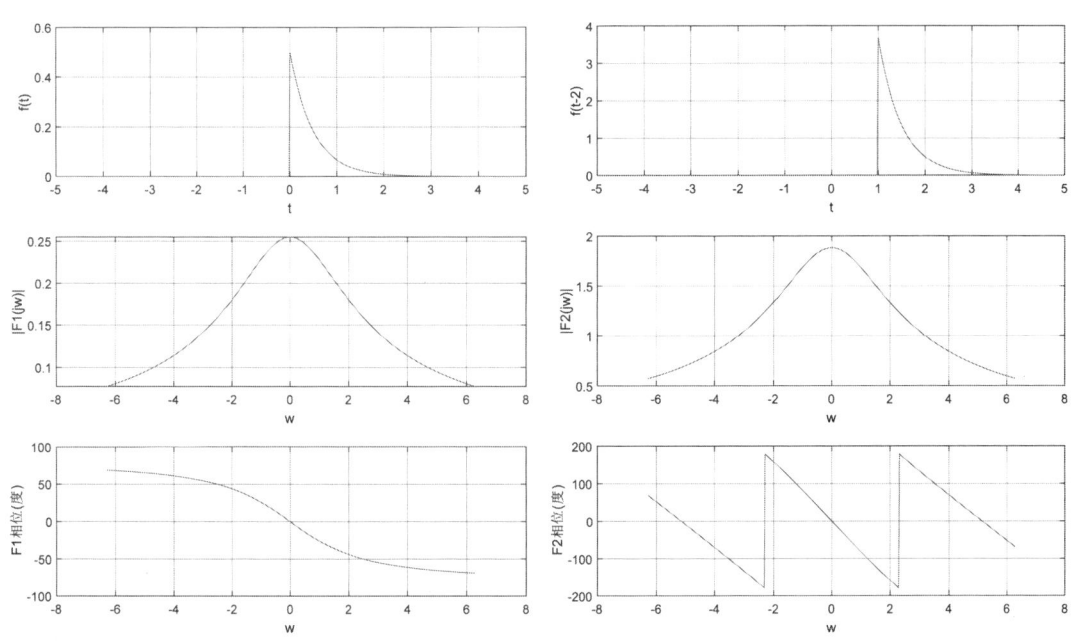

图 4.2.5 傅里叶变换的时移特性

【例 4.2.7】傅里叶变换的频移特性。

信号 $f(t) = g_2(t)$ 为门函数,试绘出信号 $f_1(t) = f(t)e^{-j10t}$ 以及信号 $f_2(t) = f(t)e^{j10t}$ 的频谱图,并与原信号频谱图进行比较。

R=0.02;t=-2:R:2;f=stepfun(t,-1)-stepfun(t,1);

```
f1=f.*exp(-j*10*t);
f2=f.*exp(j*10*t);
W1=2*pi*5;N=500;k=-N:N;W=k*W1/N;
F1=f1*exp(-j*t'*W)*R;        %f1(t)傅里叶变换
F2=f2*exp(-j*t'*W)*R;        %f2(t)傅里叶变换
F1=real(F1);F2=real(F2);
subplot(2,1,1);plot(W,F1);xlabel('w');ylabel('F1(jw)');title( '频谱 F1(jw)');
subplot(2,1,2);plot(W,F2);xlabel('w');ylabel('F2(jw)');title('频谱 F2(jw)')
```
傅里叶变换的频移特性如图 4.2.6 所示。

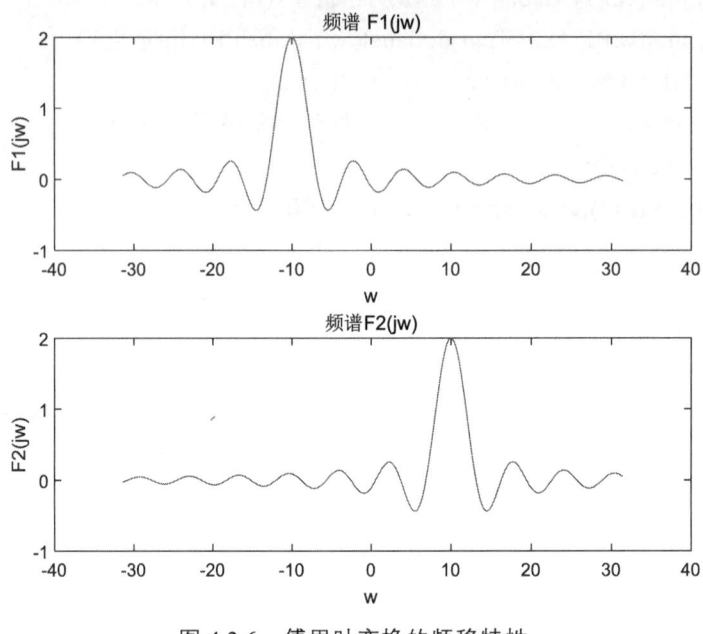

图 4.2.6　傅里叶变换的频移特性

4.2.2　连续系统的复频域分析

连续系统的复频域分析主要有留数和直接的拉普拉斯变换（又称拉氏变换），涉及的 MATLAB 函数调用格式及功能见表 4.2.2。

表 4.2.2　调用格式及功能

函数	功能
[r,p,k]=residue(num,den)	按留数法，求部分分式展开系数，其中 num、den 分别是 $B(s)$、$A(s)$ 多项式系数按降序排列的行向量
L=laplace(F)	用符号推理求解拉氏变换，F 为函数，默认为变量 t 的函数，返回 L 为 s 的函数。在调用该函数时，要用 syms 命令定义符号变量 t
L=ilaplace(F)	用符号推理求解拉氏变换
ezplot(f)	符号型函数的绘图函数，f 为符号型函数

续表

函数	功能
ezplot(f,[min,max])	符号型函数的绘图函数，可指定横轴范围
ezplot(f,[xmin,xmax,ymin,ymax])	符号型函数的绘图函数，可指定横轴范围和纵轴范围
ezplot(x,y)	绘制参数方程的图像，默认 $x=x(t), y=y(t), 0<t<2*\pi$
r=roots(c)	求多项式的根，其中 c 为多项式的系数向量（自高次到低次），r 为根向量，注意，MATLAB 默认根向量为列向量

【例 4.2.8】系统零极点的求解。

已知 $H(s)=\dfrac{u_o}{u_g}=\dfrac{s^2-1}{s^3+2s^2+3s+4}$，画出 $H(s)$ 的零极点图。

```
clear;
b=[1,0,-1];     %分子多项式系数
a=[1,2,3,4]     %分母多项式系数
zs=roots(b); ps=roots(a)
plot(real(zs),imag(zs),'go',real(ps),imag(ps),'mx','markersize',12);
grid;
legend('零点','极点');
```

系统的零极点分布如图 4.2.7（a）所示。也可直接调用零极点绘图函数画零极点图，程序如下：

```
clear    all
b=[1,0,-1];     %  分子多项式系数
a=[1,2,3,4];    %  分母多项式系数
zplane(b,a)
legend( '零点','极点');
```

如图 4.2.7（b）所示，但注意圆心的圆圈并非系统零点，而是该绘图函数自带的。

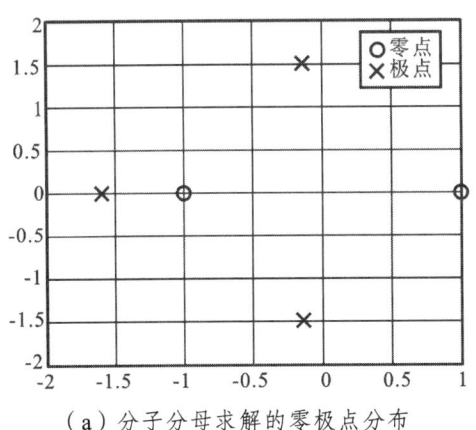
（a）分子分母求解的零极点分布

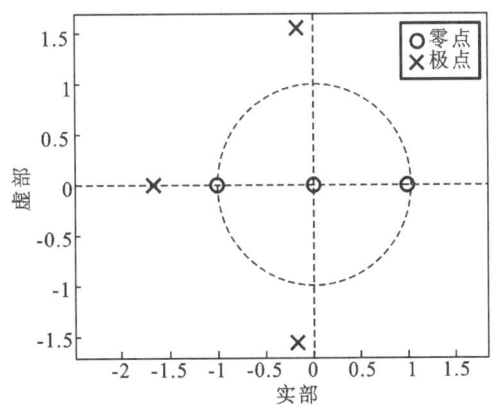
（b）zplane 函数求的零极点分布

图 4.2.7 系统的零极点分布

【例 4.2.9】一个线性非时变电路的转移函数为

$$H(s) = \frac{u_o}{u_g} = \frac{10^4(s+6000)}{s^2+875s+88\times 10^6}$$

若 $u_g = 12.5\cos(8000t)V$ ，求 u_o 的稳态响应。

```
%稳态滤波法求解
w=8000; s=j*w;
num=[0,1e4,6e7]; den=[1,875,88e6];
H=polyval(num,s)/polyval(den,s);
mag=abs(H); phase=angle(H)/pi*180
t=2:1e-6:2.002;
vg=12.5*cos(w*t);
vo=12.5*mag*cos(w*t+phase*pi/180);
subplot(2,1,1)
plot(t,vg,t,vo);grid;text(0.25,0.85,'输出电压','sc');text(0.07,0.35,'输入电压','sc');
title( '稳态滤波法求解稳态滤波输出');ylabel( '电压'),xlabel( '时间(s)');
%拉氏变换法求解
syms   s   t;
Hs=sym((10^4*(s+6000))/(s^2+875*s+88*10^6));
Vs=laplace(12.5*cos(8000*t));Vos=Hs*Vs;
Vo=ilaplace(Vos);
Vo=vpa(Vo,4);              %Vo 表达式保留四位有效数字
subplot(2,1,2)
ezplot(Vo,[1,1+5e-3]);hold on;    %仅显示时稳态曲线
  ezplot('12.5*cos(8000*t)',[1,1+5e-3]);
grid;text(0.25,0.85,'输出电压','sc');text(0.07,0.35,'输入电压','sc');
title( '拉氏变换法求解稳态滤波输出');ylabel( '电压'),xlabel( '时间(s)');
axis([1,1+2e-3,-50,50]);
```

系统的稳态响应如图 4.2.8 所示。

【例 4.2.10】将传递函数

$$I_L(s) = \frac{0.1/s}{\left(\dfrac{1}{400}+\dfrac{1}{0.001s}+\dfrac{s}{10^9}\right)\times 0.001s} = \frac{10^{11}}{s^3+2.5\times 10^6 s^2+10^{12}s}$$

展开为部分分式，并求出 $i(t)$ 。

MATLAB 程序：

```
num=[1e11];den=[1,2.5e6,1e12,0];
[r,p,k]=residue(num,den)
```

运行结果如下：

r =

　　0.0333

```
          -0.1333
           0.1000
p =
     -2000000
      -500000
            0
k =
     []
```

即 $I(s)$ 分解为

$$I_L(s) = \frac{0.0333}{s+2\times10^6} - \frac{0.1333}{s+5\times10^{5^5}} + \frac{0.1}{s}$$

$I_1(s)$ 的原函数为

$$i_L(t) = 0.1 + 3.335\times10^{-2}\,e^{-2\times10^6 t} - 1.334\times10^{-1}\,e^{-5\times10^5 t}$$

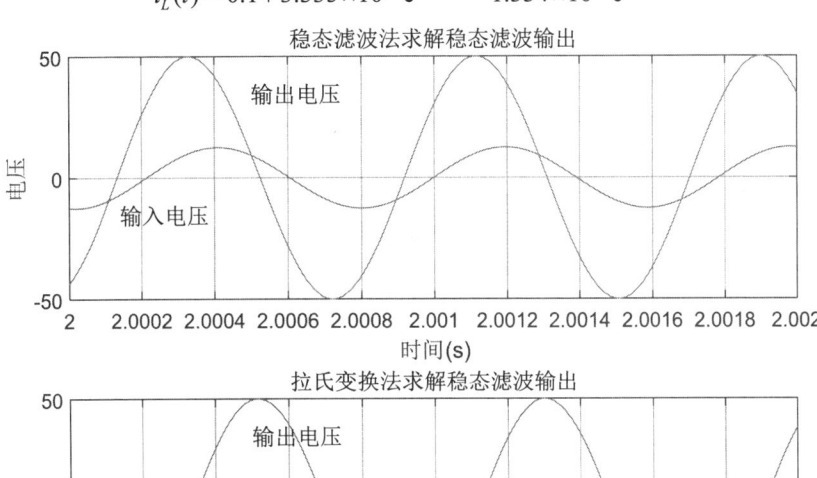

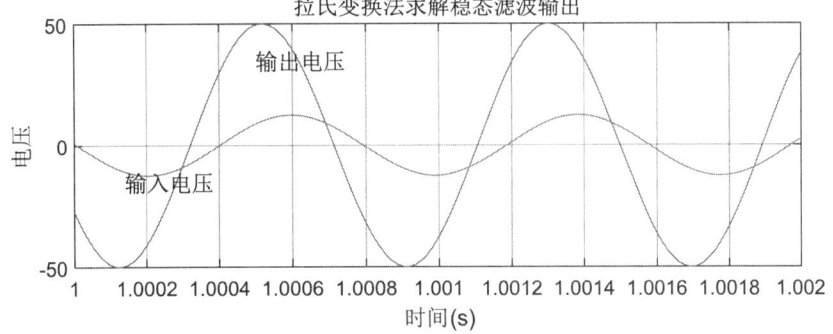

图 4.2.8 系统的稳态响应

4.2.3 离散系统的 z 域分析

离散系统 z 域分析涉及的 MATLAB 函数及功能见表 4.2.3。

表 4.2.3 函数及功能

函数	功能
ztrans	实现信号 $f(k)$ 的（单边）Z 变换

续表

函数	功能
iztrans	实现信号 $F(z)$ 的逆 Z 变换
freqz	用于计算和绘制数字滤波器频率响应
zplane	绘制数字滤波器零极点图
dimpulse	单位脉冲响应绘图函数
dstep	单位阶跃响应绘图函数
impz	计算数字滤波单位脉冲响应
residuez	将离散时间系统（表示为两个多项式的比率）转换为部分分数扩展或留数形式

【例 4.2.11】Z 变换：确定信号 $f_1(n)=2^n u(n)$，$f_2(n)=\cos(2n)u(n)$ 的 Z 变换。

%确定信号的 Z 变换
syms   n z;%声明符号变量
f1=2^n;
f1_z=ztrans(f1)
f2=cos(2*n);
f2_z=ztrans(f2)

运行后在命令窗口显示：
f1_z = z/(z - 2)
f2_z = (z*(z - cos(2)))/(z^2 - 2*cos(2)*z + 1)

【例 4.2.12】Z 反变换：已知离散 LTI 系统的激励函数为 $f(k)=(-1)^k u(k)$，单位序列响应 $h(k)=\left[\dfrac{1}{3}(-1)^k+\dfrac{2}{3}3^k\right]u(k)$，采用变换域分析法确定系统的零状态响应 $y_f(k)$。

% 由 Z 反变换求系统零状态响应
syms k z
f=(-1)^k;
f_z=ztrans(f);
h=1/3*(-1)^k+2/3*3^k;
h_z=ztrans(h);
yf_z=f_z*h_z;
yf=iztrans(yf_z)

运行后在命令窗口显示：
yf = (5*(-1)^n)/6 + 3^n/2 + ((-1)^n*(n - 1))/3

【例 4.2.13】Z 反变换：计算 $\dfrac{1}{(1+5z^{-1})(1-2z^{-1})^2}$，$|z|>5$ 的反变换。

%由部分分式展开求 Z 反变换
num=[0 1];
den=poly([-5,1,1]);
[r,p,k]=residuez(num,den)

运行后在命令窗口显示：
　　r = -0.1389+0.0000i
　　　 -0.0278-0.0000i
　　　　0.1667+0.0000i
p = 　-5.0000+0.0000i
　　　 1.0000+0.0000i
　　　 1.0000-0.0000i
k = []
所以反变换结果为

$$\left[-0.1389(-5)^k - 0.0278 + 0.1667(k+1)\right]u(k)$$

【例 4.2.14】一个离散 LTI 系统，差分方程为

$$y(k) - 0.81y(k-2) = f(k) - f(k-2)$$

试确定
（1）系统函数 $H(z)$；
（2）单位序列响应 $h(k)$ 的数学表达式，并画出波形；
（3）单位阶跃响应的波形 $g(k)$；
（4）绘出频率响应函数 $H(e^{j\omega})$ 的幅频和相频特性曲线。

```
%(1)求系统函数 H(z)
num=[1,0,-1];den=[1 0 -0.81];
printsys(fliplr(num),fliplr(den),'1/z')
%(2)单位冲激序列响应 h(k)的数学表达式，并画出波形
subplot(221);dimpulse(num,den,40);ylabel('脉冲响应');
%(3)单位阶跃响应的波形
subplot(222);dstep(num,den,40);ylabel('阶跃响应');
%(4)绘出频率响应函数的幅频和相频特性曲线
[h,w]=freqz(num,den,1000,'whole');
subplot(223);
plot(w/pi,abs(h));ylabel('幅频');xlabel('\omega/\pi');subplot(224);
plot(w/pi,angle(h));ylabel('相频');xlabel('\omega/\pi');
```

运行后在命令窗口显示：
　num/den =
　　　-1 1/z^2 + 1

　　　-0.81 1/z^2 + 1

系统的响应与频率响应函数如图 4.2.9 所示。

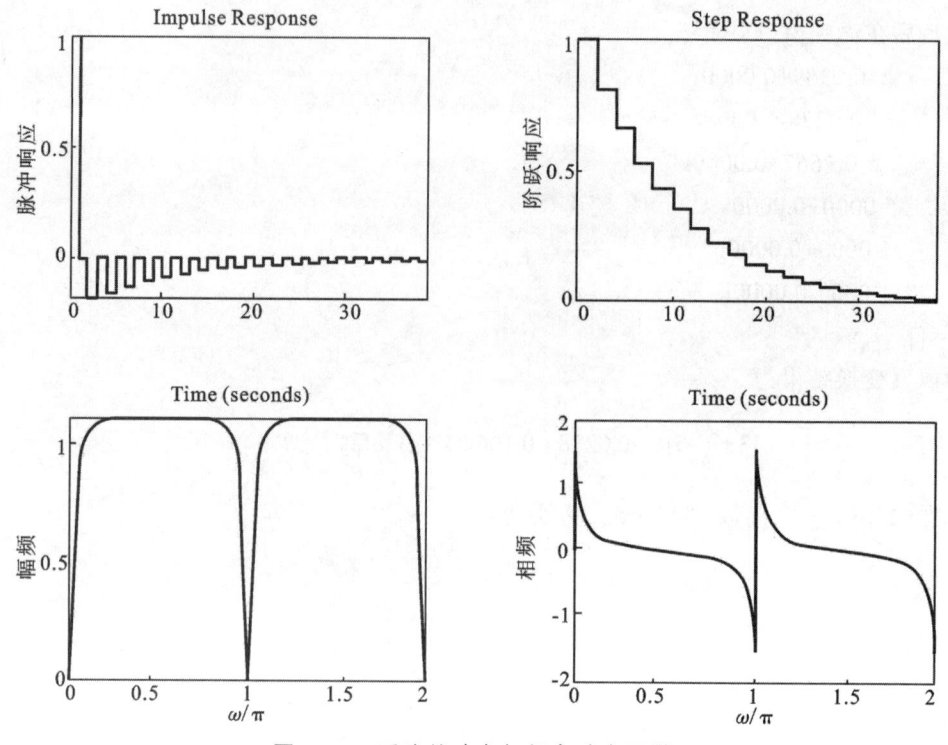

图 4.2.9　系统的响应与频率响应函数

【例 4.2.15】 绘制离散系统极点图。

采用 MATLAB 语言编程，绘制离散 LTI 系统函数的零极点图，并从零极点图判断系统的稳定性。

已知离散系统的 $H(z)$，求零极点图，并求解 $h(k)$ 和 $H(e^{j\omega})$。

MATLAB 程序：

b=[1 2 1]; a=[1 -0.5 -0.005 0.3];
subplot(3,1,1); zplane(b,a);
num=[0 1 2 1]; den=[1 -0.5 -0.005 0.3];
h=impz(num,den);
subplot(3,1,2); stem(h);xlabel('k');ylabel('h(k)');
[H,w]=freqz(num,den);
subplot(3,1,3); plot(w/pi,abs(H));xlabel('/omega');ylabel('abs(H)');

系统的响应与零极点分布如图 4.2.10 所示。

【例 4.2.16】 直接型系统函数的 Z 域分布。

直接型系统函数为

$$H(z) = \frac{1 - 0.1z^{-1} - 0.3z^{-2} - 0.3z^{-3} - 0.2z^{-4}}{1 + 0.1z^{-1} + 0.2z^{-2} + 0.2z^{-3} + 0.5z^{-4}}$$

试求其零点和极点，并将它转化为二阶节形式。

MATLAB 程序：

num=[1 -0.1 -0.3 -0.3 -0.2];den=[1 0.1 0.2 0.2 0.5];

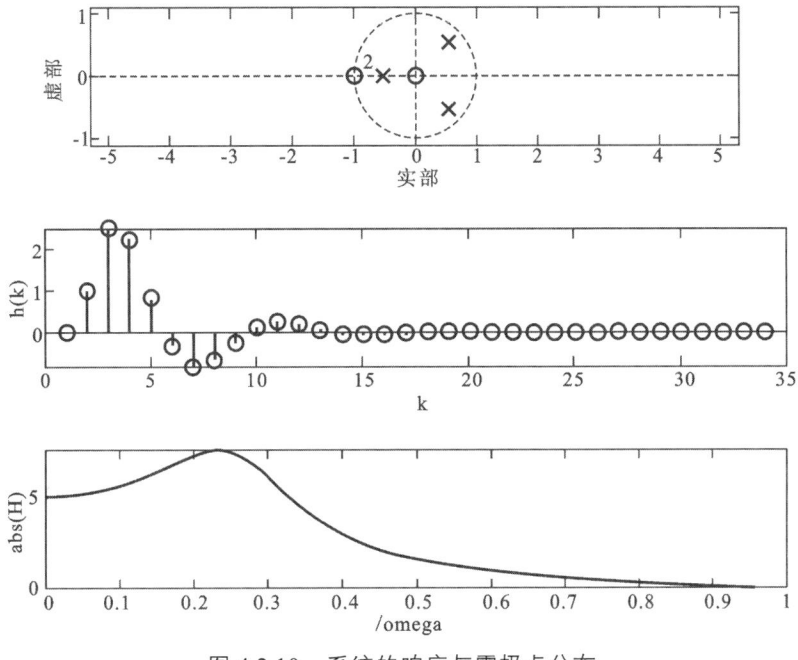

图 4.2.10 系统的响应与零极点分布

```
[z,p,k]=tf2zp(num,den);m=abs(p);
disp('零点');disp(z);
disp('极点');disp(p);
disp('增益系数'); disp(k);
sos=zp2sos(z,p,k);
disp('二阶节'); disp(real(sos));
zplane(num,den)
```

零极点图见图 4.2.11。

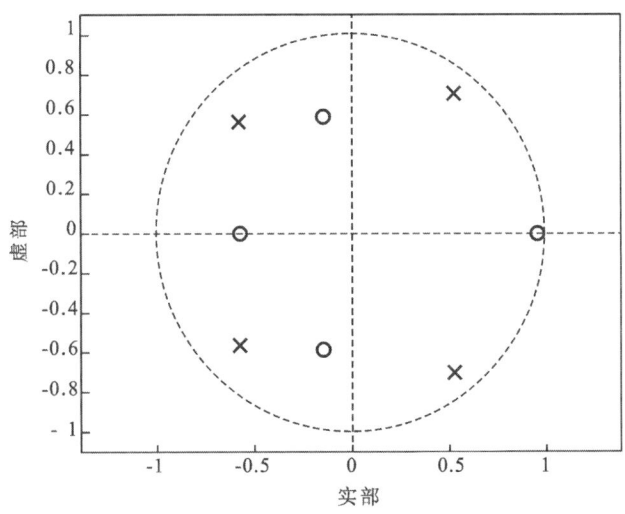

图 4.2.11 系统的零极点分布

计算求得零、极点增益系数和二阶节的系数分别为

零点
　　0.9615 + 0.0000i　　　-0.5730 + 0.0000i　　　-0.1443 + 0.5850i　　　-0.1443 - 0.5850i
极点
　　0.5276 + 0.6997i　　　0.5276 - 0.6997i　　　-0.5776 + 0.5635i　　　-0.5776 - 0.5635i
增益系数
　　1
二阶节
　　1.0000　　-0.3885　　-0.5509　　1.0000　　1.1552　　0.6511
　　1.0000　　 0.2885　　 0.3630　　1.0000　　-1.0552　　0.7679
系统函数的二阶节形式为

$$H(z) = \frac{1 - 0.3885z^{-1} - 0.5509z^{-2}}{1 + 0.2885z^{-1} + 0.3630z^{-2}} \cdot \frac{1 + 1.1552z^{-1} + 0.6511z^{-2}}{1 - 1.0552z^{-1} + 0.7679z^{-2}}$$

4.2.4　连续系统的状态变量分析

【例 4.2.17】连续系统状态求解。

```
clear;
A=[2 3;0 -1]; B=[0 1;1 0]; C=[1 1;0 -1]; D=[1 0;1 0];
x0=[2 -1];
dt=0.01; t=0:dt:2;
f(:,1)=ones(length(t),1);f(:,2)=exp(-3*t)';
sys=ss(A,B,C,D);
y=lsim(sys,f,t,x0);
subplot(1,2,1);plot(t,y(:,1),'b');
subplot(1,2,2);plot(t,y(:,2),'b');
```

连续系统状态方程的求解结果如图 4.2.12 所示。

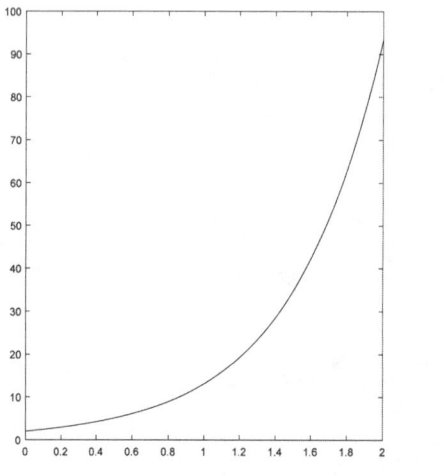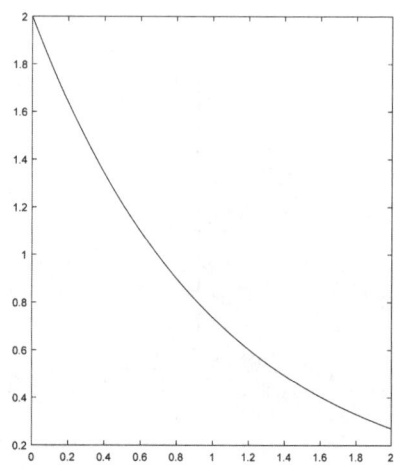

图 4.2.12　连续系统状态方程的求解

【例 4.2.18】 已知连续时间系统的信号流图如图 4.2.13 所示，确定该系统的系统函数。

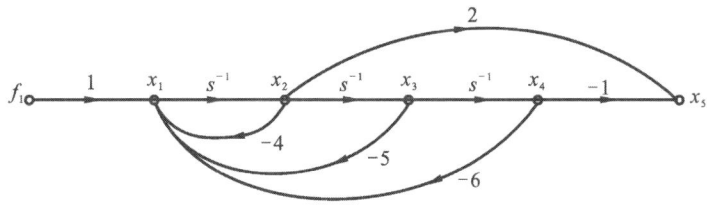

图 4.2.13 系统的信号流图

通用的信号流图化简方法是采用梅森公式求解，但如果用 MATLAB 辅助分析，则不宜直接用梅森公式求解，应采用另外规范的易于编程的方法。

设信号流图的每个节点为 x_1，x_2，x_3，x_4，x_5，表示为 k 维状态列向量 $\boldsymbol{X} = [x_1 \quad x_2 \quad \cdots \quad x_k]'$，输入列向量表示为 1 维，即 $\boldsymbol{F} = [f_1, f_2, \cdots, f_l]'$，此流图为一维输入列向量 $\boldsymbol{F} = [f_1]$。由信号流图列方程得

$$x_1 = f_1 - 4x_2 - 5x_3 - 6x_4, \quad x_2 = s^{-1}x_1, \quad x_3 = s^{-1}x_2, \quad x_4 = s^{-1}x_3, \quad x_5 = -x_4 + 2x_2$$

写成矩阵形式为

$$\boldsymbol{X} = \begin{bmatrix} 0 & -4 & -5 & -6 & 0 \\ s^{-1} & 0 & 0 & 0 & 0 \\ 0 & s^{-1} & 0 & 0 & 0 \\ 0 & 0 & s^{-1} & 0 & 0 \\ 0 & 2 & 0 & -1 & 0 \end{bmatrix} \begin{bmatrix} x_1 \\ x_2 \\ x_3 \\ x_4 \\ x_5 \end{bmatrix} + \begin{bmatrix} 1 \\ 0 \\ 0 \\ 0 \\ 0 \end{bmatrix} f_1$$

或记作

$$\boldsymbol{X} = \boldsymbol{Q}\boldsymbol{X} + \boldsymbol{B}\boldsymbol{F}$$

变换，得

$$(\boldsymbol{I} - \boldsymbol{Q})\boldsymbol{X} = \boldsymbol{B}\boldsymbol{F}, \quad \boldsymbol{X} = (\boldsymbol{I} - \boldsymbol{Q})^{-1}\boldsymbol{B}\boldsymbol{F}$$

则 $\boldsymbol{H} = \dfrac{\boldsymbol{X}}{\boldsymbol{F}} = (\boldsymbol{I} - \boldsymbol{Q})^{-1}\boldsymbol{B}$ 为系统传递函数矩阵。

MATLAB 程序：

syms s;%信号流图简化
Q=[0 -4 -5 -6 0;1/s 0 0 0 0;0 1/s 0 0 0;0 0 1/s 0 0;0 2 0 -1 0];
B=[1;0;0;0;0];I=eye(size(Q));H=(I-Q)\B;H5=H(5);pretty(H5);

即该信号流图的系统函数为

$$H = \frac{2s^2 - 1}{s^3 + 4s^2 + 5s + 6}$$

【例 4.2.19】 描述连续时间系统的信号流图如图 4.2.14 所示，确定该系统的系统函数。

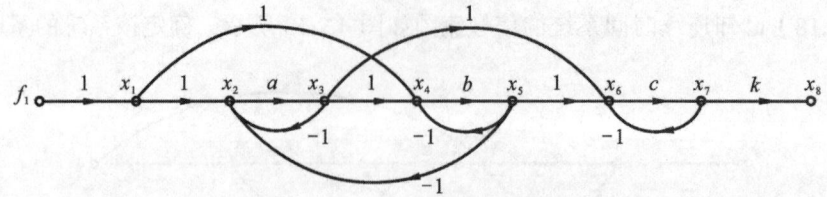

图 4.2.14 系统的信号流图

由信号流图列方程为

$$x_1 = f_1 \qquad x_5 = bx_4$$
$$x_2 = x_1 - x_3 - x_5 \qquad x_6 = x_3 + x_5 - x_7$$
$$x_3 = ax_2 \qquad x_7 = cx_6$$
$$x_4 = x_1 + x_3 - x_5 \qquad x_8 = Kx_7$$

同上分析,请自行列出矩阵形式。

MATLAB 程序:

```
syms    s;%信号流图简化
syms    a b c K
Q(3,2)=a;
Q(2,1)=1;Q(2,3)=-1;Q(2,5)=-1;
Q(4,3)=1;Q(4,1)=1;Q(4,5)=-1;
Q(5,4)=b;
Q(6,3)=1;Q(6,5)=1;Q(6,7)=-1;
Q(7,6)=c;Q(8,7)=K;
Q(:,end+1)=zeros(max(size(Q)),1);
B=[1;0;0;0;0;0;0;0];
I=eye(size(Q));
H=(I-Q)\B;
H8=H(8)
pretty(H8)
H8 =
 (K*c*(a + b + 2*a*b + 2))/((c + 1)*(18*a + b + 2*a*b + 13))
   K c (a + b + 2 a b + 2)
-------------------------------
  (c + 1) (18 a + b + 2 a b + 13)
```

4.2.5 离散系统状态方程的求解

采用函数 ode45 可以求解微分方程。其调用格式如下:

$$[t,y]=ode45(odefun,tspan,y0)$$

其中,odefun 指状态方程的表达式,tspan 指状态方程对应的起止时间。[t0,tf],y0 指状态变量的初始状态。

【例 4.2.20】已知离散系统的状态方程为

$$\begin{bmatrix} x_1(k+1) \\ x_2(k+1) \end{bmatrix} = \begin{bmatrix} 0.5 & 0 \\ 0.25 & 0.25 \end{bmatrix} \begin{bmatrix} x_1(k) \\ x_2(k) \end{bmatrix} + \begin{bmatrix} 1 \\ 0 \end{bmatrix} f(k)$$

初始条件为 $x(0) = \begin{bmatrix} -1 \\ 0.5 \end{bmatrix}$,激励为 $f(k) = 0.5u(k)$,确定该状态方程 $x(k)$ 前 10 步的解,并画出波形。

MATLAB 程序:

```
%离散系统状态求解
%A=input('系数矩阵 A=')
%B=input('系数矩阵 B=')
%x0=input('初始状态矩阵 x0=')
%n=input('要求计算的步长 n=')
%f=input('输入信号 f=')            %要求长度为 n 的数组
clear all
A=[0.5 0;0.25 0.25];B=[1;0];x0=[-1;0.5];n=10;f=[0   0.5*ones(1,n-1)];
x(:,1)=x0;
for    i=1:n
x(:,i+1)=A*x(:,i)+B*f(i);
end
subplot(2,1,1);stem(0:n,x(1,:));
subplot(2,1,2);stem(0:n,x(2,:));
```

离散系统状态方程的求解结果如图 4.2.15 所示。

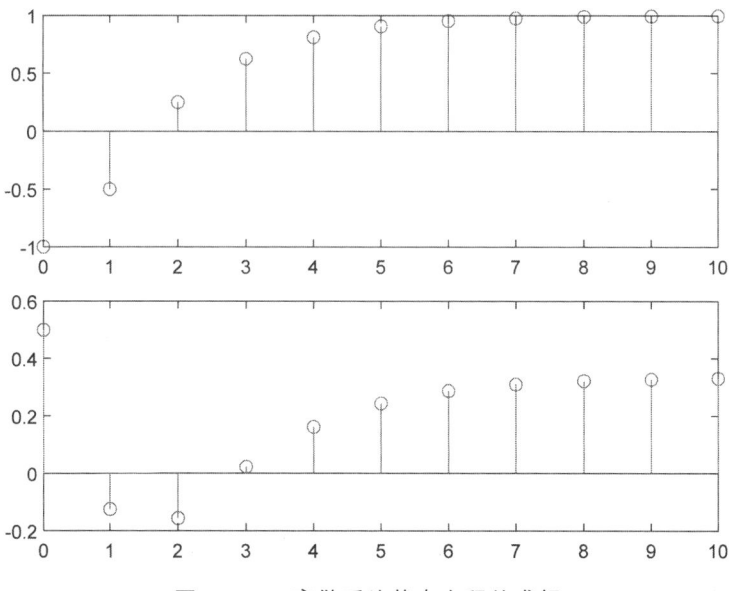

图 4.2.15 离散系统状态方程的求解

【例 4.2.21】离散系统状态求解。
MATLAB 程序：
A=[0 1;-2 3];B=[0;1];　C=[1 1;2 -1];D=zeros(2,1);　　　%方程输入
x0=[1;-1];　　　% 初始条件
N=10;f=ones(1,N);
sys=ss(A,B,C,D,[]);
y=lsim(sys,f,[],x0);k=0:N-1;
subplot(2,1,1); stem(k,y(:,1),'b');
subplot(2,1,2); stem(k,y(:,2),'b');
离散系统状态方程的求解结果如图 4.2.16 所示。

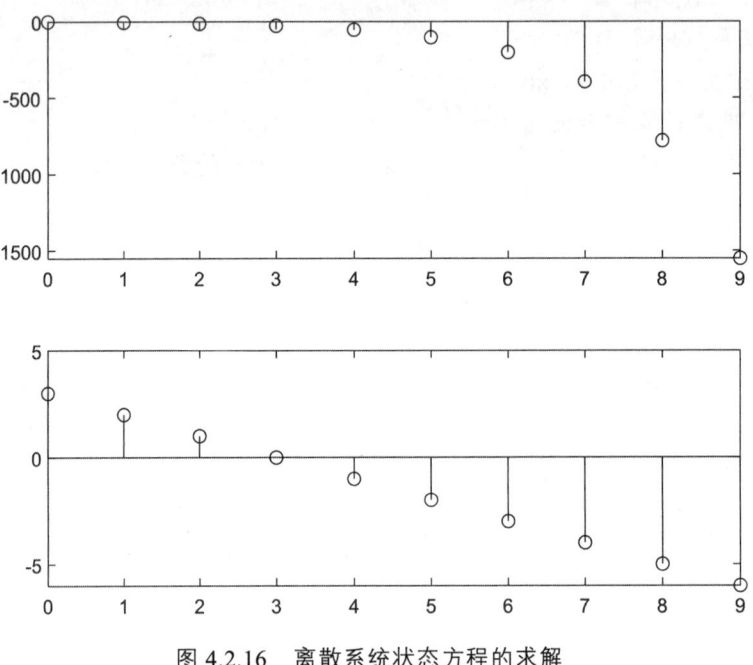

图 4.2.16　离散系统状态方程的求解

4.3　离散傅里叶变换

傅里叶变换可以将时域信号转换至频域，在时域维度上对不同信号不容易区分，即信号在时域上特征不明显。在频域，通过信号的频率分量可以比较明显地将不同信号区分开来。因此，傅里叶变换是信号处理的常用手段。

4.3.1　离散傅里叶级数（DFS）

【例 4.3.1】四点序列[2,-1,1,1]加以周期延拓，画出多周期下的序列频谱。
clear all; close all;

```
x0=[2,-1,1,1]; Nx=length(x0);          % x0 是 4 点行向量
Nw=1000; dw=2*pi/Nw;                   %把 2π 分为 Nw 份,求频率分辨率 dw
k=floor((-Nw/2+0.5):(Nw/2-0.5));       % k*dw 是正负对称的 Nw 点频率向量
for    r=1:4
    K=input(' 延拓周期数 K= (建议依次取 1,10,100,500 四种)' )
    nx=0:(K*Nx-1);                     % 延拓后的位置向量 nx
    x=x0(mod(nx,Nx)+1);                % 延拓后的时域信号 x
    X=x*exp(j*dw*nx' *k);              % 求 x 的 DTFT
    subplot(4,1,r),plot(k*dw,abs(X)),grid,shg
    ylabel('abs(X(\omega))');xlabel('\omega')
end
```

程序运行如图 4.3.1 所示。

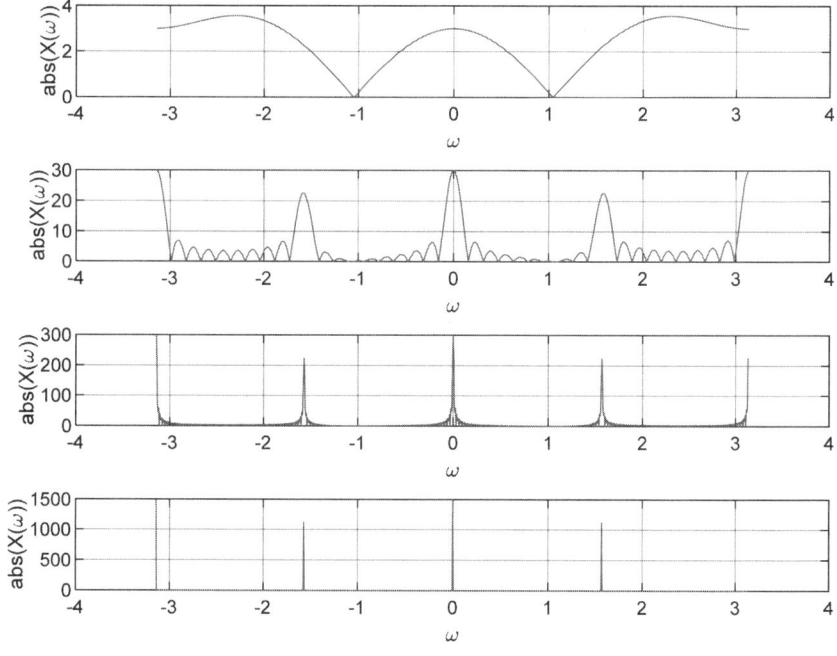

图 4.3.1　四点序列周期延拓后的频谱（依次为 1，10，100，500 个周期）

【**例 4.3.2**】设 $x(n) = R_4(n)$，将 $x(n)$ 以 $N=8$ 为周期进行周期延拓，得到周期序列 $\tilde{x}(n)$，周期为 8，求 $\tilde{x}(n)$ 的 DFS。

解：$\tilde{X}(k) = \sum_{n=0}^{7} \tilde{x}(n) e^{-j\frac{2\pi}{8}kn} = \sum_{n=0}^{3} e^{-j\frac{\pi}{4}kn} = \frac{1-e^{-jk\pi}}{1-e^{-j\frac{\pi}{4}k}} = \frac{e^{-j\frac{\pi}{2}k}\left(e^{j\frac{\pi}{2}k} - e^{-j\frac{\pi}{2}k}\right)}{e^{-j\frac{\pi}{8}k}\left(e^{j\frac{\pi}{8}k} - e^{-j\frac{\pi}{8}k}\right)} = e^{-j\frac{3\pi}{8}k} \frac{\sin\frac{\pi}{2}k}{\sin\frac{\pi}{8}k}$

MATLAB 程序实现如下：
```
clear all; close all;
```

```
x0=[ones(1,4),zeros(1,4)];          % 输入一周期序列
Nx=length(x0); K=4;
nx=-20:20;%(K*Nx-1);                 % 延拓后的位置向量 nx
x=x0(mod(nx,Nx)+1);                  % 延拓后的时域信号 x
subplot(2,1,1);stem(nx,x,'*');grid,shg
k=[-8:15]+eps;
X=exp(-j*3/8*pi*k).*sin(pi/2*k)./sin(pi/8*k);
subplot(2,1,2);stem(k,abs(X),'.');
```

程序运行如图 4.3.2 所示。其中 $\tilde{X}(0) \sim \tilde{X}(7)$ 的值为

4.0000 − 0.0000i，1.0000 − 2.4142i，0.0000 + 0.0000i，1.0000 − 0.4142i，0.0000 + 0.0000i，1.0000 + 0.4142i，−0.0000 + 0.0000i，1.0000 + 2.4142i。

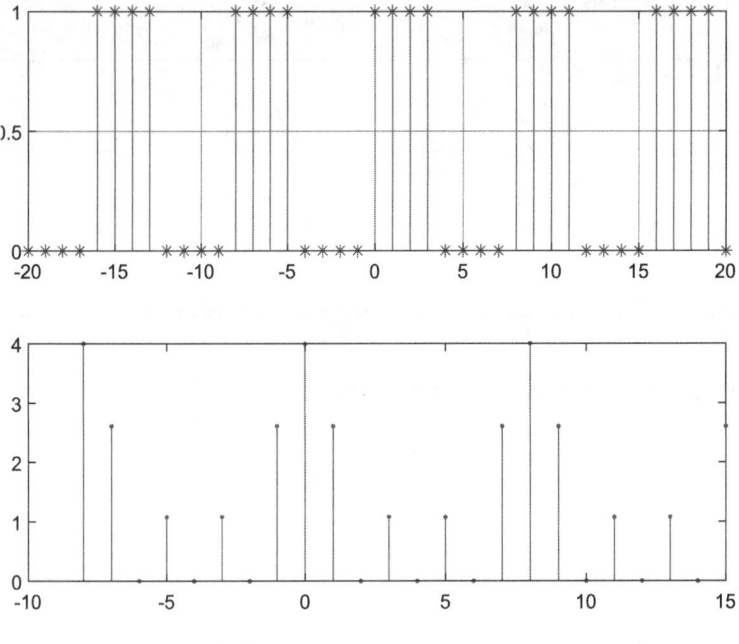

图 4.3.2 $\tilde{x}(n)$ 序列的 DFS

【例 4.3.3】设 $x(n) = R_4(n)$，将 $x(n)$ 以 $N=8$ 为周期进行周期延拓，得到周期序列 $\tilde{x}(n)$，周期为 8，求 $\tilde{x}(n)$ 的 DFS（用矩阵形式计算）。

解：DFS 可以用矩阵形式表示

$$\tilde{X} = \begin{bmatrix} \tilde{X}(0) \\ \tilde{X}(1) \\ \vdots \\ \tilde{X}(N-1) \end{bmatrix} = \begin{bmatrix} 1 & 1 & 1 & \cdots & 1 \\ 1 & W_N^1 & W_N^2 & \cdots & W_N^{N-1} \\ 1 & W_N^2 & W_N^4 & \cdots & W_N^{2(N-1)} \\ \vdots & \vdots & \vdots & & \vdots \\ 1 & W_N^{N-1} & W_N^{2(N-1)} & \cdots & W_N^{(N-1)(N-1)} \end{bmatrix} \begin{bmatrix} \tilde{x}(0) \\ \tilde{x}(1) \\ \vdots \\ \tilde{x}(N-1) \end{bmatrix} = \boldsymbol{W} \cdot \tilde{\boldsymbol{x}}$$

MATLAB 程序实现如下：
```
clear all; close all;
```

```
N=8;
x0=[ones(1,4),zeros(1,4)];      % 输入一周期序列
n=[0:1:N-1];k=[0:1:N-1];    %设定 n 和 k 的行向量
WN =exp(-j*2*pi/N);         %设定 wn 因子
nk=n'*k;                    %产生一个含 nk 值的 N 乘 N 维的整数矩阵
WNnk =WN .^nk;              %求出 W 矩阵
Xk =x0 *WNnk;               %求出离散傅里叶级数系数
```

程序运行，得 $\tilde{X}(0) \sim \tilde{X}(7)$ 的值为

4.0000 − 0.0000i，1.0000 − 2.4142i，0.0000 + 0.0000i，1.0000 − 0.4142i，0.0000 + 0.0000i，1.0000 + 0.4142i，−0.0000 + 0.0000i，1.0000 + 2.4142i。

4.3.2 离散傅里叶变换（DFT）

【例 4.3.4】求四点序列[2,-1,1,1]离散傅里叶变换。

```
clear all; close all;
x0=[2,-1,1,1];          % x0 是 4 点行向量
 nx=0:3; K=64; dw=2*pi/K;            %把 2π 分为 K 份，求频率分辨率 dw
k=floor((-K/2+0.5):(K/2-0.5));       % k*dw 是正负对称的 K 点频率向量
X=x0*exp(j*dw*nx'*k);        % 计算 x0 的 DTFT，横轴取值为 −π≤ω<π
subplot(2,1,1)
plot(k*dw,abs(X));hold on
Xd=fft(x0);                  % 计算 x0 的 fft，横轴取值为 0≤ω<2π 离散
plot([0:3]*2*pi/4,abs(Xd),'o');
subplot(2,1,2)
Xd1=fftshift(Xd);            % 把 Xd 的后半段移到前面
plot(k*dw,abs(X));hold on
plot([-2:1]*2*pi/4,abs(Xd1),'*');   %  把 Xd 的横轴由([0:3]改成[-2:1]
```

程序运行如图 4.3.3 所示。

【例 4.3.5】对序列[2,-1,1,1]作 64 点离散傅里叶变换，画出其频谱。
程序如下：

```
xm=[2,-1,1,1,zeros(1,60)];
Nm=length(xm);nxm=0:Nm-1;
Xdm=fftshift(fft(xm));
kxm=floor((-Nm/2+0.5):(Nm/2-0.5));
plot(kxm*2*pi/Nm,abs(Xdm),'*');
```

程序运行如图 4.3.4 所示。

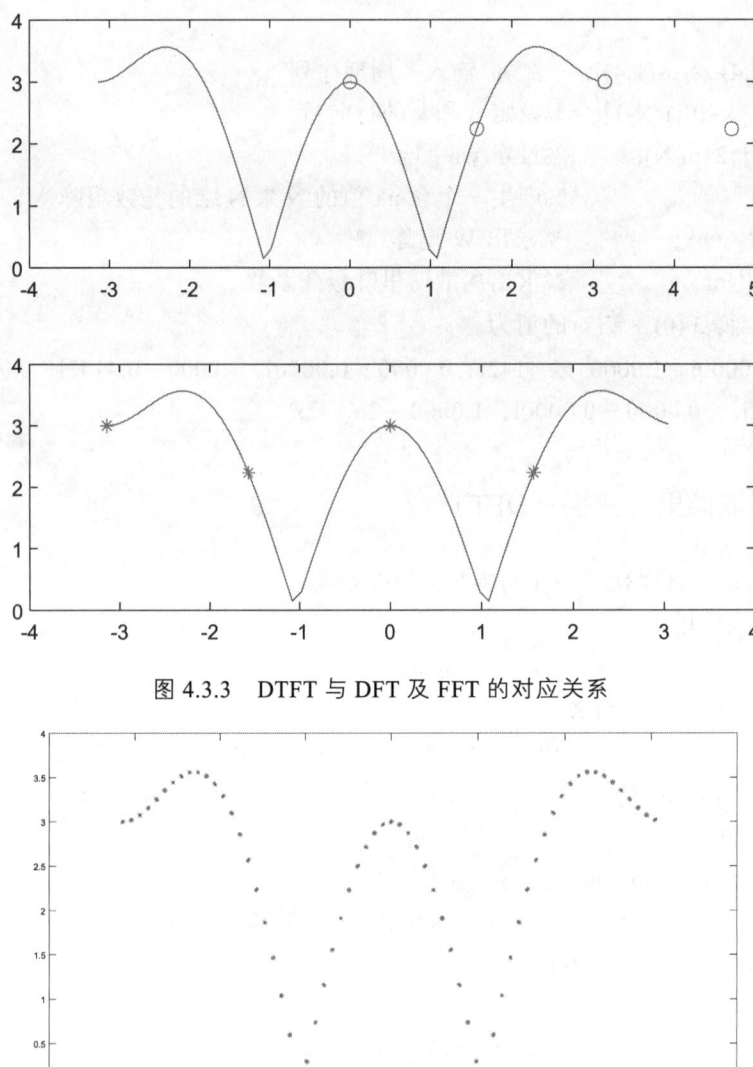

图 4.3.3 DTFT 与 DFT 及 FFT 的对应关系

图 4.3.4 4 点序列提高了频率分辨率的频谱

【例 4.3.6】对模拟信号进行离散傅里叶变换，画出其频谱。
程序代码如下：
% 定义信号的参数
Fs = 1000; T = 1/Fs;   % Fs 采样频率，T 采样周期
t = 0:T:1-T;   % 时间向量
f1 = 5; f2 = 15;   % f1 第一个频率（Hz），f2 第二个频率（Hz）
x = cos(2*pi*f1*t) + 0.5*sin(2*pi*f2*t); % 生成复杂信号
% 计算傅里叶变换
N = length(x);   % 信号长度
frequencies = (-N/2:N/2-1) * Fs / N;   % 频率向量
X = fftshift(fft(x, N));   % 进行傅里叶变换并将零频率移到中心

```
figure;      %  绘制原始信号和傅里叶变换
subplot(2, 1, 1);plot(t, x);title('原始信号');xlabel('时间 (s)');ylabel('幅度');
subplot(2, 1, 2);plot(frequencies, abs(X));
title('傅里叶变换');xlabel('频率 (Hz)');ylabel('幅度');
%  可选：显示相位信息
%figure；plot(frequencies, angle(X));
% title('傅里叶变换相位信息'); xlabel('频率 (Hz)'); ylabel('相位');
```
程序运行如图 4.3.5 所示。

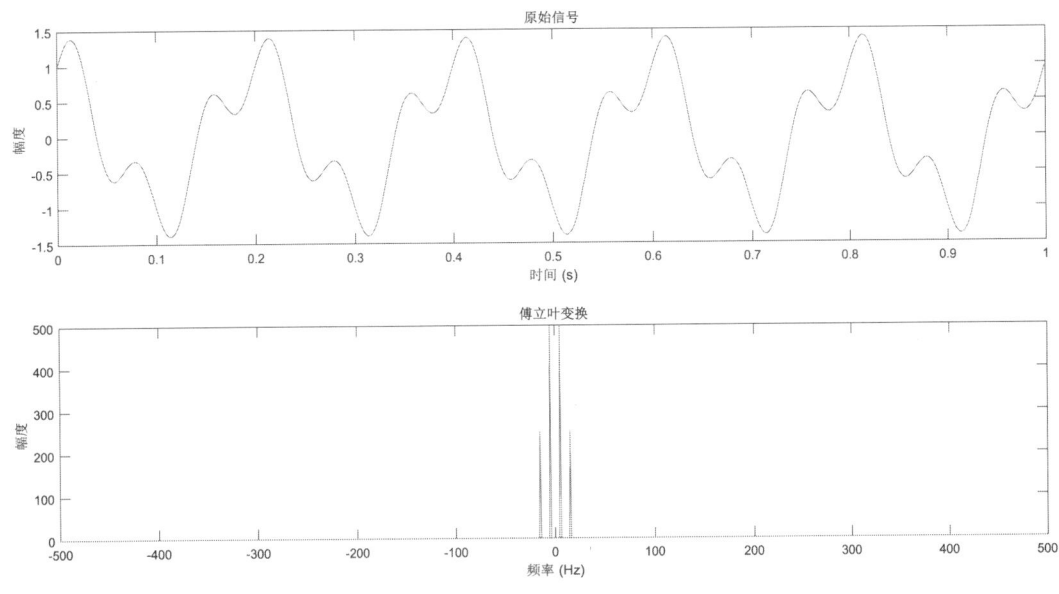

图 4.3.5　模拟信号的频谱

【例 4.3.7】 循环移位性质，设 *x*=[7,6,5,4,3,2]，位于主值区间。现要把 *x* 循环右移两位，成为新主值区间的向量 *y*，并画出循环移位的中间过程。

解：首先把 x 作为周期延拓，成为多周期向量 x1，设把它的位置向量左右各延长一个周期；然后将 x1 右移两位，成为多周期向量 y1，再取出它的主值部分，得到 y，依次在同样横坐标下画出 x,xl,y1 和 y 四个子图。则其 MATLAB 程序如下：

```
x=[7,6,5,4,3,2];Nx=length(x);nx=0:Nx-1;       %x 序列和参数
nx1=-Nx:2*Nx-1;x1=x(mod(nx1,Nx)+1);           %延拓为周期向量 x1，注意 mod 用法
[y1,ny1]=seqshift(x1,nx1,2);                  %将 x1 右移两位，得到 y1
RN=(nx1>=0)&(nx1<Nx);                         %在 x1 的位置向量 nx1 设置主值窗
RN1=(ny1>=0)&(ny1<Nx);                        %在 y1 的位置向量 ny1 设置主值窗
subplot(4,1,1),stem(nx1,RN.*x1);              %在子图上画出 x1 的主值
title('主值序列 x(n)');xlabel('n');ylabel('x(n)');
subplot(4,1,2),stem(nx1,x1)                   %画出 x1
title('周期序列 x1(n)');xlabel('n');ylabel('x1(n)');
subplot(4,1,3),stem(ny1,y1)                   %画出 y1
```

```
title('移位周期序列 y1(n)');xlabel('n');ylabel('y1(n)');
subplot(4,1,4),stem(ny1,RN1.*y1)          %画出 y1 的主值
title('y1(n)的主值序列 y(n)');xlabel('n');ylabel('y(n)');
 axis([-Nx,2*Nx-1,0,10]);    %各坐标对齐
```
程序运行如图 4.3.6 所示。

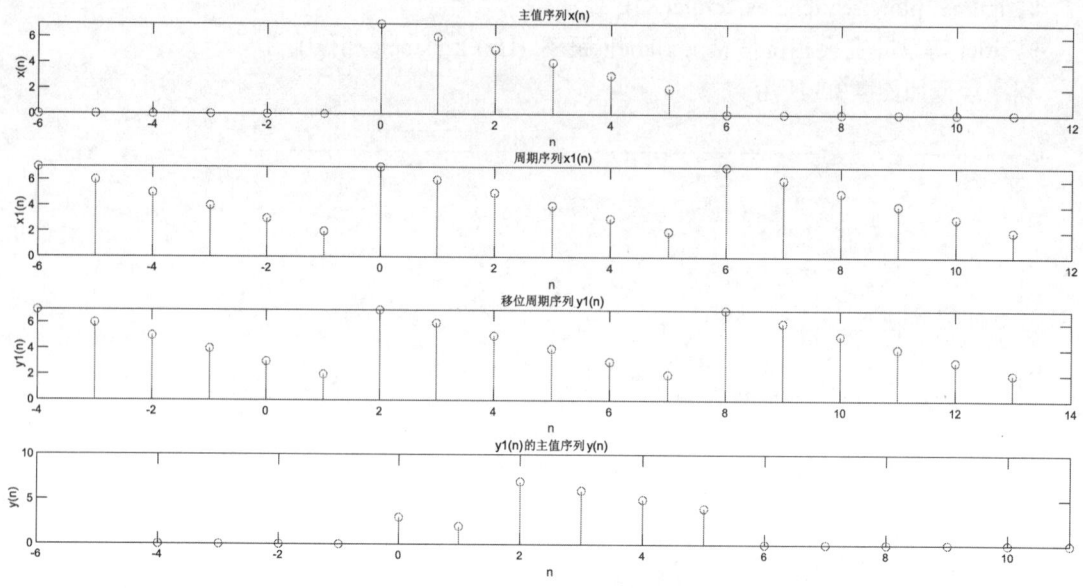

图 4.3.6 DFT 序列循环移位过程

【例 4.3.8】 循环折叠性质，设 $x(n) = [3,4,5,6,8,9,10]$，循环长度 $N=10$，确定并画出 $x((-n))_{10}$。

解：首先要把这个序列放到循环的位置向量上去。

```
x=[3,4,5,6,8,9,10];N=10;              %给出原始数据，假如 nx 从零开始
x=[x,zeros(1,N-length(x))];nx=0:N-1;   %将 x 的长度通过补零扩展到 N
y=x(mod(-nx,N)+1);                     %把 x 循环折叠，求得 y
subplot(211); stem([0:N-1],x);
title('初始序列');xlabel('n');ylabel('x(n)');
subplot(212);stem([0:N-1],y);
title('循环折叠序列');xlabel('n');ylabel('x((-n))_{10}');
```
程序运行如图 4.3.7 所示。

【例 4.3.9】 循环卷积性质，设 $x_1(n) = [1,2,3]$，$x_2(n) = [5,4,-3,-2]$ 计算 4 点循环卷积 $x_1(n)$ ④ $x_2(n)$。

解：方法一 时域调用 MATLAB 函数程序

```
x1=[1,2,3,0];x2=[5,4,-3,-2];
y=circonv(x1,x2,4)
```
运行结果为

y=-8   8   20   4

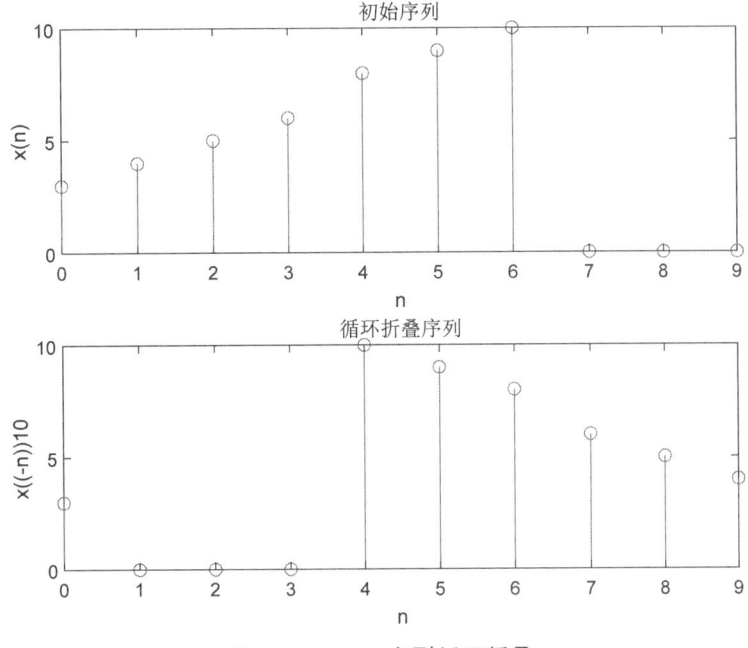

图 4.3.7 DFT 序列循环折叠

方法二 用频域 DFT 相乘再求反变换方法
x1=[1,2,3,0];x2=[5,4,-3,-2];
X1=fft(x1);X2=fft(x2);
Y=X1.*X2;
y=ifft(Y)
运行结果为
y=-8 8 20 4

4.3.3 频谱分析的 DFT 算法

【例 4.3.10】有限长离散时间序列的频谱。

计算考虑长度为 5 的有限序列，设 $x_1(n)=[1,3,5,3,1]$，设采样周期为 0.5 s，要求用 FFT 来计算其频谱。

解：因为给出了采样频率，显然要求出的是模拟频率域中的频谱。用 fft 函数求出 x 的 DFT，同时又求出 x 的 DTFT，把它们的幅频和相频特性画在一张图上进行比较。

x=[1,3,5,3,1];nx=0:4;T=0.5;
N=length(x);D=2*pi/(N*T);
k=floor((-(N-1)/2:((N-1)/2)));
X=fftshift(fft(x,N));
subplot(1,2,1),plot(k*D,abs(X),'o:');
title('循环折叠序列');xlabel('幅度');ylabel('频率');
subplot(1,2,2),plot(k*D,angle(X),'o:')

title('相位');xlabel('n');ylabel('频率');
程序运行如图 4.3.8 所示。

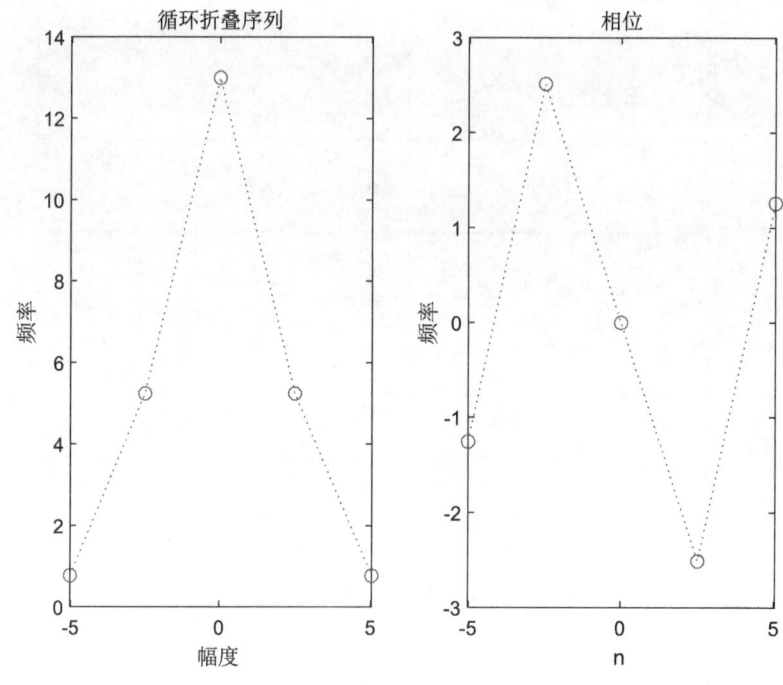

图 4.3.8　DFT 序列循环移位过程

【例 4.3.11】用补零方法由 FFT 求 DTFT。

考虑长度为 11 的矩形窗函数 $w_d(n)$ 序列,它的频谱函数可以用解析函数表示。要求用 FFT 来计算其频谱。

解:由于序列是实的偶函数。假如选 N=20 作为重复周期,则要在序列后面补 9 个零,在使用 DFT 时,可以把这些零全补在序列的后面,从而计算 n=-5 到 14 的 $w_d(n)$ 的频谱。然而,使用 FFT 时,必须使用按 N=20 的周期延拓所得序列中从 n=0~19 的主值部分,因此 FFT 的输入为 x=[1,1,1,1,1,1,zeros(1,9),1,1,1,1,1]。

```
C=[20,1024];T=0.5;
for r=[1,2]
    N=C(r);D=2*pi/(N*T);
    x=[ones(1,6),zeros(1,N-11),ones(1,5)];
    k=floor(-N/2+0.5:N/2-0.5);
    X=fftshift(fft(x,N));
    subplot(1,2,r),plot(k*D,X);
    title(['N=',num2str(N)]);ylabel('幅度');xlabel('w');
end
```
程序运行如图 4.3.9 所示。

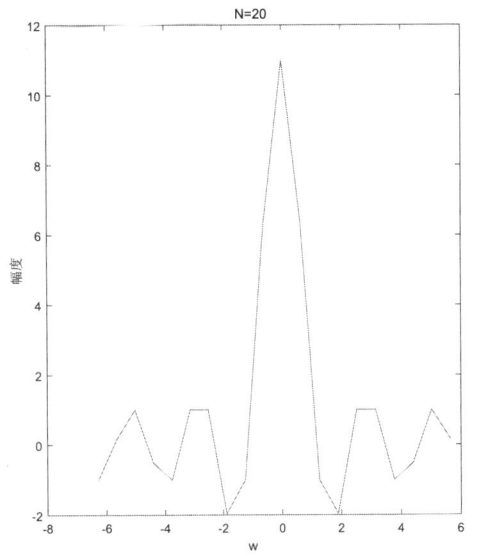 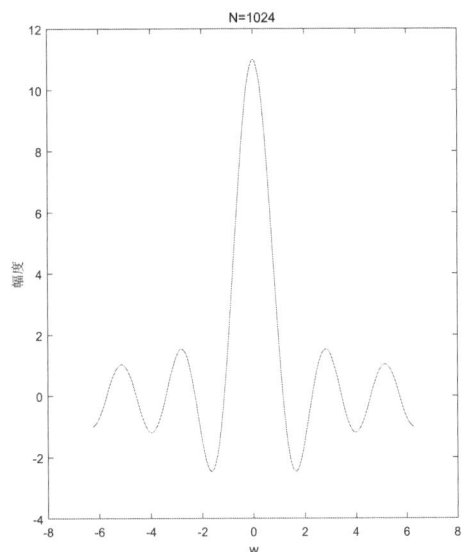

图 4.3.9 用 FFT 补零长度不同所得的矩形窗函数的频谱图

由于 X 是复数，plot(k*D,X)语句中，只能取 X 的实部，实际上和 plot(k*D,real(X))等同。图 4.3.9 中可见，$N=20$ 虽然给出了频谱的大体形状，但分辨率还是太差，$N=1024$ 精确的结果已经难以区分了。

如果起点不取在 $n=0$，而取在 $n=-5$ 处，把 x1=[ones(1,11),zeros(1,N-11)]作为 FFT 的输入，计算的将是移位后的窗函数 $w_d(n-5)$，时间平移不会影响频谱的幅频特性，它只会在相频特性中引入一个线性相位 -5ω。

【例 4.3.12】 无限长序列的频谱计算。

考虑一个采样周期为 0.5 s 的无限序列

$$x(n) = \begin{cases} 0.7^n, & n \geqslant 0 \\ 0, & n < 0 \end{cases}$$

问：应该截取多长的序列，才能使计算出的频谱误差小于 1%？

解：该序列的频谱已经解析算出为 $X(\omega)=\dfrac{1}{1-0.7\mathrm{e}^{-\mathrm{j}0.5\omega}}$。可以取不同的 N，把计算结果与解析解之差的最大绝对值作为误差 e，把误差和序列的最大幅度之比得到的相对误差作为精度指标。下面的程序取 $N=32$。求出以百分数表示的相对误差 pe。

T=0.5;N=32;D=2*pi/(N*T);
n=0:N-1;x=0.7.^n;k=n;
X=fft(x);
Xt=1.0./(1-0.7.*exp(-j*0.5.*k*D));
e=max(abs(abs(X)-abs(Xt)));
Xm=max(abs (X));
pe=e/Xm*100;

算出的最大频谱幅度为 X_m=3.3333，注意 X 的下标有时要加 1，这是因为 MATLAB 中下标必须从 1 而不是从 0 开始。程序算出在 $n=0:31$ 内的 32 个样本点中最大误差为 3.681410^5。算出的百分数误差 pe 是 0.0011，相当于 0.0011%，或约十万分之一。因此对这个序列，取 32 个数据就够了，可见对无限长序列未必需要取很大的 N 来计算频谱。

现在提出这样的问题，要使计算频谱与准确频谱峰值的相对误差不超过 1%，N 值最小应选多少。实际问题和书本例题的不同在于，我们根本不知道频谱的解析解。在准确频谱是未知的情况下，这个问题无法回答；而如果准确频谱已经知道了，又何必去算它呢？所以要用另一种方式提出问题，我们逐次增加 N 值，比较相邻两次计算结果的误差，以这个误差作为判断的标准。要寻找最小的 a 值，使得用 $N=2^a$ 个数据点计算出的频谱，与用 $N/2$ 个数据点的计算结果的误差小于峰值的 $\beta\%$，比较频谱的误差必须在相同的频点上进行。先讨论比较 $N_1=N$ 和 $N_2=2N$ 的计算频点。对于一个采样周期为 T 的无限序列，用 N_1 点算出的频谱 X_1 位于下列频点上。

$$\omega_1(k_1) = k_1 \frac{2\pi}{N_1 T}, \quad k_1 = 0, 1, \cdots, N_1 - 1$$

而用 N_2 点算出的频谱 X_2，则位于下列频点上

$$\omega_2(k_2) = k_2 \frac{2\pi}{N_2 T} = k_2 \frac{\pi}{N_1 T}, \quad k_2 = 0, 1, \cdots, 2N_1 - 1$$

令 $\omega_1(k_1) = \omega_2(k_2)$，解出 $k_2 = 2k_1$。因此必须在 $\omega_1(k_1) = \omega_2(k_2)$ 的这些频点上比较 X_1 和 X_2 的幅度。因为幅度是偶函数，只需要在 $0 \leq k_1 < N_1/2$ 范围内比较。如果 $N_2 \neq 2N_1$，算出的 X_1 和 X_2 将很难找到相同的频点。对它们不好作比较，所以要按 $N_2=2N_1$ 编出程序。

```
T=0.5;a=1;b=100;beta=1;    %给定初始数据
while  b>beta              %判断是否应结束循环运算
  N1=2^a;n1=0:N1-1;        %确定数据长度 N1
  x1=0.7.^n1;X1=fft(x1);   %求长度 N1 的序列 x 及其 FFT X1
  N2=2*N1;n2=0:N2-1;       %数据长度加倍为 N2=2*N1
  x2=0.7.^n2;X2=fft(x2);   %求长度 N2 的序列 x2 及其 FFT X2
  k1p=0:N1/2-1;   k2p=2*k1p;  %确定两序列对应点的下标 k2=2k1
  d=max(abs(X1(k1p+1)-X2(k2p+1)));  %求对应点上 FFT 的误差
   mm=max(abs(X1(k1p+1)));   %求 X1 幅特性的最大值
  b=d/mm*100;               %求相对误差的百分数
  a=a+1;                    %序列加长一倍
end
  N2,b                      %结束循环后显示达到要求的长度 N2 和相对误差 b
```

程序运行之后，$N_2=32$，$b=0.3323$。程序中的 while 循环用来搜索最小的 $N_1=2^a$，使得其计算结果和前一次的误差小于值幅度的 $\beta\%$，程序中的其余部分就用这个 N_1 和 $N_2=2N_1$ 来计算序列的振幅和相位频谱，并算出其幅特性的最大相对误差 b。如果 $\beta=1$，程序将得到 $N_2=32$，$b=0.3323$，满足了 $b<\beta$ 的要求。应该说，这时的 b 基本上反映的是 $N=N_1=N_2/2=16$ 时的误差，因为 $N=16$ 时的真正误差比 $N=32$ 时的真正误差要大一个数量级以上，所以这种选择是偏于保守或安全的。其实在选择过程中，既然已经按 $N=32$ 算出了较精确的结果，也没必要再退回去

取 $N=16$ 重算了。

【例 4.3.13】非周期连续信号的频谱计算。

考虑连续时间信号 $x_a(t) = e^{-0.1t}, (t \geqslant 0)$，用 FFT 计算其频谱。

解：此信号的峰值幅度为 1，而在 $t \geqslant 50$ 时其幅度小于 0.0067，因此如果选择 $L=50$，则记录时间长度将覆盖信号的主要部分。先选较小的值 $L=10$ 来更好地说明计算的过程。注意 $e^{-0.1\times 10} = 0.37$，所以 $L=10$ 并没有完全包括信号的主要部分。但时间区间[0,10]还是能大体反映 $t>0$ 的信号的主要频率分量。在 $T=0.1, N=100$ 时的奈奎斯特频率已经是 $\pm\pi/0.1=\pm 31.41/s$，在边界上的 $X_a(1)$ 值已减小到 0.0318，因为峰值是 6，相对误差小于 $0.032/6=0.4\%$。这说明，如果 $T=0.1$，由时域采样引起的频率混叠可以忽略不计。仔细的数值分析也说明，$T=0.1, N=200$ 和 $T=0.1, N=400$ 中两根曲线的差别不大，故以后的计算中都用 $T=0.1$。为了更好地比较，在图 4.3.11 中都用同样的模拟频率范围[-3,3]绘图，下面是程序语句：

```
T0=[2,1,0.5,0.1,0.1,0.1];    %各次计算拟采用的 T,编成向量 T0
L0=[10,10,10,10,20,40];      %各次计算拟采用的 N,编成向量 N0
for r=1:6                     %循环计算六次
    T=T0(r);N=L0(r)/T0(r);   %根据计算顺序选用 T 及 N
    D=2*pi/(N*T);
    n=0:N-1;x=exp(-0.1*n*T); %给出序列信号，x 与 xa 在 MATLAB 中相同
    Xa=T*fftshift(fft(x));   %求其 FFT 乘以 T 转换为模拟频谱，移至零频中心
    k=floor(-(N-1)/2:((N-1)/2));%位置向量也移至零频中心
    subplot(3,2,r),plot(k*D,abs(Xa));    %在位置 r 处绘制子图
    title(['T is ',num2str(T),' and N is ',num2str(N)]);ylabel('|Xa(Ω)|');xlabel('Ω');
    axis([-3,3,0,10]);          %模拟频率范围[-3,3]
end
```

程序运行如图 4.3.11 所示。

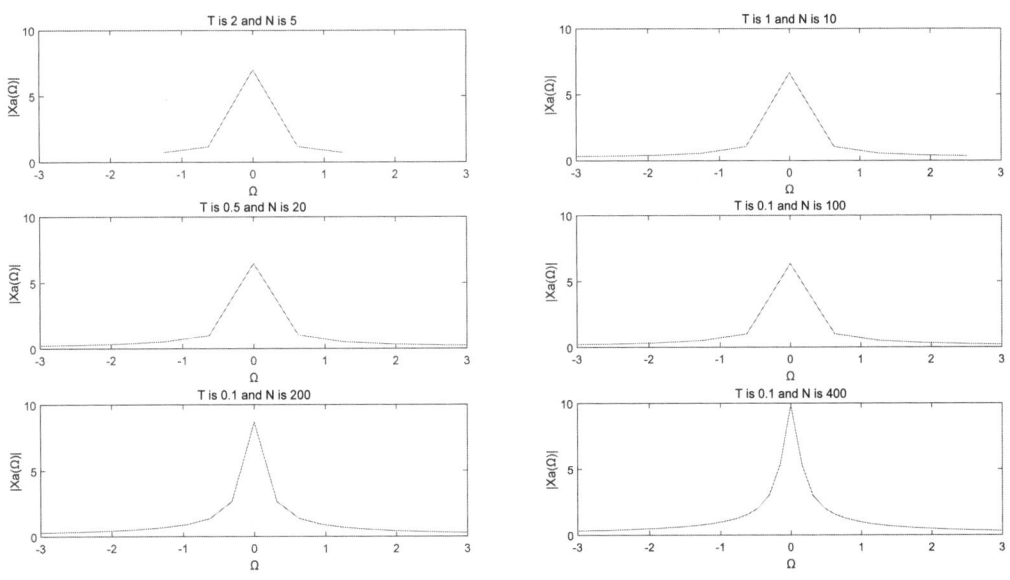

图 4.3.11 用 FFT 补零长度不同所得的矩形窗函数的频谱图

选定 T 以后，下面来分析改变 L（也就是改变 N）的效果。图 4.3.11 用实线画出了 $T=0.1$，$N=200$ 的计算频谱，与 $T=0.1$，$N=100$ 的结果进行比较。这里只画出了 $[-3,3]$ 的频率范围，可见它们之间的区别很大，说明截断效应相当明显，有必要采用更大的 L，$T=0.1$，$N=400$ 的计算频谱。与图 4.3.11 $T=0.1$，$N=200$ 相比仍有相当差别。如果再画出 $T=0.01$，$N=800$ 的结果，它们的误差在 $[-3,3]$ 频段上就很难分辨了。因此，可以得出结论：在计算 $x_a(t) = e^{-0.1t}$ 频谱时，$T=0.1$ 已经小得足以避免频率混叠，而 $L=0.1 \times 800 = 80$ s 已经大得足以避免截断效应的影响。

【例 4.3.14】 连续周期信号的频谱计算。

考虑定义在全部 t 上的 $x_a(t) = \cos 5t$，它的理论频谱是 $X_a(\Omega) = \pi[\delta(\Omega-5) + \delta(\Omega+5)]$，它包含了权重为 π 的位于 $\Omega = \pm 5$ 上的两个冲击。在计算机计算中，正余弦函数必须截断为有限长度 L。可以采用长度为 L 的矩形窗 $w_L(t)$ 与 $x_a(t)$ 相乘的方法得到截断后的正余弦序列。不断增加 L 就使得序列向真正的周期序列靠近，但永远无法实现周期序列。

信号 $x_a(t) = \cos 5t$ 的带宽限制于 5 rad/s，纯理论地看，只要采样周期小于 $\pi/5 = 0.6283$ s，就不会发生频率混叠。然而如果把 $\cos 5t$ 截断为长 L 的信号，则它的频谱就不再是有限带宽了，所以必须采用更小的采样周期，假如任选 $T=0.1$，并选 $N=50$，得到 $L=TN=5$。在 MATLAB 中生成截断余弦信号可以有多种方法。可以把余弦函数与矩形窗序列 $R_N(n)$ 点乘，也可以简单地设定一个有限长时间数组 $n=0:N-1$，求 $x_a(t) = \cos 5nT$。列出程序语句如下：

```
for r=1:4                        %循环计算 4 次
    N=input('N(建议依次取 50,100,500,628 四种)=');
    T=0.1;L=N*T;n=1:N; %原始数据
    D=2*pi/(N*T);                %频率分辨率
    n=0:N-1; xa=cos(5*n*T);      %生成有限长的正弦序列
    Xa=T*fftshift(fft(xa));Xa(1) %求 h(n) 的 FFT,移到对称位置
    k=floor(-(N-1)/2:(N-1)/2);   %奈奎斯特频率下标向量
    subplot(2,2,r); plot(k*D,abs(Xa))      %在位置 r 处绘制子图
    title(['N =',num2str(N), ', L = ',num2str(L)]);ylabel('|Xa(Ω)|');xlabel('Ω');
    axis([-10,10,0,inf]);        %模拟频率范围 [-10,10]
end
```

程序运行如图 4.3.12 所示。

这里把 N 作为自选的参数。选 $N=50, 100, 500$ 及 628 所得的计算结果画在图 4.3.12 中，在 ± 5 处都出现了两个尖峰，这是基本的频谱。众所周知，截断将引起混叠和波动。$N=50$，$L=5$ 中只看到混叠而没有波动，$N=500$，$L=50$ 时频率分辨率达到了 $D=2\pi/50=0.126$，仍看不到波动。实际上当把 N 加倍，两个尖峰的高度也会加倍，并变得更窄，更难见到波动。应该说这是一种好事，因为 $N=100$，$L=10$ 和 $N=500$，$L=50$ 越来越像两个脉冲。看来要表现出波动的唯一方法是补零。然而，如果本来能得到更多的信号数据，就没有补零的理由。结论是：如果用 FFT 计算出的幅频谱，包含了窄的尖峰，而 N 每加一倍，它也大体上加倍，这就说明这个连续时间信号包含一个周期分量。这里"大体上"是因为尖峰窄了以后，很难准确采样在峰值处，所以图上显示的峰值并非真正的最大值。从理论上说，只有长度 L 恰好是周期的整数倍时，可以得到准确的峰值。

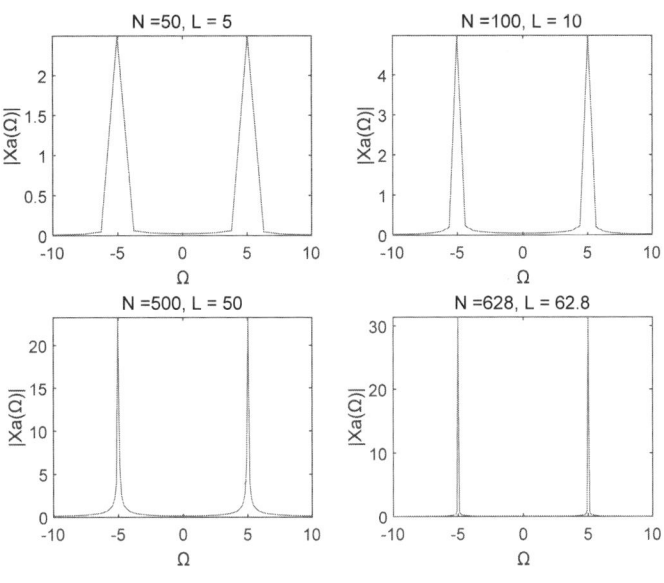

图 4.3.12 截断的正余弦周期信号的频谱

【例 4.3.15】用 DFT 对模拟信号进行频谱分析

设某模拟信号由 3 种频率成分组成，f_1=19 kHz，f_2=20 kHz，f_3=21 kHz，即 $x_a(t)=2\cos(2\pi f_1 t)+\cos(2\pi f_2 t)+3\cos(2\pi f_3 t)$。对其进行频谱分析，要求分辨出信号所包含的 3 种频率成分，采样频率 F=80 kHz。

解：采样后的 $x(n)$ 为

$$x(n)=2\cos\left(2\pi\frac{f_1}{F_s}n\right)+\cos\left(2\pi\frac{f_2}{F_s}n\right)+3\cos\left(2\pi\frac{f_3}{F_s}n\right)$$
$$=2\cos\left(2\pi\frac{19}{80}n\right)+\cos\left(2\pi\frac{20}{80}n\right)+3\cos\left(2\pi\frac{21}{80}n\right)$$

程序如下：

```
clear all; close all; clc;
n=0:3000;
x=2*cos(2*pi*19*n/80)+cos(2*20*pi*n/80)+3*cos(2*21*pi*n/80);
for r=1:4
   N=input('N(建议依次取 32,80,512,2048 四种)=');
   x1=x(1:N);X1=fft(x1,N);
   figure(r)
   subplot(211),plot(0:(N-1),x1);xlabel('n');ylabel('x(n)');
   title( '时域波形');grid;
   subplot(212),plot(abs(X1));xlabel('k');ylabel('|X(k)|');
   title(['N=',num2str(N),'DFT 幅频特性']);grid;set(gcf,'color','w');
end
```

程序运行如图 4.3.13 所示。

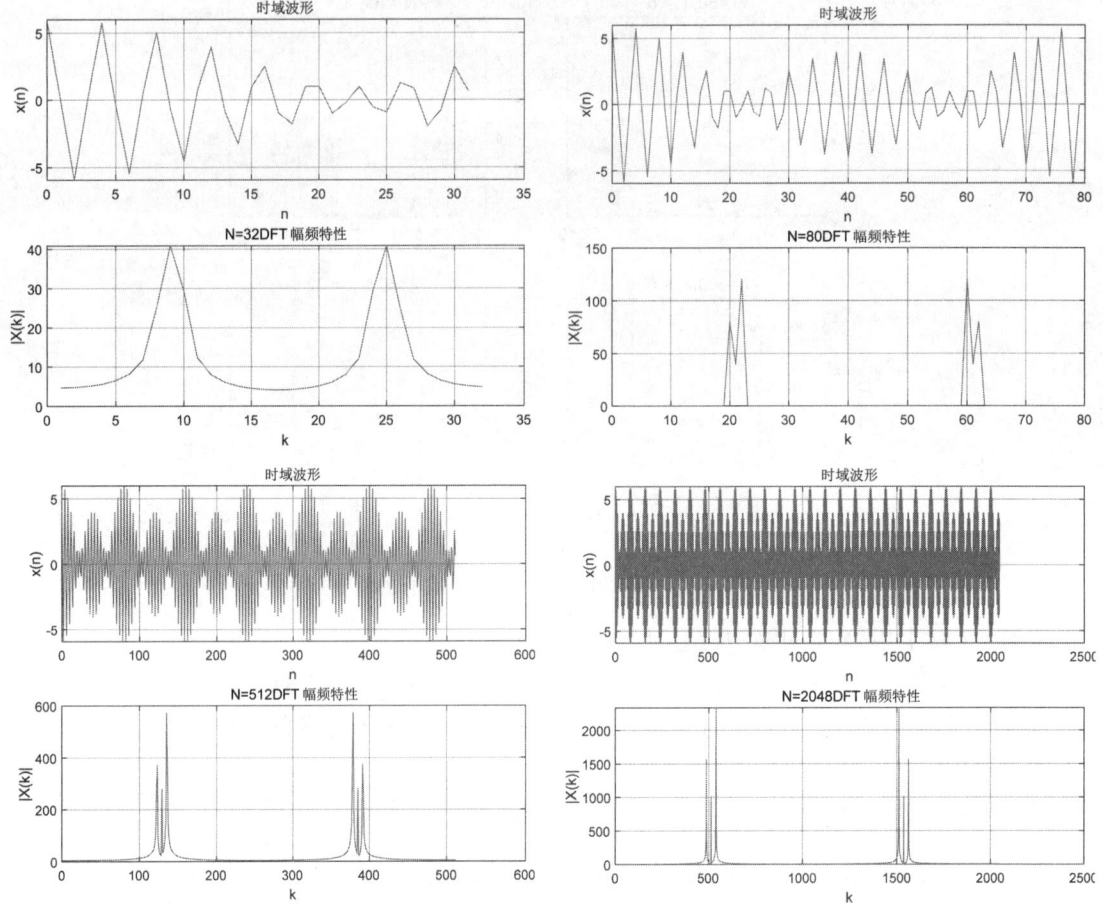

图 4.3.13 时域波形及幅频特性

图 4.3.13 表明，由于信号点数取 32 时，点数值过少，无法表征信号的全部信息，因此分辨率较差。DFT 点数取为 80 的时候，只分辨出了两种频率成分，增加 DFT 点数到 512 和 2048 时，第三种频率成分隐约能分。上述谱分析过程可知，当信号点数取得越多时，频谱分辨率越高；而当信号点数一定时，DFT 点数越多，频谱分辨率越高。

4.3.4 线性卷积的 DFT 算法

线性卷积是线性系统中的一种重要运算。例如，对语音波形或雷达信号之类的序列进行滤波，或者计算这类信号的自相关函数，都是运用线性卷积运算完成的。

MATLAB 提供了利用重叠相加法计算线性卷积的 fftfilt 函数。如果已知短序列 $h(n)$ 和长序列 $x(n)$，利用重叠相加法计算两者的线性卷积时，对 $x(n)$ 按长度 N 进行分段，则 ftfilt 函数的调用方式如下：

y=Mfilt(h,x);或 y=fhfilt(h,x,N);

按照上述分析，将重叠相加法计算有限长序列和无限长序列的线性卷积编写成函数，命名为 Ovrlpadd.m，程序代码如下：

```
function [ny,y]=Ovrlpadd(nx,x,nh,h,N)
Lenx=length(x);M=length(h);
M1=M-1;L=N+M-1;
Hk=fft(h,L);
K=floor(Lenx/N)+1;
x=[x zeros(1,N*K-Lenx)];
ny=min(nx)+min(nh):max(nx)+max(nh);
y=zeros(1,N*K+M-1);
y(1:L)=ifft(fft(x(1:N),L).*Hk);
for i=2:K
yk=ifft(fft(x((i-1)*N+1:i*N),L).*Hk);
y((i-1)*N+1:(i-1)*N+M-1)=y((i-1)*N+1:(i-1)*N+M-1)+yk(1:M-1);
y((i-1)*N+M:i*N+M-1)=yk(M:L);
end
y=y(1:Lenx+M-1);
```

【例 4.3.16】设 $x(n) = \{1,2,3,4,5,6,7,6,5,4,3,2\}(-3 \leqslant n \leqslant 8)$，$h(n) = \{1,0,-1\}(0 \leqslant n \leqslant 2)$，用重叠相加法计算它们的线性卷积 $y(n)$，再用直接计算线性卷积的方法计算出结果 $y_l(n)$，画出 $x(n)$，$h(n)$，$y(n)$ 和 $y_l(n)$，并比较 $y(n)$ 和 $y_l(n)$。

```
clear all;close all;clc;
nh=0:2;h=[1 1 -1];
nx=-3:8;x=[1 2 3 4 5 6 7 6 5 4 3 2];N=2;
[ny,y]=Ovrlpadd(nx,x,nh,h,N);
y1=conv(h,x);
subplot(221);stem(nh,h,'LineWidth',2);
xlabel('n');ylabel('h(n)');title('序列 h(n)');axis([-1,3, -1.5, 1.5]);grid;
subplot(222);stem(nx,x,'LineWidth',2);
xlabel('n');ylabel('x(n)');title('序列 x(n)');axis([-4, 9, -0.5, 8]);grid;
subplot(223);stem(ny,y,'LineWidth',2);
xlabel('n');ylabel('y(n)');title('重叠相加法计算结果 y(n)');axis([-4, 11,-3,9]);grid;
subplot(224);stem(y1,'LineWidth',2);
xlabel('n');ylabel('y1(n)');title('直接计算线性卷积结果 yl(n)');
axis([-4,11,-3,9]); grid;set(gcf,'color','w');
```

程序的运行结果如图 4.3.14 所示。

将重叠保留法计算有限长序列和无限长序列的线性卷积编写成函数，命名为 Ovrlpsav.m，程序代码如下：

```
function [ny,y]=Ovrlpsav(nx,x,nh,h,N)
Lenx=length(x);M=length(h);M1=M-1;L=N+M-1;
```

```
Hk=fft(h,L);
K=floor(Lenx/N)+2;
x=[zeros(1,M1) x zeros(1,L*K-Lenx)];
ny=min(nx)+min(nh):max(nx)+max(nh);
y=zeros(1,K*L+N+M-1);
y(1:L)=ifft(fft(x(1:L),L).*Hk);
y(1:N)=y(M:L);
for i=2:K
   yk=ifft(fft(x((i-1)*N+1:i*L),L).*Hk);
   y((i-1)*N+1:i*N)=yk(M:L);
end
y=y(1:Lenx+M-1);
```

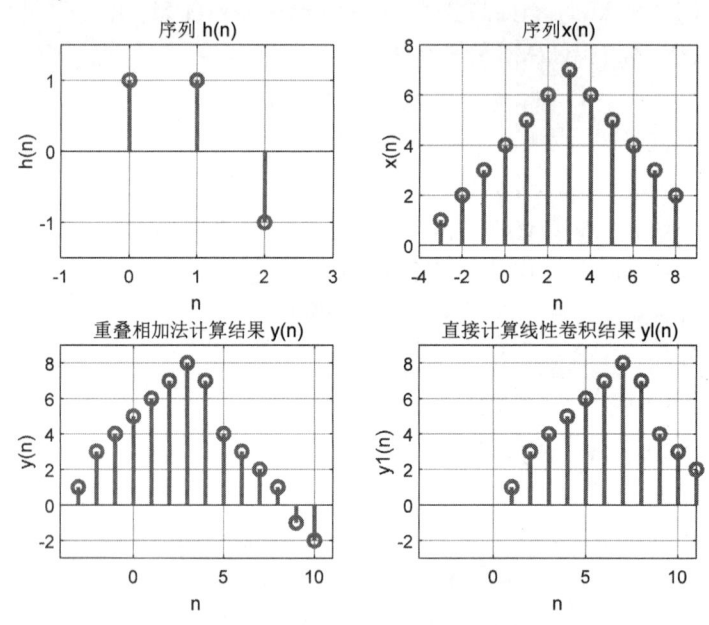

图 4.3.14　线性卷积计算结果

【例 4.3.17】设 $x(n)=\{6,5,4,3,2,1,2,3,4,5\}(0\leqslant n\leqslant 9)$，$h(n)=\{1,1,-1,1,-1\}(0\leqslant n\leqslant 4)$。用重叠保留法计算它们的线性卷积 $y(n)$，再用直接计算线性卷积的方法计算出结 $y_l(n)$，图示 $x(n)$，$h(n)$，$y(n)$ 和 $y_l(n)$，并比较 $y(n)$ 和 $y_l(n)$。

```
clear all;close all;clc;
nh=0:4;h=[1 1 -1 1 -1];
nx=0:9;x=[6 5 4 3 2 1 2 3 4 5];N=4;
[ny,y]=Ovrlpsav(nx,x,nh,h,N);
y1=conv(h,x);
subplot(221);stem(nh,h,'LineWidth',2);
xlabel('n');ylabel('h(n)');title('序列 h(n)');axis([-1, 5,-1.5,1.5]);grid;
subplot(222);stem(nx,x,'LineWidth',2);
```

xlabel('n');ylabel('x(n)');title('序列 x(n)');axis([-1,10,-0.5,7]);grid;
subplot(223);stem(ny,y,'LineWidth',2);
xlabel('n');ylabel('y(n)');title('重叠保计留法算结果 y(n)');axis([-1 14 -6 13]);grid;
subplot(224);stem(ny,y1,'LineWidth',2);
xlabel('n');ylabel('yl(n)');
title('直接计算线性卷积结果 yl(n)');axis([-1 14 -6 13]);grid;set(gcf,'color','w');
程序的运行结果如图 4.3.15 所示。

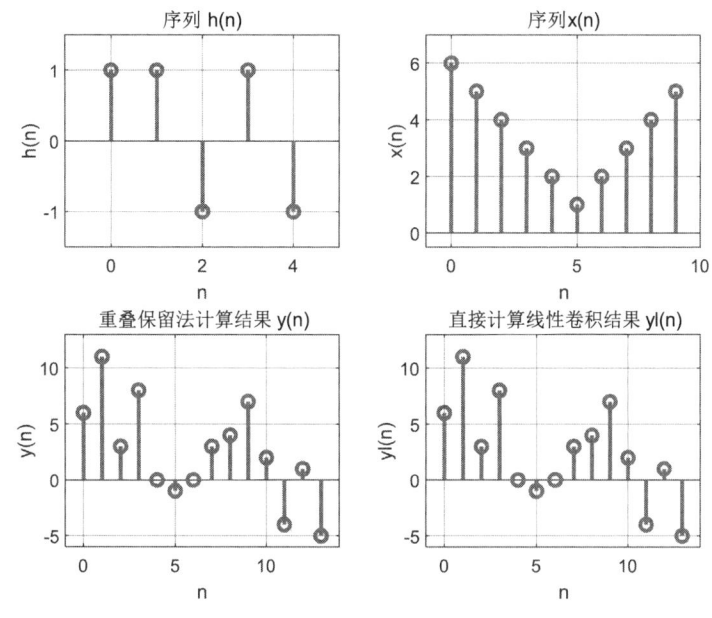

图 4.3.15　线性卷积计算结果

习　题

1. 在给定的区间上产生信号，使用 stem()函数画图，其中（4）题要分别画出幅度、相位、实部和虚部，（3）题还要用 plot()画图。

（1）$x(n) = 2\delta(n+3) - \delta(n+2) + 2\delta(n) + 4\delta(n-1), -4 \leqslant n \leqslant 3$；

（2）$x(n) = (0.8)^n[u(n) - u(n-10)], 0 \leqslant n \leqslant 12$；

（3）$x(n) = 5\cos(0.04\pi n) + 0.3w(n), 0 \leqslant n \leqslant 50$，其中 $w(n)$ 是均值为 0，方差为 1 的高斯序列；

（4）$x(n) = e^{(-0.2+j0.4)n}, -10 \leqslant n \leqslant 10$。

2. 计算下列序列的傅里叶变换（DTFT）$X(e^{j\omega})$，并画出其幅度和相位函数。

（1）$x(n) = \delta(n+1) + 2\delta(n) - 3\delta(n-1) + 4\delta(n-2) + 5\delta(n-3)$；

（2）$x(n) = \begin{cases} 1, & 0 \leqslant n \leqslant 10 \\ 0, & \text{其他} \end{cases}$；

（3）$x(n) = e^{-j0.3\pi n}, 0 \leqslant n \leqslant 7$；

（4） $x(n) = 5\cos(0.5\pi n), 0 \leq n \leq 10$。

3. 用 MATLAB 求下列 Z 变换的逆变换：

$$X(z) = \frac{1-z^{-2}}{1-0.81z^{-2}}, |z| > 0.9$$

4. 用 MATLAB 语言，假设系统函数为

$$H(z) = \frac{z^2 + 5z - 50}{2z^4 - 2.98z^3 + 0.17z^2 + 2.3418z - 1.5147}$$

（1）画出极、零点分布图，并判断系统是否稳定；
（2）求出输入单位阶跃序列 $u(n)$，检查系统是否稳定。

5. 已知信号 $x(n)$ 和 FIR 数字滤波器的单位取样响应 $h(n)$ 分别为

$$x(n) = \begin{cases} 1, & 0 \leq n \leq 15 \\ 0, & 其他 \end{cases}; \quad h(n) = \begin{cases} a^n, & 0 \leq n \leq 10 \\ 0, & 其他 \end{cases}$$

（1）使用基 2FFT 算法计算 $x(n)$ 与 $h(n)$ 的线性卷积，写出计算步骤；
（2）用 MATLAB 语言编写程序，并上机计算。

6. 按照下面的 IDFT 算法编写 MATLAB 语言 IFFT 程序，其中，FFT 部分不用写出清单，可调用 fft 函数。并分别对单位脉冲序列、矩形序列、三角序列和正弦序列进行 FFT 和 IFFT，验证所编程序。

$$x(n) = IDFT[X(k)] = \frac{1}{N}[DFT[X^*(k)]]^*$$

7. 利用 MATLAB 求解，设 $x(n) = \begin{cases} 1, & 0 \leq n \leq 3 \\ 0, & 其他 \end{cases}$，

（1）计算离散时间变换（DTFT）$X(e^{j\omega})$，并画出它的幅度和相位；
（2）计算 $x(n)$ 的 4 点的 DFT。

8. 设 $x(n) = (0.6)^n, 0 \leq n \leq 9$。
（1）画出 $x(n)$ 和 $y(n) = x((n+4))_{10} \cdot R_{10}(n)$ 的图形；
（2）画出 $x(n)$ 和 $y(n) = x((n-3))_{10} \cdot R_{10}(n)$ 的图形。

9. 设序列 $x_1(n) = \{1, 2, 2\}$，$x_2(n) = \{1, 2, 3, 4\}$。
（1）计算 $y_1(n) = x_1(n) ⑤ x_2(n)$，并画出 $x_1(n)$，$x_2(n)$ 和 $y_1(n)$ 的图形；
（2）计算 $y_2(n) = x_1(n) ⑧ x_2(n)$，并画出 $x_1(n)$，$x_2(n)$ 和 $y_2(n)$ 的图形。

10. 已知序列 $h(n) = R_6(n)$，$x(n) = nR_8(n)$。
（1）计算 $y_c(n) = h(n) ⑧ x(n)$；
（2）计算 $y_c(n) = h(n) ⑯ x(n)$ 和 $y(n) = h(n) * x(n)$；
（3）画出 $h(n)$，$x(n)$，$y_c(n)$ 和 $y(n)$ 的波形图，观察总结循环卷积与线性卷积的关系。

11. 选择合适的变换区间长度 N，用 DFT 对下列信号进行谱分析，画出幅频特性和相频特性曲线。

（1）$x_1(n) = 2\cos(0.2\pi n)$； （2）$x_2(n) = \sin(0.45\pi n)\sin(0.55\pi n)$；
（3）$x_3(n) = 2^{-|n|} R_{21}(n+10)$。

5 数字滤波器的设计

数字滤波器是由数字乘法器、加法器和延时单元组成的一种算法或装置。数字滤波器的功能是对输入离散信号的数字代码进行运算处理,以达到改变信号频谱的目的。与模拟滤波器类似,数字滤波器也是一种选频器件,它对有用信号的频率分量衰减很小,使之比较顺利地通过,而对噪声等干扰信号的频率分量给予较大幅度衰减,尽可能阻止它们通过。相比模拟滤波器,数字滤波器稳定性高、精度准、灵活性强。

数字滤波器分为无限冲激响应(Infinite Impulse Response,IIR)滤波器和有限冲激响应(Finite Impulse Response,FIR)滤波器。IIR 数字滤波器具有反馈性,一般认为具有无限的脉冲响应。FIR 数字滤波器具有有限长的脉冲采样响应特性,比较稳定。

5.1 IIR 滤波器的设计

数字滤波器可以用系统函数表示为

$$H(z) = \frac{Y(z)}{X(z)} = \frac{\sum_{k=0}^{M} b_k z^{-k}}{1 - \sum_{k=1}^{N} a_k z^{-k}} \tag{5.1.1}$$

由系统函数可以得到线性常系数差分方程为

$$y(n) = \sum_{k=0}^{M} b_k x(n-k) + \sum_{k=1}^{N} a_k y(n-k) \tag{5.1.2}$$

可见数字滤波器的功能就是把输入序列 $x(n)$ 通过一定的运算变换成输出序列 $y(n)$。不同的运算处理方法决定了滤波器实现结构的不同。

无限冲激响应滤波器的单位抽样响应 $h(n)$ 是无限长的,对于一个给定的线性时不变系统的系统函数,有着各种不同等效差分方程或网络结构。由于乘法是一种耗时运算,每个延迟单元都要有一个存储寄存器。为了提高运算速度和减少存储器,通常采用最少常数乘法器和最少延迟支路的网络结构。然而在需要考虑有限寄存器长度的影响时,也可能采用并非最少乘法器和延迟单元的结构。IIR 滤波器实现的基本结构有直接型、级联型和并联型。

5.1.1 IIR 滤波器信号流图结构

1. 直接型

系统的 N 阶差分方程为

$$y(n) = \sum_{k=1}^{N} a_k y(n-k) + \sum_{k=0}^{M} b_k x(n-k) \tag{5.1.3}$$

在 MATLAB 中，提供函数 filter 实现 IIR 的直接形式。其调用格式为
y=filter(b,a,x)
表示使用由分子系数 b 和分母系数 a 定义的有理传递函数对输入数据 x(n) 进行滤波。

【例 5.1.1】filter 的用法：移动平均滤波器。
t=linspace(-pi,pi,100);
x=sin(t)+0.2*rand(size(t));
windowSize=6;
b=(1/windowSize)*ones(1,windowSize);a=1;
y=filter(b,a,x);   %b=(1/6 1/6 1/6 1/6 1/6),a=1
plot(t,x);hold on;plot(t,y); legend('Input Data', 'Filtered Data');
程序运行如图 5.1.1 所示。

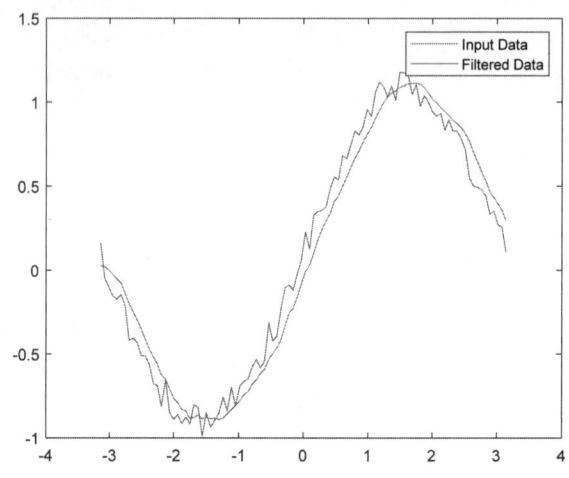

图 5.1.1　用 filter 实现移动平均滤波

【例 5.1.2】已知 IIR 滤波器的直接型系数函数为
$$H(z)=\frac{1-3z^{-1}+11z^{-2}-27z^{-3}+18z^{-4}}{16+12z^{-1}+2z^{-2}-4z^{-3}-z^{-4}}$$
求单位脉冲响应和单位阶跃响应的输出。

运行程序如下：
b=[1,-3,11,-27,18];a=[16,12,2,-4,-1];   %输入系数矩阵
n=0:63;
h=impz(b,a,n);
u=dstep(b,a,n);
subplot(211);stem(h);title('直接型单位脉冲响应');
subplot(212);stem(u);title('直接型单位阶跃响应');
运行结果如图 5.1.2 所示。

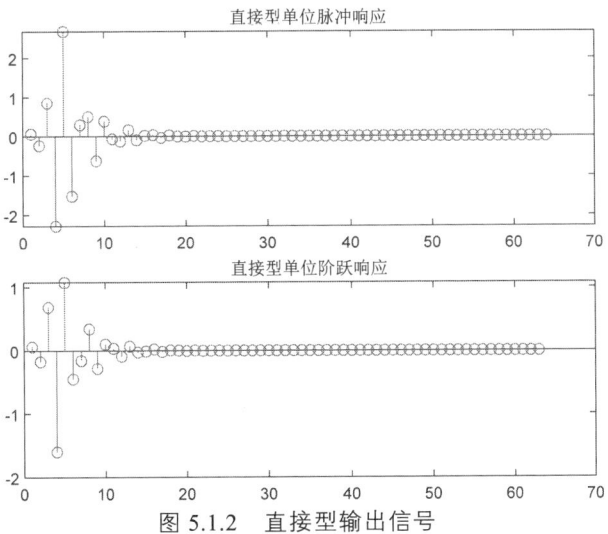

图 5.1.2　直接型输出信号

2. 级联型

系统函数按零极点进行分解得

$$H(z) = \frac{\sum_{k=0}^{M} b_k z^{-k}}{1 - \sum_{k=1}^{N} a_k z^{-k}} = A \frac{\prod_{k=1}^{M_1}(1 - p_k z^{-1}) \prod_{k=1}^{M_2}(1 - q_k z^{-1})(1 - q_k^* z^{-1})}{\prod_{k=1}^{N_1}(1 - c_k z^{-1}) \prod_{k=1}^{N_2}(1 - d_k z^{-1})(1 - d_k^* z^{-1})} \quad (5.1.4)$$

把共轭因子合并有

$$H(z) = A \frac{\prod_{k=1}^{M_1}(1 - p_k z^{-1}) \prod_{k=1}^{M_2}(1 + \beta_{1k} z^{-1} + \beta_{2k} z^{-2})}{\prod_{k=1}^{N_1}(1 - c_k z^{-1}) \prod_{k=1}^{N_2}(1 - \alpha_{1k} z^{-1} - \alpha_{2k} z^{-2})} \quad (5.1.5)$$

$H(z)$ 完全分解成实系数的二阶因子形式

$$H(z) = A \prod_k \frac{1 + \beta_{1k} z^{-1} + \beta_{2k} z^{-2}}{1 - \alpha_{1k} z^{-1} - \alpha_{2k} z^{-2}} = A \prod_k H_k(z) \quad (5.1.6)$$

【例 5.1.3】 用级联结构实现系统函数

$$H(z) = \frac{3(1 + z^{-1})(1 - 3.141\,592\,6 z^{-1} + z^{-2})}{(1 - 0.6 z^{-1})(1 + 0.7 z^{-1} + 0.72 z^{-2})}$$

```
%IIR 滤波器的级联型实现
%y=casfilter(b0,B,A,x)
%其中 x 为输入，y 为输出，b0=增益系数%
%B=包含各因子系数 bk 的 K 行 3 列矩阵，A=包含各因子系数 ak 的 K 行 3 列矩阵
function y=casfilter(b0,B,A,x)
  [K,L]=size(B);
  N=length(x);
  w=zeros(K+1,N);
  w(1,:)=x;
```

```
for i=1:1:K
    w(i+1,:)=filter(B(i,:),A(i,:),w(i,:));
end
y=b0*w(K+1,:);
```
用 MATLAB 实现函数 impseq(n0,n1,n2)，使产生一个函数 delta，在 n_1 到 n_2 的地方除了 n_0 时值为 1，其余都为 0。该函数的格式为

```
function[x,n]=impseq(n0,n1,n2)
  if((n0<n1)|(n0>n2)|(n1>n2))
      error('参数必须满足 n1<=n0<=n2')
  end
  n=[n1:n2];
  x=[(n-n0)==0];
```

运行程序如下：

```
clear all
b0=3;N=30;B=[1,1,0;1,-3.1415926,1];A=[1,-0.6,0;1,0.7,0.72];
delta=impseq(0,0,N);
x=[ones(1,5),zeros(1,N-5)];
h=casfilter(b0,B,A,delta);      %级联型单位脉冲响应
y=casfilter(b0,B,A,x);          %级联型输出响应
subplot(211);stem(h);title('级联型 h(n)');
subplot(212);stem(y);title('级联型 y(n)')
```

该级联型单位脉冲输出信号和 5 点矩形序列输出信号如图 5.1.3 所示。

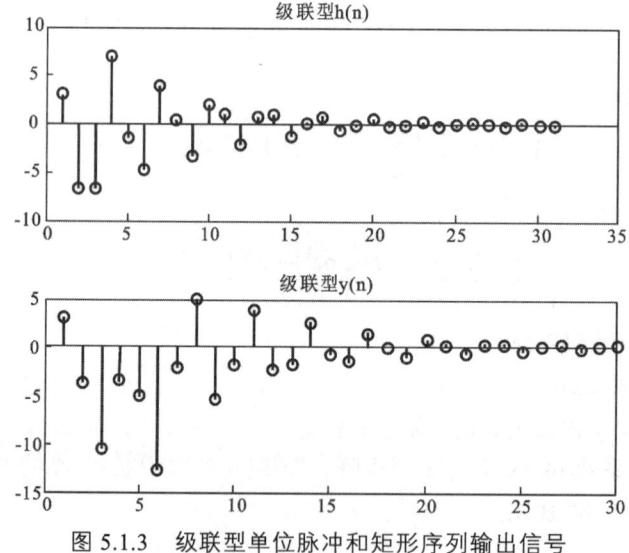

图 5.1.3　级联型单位脉冲和矩形序列输出信号

【例 5.1.4】用级联实现系统函数为

$$H(z)=\frac{1-7z^{-1}+13z^{-2}+27z^{-3}+19z^{-4}}{1+17z^{-1}+13z^{-2}+5z^{-3}-6z^{-4}-2z^{-5}}$$

的 IIR 数字滤波器，求单位脉冲响应和 5 点矩形序列响应的输出。

直接型系统结构转换为级联型系统结构为

```
function [b0,B,A]=dir2cas(b,a);      %变直接形式为级联形式
  %[b0,B,A]=dir2cas(b,a)
  %b0=增益系数
  %B=包含各因子系数 bk 的 K 行 3 列矩阵,A=包含各因子系数 ak 的 K 行 3 列矩阵
  %b=直接型分子多项式系数,a=直接型分母多项式系数
  a0=a(1);a=a/a0;b0=b(1);b0=b0/a0;b=b/b0;
  %将分子、分母多项式系数的长度补齐进行计算
  M=length(b);N=length(a);
  if N>M
      b=[b zeros(1,N-M)];
  elseif   M>N
      a=[a zeros(1,M-N)];N=M;
  else
  NM=0;
  end
  %级联型系数矩阵初始化
  K=floor(N/2);B=zeros(K,3);A=zeros(K,3);
  if K*2==N
      b=[b 0];
      a=[a 0];
  end
  %根据多项式系数利用函数 roots 求出所有的根
  %利用函数 cplxpair 进行按实部从小到大的成对排序
  broots=cplxpair(roots(b));
  aroots=cplxpair(roots(a));
  %取出复共轭对的根变换成多项式系数即为所求
  for i=1:2:2*K
      Brow=broots(i:1:i+1,:);
      Brow=real(poly(Brow));
      B(fix(i+1)/2,:)=Brow;
      Arow=aroots(i:1:i+1,:);
      Arow=real(poly(Arow));
      A(fix(i+1)/2,:)=Arow;
  end
```

运行程序如下：

```
clear   all;
n=0:5;b=0.2.^n;N=30;
```

```
B=[1,-7,13,27,19];A=[17,13,5,-6,-2];
delta=impseq(0,0,N);
h=filter(b,1,delta);%直接型
x=[ones(1,5),zeros(1,N-5)];
y=filter(b,1,x);
subplot(221);stem(h);title('直接型 h(n)');
subplot(222);stem(y);title('直接型 y(n)');
[b0,B,A]=dir2cas(b,1)
h=casfilter(b0,B,A,delta);
y=casfilter(b0,B,A,x);
subplot(223);stem(h);title('级联型 h(n)');
subplot(224);stem(y);title('级联型 y(n)');
```

运行结果如下：

b0 =   1

B = 1.0000   0.2000   0.0400
    1.0000   -0.2000   0.0400
    1.0000   0.2000   0

A =   1   0   0
       1   0   0
       1   0   0

该直接型和级联型输出比较如图 5.1.4 所示。

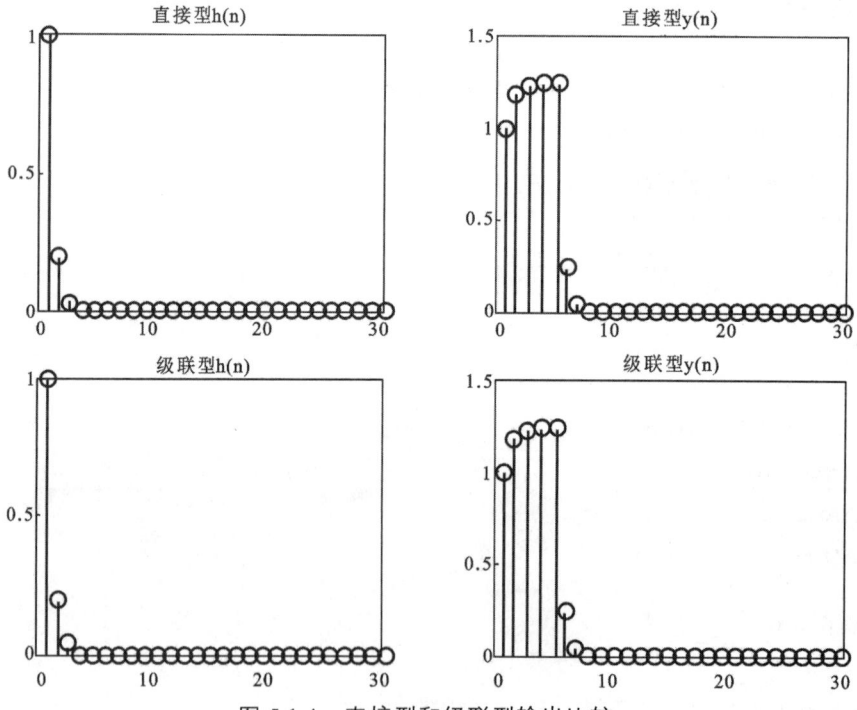

图 5.1.4　直接型和级联型输出比较

【例 5.1.5】用直接型结构实现系统函数为

$$H(z) = \frac{3(1+z^{-1})(1-3.1415926z^{-1}+z^{-2})}{(1-0.6z^{-1})(1+0.7z^{-1}+0.72z^{-2})}$$

的 IIR 数字滤波器，求单位脉冲响应和 5 点矩形序列响应的输出。

级联型转化为直接型。

```
function [b,a]=cas2dir(b0,B,A)
%级联型到直接型的转换
%a=直接型分子多项式系数
%b=直接型分母多项式系数
%b0=增益系数
%B=包含各因子系数 bk 的 K 行 3 列矩阵
%A=包含各因子系数 ak 的 K 行 3 列矩阵
 [K,L]=size(B);
 b=[1];a=[1];
 for i=1:1:K
     b=conv(b,B(i,:));
     a=conv(a,A(i,:));
 end
 b=b*b0;
```

运行程序如下：

```
clear all
b0=3;N=30;
B=[1,1,0;1,-3.1415926,1];A=[1,-0.6,0;1,0.7,0.72];
delta=impseq(0,0,N);
x=[ones(1,5),zeros(1,N-5)];
[b,a]=cas2dir(b0,B,A)
h=filter(b,a,delta);       %直接型单位脉冲响应
y=filter(b,a,x);            %直接型输出响应
subplot(211);stem(h);title('级联型 h(n)');
subplot(212);stem(y);title('级联型 y(n)');
```

运行结果如下：

b =   3.0000   -6.4248   -6.4248   3.0000   0
a =   1.0000   0.1000   0.3000   -0.4320   0

该直接型脉冲响应和 5 点矩形序列响应输出信号如图 5.1.5 所示。

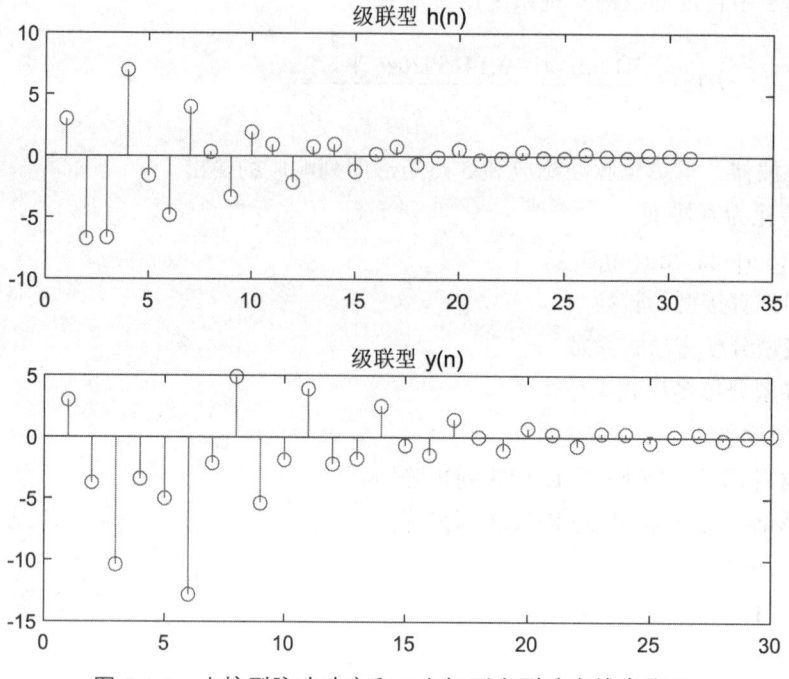

图 5.1.5 直接型脉冲响应和 5 点矩形序列响应输出信号

在 MATLAB 中提供函数 tf2sos 将直接型结构的系数转换为相应级联结构的系数，函数 sos2tf 将级联形式结构系数转换为相应直接结构的系数。tf2sos 调用格式为

[sos,G]==ft2sos(B,A)

其中，G 为系统的增益，sos 为一个 $k×6$ 的矩阵，k 为二阶子系统的个数，每一行的元素都按如下方式排列：

$$[\beta_{i0},\beta_{i1},\beta_{i2},1,-\alpha_{i1},-\alpha_{i2}], i=1,2,3,\cdots,k$$

如将例 5.1.2 中直接型结构转换成级联型结构，程序实现如下：

b=[1,-3,11,-27,18];a=[16,12,2,-4,-1];
fprintf("级联型结构系数");
[sos,g]=tf2sos(b,a)

级联型结构系数为

sos =1.0000   -3.0000   2.0000   1.0000   -0.2500   -0.1250
     1.0000   0.0000   9.0000   1.0000   1.0000   0.5000

g = 0.0625

由级联型结构系数写出 $H(z)$ 表达式为

$$H(z) = 0.0625 \left(\frac{1+9z^{-2}}{1+z^{-1}+0.5z^{-2}} \right) \left(\frac{1-3z^{-1}+2z^{-2}}{1-0.25z^{-1}-0.125z^{-2}} \right)$$

3. 并联型

将因式分解的 $H(z)$ 展成部分分式的形式，得到并联 IIR 的基本结构

$$H(z) = \frac{\sum_{k=0}^{M} b_k z^{-k}}{1 - \sum_{k=1}^{N} a_k z^{-k}} = \sum_{k=1}^{N_1} \frac{A_k}{1 - c_k z^{-1}} + \sum_{k=1}^{N_2} \frac{B_k (1 - g_k z^{-1})}{(1 - d_k z^{-1})(1 - d_k^* z^{-1})} + \sum_{k=0}^{M-N} G_k z^{-k}$$

当 $M=N$ 时，$H(z)$ 表示为

$$H(z) = G_0 + \sum_{k=1}^{N_1} \frac{A_k}{1 - c_k z^{-1}} + \sum_{k=1}^{N_2} \frac{\gamma_{0k} + \gamma_{1k} z^{-1}}{1 - \alpha_{1k} z^{-1} - \alpha_{2k} z^{-2}}$$

共轭极点化成实系数二阶多项式表示方法

$$H(z) = G_0 + \sum_{k=1}^{\left[\frac{N+1}{2}\right]} \frac{\gamma_{0k} + \gamma_{1k} z^{-1}}{1 - \alpha_{1k} z^{-1} - \alpha_{2k} z^{-2}}$$

可以简化为

$$H(z) = G_0 + \sum_{k=1}^{\left[\frac{N+1}{2}\right]} H_k(z)$$

【例 5.1.6】用并联结构实现系统函数为

$$H(z) = \frac{-13.65 - 14.81 z^{-1}}{1 - 2.95 z^{-1} + 3.14 z^{-2}} + \frac{32.60 - 16.37 z^{-1}}{1 - z^{-1} + 0.5 z^{-2}}$$

的 IIR 数字滤波器，求单位脉冲响应和 5 点矩形序列响应的输出。

```
function y=parfiltr(C,B,A,x)
%IIR 滤波器的并联型实现
%y=parfiltr(C,B,A,x)，
%y 为输出
%C 为当 B 的长度等于 A 的长度时多项式的部分
%B=包含各因子系数 bk 的 K 行 2 维实系数矩阵
%A=包含各因子系数 ak 的 K 行 3 维实系数矩阵
%x 为输入
[K,L]=size(B);
N=length(x);
w=zeros(K+1,N);
w(1,:)=filter(C,1,x);
for i=1:1:K
    w(i+1,:)=filter(B(i,:),A(i,:),x);
end
y=sum(w);
```

运行程序如下：
```
clear
C=0;N=30;
B=[-13.65,-15.81;32.60,-16.37];A=[1,-2.95,3.14;1,-1,0.5];
```

```
delta=impseq(0,0,N);
x=[ones(1,5),zeros(1,N-5)];
h=parfiltr(C,B,A,delta);    %并联型单位脉冲响应，delta 指的是增量，差值
y=parfiltr(C,B,A,x);        %并联型输出响应
subplot(211);stem(h);title('并联型 h(n)');
subplot(212);stem(y);title('并联型 y(n)');
```
运行结果如图 5.1.6 所示。

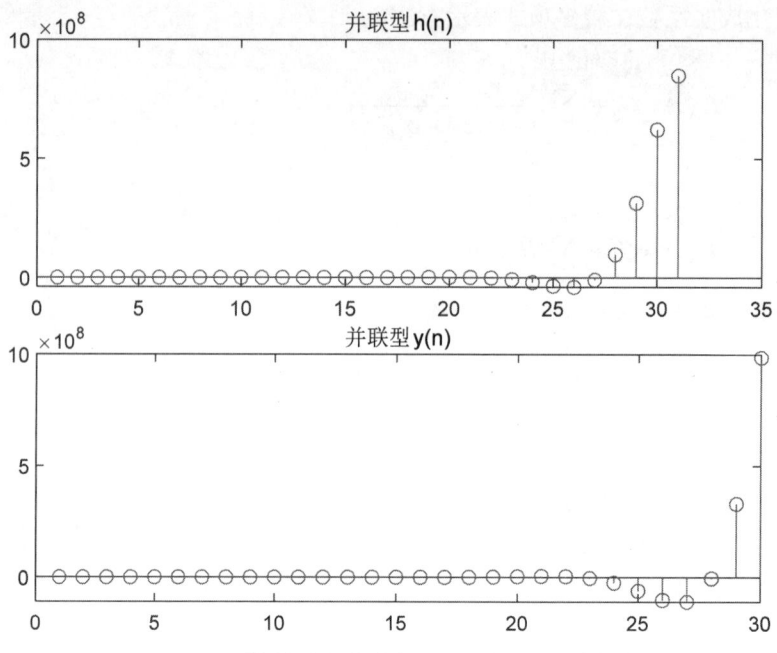

图 5.1.6　并联型脉冲响应和 5 点矩形序列响应

【例 5.1.7】用并联型实现系统函数为

$$H(z) = \frac{1 - 7z^{-1} + 13z^{-2} + 27z^{-3} + 19z^{-4}}{1 + 17z^{-1} + 13z^{-2} + 5z^{-3} - 6z^{-4} - 2z^{-5}}$$

的 IIR 数字滤波器，求单位脉冲响应和 5 点矩形序列响应的输出。

```
function[C,B,A]=dir2par(b,a)
%直接型结构转换为并联型
%[C,B,A]=dir2par(b,a)
%C 为当 b 的长度等于 a 的长度时多项式的部分
%B=包含各因子系数 bk 的 K 行 2 维实系数矩阵
%A=包含各因子系数 ak 的 K 行 3 维实系数矩阵
%b=直接型分子多项式系数
%a=直接型分母多项式系数
M=length(b);
N=length(a);
[r1,p1,C]=residuez(b,a);
```

```
p=cplxpair(p1,10000000*eps);
I=cplxcomp(p1,p);
r=r1(I);K=floor(N/2);
B=zeros(K,2);A=zeros(K,3);
if K*2==N;
    for i=1:2:N-2
        Brow=r(i:1:i+1,:);
        Arow=p(i:1:i+1,:);
        [Brow,Arow]=residuez(Brow,Arow,[]);
        B(fix((i+1)/2),:)=real(Brow);
        A(fix((i+1)/2),:)=real(Arow);
    end
    [Brow,Arow]=residuez(r(N-1),p(N-1),[]);
    B(K,:)=[real(Brow) 0];
    A(K,:)=[real(Arow) 0];
else
    for      i=1:2:N-1
        Brow=r(i:1:i+1,:);
        Arow=p(i:1:i+1,:);
        [Brow,Arow]=residuez(Brow,Arow,[]);
        B(fix((i+1)/2),:)=real(Brow);
        A(fix((i+1)/2),:)=real(Arow);
    end
end
```

在运行程序中，调用了另一个复共轭对比较扩展函数。其程序清单如下：

```
function I=cplxcomp(p1,p2)
%I=cplxcomp(p1,p2)
%比较两个包含同样标量元素但(可能)有不同下标的复数对
%本程序必须用在 cplxpair() 程序后以便重新排序频率极点矢量
%及其相应的留数矢量
%p2=cplxpair(p1)
I=[];
for j=1:length(p2)
    for i=1:length(p1)
        if(abs(p1(i)-p2(j))<0.0001)
            I=[I,i];
        end
    end
end
```

I=I';
运行程序如下:
clear all;
b=[1 -7 13 27 19];a=[17 13 5 -6 -2];
N=25;
delta=impseq(0,0,N);
[C,B,A]=dir2par(b,a);
h=parfiltr(C,B,A,delta);
x=[ones(1,5),zeros(1,N-5)]; %单位阶跃信号
y=casfilter(C,B,A,x);
subplot(211);stem(h);xlabel('(a)直接型 h(n)');
subplot(212);stem(y);xlabel('(a)直接型 y(n)');
运行结果如图 5.1.7 所示。

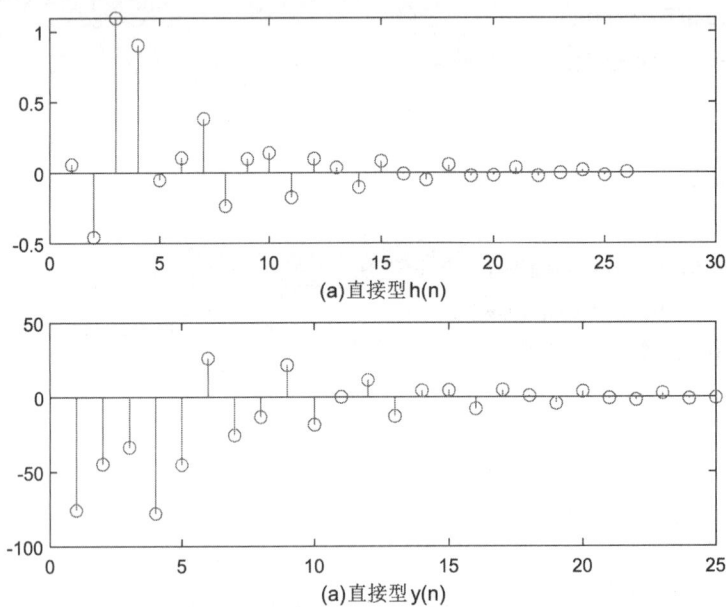

图 5.1.7 并联型单位脉冲响应和 5 点矩形序列响应

【例 5.1.8】用直接型实现系统函数为

$$H(z) = \frac{-13.65 - 14.81z^{-1}}{1 - 2.95z^{-1} + 3.14z^{-2}} + \frac{32.60 - 16.37z^{-1}}{1 - z^{-1} + 0.5z^{-2}}$$

的数字滤波器。

并联型结构转换为直接型结构。
function[b,a]=par2dir(C,B,A)
%并联模型到直接型的转换
%[b,a]=par2dir(C,B,A)
%C 为当 b 的长度大于 a 时的多项式部分
%B 为包含各 bk 的 K 乘二维实系数矩阵

%A 为包含各 ak 的 K 乘三维实系数矩阵
%b 为直接型分子多项式系数
%a 为直接型分母多项式系数
[K,L]=size(A);
R=[];P=[];
for i=1:1:K
    [r,p,k]=residuez(B(i,:),A(i,:));
    R=[R;r];
    P=[P;p];
end
[b,a]=residuez(R,P,C);
b=b(:)';a=a(:)';
运行程序如下：
clear all;
C=0;B=[-13.65 -15.81;32.60 16.37];
A=[1,-2.95,3.14;1,-1,0.5];N=60;
delta=impseq(0,0,N);
[b,a]=par2dir(C,B,A);
h=filter(b,a,delta);
x=[ones(1,5),zeros(1,N-5)];
y=filter(b,a,x);
subplot(211);stem(h);xlabel('(a)直接型 h(n)');
subplot(212);stem(y);xlabel('(b)直接型 y(n)');
运行结果如图 5.1.8 所示。

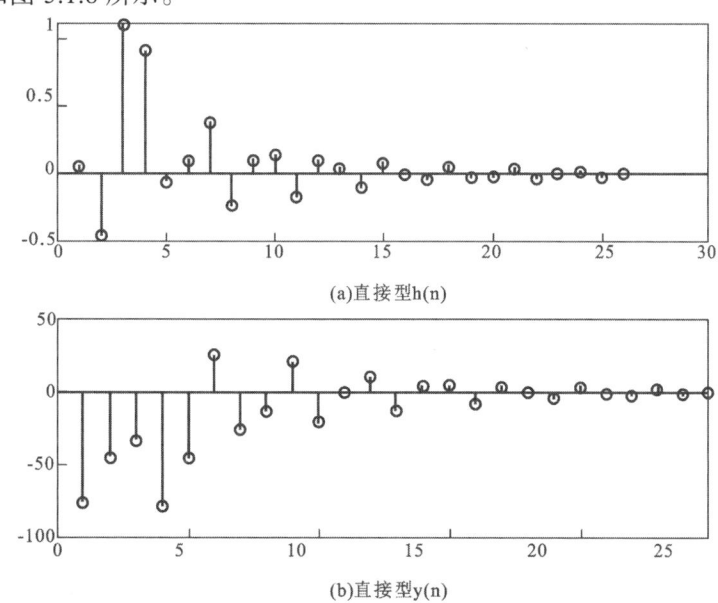

图 5.1.8　直接型单位脉冲响应和输出信号

如将例 5.1.2 中直接型结构转换成并联型结构，程序实现如下：
b=[1,-3,11,-27,18];a=[16,12,2,-4,-1];
fprintf("并型结构系数");
[C,B,A]=dir2par(b,a)
并联形结构系数为
C =-18
B =-10.0500   -3.9500
    28.1125   -13.3625
A =1.0000   1.0000   0.5000
   1.0000   -0.2500   -0.1250

由并联型结构系数写出 $H(z)$ 表达式为

$$H(z) = -18 + \frac{-10.05 - 3.95z^{-1}}{1 + z^{-1} + 0.5z^{-2}} + \frac{28.1125 - 13.3625z^{-1}}{1 - 0.25z^{-1} - 0.125z^{-2}}$$

5.1.2 归一化模拟滤波器设计

滤波器是具有频率选择作用的电路或运算处理系统，具有滤除噪声和分离各种不同信号的功能。模拟滤波器的设计就是根据一组设计规范来设计模拟系统函数 $H_a(s)$，使其逼近某个理想滤波器特性。

考虑因果系统

$$H_a(j\Omega) = \int_0^\infty h_a(t)e^{-j\Omega t}dt$$

式中，$h_a(t)$ 为系统的单位冲激响应，是实函数。

因此有

$$H_a(j\Omega) = \int_0^\infty h_a(t)(\cos\Omega t - j\sin\Omega t)dt$$

不难得出

$$H_a(j\Omega) = H_a^*(j\Omega)$$

模拟滤波器振幅平方函数定义为

$$A(\Omega^2) = |H_a(j\Omega)|^2 = H_a(j\Omega)\ H_a^*(j\Omega)$$

$$A(\Omega^2) = H_a(j\Omega)H_a(-j\Omega) = H_a(s)H_a(-s)|_{s=j\Omega}$$

如果系统稳定：

$$A(\Omega^2) = A(-s^2)|_{s=j\Omega}$$

为了保证 $H(s)$ 稳定，应选用 $A(-s^2)$ 在 s 平面的左半平面的极点作为 $H_a(S)$ 的极点。

模拟滤波器的设计以几种典型的低通滤波器的原型函数为基础，如巴特沃思滤波器（Butterworth filter）、切比雪夫滤波器（Chebyshev filter）和椭圆滤波器等。滤波器有严格的设计公式以及曲线和图表可供设计人员使用。各种模拟滤波器的设计过程都是先设计出低通滤波器，然后再通过频率变换将低通滤波器转换为其他类型的模拟滤波器。下面介绍几个模拟滤波器模型。

1. 巴特沃思滤波器设计

振幅平方函数为

$$A(\Omega^2) = |H_a(j\Omega)|^2 = \frac{1}{1+\left(\dfrac{\Omega}{\Omega_c}\right)^{2N}}$$

式中，N 为整数，称为滤波器的阶数，N 越大，通带和阻带的近似性越好，过渡带也越陡。

在 MATLAB 中，函数 buttap 用于计算 N 阶巴特沃斯归一化（3 dB 截止频率 $\Omega_c=1$）。模拟低通原型滤波器系统函数的零、极点和增益因子。其调用格式是

[z,p,k]=buttap(N)

其中，N 是欲设计的低通原型滤波器的阶次，z、p 和 k 分别是设计出的 $G(p)$ 的极点、零点及增益。

【例 5.1.9】产生一个 10 阶低通模拟滤波器原型，表示为零极点增益形式，并绘制频率特性图。

clear all;
[Z,P,K]=buttap(10)
[num,den]=zp2tf(Z,P,K);
freqs(num,den);

运行结果如图 5.1.9 所示。

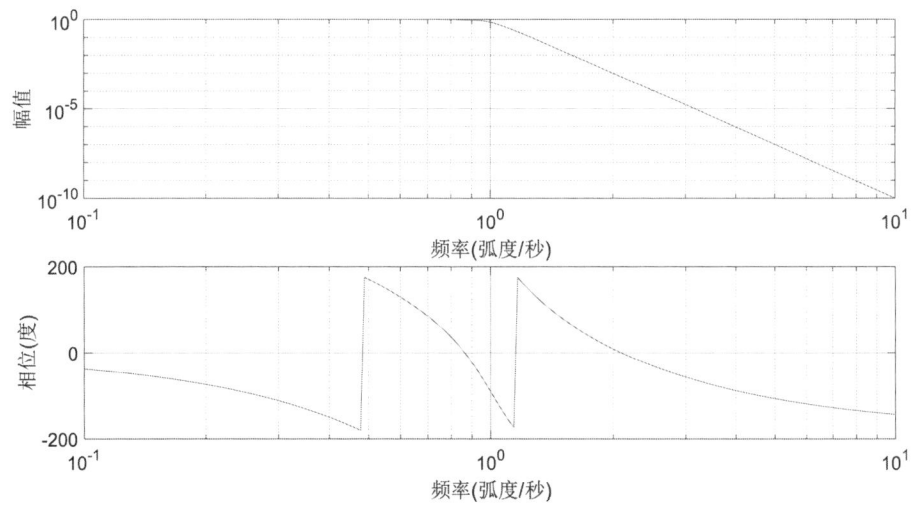

图 5.1.9 模拟滤波器特性图

【例 5.1.10】设计模拟巴特沃思低通滤波器，并绘制幅频特性响应曲线。

```
clear all;
n=0:0.01:2;
for i=1:4
    switch i
        case 1;N=1;
        case 2;N =3;
        case 3;N =6;
        case 4;N=10;
    end;
    [z,p,k]=buttap(N);
    [b,a]=zp2tf(z,p,k);
    [h,w]=freqs(b,a,n);
    magh=abs(h);
    subplot(2,2,i);plot(w,magh);axis([0 2 0 1]);
    xlabel('w/wc');ylabel('|H(jw)|^2');title(['filter N=',num2str(N)]);grid on;
end
```

运行结果如图 5.1.10 所示。

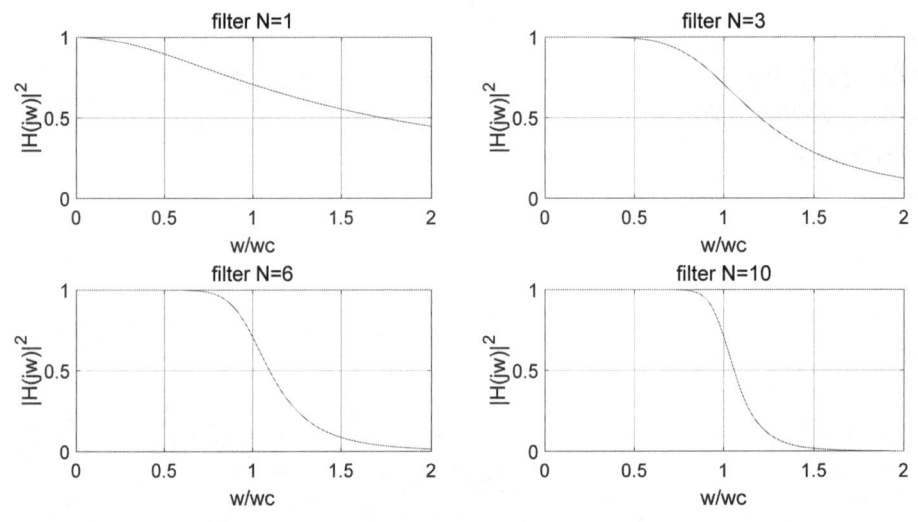

图 5.1.10　模拟巴特沃思低通滤波器幅频特性曲线

在已知设计参数 W_p, W_s, R_p, R_s，之后，利用 buttord 命令可求出所需要的滤波器的阶数和 3 dB 截止频率，其格式为

$$[n,Wn]=buttord[Wp,Ws,Rp,Rs]$$

其中，W_p, W_s, R_p, R_s，分别为通带截止频率、阻带起始频率、通带内波动、阻带内最小衰减。返回值 n 为滤波器的最低阶数，W_n 为 3 dB 截止频率。

由巴特沃斯滤波器的阶数 n 以及 3 dB 截止频率 W_n，可以计算出对应传递函数 $H(z)$ 的分子分母系数，MATLAB 提供的命令如下：

（1）巴特沃斯低通滤波器系数计算。

　　　　　　[b,a]=butter(n,Wn)

其中 b 为 $H(z)$ 的分子多项式系数，a 为 $H(z)$ 的分母多项式系数。

（2）巴特沃斯高通滤波器系数计算。

　　　　　　[b,a]=butter(n,Wn,'High')

（3）巴特沃斯带通滤波器系数计算。

　　　　　　[b,a]=butter(n,[W1,W2])

其中 $[W_1,W_2]$ 为截止频率，是 2 元向量，需要注意的是该函数返回的是 $2n$ 阶滤波器系数。

（4）巴特沃斯带阻滤波器系数计算。

　　　　　　[b,a]=butter(ceil(n/2),[W1,W2],'stop')

其中 $[W_1,W_2]$ 为截止频率，是 2 元向量，需要注意的是该函数返回的也是 $2n$ 阶滤波器系数。

【例 5.1.11】采样速率为 10 000 Hz，要求设计一个低通滤波器，f_p=2000 Hz，f_s=3000 Hz，R_p=2 dB，R_s=30 dB。

运行程序如下：

```
clear   all
fn=10000;fp=2000;fs=3000;Rp=2;Rs=30;
Wp=fp/(fn/2);    Ws=fs/(fn/2);    %计算归一化角频率
[n,Wn]=buttord(Wp,Ws,Rp,Rs);      %计算阶数和截止频率
[b,a]=butter(n,Wn);               %计算 H(z)分子、分母多项式系数
[H,F]=freqz(b,a,1000,8000);%  计算 H(z)的幅频响应，freqz(b,a,计算点数，采样速率)
subplot(121);plot(F,20*log10(abs(H)));title('低通滤波器')
xlabel('频率 (Hz)');ylabel('幅值(dB)');axis([0 4000 -30 3]);grid on
pha=angle(H)*180/pi;
subplot(122);plot(F,pha);xlabel('频率 (Hz)');ylabel('相位');grid on
```

运行结果如图 5.1.11 所示。

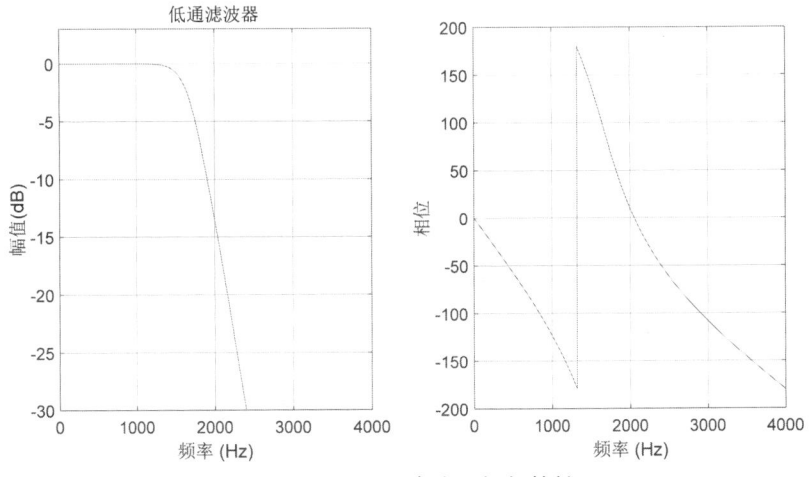

图 5.1.11　低通滤波器幅频特性

【例 5.1.12】采样速率为 10 000 Hz，要求设计一个高通滤波器，f_p=900 Hz, f_s=600 Hz, R_p=2 dB, R_s=20 dB。

运行程序如下：

```
clear all
fn=10000;fp=900;fs=600;Rp=2;Rs=20;
Wp=fp/(fn/2);    Ws=fs/(fn/2);    %计算归一化角频率
[n,Wn]=buttord(Wp,Ws,Rp,Rs); %计算阶数和截止频率
[b,a]=butter(n,Wn,'high');%计算 H(z)分子、分母多项式系数
[H,F]=freqz(b,a,900,10000);%计算 H(z)的幅频响应，freqz(b,a,计算点数，采样速率)
subplot(121);plot(F,20*log10(abs(H)))
axis([0 4000 -30 3]);xlabel('频率(Hz)');ylabel('幅值(dB)');grid on
subplot(122)
pha=angle(H)*180/pi;
plot(F,pha);xlabel('频率(Hz)');ylabel('相位');grid on
```

运行结果如图 5.1.12 所示。

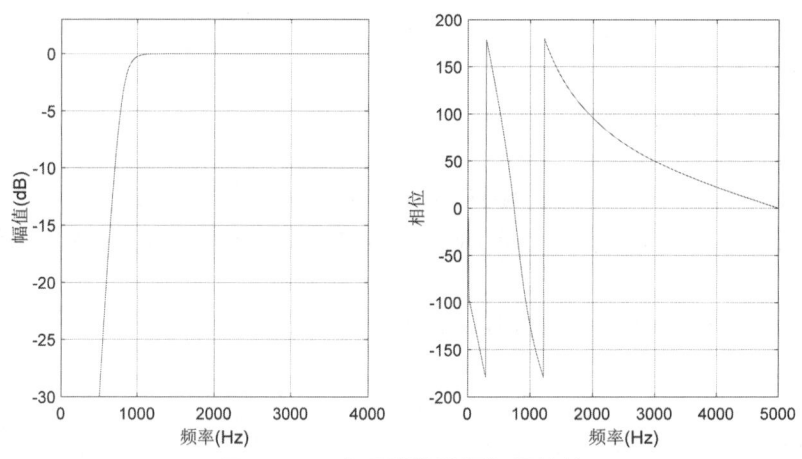

图 5.1.12 高通滤波器幅相频特性

【例 5.1.13】采样速率为 10 000 Hz，要求设计一个带通滤波器，f_p=[900 Hz, 1200 Hz]，f_s=[600 Hz, 1700 Hz]，R_p=2dB，R_s=20 dB。

运行程序如下：

```
fn=10000;fp=[900,1200];fs=[600,1700];Rp=2;Rs=30;
Wp=fp/(fn/2);Ws=fs/(fn/2);    %计算归一化角频率
[n,Wn]=buttord(Wp,Ws,Rp,Rs);    %计算阶数和截止频率
[b,a]=butter(n,Wn);             %计算 H(z)分子、分母多项式系数
[H,F]=freqz(b,a,1000,10000); %计算 H(z)幅频响应，freqz(b,a,计算点数，采样速率)
subplot(121);plot(F,20*log10(abs(H)))
axis([0 5000   -30 3]);xlabel('频率(Hz)');ylabel('幅值(dB)');grid on
subplot(122);pha=angle(H)*180/pi;
plot(F,pha);xlabel('频率(Hz)');ylabel('相位');grid on
```

运行结果如图 5.1.13 所示。

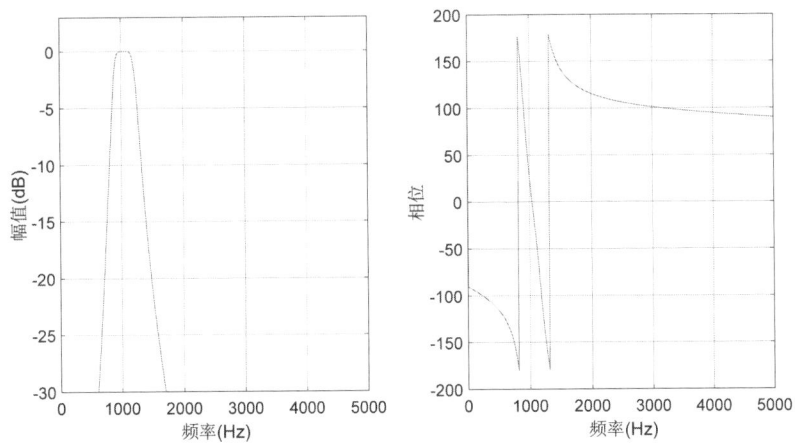

图 5.1.13　带通滤波器幅相频特性

【例 5.1.14】采样速率为 10 000 Hz，要求设计一个带阻滤波器，f_p=[600 Hz,1700 Hz]，f_s=[900 Hz,1200 Hz]，R_p=2 dB，R_s=30 dB。

运行程序如下：

```
fn=10000;fp=[600,1700];fs=[900,1200];Rp=2;Rs=30;
Wp=fp/(fn/2);   Ws=fs/(fn/2);        %计算归一化角频率
[n,Wn]=buttord(Wp,Ws,Rp,Rs);         %计算阶数和截止频率
[b,a]=butter(n,Wn,'stop');           %计算 H(z)分子、分母多项式系数
[H,F]=freqz(b,a,1000,10000);         %计算 H(z)幅频响应，freqz(b,a,计算点数，采样速率)
subplot(121);plot(F,20*log10(abs(H)))
axis([0 5000 -35 3]);xlabel('频率(Hz)');ylabel('幅值(dB)');grid on
pha=angle(H)*180/pi;
subplot(122);plot(F,pha);xlabel('频率(Hz)');ylabel('相位');grid on
```

运行结果如图 5.1.14 所示。

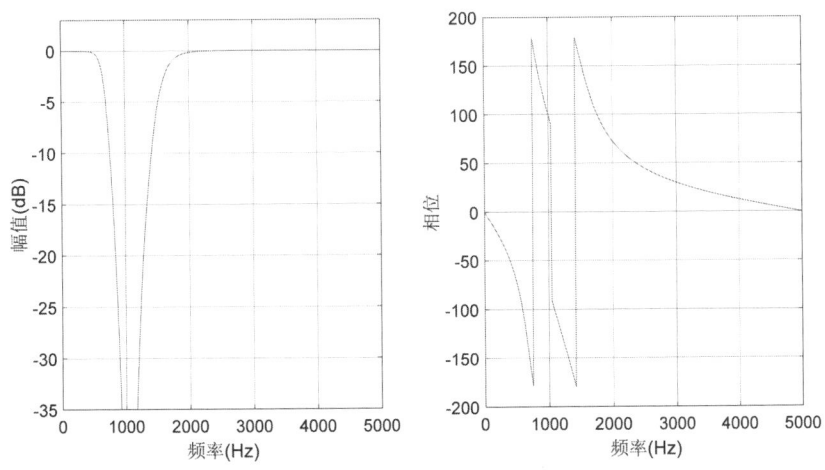

图 5.1.14　带阻滤波器幅相频特性

2. 切比雪夫 I 型滤波器设计

切比雪夫 I 型滤波器的振幅平方函数为

$$A(\Omega^2) = |H_a(j\Omega)|^2 = \frac{1}{1+\varepsilon^2 V_N\left(\dfrac{\Omega}{\Omega_c}\right)}$$

式中，Ω 为有效通带截止频率，ε 是与通带波纹有关的参量，ε 越大，波纹越大，$0<\varepsilon<1$；V_N 为 N 阶切比雪夫多项式：

$$V_N(x) = \begin{cases} \cos(N\arccos x), & |x| \leq 1 \\ \mathrm{ch}(N\,\mathrm{arch}\,x), & |x| > 1 \end{cases}$$

在 MATLAB 中，函数 cheb1ap 用于设计切比雪夫 I 型低通滤波器。该函数的调用方法为

[z,p,k]=cheb1ap(n,rp)

其中 n 为滤波器的阶数，rp 为通带的幅度误差。返回值分别为滤波器的零点、极点和增益。

【例 5.1.15】设计切比雪夫 I 型低通滤波器。

```
Wp=3*pi*4*12^3;Ws=3*pi*12*10^3;
rp=1;rs=40;                         %设计滤波器的参数
wp=1;ws=Ws/Wp;                      %对参数归一化
[N,wc]=cheb1ord(wp,ws,rp,rs,'s');   %计算滤波器阶数和阻带起始频率
[z,p,k]=cheb1ap(N,rs);              %计算零点、极点、增益
[B,A]=zp2tf(z,p,k);                 %计算系统函数的多项式
w=0:0.02*pi:pi;
[h,w]=freqs(B,A,w);
plot(w*wc/wp,20*log10(abs(h)),'k');grid;
xlabel('\lambda');ylabel('A(\lambda)/dB');
```

运行结果如图 5.1.15 所示。

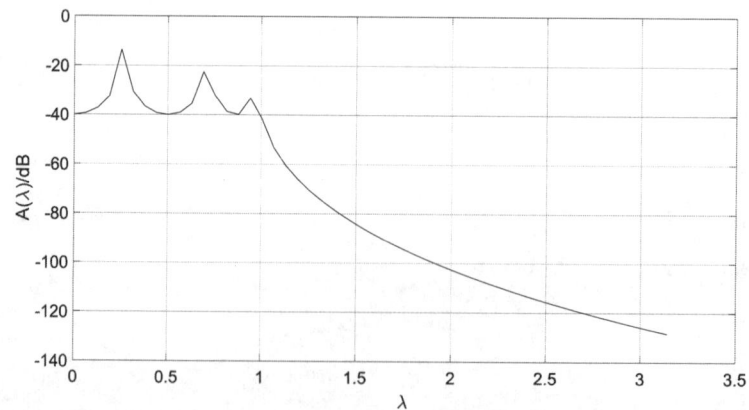

图 5.1.15　切比雪夫 I 型低通滤波器幅频响应曲线

【例 5.1.16】绘制切比雪夫 I 型低通滤波器的平方幅频响应曲线。

```
clear all;
n=0:0.02:4; %频率点
for i=1:4 %取 4 种滤波器
    switch i
        case 1, N=1;
        case 2, N=3;
        case 3, N=5;
        case 3, N=7;
    end
    Rp=1; %设置通滤波纹为 1dB
    [z,p,k]=cheb1ap(N,Rp); %设计 ChebyshevI 型滤波器
    [b,a]=zp2tf(z,p,k); %将零点极点增益形式转换为传递函数形式
    [H,w]=freqs(b,a,n); %按 n 指定的频率点给出频率响应
    magH2=(abs(H)).^2; %给出传递函数幅度平方
    posplot=['22',num2str(i)] %将数字 i 转换为字符串，与,2,2'合并并赋给 posplot
    subplot(posplot);plot(w,magH2);
    title(['N=',num2str(N)]); %将数字 N 转换为字符串并与'N='作为标题
    xlabel('w/wc'); %显示横坐标
    ylabel('切比雪夫 I 型|H(jw)|^2'); %显示纵坐标
    grid on;
end
```

运行结果如图 5.1.16 所示。

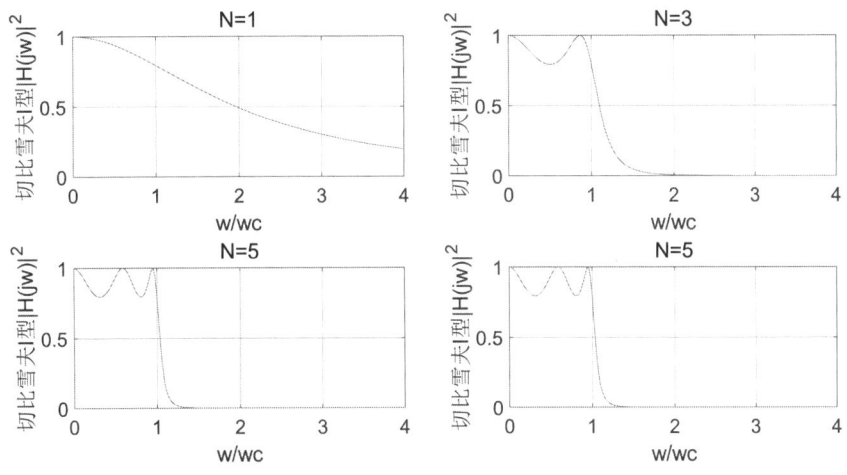

图 5.1.16 切比雪夫 I 型低通滤波器的平方幅频响应曲线

3. 切比雪夫 II 型滤波器设计

切比雪夫 II 型滤波器的振幅平方函数为

$$|H_a(j\Omega)|^2 = \frac{1}{1+\varepsilon^2 T_N^2\left(\dfrac{\Omega}{\Omega_c}\right)^{-1}}$$

在 MATLAB 中，函数 cheb2ap 用于设计切比雪夫 II 型低通滤波器。cheb2ap 的语法为

[z,p,k]=cheb2ap(n,rp)

其中 n 为滤波器的阶数，rp 为通带的波动。返回值 z，p，k 分别为滤波器的零点、极点和增益。

【例 5.1.17】设计切比雪夫 II 型低通滤波器。

```
Wp=3*pi*4*12^3;Ws=3*pi*12*10^3;
rp=1;rs=40;                    %设计滤波器的参数
wp=1;ws=Ws/Wp;                 %对参数归一化
[N,wc]=cheb2ord(wp,ws,rp,rs,'s'); %计算滤波器阶数和阻带起始频率
[z,p,k]=cheb2ap(N,rs);         %计算零点、极点、增益
[B,A]=zp2tf(z,p,k);            %计算系统函数的多
w=0:0.02*pi:pi;
[h,w]=freqs(B,A,w);
plot(w*wc/wp,20*log10(abs(h)),'k');grid;
xlabel('\lambda');ylabel('A(\lambda)/dB');
```

运行结果如图 5.1.17 所示。

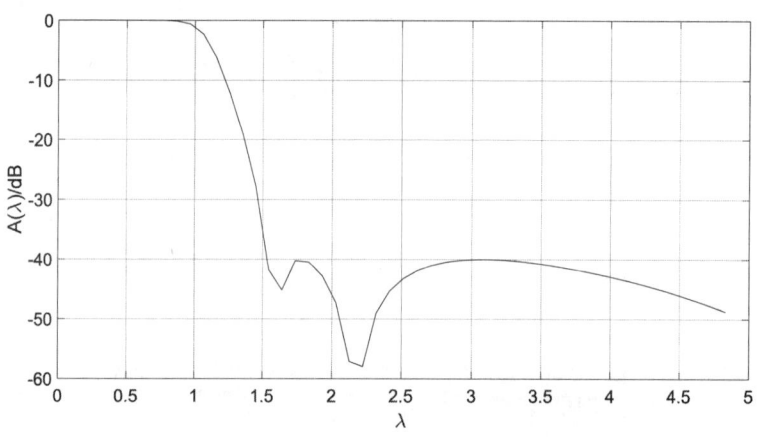

图 5.1.17 切比雪夫 II 型低通滤波器幅频响应曲线

【例 5.1.18】绘制切比雪夫 II 型滤波器的平方幅频响应曲线。

```
clear    all;
n=0:0.02:4;                    %频率点
for i=1:4                      %取 4 种滤波器
    switch i
        case 1, N=1;
        case 2, N=3;
        case 3, N=5
```

```
        case 4, N=7;
    end
    Rs=40;
    [z,p,k]=cheb2ap(N,Rs);      %设计 ChebyshevⅡ型模拟原型滤波器
    [b,a]=zp2tf(z,p,k);          %将零点极点增益形式转换为传递函数形式
    [H,w]=freqs(b,a,n);          %按 n 指定的频率点给出频率响应
    magH2=(abs(H)).^2;           %给出传递函数幅度平方
    subplot(2,2,i);plot(w,magH2);
    title(['N=',num2str(N)]);    %将数字 N 转换为字符串'N= '合并作为标题
    xlabel('w/wc');              %显示横坐标
    ylabel('切比雪夫Ⅱ型|H(jw)|^2');    %显示纵坐标
    grid on;
end
```

运行结果如图 5.1.18 所示。

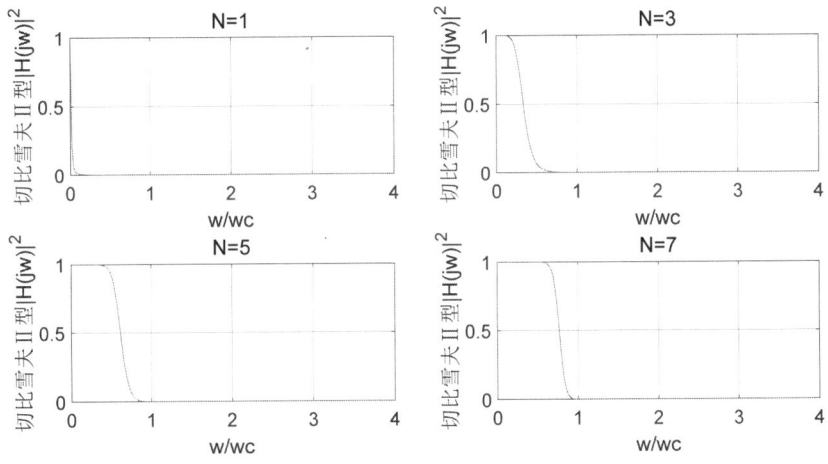

图 5.1.18 切比雪夫Ⅱ型滤波器的平方幅频响应曲线

【**例 5.1.19**】设带通滤波器的通带范围为 9000~16 000 Hz，通带左边的阻带的截止频率为 7000 Hz，通带右边的阻带起始频率为 17 000 Hz，通带最大衰减 a_p=1 dB，阻带最小衰减 a_s= 40 dB，设计切比雪夫Ⅱ型模拟带通滤波器。

```
Wp=[3*pi*9000,3*pi*16000];Ws=[3*pi*7000,3*pi*17000];
rp=1;rs=40;
[N,wso]=cheb2ord(Wp,Ws,rp,rs,'s');
[b,a]=cheby2(N,rs,wso,'s');
w=0:3*pi*100:3*pi*25000;
[h,w]=freqs(b,a,w);
plot(w/(2*pi),20*log10(abs(h)),'k');
xlabel('f(Hz)');ylabel('幅度(dB)');grid;
```

运行结果如图 5.1.19 所示。

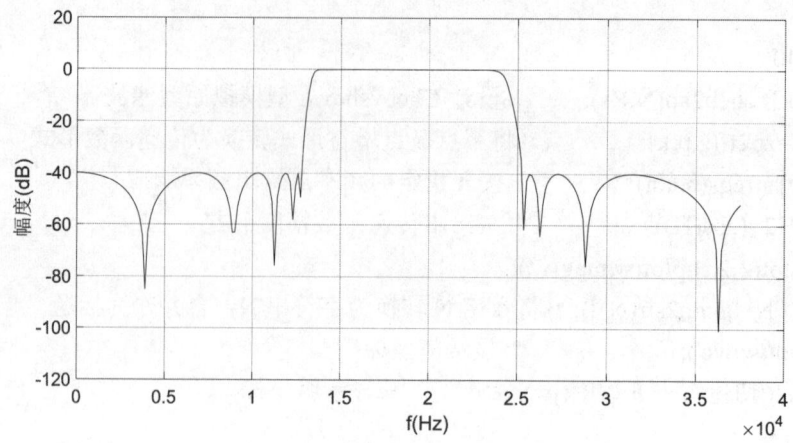

图 5.1.19　设计切比雪夫 II 型模拟带通滤波器

4. 椭圆滤波器设计

椭圆滤波器是在通带和阻带等波纹的一种滤波器，相比其他类型的滤波器，在阶数相同的条件下有着最小的通带和阻带波动。它在通带和阻带的波动相同，这一点区别于在通带和阻带都平坦的巴特沃斯滤波器，以及通带平坦、阻带等波纹或是阻带平坦、通带等波纹的切比雪夫滤波器。

椭圆滤波器振幅平方函数为

$$A(\Omega^2) = |H_a(j\Omega)|^2 = \frac{1}{1+\varepsilon^2 R_N^2(\Omega,L)}$$

其中，$R_N(\Omega,L)$ 为雅可比椭圆函数，L 为一个表示波纹性质的参量。

在 MATLAB 中，函数 ellipord 和函数 ellipap 用于设计椭圆滤波器，这些函数的调用方法如下：

    [n,Wp]=ellipord(Wp,Ws,Rp,Rs)

功能是求滤波器的最小阶数，n 表示椭圆滤波器最小阶数；W_p 表示椭圆滤波器通带截止角频率；W_s 表示椭圆滤波器阻带起始角频率；R_p 表示通带波纹（dB）；R_s 表示阻带最小衰减（dB）。

    [z,p,k]=ellipap(n,Rp,Rs)

其中 z、p、k 分别为滤波器的零点、极点和增益；n 为滤波器阶数。

【例 5.1.20】函数 ellipord 设计椭圆滤波器。

```
Wp=3*pi*4*12^3;Ws=2*pi*12*12^3;rp=1;rs=30;    %设计滤波器的参数
wp=1;ws=Ws/Wp;        %对参数归一化
[N,wc]=ellipord(wp,ws,rp,rs,'s');    %计算滤波器阶数和阻带起始频率
[z,p,k]=ellipap(N,rp,rs);    %计算零点、极点、增益
[B,A]=zp2tf(z,p,k);          %计算系统
w=0:0.03*pi:2*pi;[h,w]=freqs(B,A,w);
```

```
plot(w,20*log10(abs(h)),'k');
xlabel('\lambda');ylabel('A(\lambda)/dB');grid;
```
运行结果如图 5.1.20 所示。

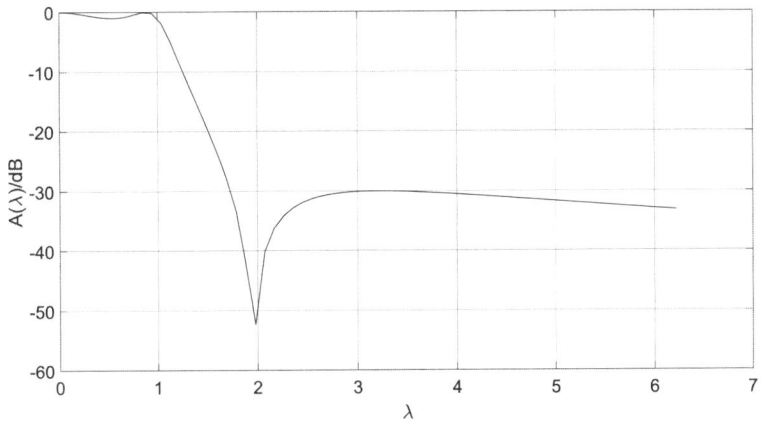

图 5.1.20　函数 ellipord 设计椭圆滤波器

【例 5.1.21】函数 ellipap 设计椭圆滤波器。

```
clear all;
n=0:0.02:4;
for i=1:4
    switch i
        case 1,N=1;
        case 2,N=3;
        case 3,N=5;
        case 4,N=7;
    end
Rp=1;Rs=25;
[z,p,k]=ellipap(N,Rp,Rs);
[b,a]=zp2tf(z,p,k);
[H,w]=freqs(b,a,n);
magH2=(abs(H)).^2;
posplot=['22',num2str(i)];
subplot(posplot);plot(w,magH2);
title(['N=',num2str(N)]);xlabel('w/wc');ylabel('|H(jw)|^2');grid on;
end
```
运行结果如图 5.1.21 所示。

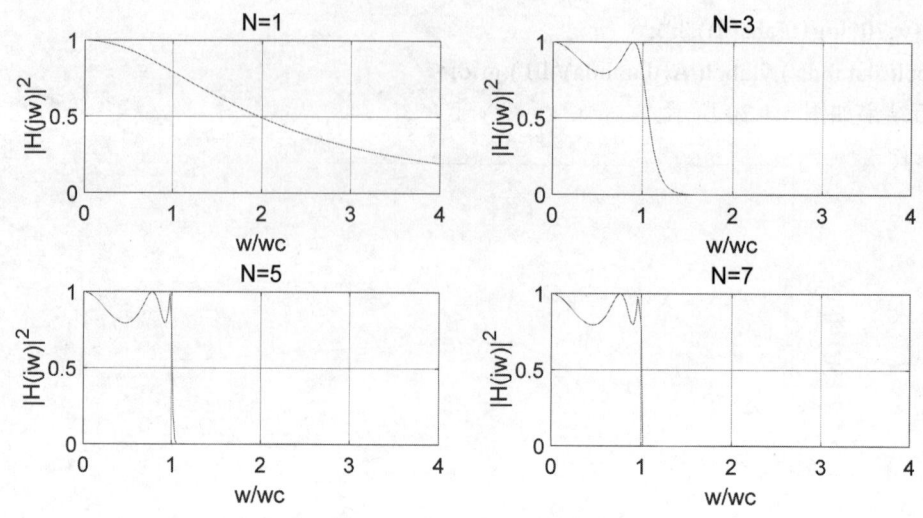

图 5.1.21　函数 ellipap 设计椭圆滤波器

5.1.3　模拟滤波器的频带变换

对于模拟滤波器，已经形成了许多成熟的设计方案，如巴特沃思滤波器、切比雪夫滤波器、椭圆滤波器，每种滤波器都有自己的一套准确的计算公式，同时，已制备了大量归一化的设计表格和曲线，为滤波器的设计和计算提供了方便，因此在模拟滤波器的设计中，只要掌握原型变换，就可以通过归一化低通原型的参数，去设计各种实际的低通、高通、带通或带阻滤波器。

1. 低通到低通的频带变换

在 MATLAB 中，函数 lp2lp 用于把模拟低通滤波器转换为实际模拟低通滤波器。
该函数的调用方法如下：

$$[a,b]=lp2lp(ap,bp,wp)$$

其中 w_p 为模拟低通滤波器通带截止频率；a_p、b_p 分别是归一化模拟低通滤波器系统函数分子、分母系数；a、b 分别是频带变换后模拟低通滤波器系统函数分子、分母系数。

【例 5.1.22】设计合适的切比雪夫 I 型滤波器，实现低通到低通的频带变换。

```
Wp=3*pi*5000;Ws=3*pi*13000;rp=1;rs=30;
wp=Wp/Wp;ws=Ws/Wp;
[N,wc]=cheb1ord(wp,ws,rp,rs,'s');
[z,p,k]=cheb1ap(N,wc);
[bp,ap]=zp2tf(z,p,k);
[b,a]=lp2lp(bp,ap,Wp);
w=0:3*pi*120:3*pi*30000;
[h,w]=freqs(b,a,w);
```

plot(w/(2*pi),20*log10(abs(h)),'k');
xlabel('f(Hz)');ylabel('幅度(dB)');grid;
运行结果如图 5.1.22 所示。

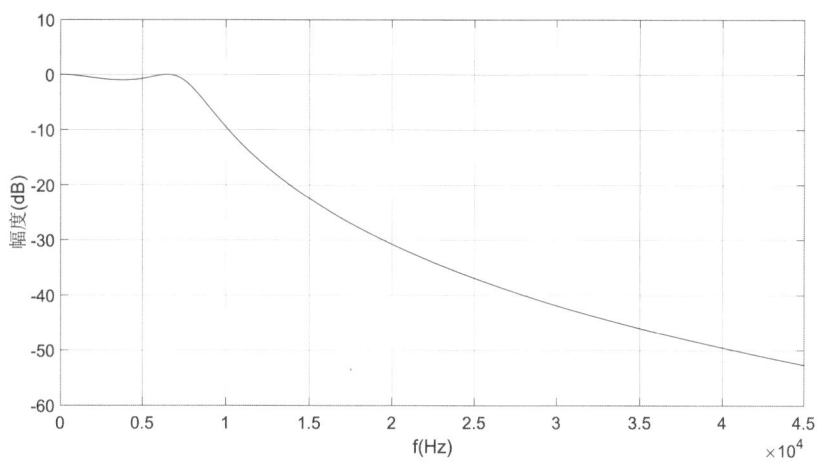

图 5.1.22 低通到低通的频带变换

【例 5.1.23】 将 4 阶的椭圆模拟滤波器变换为截止频率为 0.6 的低通滤波器,其中通带波纹 R_p=3 dB,阻带衰减 R_s=25 dB。

```
clear all;
Rp=3;Rs=25;              %模拟原型滤波器的通带波纹与阻带衰减
[z,p,k]=ellipap(4,Rp,Rs);    %设计椭圆滤波器
[b,a]=zp2tf(z,p,k);         %由零点极点增益形式转换为传递函数形式
n=0:0.02:4;
[h,w]=freqs(b,a,n);         %给出复数频率响应
subplot(121);plot(w,abs(h).^2);   %绘出平方幅频函数
xlabel('w/wc');ylabel('椭圆 |H(jw)|^2');
title('原型低通椭圆滤波器 (wc=1)');
grid   on;
[bt,at]=lp2lp(b,a,0.5); %将模拟原型低通滤波器的截止频率变换为 0.5
[ht,wt]=freqs(bt,at,n);   %给出复数频率响应
subplot(122);plot(wt,abs(ht).^2);    %绘出平方幅频函数
xlabel('w/wc');ylabel('椭圆|H(jw)|^2');
title('原型低通椭圆滤波器 (wc=0.6)');
grid on;
```
运行结果如图 5.1.23 所示。

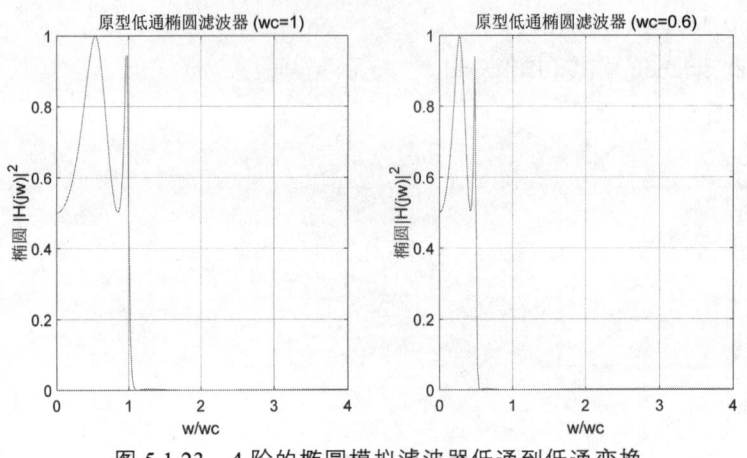

图 5.1.23 4 阶的椭圆模拟滤波器低通到低通变换

2. 低通到高通的频带变换

在 MATLAB 中，函数 lp2hp 用于把模拟低通滤波器转换为一般的模拟高通滤波器。该函数的调用方法如下：

    [a,b]=lp2hp(ap,bp,wp)

其中 w_p 为模拟高通滤波器通带起始频率；a_p、b_p 是归一化模拟低通滤波器系统函数分子、分母的系数；a、b 分别是频带变换后的模拟高通滤波器系统函数分子、分母系数。

【例 5.1.24】设计合适的切比雪夫 I 型滤波器，实现低通到高通的频带变换。

```
Wp=3*pi*11000;Ws=3*pi*7000;rp=1;rs=25;    %模拟滤波器的设计指标
wp=Wp/Ws;ws=Ws/Ws;                        %频带变换，得到归一化滤波器
[N,wc]=cheb1ord(wp,ws,rp,rs,'s');         %计算切比雪夫 I 型滤波器的阶数
[z,p,k]=cheb1ap(N,wc);                    %计算归一化滤波器的零、极点
[bp,ap]=zp2tf(z,p,k);                     %计算归一化滤波器的系统函数分子、分母系数
[b,a]=lp2hp(bp,ap,Wp);                    %计算一般模拟滤波器的
W=0:3*pi*130:3*pi*25000;
[h,w]=freqs(b,a,w);                       %计算频率响应
plot(w/(2*pi),20*log10(abs(h)),'k');grid;xlabel('f(Hz)');ylabel('幅度（dB）');
```

运行结果如图 5.1.24 所示。

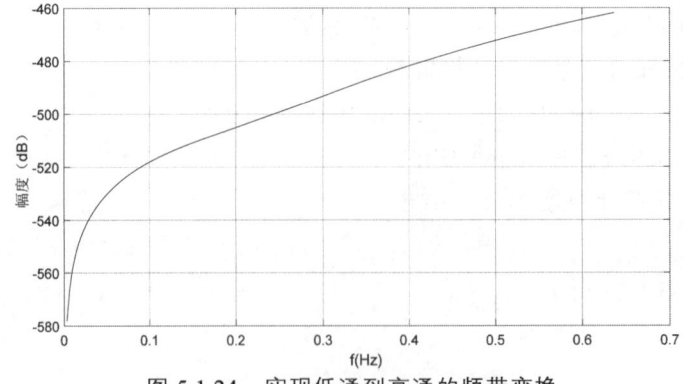

图 5.1.24 实现低通到高通的频带变换

【**例 5.1.25**】将 5 阶设计切比雪夫 I 型模拟原型滤波器变换为截止频率为 0.6 的模拟高通滤波器，通带波纹 R_p=1 dB。

```
clear all;
Rp=1;                        %设置滤波器的通带波纹为 0.5dB
[z,p,k]=cheb1ap(5,Rp);       %设计切比雪夫 I 型模拟原型滤波器
[b,a]=zp2tf(z,p,k);          %由零点极点增益形式转换为传递函数形式
n=0:0.02:4;
[h,w]=freqs(b,a,n);          %给出复数频率响应
subplot(121);plot(w,abs(h).^2);    %绘出平方幅频函数 xlabel('w/wc');ylabel('椭圆|H(jw)|^2');
title('切比雪夫 I 型低通原型滤波器(wc=1)');grid on;
[bt,at]=lp2hp(b,a,0.6); %由低通原型滤波器转换为截止频率为 0.6 的高通滤波器
[ht,wt]=freqs(bt,at,n);            %绘出复数频率响应函数
   subplot(122);plot(wt,abs(ht).^2);   %绘出平方幅频函数
   xlabel('w/wc');ylabel('椭圆|H(jw)|^2');
title('切比雪夫 I 型高通滤波器(wc=0.6)');grid on;
```

运行结果如图 5.1.25 所示。

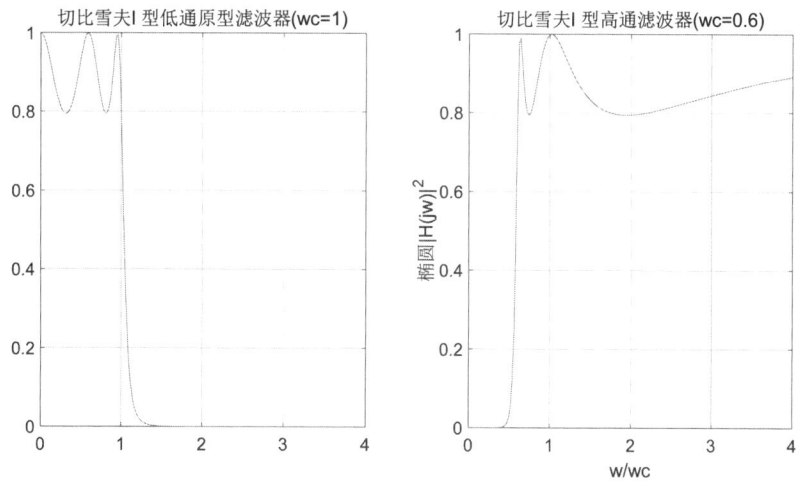

图 5.1.25　将 5 阶设计切比雪夫 I 型模拟原型滤波器变换为
截止频率为 0.6 的模拟高通滤波器

3. 低通到带通的频带变换

在 MATLAB 中，函数 lp2bp 用于模拟低通滤波器转换为一般的模拟带通滤波器。该函数的调用方法如下：

　　　　　　　　[a,b]=lp2bp(ap,bp,wo,bw)

其中 a_p、b_p 分别是归一化模拟低通滤波器系统函数分子、分母的系数；a、b 分别是频带变换后的模拟带通滤波器系统函数分子、分母的系数；w_o 是模拟滤波器的中心频率；b_w 是模拟滤波器的带宽。

【**例 5.1.26**】设计切比雪夫 I 型模拟带通滤波器，实现低通到带通的频带变换。

```
Wc1=3*pi*9000;Wc2=3*pi*16000;rp=1;rs=30;
Wd1=3*pi*6000;Wd2=3*pi*20000; %模拟滤波器的设计指标
B=Wc2-Wc1;
wo=sqrt(Wc1*Wc2);wp=1;
ws2=(Wd2*Wd2-wo*wo)/Wd2/B;ws1=-(Wd1*Wd1-wo*wo)/Wd1/B;
ws=min(ws1,ws2); %频带变换，得到归一化滤波器
[N,wc]=cheb1ord(wp,ws,rp,rs,'s'); %计算切比雪夫Ⅰ型滤波器的阶数
[z,p,k]=cheb1ap(N,wc); %计算归一化滤波器的零、极点
[bp,ap]=zp2tf(z,p,k); %计算归一化滤波器的系统函数分子、分母系数
[b,a]=lp2bp(bp,ap,wo,B); %计算一般模拟滤波器的系统函数分子、分母系数
w=0:3*pi*130:3*pi*25000;
[h,w]=freqs(b,a,w);        %计算频率响应
plot(w/(2*pi),20*log10(abs(h)),'k'),axis([0,30000,-100,0]);
xlabel('f(Hz)');ylabel('幅度(dB)');grid;
```
运行结果如图 5.1.26 所示。

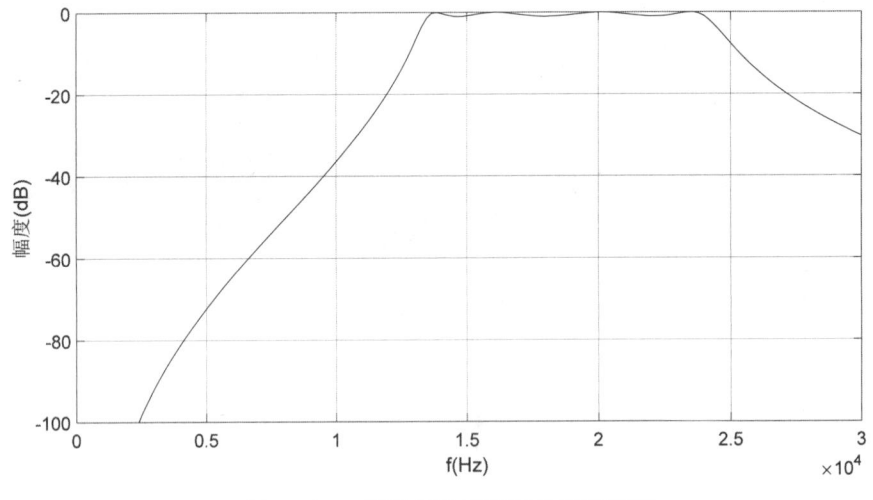

图 5.1.26　实现低通到带通的频带变换

【例 5.1.27】 将 4 阶切比雪夫Ⅱ型模拟原型滤波器变换为模拟带通滤波器，其上下边界的截止频率为 w_c=0.7~1.6 rad/s，阻带误差 R_s=20 dB。

```
clear   all;
Rs=20;        %滤波器的阻带衰减为 20dB
[z,p,k]=cheb2ap(4,Rs);    %设计切比雪夫Ⅱ型模拟原型滤波器
[b,a]=zp2tf(z,p,k);       %由零点极点增益形式转换为传递函数形式
n=0:0.02:4;
[h,w]=freqs(b,a,n);       %给出复数频率响应
subplot(121);plot(w,abs(h).^2);    %绘出平方幅频函数
xlabel('w/wc');ylabel('切比雪夫Ⅱ型|H(jw)|^2');
```

```
title('切比雪夫Ⅱ型低通原型滤波器(wc=1)');grid on;
w1=0.7;w2=1.6;        %给定将要设计滤波器通带的下限和上限频率
w0=sqrt(w1*w2);       %计算中心点频率
bw=w2-w1;             %计算中心点频带宽度
[bt,at]=lp2bp(b,a,w0,bw);   %频率转换
[ht,wt]=freqs(bt,at,n);     %计算滤波器的复数频率响应
subplot(122);plot(wt,abs(ht).^2);    %绘出平方幅频函数
xlabel('w/wc');ylabel('切比雪夫Ⅱ型|H(jw)|^2');
title('切比雪夫Ⅱ型带通滤波器(wc=0.7~1.6)');grid on;
```
运行结果如图 5.1.27 所示。

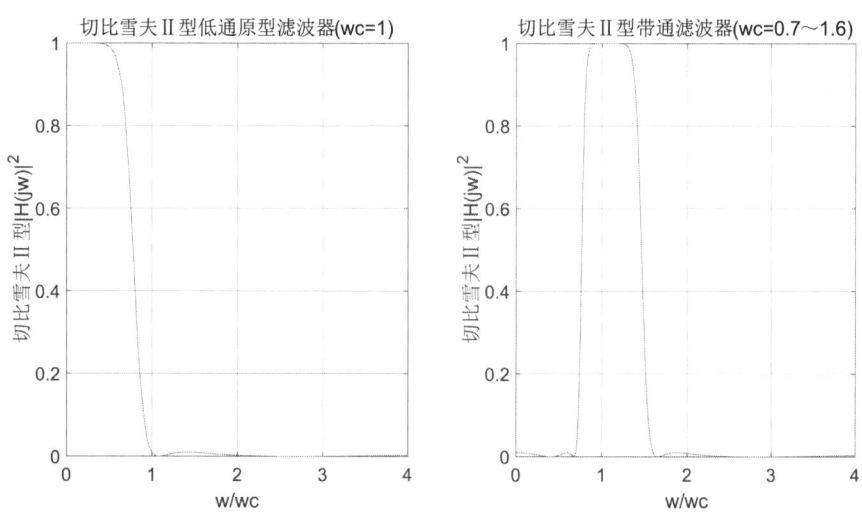

图 5.1.27 将 4 阶切比雪夫Ⅱ型模拟原型滤波器变换为模拟带通滤波器

4. 低通到带阻的频带变换

在 MATLAB 中，函数 lp2bs 用于将模拟低通滤波器转换为一般的模拟带阻滤波器。该函数的调用方法如下：

[a,b]=lp2bs(ap,bp,wo,bw)

其中 a_p、b_p 分别是归一化模拟低通滤波器系统函数分子、分母的系数；a、b 分别是频带变换后的模拟带阻滤波器系统函数分子、分母的系数；w_o 是模拟滤波器的中心频率；b_w 是模拟滤波器的带宽。

【例 5.1.28】设计合适的切比雪夫Ⅰ型滤波器，实现低通到带阻的频带变换。
```
Wc1=3*pi*9000;Wc2=3*pi*16000;rp=1;rs=30;
Wd1=3*pi*6000;Wd2=3*pi*20000;    %模拟滤波器的设计指标
B=Wd2-Wd1;wo=sqrt(Wd1*Wd2);wp=1;
ws2=(Wc2*B)/(Wc2*Wc2-wo*wo);ws1=-(Wc1*B)/(Wc1*Wc1-wo*wo);
ws=max(ws1,ws2);                 %频带变换，得到归一化滤波器
[N,wc]=cheb1ord(wp,ws,rp,rs,'s');  %计算切比雪夫Ⅰ型滤波器的阶数
```

```
[z,p,k]=cheb1ap(N,wc);%计算归一化滤波器的零、极点
[bp,ap]=zp2tf(z,p,k);    %计算归一化滤波器的系统函数分子、分母系数
[b,a]=lp2bs(bp,ap,wo,B);%计算一般模拟滤波器的系统函数分子、分母系数
w=0:3*pi*130:3*pi*30000;
[h,w]=freqs(b,a,w);    %计算频率响应
plot(w/(2*pi),20*log10(abs(h)),'k'),axis([0,30000,-100,0]);
xlabel('f(Hz)');ylabel('幅度(dB)');grid;
```

运行结果如图 5.1.28 所示。

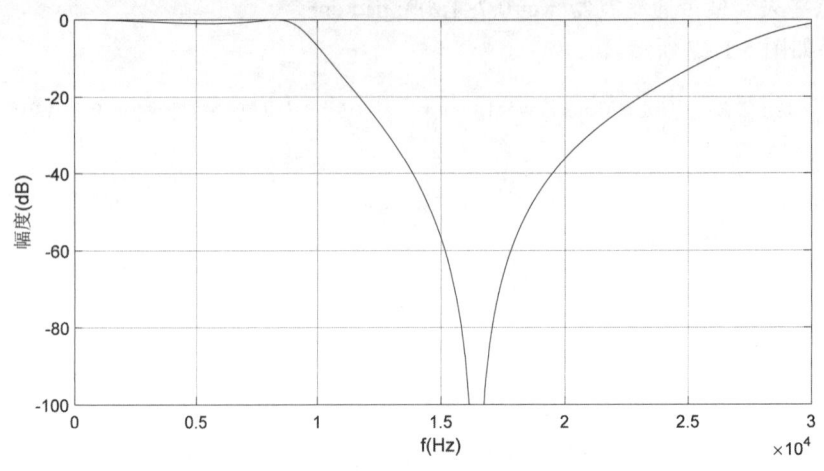

图 5.1.28 实现低通到带阻的频带变换

【例 5.1.29】 将 5 阶巴特沃思模拟原型滤波器变换为模拟带阻滤波器，上下边界频率为 w_c= 0.6~1.6 rad/s。

```
clear   all;
[z,p,k]=buttap(5);     %设计巴特沃思模拟原型滤波器
[b,a]=zp2tf(z,p,k);    %由零点极点增益形式转换
n=0:0.02:4;
[h,w]=freqs(b,a,n);    %给出复数频率响应
subplot(121);plot(w,abs(h).^2);          %绘出平方幅频函数
xlabel('w/wc');ylabel('巴特沃思|H(jw)|^2');title('wc=1');grid on;
w1=0.6; w2=1.6;     %给定将要设计带阻的下限和上限频率
w0=sqrt(w1*w2);     %计算中心点频率
bw=w2-w1;    %计算中心点频带宽度
[bt,at]=lp2bs(b,a,w0,bw);    %频率转换
[ht,wt]=freqs(bt,at,n);    %计算带阻滤波器的复数频率响应
subplot(122);plot(wt,abs(ht).^2);    %绘出平方幅频函数
xlabel('w/wc'); ylabel('巴特沃思 |H(jw)|^2');
title('wc=0.6~1.6');grid on;
```

运行结果如图 5.1.29 所示。

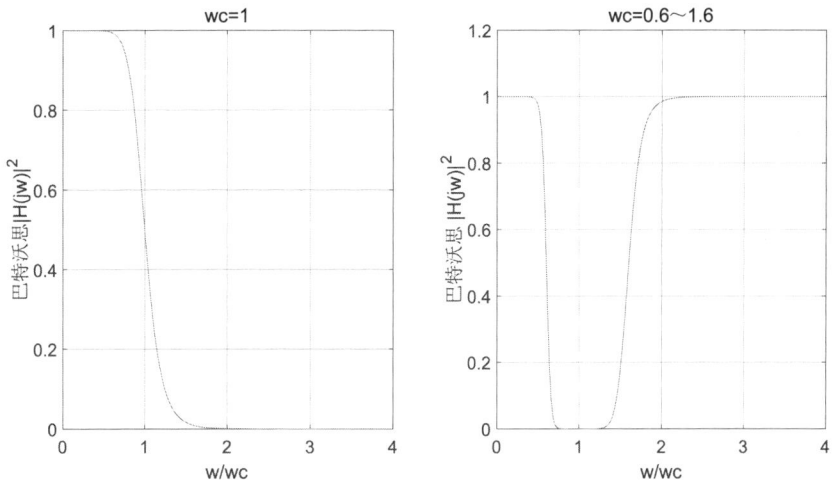

图 5.1.29　将 5 阶巴特沃思模拟原型滤波器变换为模拟带阻滤波器

5.1.4　冲击响应不变法与双线性变换法滤波器设计

MATLAB 提供了函数 impinvar、bilinear 用于实现冲激响应不变法、双线性变换法设计数字滤波器，调用格式为

$$[Bz,Az]=impinvar(B,A,Fs)$$
$$[Bz,Az]=bilinear(B,A,Fs)$$

其中 B 和 A 分别为模拟滤波器系统函数的分子向量和分母向量，B_z 和 A_z 分别为数字滤波器系统函数的分子向量和分母向量，F_s 为采样频率，其单位为 Hz。

【例 5.1.30】利用巴特沃思模拟滤波器，通过脉冲响应不变法设计巴特沃思数字滤波器，数字滤波器的技术指标为

$$0.90 \leqslant |H(e)| \leqslant 1.0, 0 \leqslant |\omega| \leqslant 0.30\pi$$

$$|H(e^*)| \leqslant 0.15, 0.35\pi \leqslant |\omega| \leqslant \pi$$

实现程序如下：

```
T=2;                %设置采样周期为 2
fs=1/T;             %采样频率为周期倒数
Wp=0.30*pi/T;Ws=0.35*pi/T; %设置归一化通带和阻带截止频率
Ap=20*log10(1/0.9);   As=20*log10(1/0.15);   %设置通带最大和最小衰减
[N,Wc]=buttord(Wp,Ws,Ap,As,'s');%调用 buttord 函数确定巴特沃斯滤波器
[B,A]=butter(N,Wc,'s');         %调用 butter 函数设计巴特沃斯滤波器
W=linspace(0,pi,400*pi);        %指定一段频率值
hf=freqs(B,A,W);      %计算模拟滤波器的幅频响应
subplot(121);
plot(W/pi,abs(hf)/abs(hf(1))); %绘出巴特沃斯模拟滤波器的幅频特性曲线
```

```
grid on;title('巴特沃斯模拟滤波器');
xlabel('Frequency/Hz');ylabel('Magnitude');
[D,C]=impinvar(B,A,fs);      %调用脉冲响应不变法
Hz=freqz(D,C,W);    %返回频率响应
subplot(122);
plot(W/pi,abs(Hz)/abs(Hz(1))); %绘出巴特沃斯数字低通滤波器幅频特性曲线
grid on;title('巴特沃斯数字滤波器');
xlabel('Frequency/Hz');ylabel('Magnitude');
```
运行结果如图 5.1.30 所示。

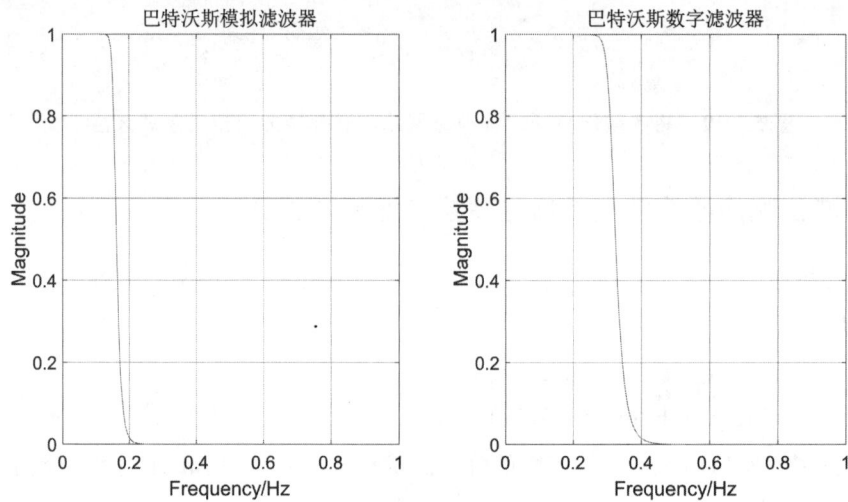

图 5.1.30　脉冲响应不变法设计巴特沃斯数字滤波器

【例 5.1.31】脉冲响应不变法设计椭圆数字滤波器。
```
clear    all;
wp=400*2*pi;ws=420*2*pi;rs=50;;rp=0.5;fs=1450;
[n,wn]=ellipord(wp,ws,rp,rs,'s');
[z,p,k]=ellipap(n,rp,rs);
[a,b,c,d]=zp2ss(z,p,k);
[at,bt,ct,dt]=lp2lp(a,b,c,d,wn);
[num1,den1]=ss2tf(at,bt,ct,dt);
[num2,den2]=impinvar(num1,den1,fs);
[h,w]=freqz(num2,den2);
figure;
winrect=[150,150,450,350];
set(gcf,'position',winrect);set(gco,'linewidth',1);
freqz(num2,den2);
xlabel('归一化角频率');ylabel( '相角');
figure;winrect=[150,150,450,350];
```

```
set(gcf,'position',winrect);
plot(w*fs/(2*pi),abs(h));
grid on;xlabel('频率(Hz)');ylabel('幅值');
```
运行结果如图 5.1.31 所示。

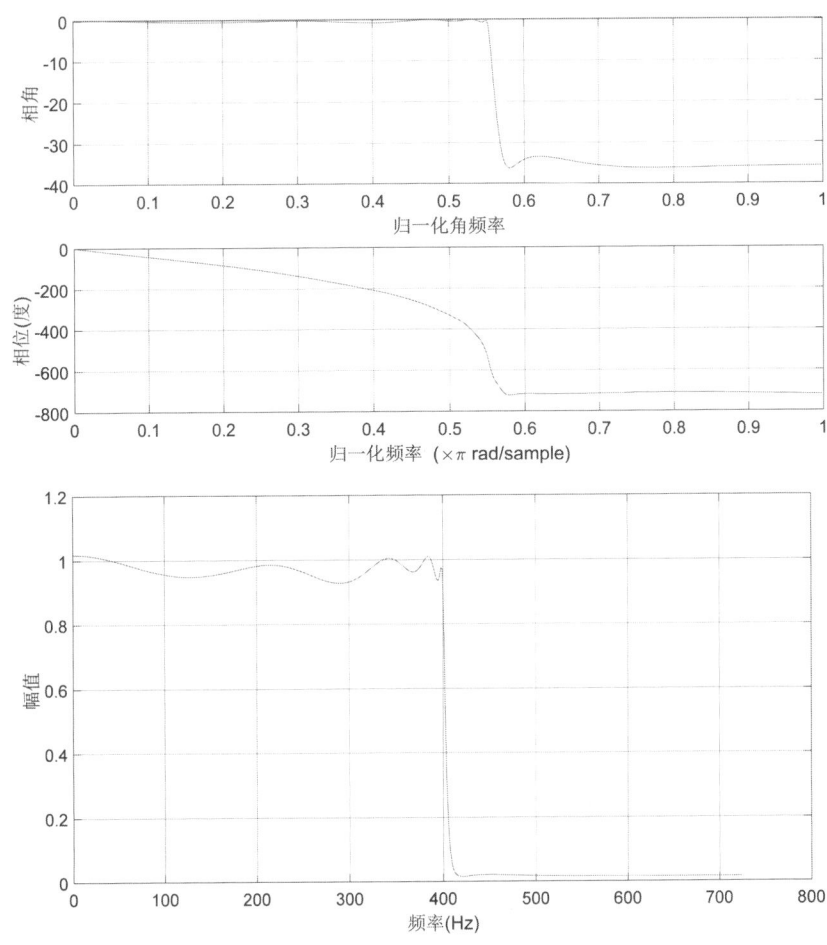

图 5.1.31 椭圆数字滤波器特性

【**例 5.1.32**】利用巴特沃思模拟滤波器,通过双线性变换法设计数字带阻滤波器,数字滤波器的技术指标为

采样周期为 T=1

$$0.80 \leqslant |H(e^{j\omega})| \leqslant 1.0, 0 \leqslant |\omega| \leqslant 0.30\pi$$
$$|H(e^{j\omega})| \leqslant 0.15, 0.35\pi \leqslant |\omega| \leqslant 0.75\pi$$
$$0.80 \leqslant |H(e)| \leqslant 1.0, 0.75 \leqslant |\omega| \leqslant \pi$$

运行程序如下:

```
T=1;    fs=1/T;                %设置采样周期为1,采样频率为周期倒数
wp=[0.30*pi,0.75*pi];ws=[0.35*pi,0.65*pi];
Wp=(2/T)*tan(wp/2);Ws=(2/T)*tan(ws/2);
```

Ap=20*log10(1/0.8);As=20*log10(1/0.15);%设置通带最大和最小衰减
[N,Wc]=buttord(Wp,Ws,Ap,As,'s');%调用 buttord 确定巴特沃斯滤波器阶数
[B,A]=butter(N,Wc,'stop','s'); %调用函数 butter 设计巴特沃斯滤波器
W=linspace(0,2*pi,400*pi);   %指定一段频率值
hf=freqs(B,A,W);   %计算模拟滤波器的幅频响应
subplot(121);plot(W/pi,abs(hf));   %绘出巴特沃斯模拟滤波器的幅频特性曲线
grid on;title('巴特沃斯模拟滤波器');
xlabel('Frequency/Hz');ylabel('Magnitude');
[D,C]=bilinear(B,A,fs);   %调用双线性变换法
Hz=freqz(D,C,W);   %返回频率响应
subplot(122);plot(W/pi,abs(Hz));   %绘出巴特沃斯数字带阻滤波器的幅频特性曲线
grid on;title('巴特沃斯数字滤波器');
xlabel('Frequency/Hz');ylabel('Magnitude');
运行结果如图 5.1.32 所示。

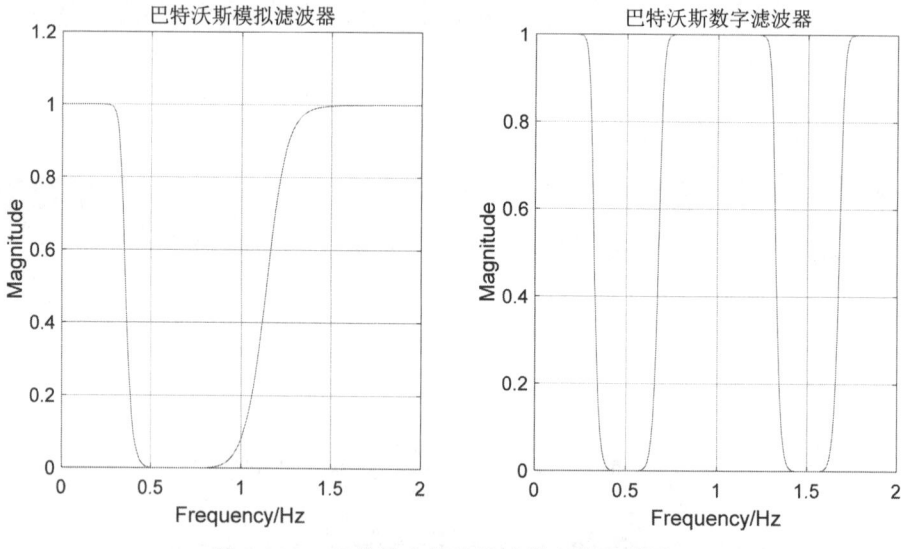

图 5.1.32 双线性变换法设计数字带阻滤波器

【例 5.1.33】双线性变换法设计椭圆数字滤波器。
clear all;
wp=400*2*pi;ws=420*2*pi;rs=50;rp=0.5;fs=1450;
[n,wn]=ellipord(wp,ws,rp,rs,'s');
[z,p,k]=ellipap(n,rp,rs);
[a,b,c,d]=zp2ss(z,p,k);
[at,bt,ct,dt]=lp2lp(a,b,c,d,wn);
[num1,den1]=ss2tf(at,bt,ct,dt);
[num2,den2]=bilinear(num1,den1,fs);
[h,w]=freqz(num2,den2);

```
figure;
winrect=[100,100,400,300];
set(gcf,'position',winrect);set(gco,'linewidth',1);
freqz(num2,den2);
xlabel('归一化角频率');ylabel('相角');
figure;winrect=[100,100,400,300];
set(gcf,'position',winrect);
plot(w*fs/(2*pi),abs(h));
grid on;xlabel('频率(Hz)');ylabel('幅值');
```
运行结果如图 5.1.33 所示。

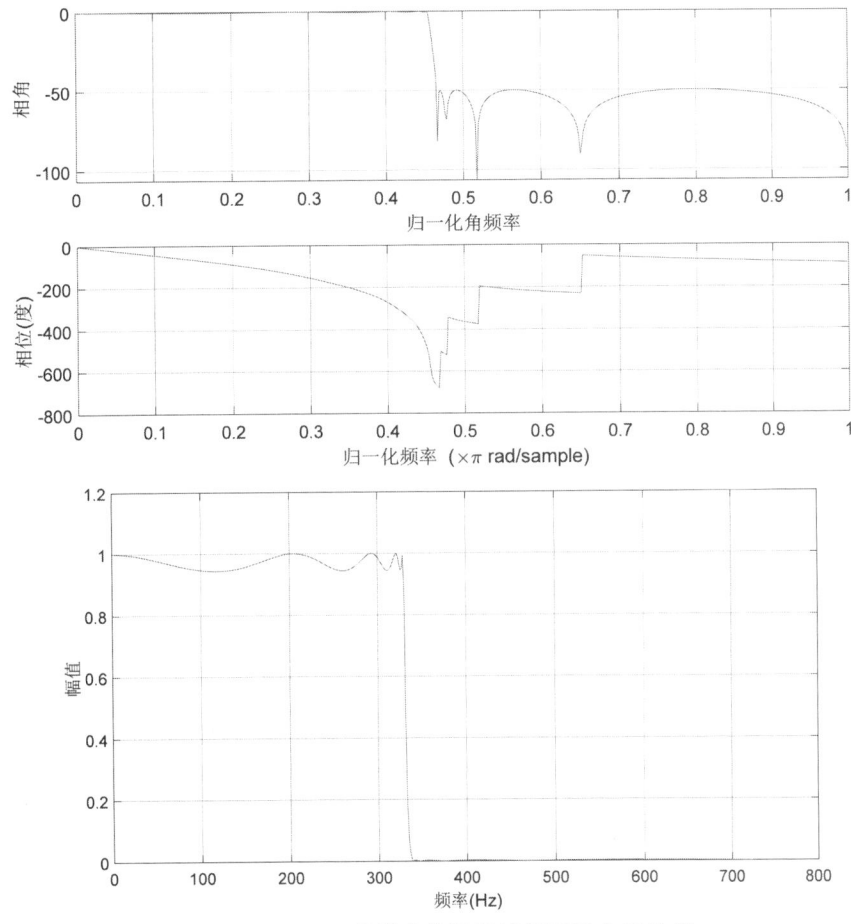

图 5.1.33 双线性变换法设计椭圆数字滤波器

5.1.5 滤波器最小阶数选择

根据滤波器的设计指标计算滤波器的阶数，MATLAB 有 4 个函数除了能选择模拟滤波器的阶数外，还能选择数字滤波器的阶数，详见表 5.1.1。

表 5.1.1 计算滤波器的阶数函数

函数	功能
[n,Wn]=buttord(Wp,Ws,Rp,Rs)	选择数字域 Butterworth 滤波器阶数
[n,Wn]=buttord(Wp,Ws,Rp,Rs,'s')	选择模拟域 Butterworth 滤波器阶数
[n,Wn]=cheb1ord(Wp,Ws,Rp,Rs)	选择数字域 Chebyshev I 型滤波器阶数
[n,Wn]=cheb1ord(Wp,Ws,Rp,Rs,'s')	选择模拟域 Chebyshev I 型滤波器阶数
[n,Wn]=cheb2ord(Wp,Ws,Rp,Rs)	选择数字域 Chebyshev II 型滤波器阶数
[n,Wn]=cheb2ord(Wp,Ws,Rp,Rs,'s')	选择模拟域 Chebyshev II 型滤波器阶数
[n,Wn]=ellipord(Wp,Ws,Rp,Rs)	选择数字域椭圆滤波器阶数
[n,Wn]=ellipord(Wp,Ws,Rp,Rs,'s')	选择模拟域椭圆滤波器阶数

其中，表 5.1.1 中各参数含义如下：

n：返回符合要求性能指标的数字滤波器或模拟滤波器的最小阶数。

Wn：滤波器的截至频率（即 3 db 频率）。

Wp：通带的截至频率。

Ws：阻带的截至频率，单位 rad/s。

Wp 和 Ws 均为归一化频率，即 1 对应 π 弧度。

MATLAB 信号处理工具箱中使用的频率为奈奎斯特频率。根据香农定理，它为采样频率的一半，在滤波器设计中的截止频率均使用奈奎斯特频率进行归一化。归一化频率转换为角频率，则将归一化频率乘以 π。如果将归一化频率转换为 Hz，则将归一化频率乘以采样频率的一半。

【例 5.1.34】函数 buttord 选择合适的阶数。

Fs=40000;fp=5000;fs=9000;rp=1;rs=25;
wp=2*fp/Fs;ws=2*fs/Fs;   %计算数字滤波器的设计指标
[N,wc]=buttord(wp,ws,rp,rs);   %计算数字滤波器的阶数和通带截止频率
[b,a]=butter(N,wc);   %计算数字滤波器的系统函数
w=0:0.01*pi:pi;
[h,w]=freqz(b,a,w);   %计算数字滤波器的频率响应
plot(w/pi,20*log10(abs(h)),'k');axis([0,1,-100,10]);
xlabel('\omega/\pi');ylabel('幅度(dB)');grid;

运行结果如图 5.1.34 所示。

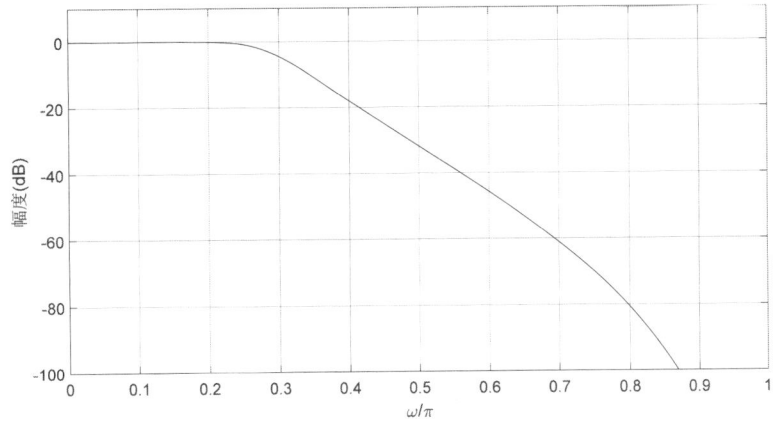

图 5.1.34 Butterworth 滤波器幅频响应

【例 5.1.35】函数 cheb1ord 用法。
clear all;
Wp=[60 200]/500;Ws=[50 250]/500;Rp=1;Rs=40;
[n,Wn]=cheb1ord(Wp,Ws,Rp,Rs);
[b,a]=butter(n,Wn);
freqz(b,a,128,1000);title('n=7 Butterworth 滤波器');
运行结果如图 5.1.35 所示。
n = 8
Wn = 0.1200   0.4000

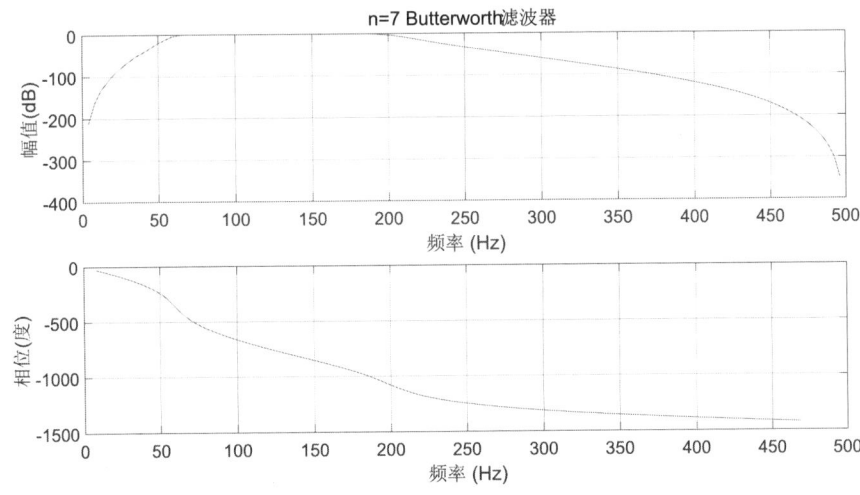

图 5.1.35 Chebyshev Ⅰ型滤波器频率响应

5.1.6 IIR 型数字滤波器设计

设计好滤波器之后,要对其各方面进行测试,在正式设计前,先介绍函数 freqs,用于测试模拟滤波器的频率响应。该函数的调用方法如下:

h=freqs(b,a,w)：根据系数向量计算返回模拟滤波器的复频域响应。freqs 计算在复平面虚轴上的频率响应 h，角频率 w 确定了输入实向量，因此必须包含至少一个频率点。

[h,w]=freqs(b,a)：自动挑选 200 个频率点来计算频率响应 h。

[h,w]=freqs(b,a,f)：挑选 f 个频率点来计算频率响应 h。

【例 5.1.36】 绘制模拟滤波器的传递函数。

clear all;
a=[1 0.5 2];   %滤波器传递函数分母多项式系数
b=[0.4 0.5 2];   %滤波器传递函数分子多项式系数
w=logspace(-1,1); freqs(b,a,w)
h=freqs(b,a,w);
mag=abs(h); phase=angle(h);
subplot(211); loglog(w,mag)   %运用双对数坐标绘制幅频响应
grid on;xlabel('角频率');ylabel('振幅');
subplot(212),semilogx(w,phase) %运用半对数坐标绘制相频响应
grid on;xlabel('角频率');ylabel('相位');

运行结果如图 5.1.36 所示。

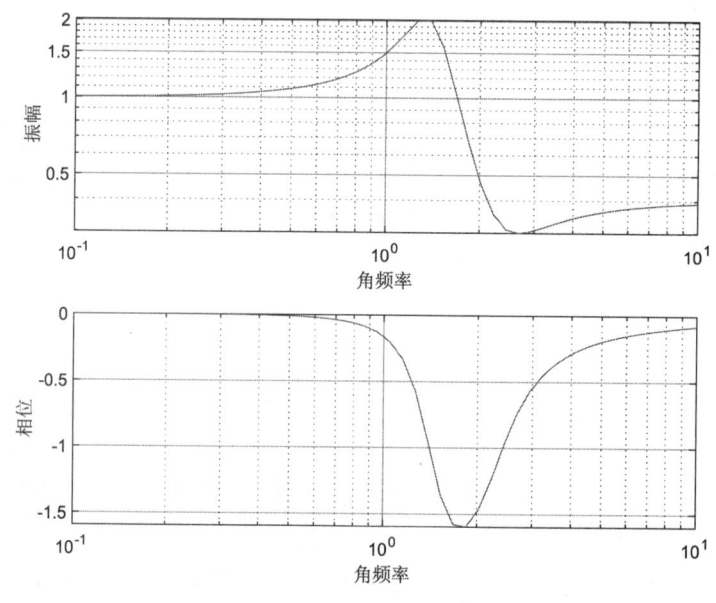

图 5.1.36 滤波器的幅频相频响应

【例 5.1.37】 设计一个 6 阶的切比雪夫 II 型带通滤波器，绘制幅频响应图并给出其脉冲响应、阶跃响应。

clear all;
N=6; Rp=1;
f1=150; f2=600;w1=2*pi*f1;   w2=2*pi*f2;
[z,p,k]=cheb2ap(N,Rp);
[b,a]=zp2tf(z,p,k);

```
Wo=sqrt(w1*w2);
Bw=w2-w1;
[bt,at]=lp2bp(b,a,Wo,Bw);
[h,w]=freqs(bt,at);
figure;
subplot(2,2,1);semilogy(w/2/pi,abs(h));
xlabel('频率/Hz');title( '幅频图'); grid on;
subplot(2,2,2);plot(w/2/pi,angle(h)*180/pi);
xlabel('频率/Hz');ylabel('相位图/^o');title('幅频谱');grid on;
H=[tf(bt,at)];
[h1,t1]=impulse(H);
subplot(2,2,3);plot(t1,h1);
xlabel('时间/s');title('脉冲响应'); [h2,t2]=step(H);
subplot(2,2,4);plot(t2,h2);xlabel('时间/s');title('阶跃响应');
```
运行结果如图 5.1.37 所示。

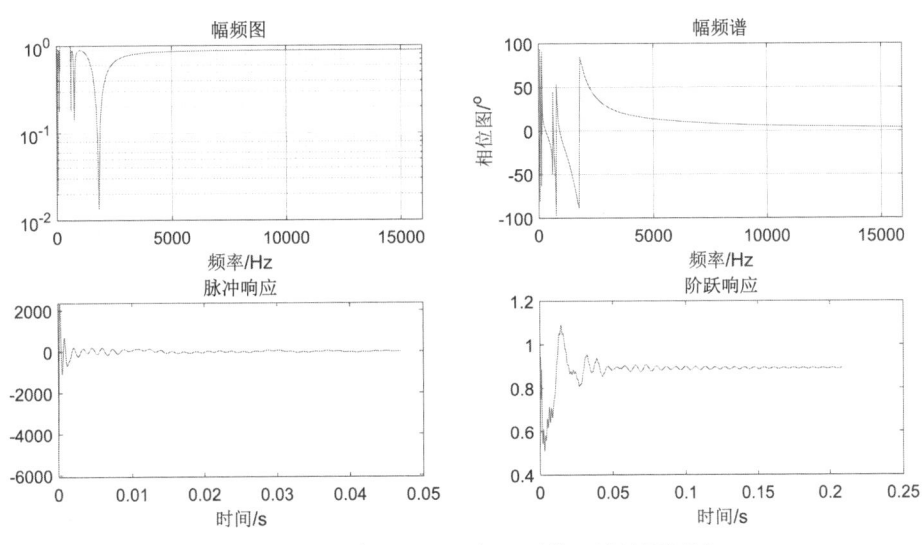

图 5.1.37　6 阶的切比雪夫Ⅱ型带通滤波器测试

1. 数字滤波器设计步骤

数字滤波器根据其冲激响应函数的时域特性，可分为两种，即无限长冲激响应（IIR）滤波器和有限长冲激响应（FIR）滤波器。IIR 滤波器的特征是具有无限持续时间冲激响应。这种滤波器一般需要用递归模型来实现，因而有时也称为递归滤波器。

FIR 滤波器的冲激响应只能延续一定时间，在工程中可以采用递归的方式实现，也可以采用非递归的方式实现。

随着 MATLAB 的信号处理工作箱的不断完善，数字滤波器的计算机辅助设计有了可能，而且还可以使设计达到最优化。

数字滤波器设计的基本步骤如下：

（1）确定指标。

在设计一个滤波器之前，首先根据工程实际的需要确定滤波器的技术指标。在很多实际应用中，数字滤波器常常被用来实现选频操作。因此，指标的形式一般在频域中给出幅度和相位响应。

幅度指标主要以两种方式给出。第一种是绝对指标，它提供对幅度响应函数的要求，一般应用于 FIR 滤波器的设计。第二种指标是相对指标，它以分贝值的形式给出要求。在工程中，这种指标最受欢迎。

对于相位响应指标形式，通常希望系统在通频带中具有线性相位。

（2）逼近。

确定了技术指标后，就可以建立一个目标的数字滤波器模型。通常采用理想的数字滤波器模型之后，利用数字滤波器的设计方法，设计出一个实际滤波器模型来逼近给定的目标。

（3）性能分析和计算机仿真。

通过前面的两步骤得到差分形式或系统函数或冲激响应描述的滤波器。根据这个描述就可以分析其频率特性和相位特性，以验证设计结果是否满足指标要求；或者利用计算机仿真实现设计的滤波器，再分析滤波结果来判断。

2. 经典滤波器设计

根据滤波器阶数和设计参数计算滤波器的系统函数，MATLAB 提供的函数见表 5.1.2。

表 5.1.2 计算滤波器的系统函数的函数

	函数	功能
数字域 Butterworth	[b,a]=butter(n,Wn)	截止频率为 W_n 的 n 阶 Butterworth 滤波器
	[b,a]=butter(n,Wn,'ftype')	当 ftype=high 时，可设计高通滤波器；当 ftype=stop 时，可设计出带阻滤波器
	[z,p,k]=butter(n,Wn)	零极点增益表示
	[zp,k]=buter(n,Wn,'ftype')	
	[A,B,C,D]=butter(n,Wn)	状态空间表示
	[A,B,C,D]=butter(n,Wn,'ftype')	
模拟域 Butterworth	[b,a]=butter(n,Wn,'s')	截止频率 W_n 的 n 阶模拟 Butterworth 滤波器
	其余形式类似于数字域	
数字域 ChebyshevI（通带等波纹）	[b,a]=cheby1(n,Rp,Wn)	截止频率 W_n 的 n 阶 Chebyshev I 滤波器，通带内的波纹由 R_p 确定
	[b,a]=cheby1(n,Rp,Wn,'ftype')	当 ftype=high 时，可设计高通滤波器；当 ftype=stop 时，可设计带阻滤波器
	[z,p,k]=cheby1(n,Rp,Wn)	零极点增益表示
	[zp,k]=cheby1(n,Rs,Wn,'ftype')	
	[A,B,C,D]=chebyl(n,Rp,Wn)	状态空间表示
	[A,B,C,D]=chebyl(n,Rp,Wn,'ftype')	
模拟域 Chebyshev I	[b,a]=chebyl(n,Rp,Wn,'s')	截止频率 W_n 的 n 阶 Chebyshev I 型滤波器
	其余形式类似于数字域	

续表

函数		功能
数字域 Chebyshev II（阻带等波纹）	[b,a]=cheby2(n,Rs,Wn)	截止频率 W_n 的 n 阶 Chebyshev II 滤波器，阻带内的波纹由 R_s 确定
	[b,a]=cheby2(n,Rs,Wn,'ftype')	当 ftype=high 时，可设计高通滤波器；当 ftype=stop 时，可设计带阻滤波器
	[z,p,k]=cheby2(n,Rs,Wn)	零极点增益表示
	[zp,k]=cheby2(n,Rs,Wn,'ftype')	
	[A,B,C,D]=cheby2(n,Rs,Wn)	状态空间表示
	[A,B,C,D]=cheby2(n,Rs,Wn,'ftype')	
模拟域 Chebyshev II（阻带等波纹）	[b,a]=cheby2(n,Rs,Wn,'s')	截止频率 W_n 的 n 阶 Chebyshev II 型滤波器
	其余形式类似于数字域	

【例 5.1.38】采样周期 T=250 μs（f=4 kHz），设计一个三阶巴特沃斯 LP 滤波器，其 3 dB 截止频率 f_c=1 kHz。分别用脉冲响应不变法和双线性变换法求解。

实现程序如下：

```
N1=3;
[B,A]=butter(N1,2*pi*1000,'s');
[num1,den1]=impinvar(B,A,4000);
[h1,w]=freqz(num1,den1);
[B,A]=butter(N1,2/0.00025,'s');
[num2,den2]=bilinear(B,A,4000);
[h2,w]=freqz(num2,den2);
f=w/pi*2000;
plot(f,abs(h1),'-.',f,abs(h2),'-');
grid;xlabel('频率/Hz');ylabel('幅值');
```

运行结果如图 5.1.38 所示。

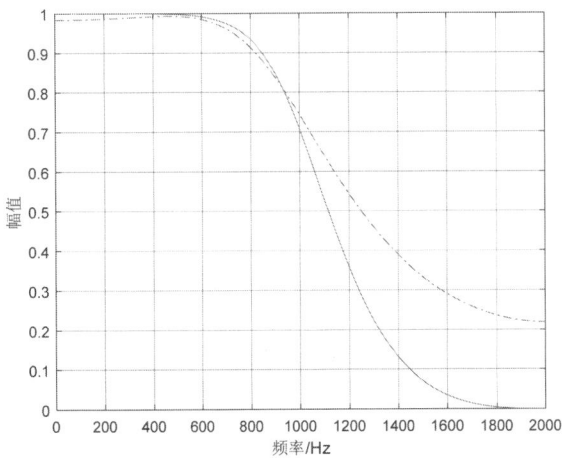

图 5.1.38　3 阶 Butterworth 滤波器的频率响应

【例 5.1.39】 采样 f_s=400 kHz，设计一个巴特沃思带通滤波器，其 3 dB 边界频率分别为 f_2=90 kHz，f_1=110 kHz，在阻带 f_3=120 kHz 处最小衰减大于 10 dB。

运行程序如下：

```
w1=2*400*tan(2*pi*90/(2*400));w2=2*400*tan(2*pi*110/(2*400));
wr=2*400*tan(2*pi*120/(2*400));
[N,wn]=buttord([w1 w2],[1 wr],3,10,'s');
[B,A]=butter(N,wn,'s');
[num,den]=bilinear(B,A,400);
[h,w]=freqz(num,den);
f=w/pi*200;
plot(f,20*log10(abs(h)));
axis([40,160,-30,10]);grid;xlabel('频率/kHz');ylabel('幅度/dB')
```

运行结果如图 5.1.39 所示。

【例 5.1.40】 设计一个数字滤波器采样频率 f_s=1 kHz，要求滤除 100 Hz 的干扰，其 3 dB 的边界频率为 85 Hz 和 125 Hz，原型归一化低通滤波器为

$$H_a(s) = \frac{1}{1+s}$$

运行程序如下：

```
w1=85/500;w2=125/500;
[B,A]=butter(1,[w1,w2],'stop');
[h,w]=freqz(B,A);
f=w/pi*500;
plot(f,20*log10(abs(h)));axis([50,150,-30,10]);grid;
xlabel('频率/Hz');ylabel('幅度/dB')
```

运行结果如图 5.1.40 所示。

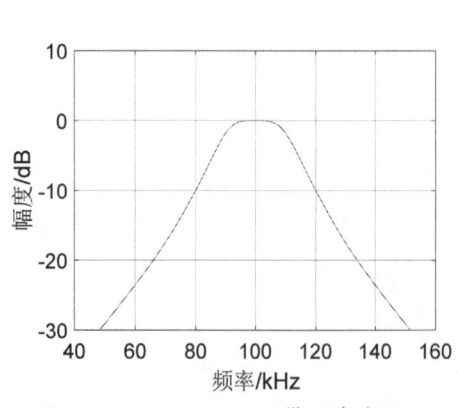

图 5.1.39　Butterworth 带通滤波器

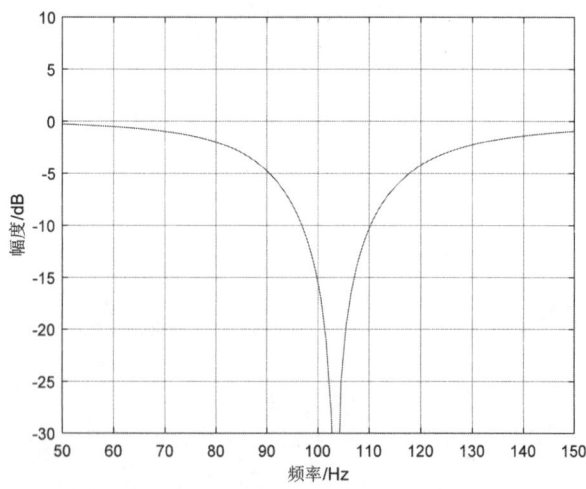

图 5.1.40　巴特沃思带阻滤波器

【例 5.1.41】 用脉冲响应不变法设计一个巴特沃思低通滤波器，使其特征逼近一个低通巴

特沃思模拟滤波器的性能指标。

```
clear   all;
wp=2000*2*pi;ws=3000*2*pi;   %滤波器截止频率
Rp=1;Rs=25;      %通带波纹和阻带衰减
Fs=9000;         %采样频率
Nn=256;          % 调用 freqz 所用的频率点数
[N,wn]=buttord(wp,ws,Rp,Rs,'s');   %模拟滤波器的最小阶数
[z,p,k]=buttap(N);   %设计模拟低通原型 Butterworth 滤波器
[Bap,Aap]=zp2tf(z,p,k);      %将零点、极点增益形式转换为传递函数形式
[b,a]=lp2lp(Bap,Aap,wn);    %进行频率转换
[bz,az]=impinvar(b,a,Fs);%运用脉冲响应不变法得到数字滤波器的传递函数
figure;
[h,f]=freqz(bz,az,Nn,Fs);    %绘制数字滤波器的幅频特性和相频特性
subplot(221); plot(f,20*log10(abs(h)));
xlabel('频率/Hz'); ylabel('振幅/dB');grid on;
subplot(222);plot(f,180/pi*unwrap(angle(h)));
xlabel( '频率/Hz'); ylabel( '相位/^o');grid on;
f1=1000; f2=2000;N=100;dt=1/Fs;   n=0:N-1;
t=n*dt;
x=tan(2*pi*f1*t)+0.5*sin(2*pi*f2*t);
subplot(223);plot(t,x);    %绘制输入信号
title('输入信号');
y=filtfilt(bz,az,x);      %用 filtfilt 对输入信号进行滤波
y1=filter(bz,az,x);       %用 filter 对输入信号进行滤波
subplot(224);plot(t,y,t,y1,':');
title('输出信号');xlabel('时间/s');legend('filtfilt 函数  ','filter 函数');
```

运行结果如图 5.1.41 所示。

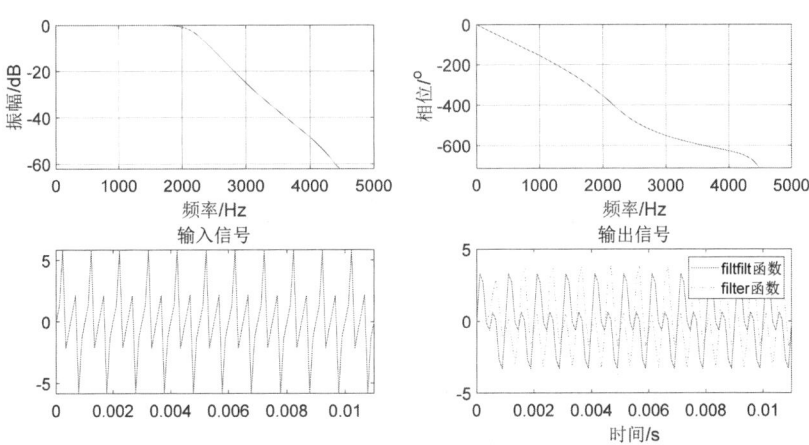

图 5.1.41　滤波器的频率响应与输入输出信号

【例 5.1.42】用双线性变换法设计一个椭圆低通滤波器，并满足响应的性能指标。
```
clear all;
wp=0.3*pi; ws=0.4*pi;              %数字滤波器截止频率
Rp=1; Rs=40;                       %通带波纹、阻带衰减
Fs=100; Ts=1/Fs;    %采样频率
Nn =256;          %调用 freqz 所用的频率点数
wp=2/Ts*cos(wp/2); ws=2/Ts*cos(ws/2);  %按频率公式进行转换
[n,wn]=ellipord(wp,ws,Rp,Rs,'s');   %计算模拟滤波器的最小阶数
[z,p,k]=ellipap(n,Rp,Rs);          %设计模拟原型滤波器
[Bap,Aap]=zp2tf(z,p,k);     %零点极点增益形式转换为传递函数形式
[b,a]=lp2lp(Bap,Aap,wn);    %低通转换为低通滤波器的频率转换
[bz,az]=bilinear(b,a,Fs);   %运用双线性变换法得到数字滤波器传递函数
[h,f]=freqz(bz,az,Nn,Fs);   %绘出频率特性
subplot(121);plot(f,20*log10(abs(h)));
   xlabel('频率/Hz');ylabel( '振幅/dB');      grid on;
subplot(122);plot(f,180/pi*unwrap(angle(h)));
   xlabel( '频率/Hz');ylabel( '相位/o');grid on;
```
运行结果如图 5.1.42 所示。

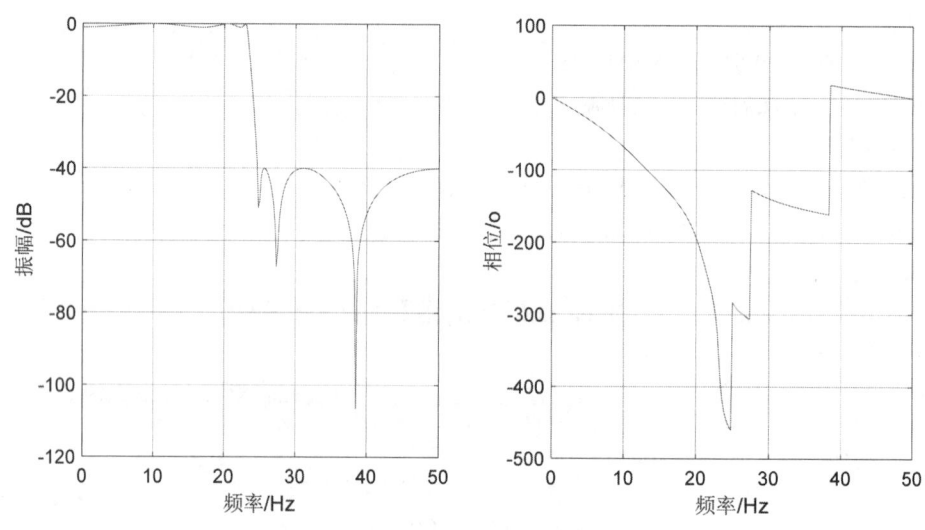

图 5.1.42　椭圆低通滤波器的频率指标

【例 5.1.43】设计一个数字高通滤波器，它的通带为 400~500 Hz，通带内容容许有 1 dB 的波动，阻带内衰减在小于 317 Hz 的频带内至少为 20 dB，采样频率为 1000 Hz。
运行程序如下：
```
wc=2*1000*tan(2*pi*400/(2*1000));wt=2*1000*tan(2*pi*317/(2*1000));
[N,wn]=cheb1ord(wc,wt,1,20,'s');    %选择最小阶和截止频率
[B,A]=cheby1(N,1,wn,'high','s');    %设计 cheby1 模拟高通滤波器
[num,den]=bilinear(B,A,1000);       %数字滤波器设计
```

```
[h,w]=freqz(num,den);
f=w/pi*500;
plot(f,20*log10(abs(h)));
axis([0,500,-80,10]);grid;xlabel('频率/Hz'); ylabel('幅度/dB');
```
运行结果如图 5.1.43 所示。

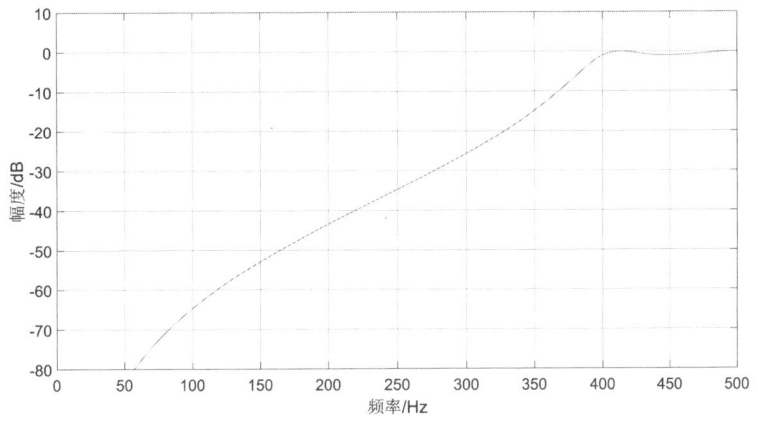

图 5.1.43　切比雪夫数字高通滤波器

5.2　FIR 滤波器的设计

FIR 数字滤波器指有限脉冲响应数字滤波器，这是一种在数字型信号处理领域中应用非常广泛的基础性滤波器，FIR 数字滤波器具有有限长的脉冲采样响应特性，比较稳定。因此，FIR 滤波器的应用要远远广于 IIR 滤波器，在信息传输领域、模式识别领域以及数字图像处理领域具有举足轻重的作用。

5.2.1　FIR 滤波器结构

IIR 数字滤波器能够保留一些模拟滤波器的优良特性，比如具有良好的幅频特性，但是其相位是非线性的。FIR 数字滤波器可以设计成严格线性相位的，避免被处理信号产生相位失真。下面讨论 FIR 滤波器的基本结构。

1. 直接型

假设 FIR 滤波器的单位冲击响应 $h(n)$ 为一个长度的 N 的序列，那么滤波器的系统函数为

$$H(z) = \sum_{n=0}^{N-1} h(n) z^{-n}$$

该式的差分形式为

$$y(n) = \sum_{m=0}^{N-1} h(m) x(n-m)$$

由于该结构利用输入信号 $x(n)$ 和滤波器单位脉冲响应 $h(n)$ 的线性卷积来描述输出信号 $y(n)$，所以 FIR 滤波器的直接型结构又称为卷积型结构，也称为横截型结构。

2. 级联型

当需要控制系统传输零点时，将传递函数 $H(z)$ 分解成二阶实系数因子的形式

$$H(z) = \sum_{n=0}^{N-1} h(n) z^{-n} = \prod_{i=1}^{M} (a_{0i} + a_{1i} z^{-1} + a_{2i} z^{-2})$$

这种结构的每一节控制一对零点，因而在需要控制传输零点时可以采用。所需要的系数 $a_{ik}(i=0,1,2; k=1,2,\cdots,[N/2])$ 比直接型的 $h(n)$ 多，运算时所需的乘法运算也比直接型的多。

【例 5.2.1】分别用直接型和级联型实现给定 FIR 滤波器的系统函数。

clear all;
n=0:10;N=30;
b=0.9.^n;
delta=impseq(0,0,N);
h=filter(b,1,delta);
x=[ones(1,5),zeros(1,N-5)];
y=filter(b,1,x);
subplot(2,2,1);stem(h);title('直接型 h(n)');
subplot(2,2,2);stem(y);title('直接型 y(n)');
[b0,B,A]=dir2cas(b,1);
h=casfilter(b0,B,A,delta);
y=casfilter(b0,B,A,x);
subplot(2,2,3);stem(h);title('级联型 h(n)')
subplot(2,2,4);stem(y);title('级联型 y(n)');

运行结果如图 5.2.1 所示。

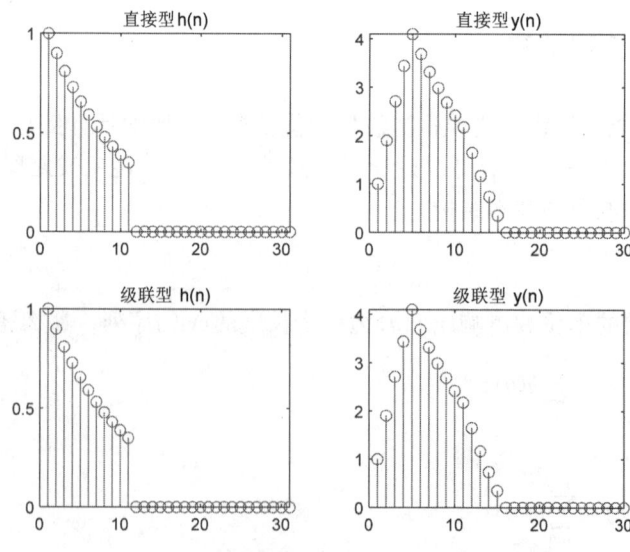

图 5.2.1 FIR 滤波器分别用直接型和级联型实现

3. 频率抽样型

有限长序列 $h(n)$ 的 Z 变换 $H(z)$ 在单位圆上做 N 点的等间隔抽样，N 个频率抽样值的离散傅里叶反变换所对应的时域信号是原序列 $h_N(n)$ 以抽样点数 N 为周期进行周期延拓的结果，当 N 大于等于原序列 $h(n)$ 长度 M 时，$h_N(n) = h(n)$ 不会发生信号失真，此时 $H(z)$ 可以用频域抽样序列 $H(k)$ 内插得到，内插公式为

$$H(z) = (1-z^{-N})\frac{1}{N}\sum_{k=0}^{N-1}\frac{H(k)}{1-W_N^{-k}z^{-1}}$$

其中

$$H(k) = H(z)\big|_{z=e^{j\frac{2\pi}{N}k}}, k=0,1,2,\cdots,N-1$$

$H(z)$ 也可以重写为

$$H(z) = \frac{1}{N}H_c(z)\sum_{k=0}^{N-1}H_k'(z)$$

其中，

$$H_c(z) = 1-z^{-N}, H_k'(z) = \frac{H(k)}{1-W_N^{-k}z^{-1}}$$

显然，$H(z)$ 的第一部分 $H_c(z)$ 是一个由 N 阶延时单元组成的梳状滤波器。它在单位圆上有 N 个等间隔的零点

$$z_i = e^{j\frac{2\pi}{N}i} = W_N^{-i}$$

频率响应为

$$H_c(e^{j\omega}) = 1 - e^{-j\omega N} = 2je^{-j\frac{\omega N}{2}}\sin\left(\frac{\omega N}{2}\right)$$

幅度响应为

$$\left|H_c(e^{j\omega})\right| = 2\left|\sin\left(\frac{\omega N}{2}\right)\right|$$

相角为

$$\arg\left[H_c(e^{j\omega})\right] = \frac{\pi}{2} - \frac{\omega N}{2} + m\pi$$

显然它具有梳状特性，所以称其为梳状滤波器。

频率抽样结构级联的第二部分由 N 个一阶网络并联而成。其中每一个一阶网络为

$$H_k'(z) = \frac{H(k)}{1-W_N^{-k}z^{-1}}$$

令其分母为 0，即

$$1 - W_N^{-k}z^{-1} = 0$$

可求得其极点为

$$z_k = W_N^{-k} = e^{j\frac{2\pi}{N}k}$$

因此，$H_k'(z)$ 是谐振频率为 $\omega = \frac{2\pi}{N}k$ 的无损耗谐振器。一个谐振器的极点正好与梳状滤波器的一个零点相抵消，从而使这个频率 $\frac{2\pi}{N}k$ 上的频率响应等于 $H(k)$。

这样，N 个谐振器的 N 个极点就和梳状滤波器的 N 个零点相抵消，从而使这个频率抽样点（$\omega = \frac{2\pi}{N}k$，$k = 0,1,\cdots,N-1$）的频率响应就分别等于 N 个 $H(k)$ 值，把这两部分级联起来就可以构建 FIR 滤波器的频率抽样型结构。

FIR 滤波器的频率抽样型结构的主要优点如下：首先，它的系数 $H(k)$ 直接就是滤波器在 $\omega = \frac{2\pi}{N}k$ 处的响应值，因此可以直接控制滤波器的响应；其次，只要滤波器的 N 阶数相同，对于任何频响形状，其梳状滤波器部分的结构完全相同，N 阶网络部分的结构也完全相同，只是各支路 $H(k)$ 的增益不同，因此频率抽样型结构便于标准化和模块化。

一般来说，当抽样点数较大时，频率抽样结构比较复杂，所需的乘法器和延时器就比较多。但以下两种情况，使用频率抽样结构比较经济。

（1）对于窄带滤波器，其多数抽样值为零，谐振器柜中只剩下几个所需要的谐振器。这时采用频率抽样结构比直接型结构所用的乘法器少，当然存储器还是要比直接型用得多一些。

（2）在需要同时使用很多并列的滤波器的情况下，这些并列的滤波器可以采用频率抽样结构，并且可以共用梳状滤波器和谐振柜，只要将各谐振器的输出适当加权组合就能组成各个并列的滤波器。

FIR 直接型结构转换为频率取样型结构 MATLAB 实现。

```
function [C,B,A]=dir2fs(h)
%[C,B,A]=dir2fs(h)
%C=包含各并行部分增益的向量
%B=包含按行排列的分子系数矩阵
%A=包含按行排列的分母系数矩阵
%h=FIR 滤波器的脉冲响应向量
M=length(h);
H=fft(h,M);
magH = abs(H);phaH = angle(H)';
%check even or odd M
if(M==2*floor(M/2))
    L=M/2-1;% M 为偶数
    A1 = [1,-1,0;1,1,0];
    C1 = [real(H(1)),real(H(L+2))];
else
```

```
            L = (M-1)/2;% M is odd
            A1 = [1,-1,0];
            C1 = [real(H(1))];
end
k=[1:L]';
%初始化 B 和 A 数组
  B=zeros(L,2);
  A=ones(L,3);
%计算分母系数
A(1:L,2)=-2*cos(2*pi*k/M);A = [A;A1];
%计算分子系数
B(1:L,1)=cos(phaH(2:L+1));
B(1:L,2)=-cos(phaH(2:L+1)-(2*pi*k/M));
%计算增益系数
C=[2*magH(2:L+1),C1]';
```

【例 5.2.2】利用频率抽样法设计一个低通 FIR 数字低通滤波器，其理想频率特性是矩形的，给定抽样频率为 $\Omega_s = 2\pi \times 1.5 \times 10^4 \text{(rad/s)}$，通带截止频率为 $\Omega_p = 2\pi \times 1.6 \times 10^3 \text{(rad/s)}$，阻带起始频率为 $\Omega_{st} = 2\pi \times 3.1 \times 10^3 \text{(rad/s)}$，通带波动 $\delta_1 \leqslant 1 \text{dB}$，阻带衰减 $\delta_2 \geqslant 50 \text{dB}$。

```
close all;clear;
N=30;
H=[ones(1,4),zeros(1,22),ones(1,4)];
H(1,5)=0.5886;H(1,26)=0.5886;H(1,6)=0.1065;H(1,25)=0.1065;
k=0:(N/2-1);k1=(N/2+1):(N-1);k2=0;
A=[exp(-j*pi*k*(N-1)/N),exp(-j*pi*k2*(N-1)/N),exp(j*pi*(N-k1)*(N-1)/N)];
HK=H.*A;
h=ifft(HK);
fs=15000;
[c,f3]=freqz(h,1);
f3=f3/pi*fs/2;
subplot(221);plot(f3,20*log10(abs(c)));
title('频谱特性');xlabel('频率/HZ');ylabel('衰减/dB');grid on;
subplot(222);title('输入采样波形');stem(real(h),'.');
line([0,35],[0,0]);xlabel('n');ylabel('Real(h(n))');grid on;
t=(0:100)/fs;
W=sin(2*pi*t*750)+sin(2*pi*t*3000)+sin(2*pi*t*6500);
q=filter(h,1,W);
[a,f1]=freqz(W);
f1=f1/pi*fs/2;
```

```
[b,f2]=freqz(q);
f2=f2/pi*fs/2;
subplot(223);plot(f1,abs(a));
title('输入波形频谱图');xlabel('频率');ylabel('幅度');grid on;
subplot(224);plot(f2,abs(b));
title('输出波形频谱图');xlabel('频率');ylabel('幅度');grid on;
```
运行结果如图 5.2.2 所示。

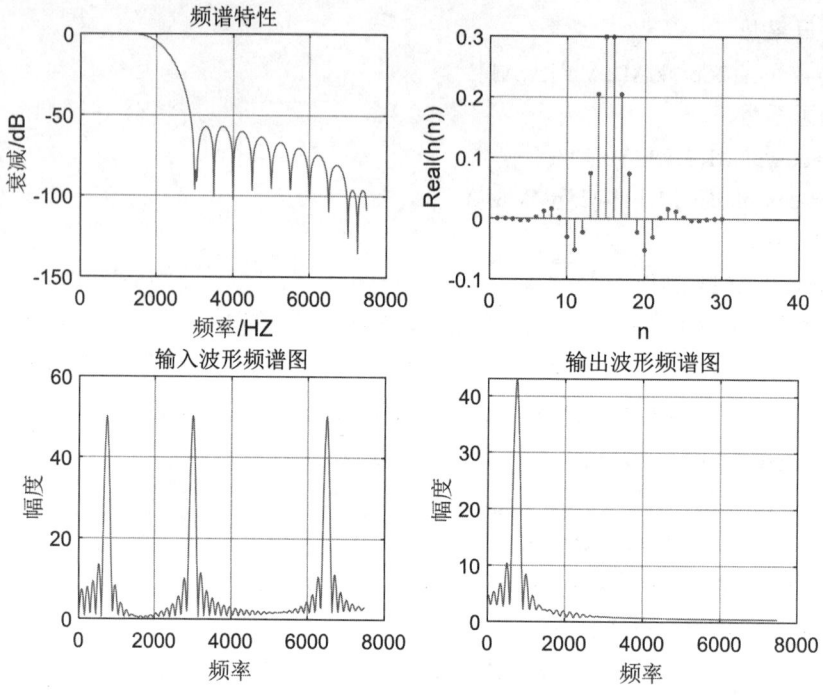

图 5.2.2　频率抽样法设计一个低通 FIR 数字低通滤波器

【例 5.2.3】FIR 数字滤波器的单位冲激响应为 $h(n)=\left\{\dfrac{1}{8},\dfrac{2}{8},\dfrac{3}{8},\dfrac{2}{8},\dfrac{1}{8}\right\}$，调用 dir2fs 函数求出频率取样型结构。

```
clear all;close all;
h=[1 2 3 2 1]/8;
[C,B,A]=dir2fs(h)
```
运行结果如下：

C =　0.6545

　　　0.0955

　　　1.1250

B = -0.8090　　0.8090

　　　0.3090　 -0.3090

```
A = 1.0000    -0.6180    1.0000
    1.0000     1.6180    1.0000
    1.0000    -1.0000         0
```

4. 快速卷积型

根据圆周卷积和线性卷积的关系可知，两个长度为 N 的序列的线性卷积，可以用这两个序列的 $2N-1$ 的圆周卷积来实现。由 FIR 滤波器的直接型结构：滤波器的输出信号 $y(n)$ 是输入信号 $x(n)$ 和滤波器单位脉冲响 $h(n)$ 的线性卷积。所以，对有限长序 $x(n)$，可以通过补零的方法延长 $x(n)$ 和 $h(n)$ 序列，然后计算它们的圆周卷积，从而得 FIR 系统的输出 $y(n)$。

5.2.2 线性相位 FIR 滤波器的特性

FIR 滤波器能够在保证幅度特性满足技术要求的同时，做成严格的线性相位特性，FIR 滤波器的单位抽样响应是有限长的，因而滤波器一定是稳定的，而且可以用快速傅里叶变换算法实现，大大提高了运算速率。

1. 相位条件

如果一个线性移不变系统的频率响有如下形式：

$$H(e^{j\omega}) = H(\omega)e^{j\theta(\omega)} = |H(e^{j\omega})|e^{-j\alpha\omega}$$

则其具有线性相位。这里 α 是一个实数。因而，线性相位系统有一个恒定的群延时

$$\tau = \alpha$$

在实际应用中，有两类准确的线性相位，分别要求满足

$$\theta(\omega) = -\tau\omega$$
$$\theta(\omega) = \beta - \tau\omega$$

FIR 滤波器具有第一类线性相位的充分必要条件是：单位抽样响应 $h(n)$ 关于群延时对称，即满足

$$h(n) = h(N-1-n), 0 \leqslant n \leqslant N-1$$
$$\tau = \frac{N-1}{2}$$

满足偶对称条件 FIR 波器分别称为 I 型线性相位滤波器和 II 型线性相位滤波器。

FIR 波器具有第二类线性相位的充分必要条件是：单位抽样响应 $h(n)$ 关于群延时奇对称，即满足

$$h(n) = -h(N-1-n), 0 \leqslant n \leqslant N-1$$
$$\beta = \pm\frac{\pi}{2}$$
$$\tau = \frac{N-1}{2}$$

把满足奇对称条件 FIR 滤波器分别称为Ⅲ型线性相位滤波器和Ⅳ型线性相位滤波器。

2. 线性相位 FIR 滤波器频率响应的特点

如果滤波器的系数 $h(n)$ 的长度为 N，且这些系数关于 $\tau = \dfrac{N-1}{2}$ 对称，根据 $h(n)$ 的奇偶对称性和 N 的奇偶性，线性相 FIR 字滤波器可以分为 4 种类型。

（1）Ⅰ型线性相位滤波器。

由于偶对称性，N 为奇数，一个Ⅰ型线性相位滤波器的频率响应可表示为

$$H(e^{j\omega}) = e^{-j(N-1)\omega/2} \sum_{n=0}^{(N-1)/2} a(k)\cos(k\omega)$$

其中，

$$a(k) = 2h\left(\dfrac{N-1}{2} - k\right), k = 1, 2, \cdots, \dfrac{N-1}{2}, a(0) = h\left(\dfrac{N-1}{2}\right)$$

幅度函数为

$$H(\omega) = \sum_{n=0}^{(N-1)/2} a(k)\cos(k\omega)$$

相位函数为

$$\theta(\omega) = -\dfrac{N-1}{2}\omega$$

（2）Ⅱ型线性相位滤波器。

一个Ⅱ型线性相位滤波器偶对称，由于 N 是偶数，所以 $h(n)$ 的对称中心在半整数点 $\tau = \dfrac{N-1}{2}$。其频率响应可以表示为

$$H(e^{j\omega}) = e^{-j(N-1)\omega/2} \sum_{n=0}^{N/2} b(k)\cos\left[\left(k - \dfrac{1}{2}\right)\omega\right]$$

其中，

$$b(k) = 2h\left(\dfrac{N-1}{2} - k\right), k = 1, 2, \cdots, \dfrac{N}{2}$$

幅度函数为

$$H(\omega) = \sum_{n=0}^{N/2} b(k)\cos\left[\left(k - \dfrac{1}{2}\right)\omega\right]$$

相位函数为

$$\theta(\omega) = -\dfrac{N-1}{2}\omega$$

（3）Ⅲ型线性相位滤波器。

由于Ⅲ型线性相位滤波器 N 为奇数，关于 $\tau = \dfrac{N-1}{2}$ 奇对称，且 τ 为整数，所以，其频率

响应可以表示为

$$H(e^{j\omega}) = je^{-j(N-1)\omega/2} \sum_{n=0}^{(N-1)/2} c(k)\sin(k\omega)$$

其中，

$$c(k) = 2h\left(\frac{N-1}{2} - k\right), k = 1, 2, \cdots, \frac{N-1}{2}$$

幅度函数为

$$H(\omega) = \sum_{n=0}^{(N-1)/2} c(k)\sin(k\omega)$$

相位函数为

$$\theta(\omega) = -\frac{N-1}{2}\omega + \frac{\pi}{2}$$

（4）Ⅳ型线性相位滤波器。

Ⅳ型线性相位滤波器关于 $\tau = \frac{N-1}{2}$ 奇对称，且 N 为偶数，所以 τ 为非整数。其频率响应可以表示为

$$H(e^{j\omega}) = je^{-j(N-1)\omega/2} \sum_{n=0}^{N/2} d(k)\sin\left[\left(k - \frac{1}{2}\right)\omega\right]$$

其中，

$$d(k) = 2h\left(\frac{N}{2} - k\right), k = 1, 2, \cdots, \frac{N}{2}$$

幅度函数为

$$H(\omega) = \sum_{n=0}^{N/2} d(k)\sin\left[\left(k - \frac{1}{2}\right)\omega\right]$$

相位函数为

$$\theta(\omega) = -\frac{N-1}{2}\omega + \frac{\pi}{2}$$

（5）线性相位滤波器振幅响应的实现。

Ⅰ型滤波器的幅度响应如下：

function[Hr,w,a,L]=hr_type1(h);
%计算所设计的Ⅰ型滤波器的振幅响应
%Hr=振幅响应
%a=Ⅰ型滤波器的系数
%L=Hr 的阶次

```
%h=Ⅰ型滤波器的单位冲激响应
M=length(h);
L=(M-1)/2;
a=[h(L+1) 2*h(L:-1:1)];
n=[0:1:L];
w=[0:1:500]'*2*pi/500;
Hr=cos(w*n)*a';
```

Ⅱ型滤波器的幅度响应如下：

```
function[Hr,w,b,L]=hr_type2(h);
%计算所设计的Ⅱ型滤波器的振幅响应
%Hr=振幅响应
%b=Ⅱ型滤波器的系数
%L=Hr 的阶次
%h=Ⅱ型滤波器的单位冲激响应
M=length(h);
L=M/2;
b=2*h(L:-1:1);
n=[1:1:L];
n=n-0.5;
w=[0:1:500]'*2*pi/500;
Hr=cos(w*n)*b';
```

Ⅲ型滤波器的幅度响应如下：

```
function[Hr,w,c,L]=hr_type3(h);
%计算所设计的Ⅲ型滤波器的振幅响应
%Hr=  振幅响应
%b=Ⅲ型滤波器的系数
%L=Hr 的阶次
%h=Ⅲ型滤波器的单位冲击响应
M=length(h);
L=(M-1)/2;
c=[2*h(L+1:-1:1)];
n=[0:1:L];
w=[0:1:500]'*2*pi/500;
Hr=sin(w*n)*c';
```

Ⅳ型滤波器的幅度响应如下：

```
function [Hr,w,d,L]=hr_type4(h);
%计算所设计的Ⅳ型滤波器的振幅响应
%Hr=振幅响应
```

%b=Ⅳ型滤波器的系数
%L=Hr 的阶次
%h=Ⅳ型滤波器的单位冲击响应
M=length(h);
L=M/2;
d=2*[h(L:-1:1)];
n=[1:1:L];
n=n-0.5;
w=[0:1:500]'*2*pi/500;
Hr=sin(w*n)*d';

为了绘制滤波器的零极点图，需要调用的用户子程序如下：
function pzplotz(b,a)
%pzplotz(b,a 给定系数向量,在平面上画出零极点分布图
%b-分子多项式系数向量
%a-分母多项式系数向量
%a,b 向量可从 z 的最高幂降幂排至 z^0，也可由 z^0 开始，按 z^-1 的 升幂排至最高幂
N=length(a);M=length(b);
pz=[ ];zz=[ ];
if(N>M)
pz=zeros((N-M),1);
elseif(M>N)
zz=zeros((M-N),1);
end
pz=[pz;roots(a)];
zz=[zz;roots(b)];
pzr=real(pz)';
pzi=imag(pz)';
zzr =real(zz)';
zzi =imag(zz)';
rzmin =min([pzr,zzr,-1])-0.5;
rzmax=max([pzr,zzr,1])+0.5;
izmin=min([pzi,zzi,-1])-0.5;
izmax=max([pzi,zzi,1])+0.5;
zmin =min([rzmin,izmin]);
zmax=max([rzmax,izmax]);
zmm=max(abs([zmin,zmax]));
uc=exp(j*2*pi*[0:1:500]/500);
plot(real(uc),imag(uc),'b',[-zmm,zmm],[0,0],'b',[0,0],[-zmm,zmm],'b');

```
axis([-zmm,zmm,-zmm,zmm]);
axis('square');
hold on
plot(zzr,zzi,'bo',pzr,pzi,'rx');
hold on
text(zmm*1.1,zmm*0.95,'z-平面');xlabel('实轴');ylabel('虚轴');title('零极点图')
```
【例 5.2.4】设计 I 型线性相位滤波器。
```
h=[-4 3 -5 -2 1 7 1 -2 -5 3 -4];
M=length(h);
n=0:M-1;
[Hr,w,a,L]=hr_type1(h);
subplot(2,2,1);stem(n,h);
xlabel('n');ylabel('h(n)');title('脉冲响应');grid on
subplot(2,2,3);stem(0:L,a);
xlabel('n');ylabel('a(n)');title('a(n)系数');grid on
subplot(2,2,2);plot(w/pi,Hr);
xlabel('频率单位 pi');ylabel('Hr');title('I 型幅度响应');grid on
subplot(2,2,4);pzplotz(h,1);grid on
```
运行结果如图 5.2.3 所示。

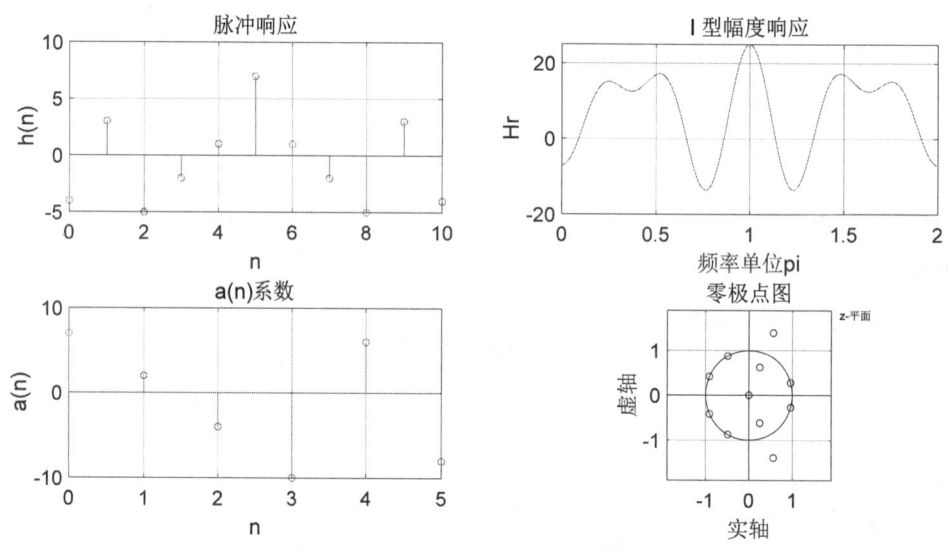

图 5.2.3　I 型线性相位滤波器

【例 5.2.5】设计 II 型线性相位滤波器。
运行程序如下：
```
h=[-4 3 -5 -2 1  1 -2 -5 3 -4];
M=length(h);
```

```
n=0:M-1;
[Hr,w,b,L]=hr_type2(h);
subplot(2,2,1);stem(n,h);
xlabel('n');ylabel('h(n)');title('脉冲响应');grid on
subplot(2,2,3);stem(1:L,b);
xlabel('n');ylabel('b(n)');title('b(n)系数');grid on
subplot(2,2,2);plot(w/pi,Hr);
xlabel('频率单位 pi');ylabel('Hr');title('Ⅱ型幅度响应');grid on
subplot(2,2,4);pzplotz(h,1);grid on
```
运行结果如图 5.2.4 所示。

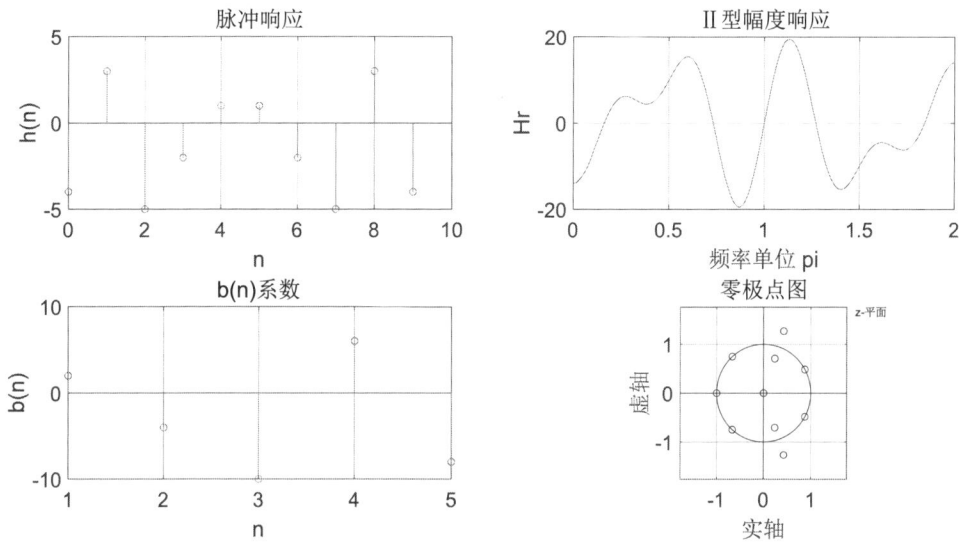

图 5.2.4　Ⅱ型线性相位滤波器

【例 5.2.6】设计Ⅲ型线性相位滤波器。
运行程序如下：
```
h=[-4 3 -5 2 5 0 -5 -2  5 -3 4];
M=length(h);n=0:M-1;
[Hr,w,c,L]=hr_type3(h);
subplot(2,2,1);stem(n,h);
xlabel('n');ylabel('h(n)');title('脉冲响应');grid on
subplot(2,2,3);stem(0:L,c);
xlabel('n');ylabel('c(n)');title('c(n)系数');grid on
subplot(2,2,2);plot(w/pi,Hr);
xlabel('频率单位 pi');ylabel('Hr');title('Ⅲ型幅度响应');grid on
subplot(2,2,4);pzplotz(h,1);grid on
```
运行结果如图 5.2.5 所示。

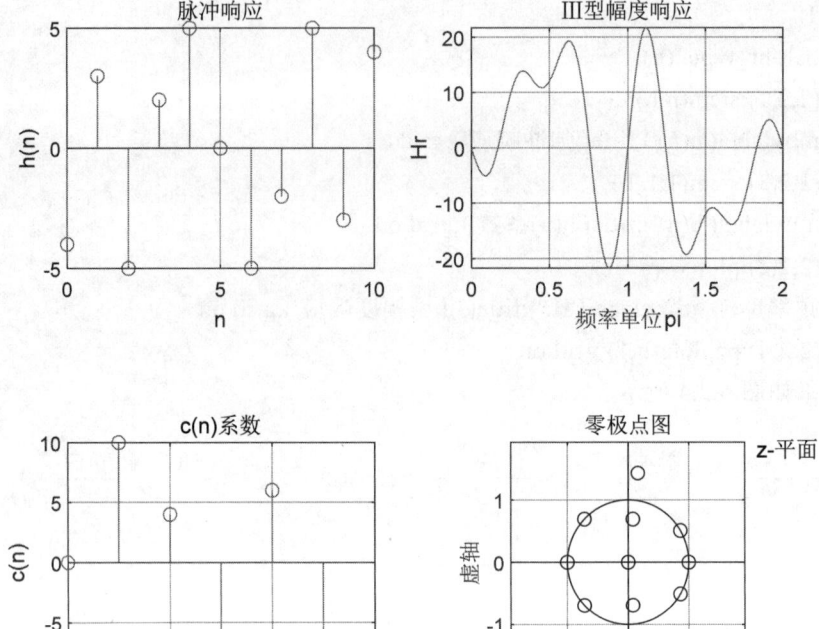

图 5.2.5 Ⅲ型线性相位滤波器

【例 5.2.7】设计Ⅳ型线性相位滤波器。

运行程序如下：

h=[-4 3 -5 -2 5 -5 2 5 -3 4];

M=length(h);n=0:M-1;

[Hr,w,d,L]=hr_type4(h);

subplot(2,2,1);stem(n,h);

xlabel('n');ylabel('h(n)');title('脉冲响应');grid on

subplot(2,2,3);stem(1:L,d);

xlabel('n');ylabel('d(n)');title('d(n) 系数');grid on

subplot(2,2,2);plot(w/pi,Hr);

xlabel('频率单位 pi');ylabel('Hr');title('Ⅳ型幅度响应');grid on

subplot(2,2,4);pzplotz(h,1);grid on

运行结果如图 5.2.6 所示。

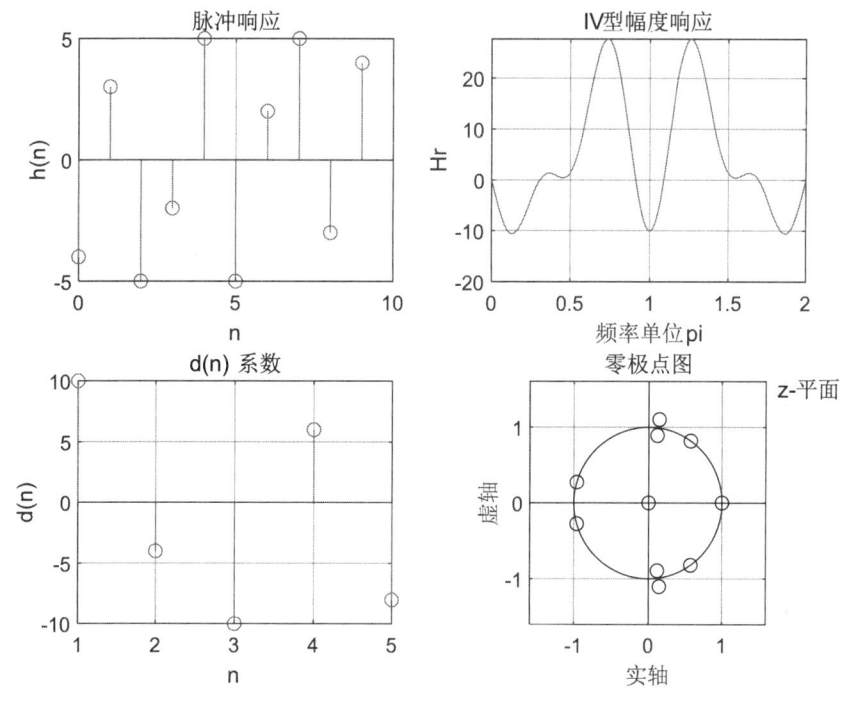

图 5.2.6　Ⅳ型线性相位滤波器

【例 5.2.8】设计 4 类线性相位低通滤波器的幅度响应。

设计 4 类线性相位低通滤波器的幅度响应的用户自定义函数如下：

```
function [A,w,type,tao]=amplres(h)
%h:FIR 数字滤波器的脉冲响应
%A:滤波器的幅度特性
%w: 在[0,2*pi]区间内计算 Hr 的 512 个频率点
%type: 线性相位滤波器的类型
%tao:幅度特性的群迟延
N=length(h);
tao=(N-1)/2;
L=floor(tao);
n=1:L+1;
w=[0:511]*2*pi/512;
if all(abs(h(n)-h(N-n+1))<1e-8)
if mod(N,2)~=0
A=2*h(n)*cos(((N+1)/2-n)'*w)-h(L+1);
type =1
else
A=2*h(n)*cos(((N+1)/2-n)'*w);
type =2;
end
```

```
elseif all(abs(h(n)+h(N-n+1))<1e-8)&&(h(L+1)*mod(N,2)==0)
A=2*h(n)*sin(((N+1)/2-n)'*w);
if mod(N,2)~=0
type =3;
else type=4;
end
else error('error:非线性相位滤波器!')
end
```

运行程序如下：

```
clear all;close all;clc;
h1=[-3,1,-1,-2,5,6,5,-2,-1,1,-3];
h2=[-3,1,-1,-2,5,6,6,5,-2,-1,1,-3];
h3=[-3,1,-1,-2,5,0,-5,2,1,-1,3];
h4=[-3,1,-1,-2,5,6,-6,-5,2,1,-1,3];
[A1,w1,a1,L1]=amplres(h1);
[A2,w2,a2,L2]=amplres(h2);
[A3,w3,a3,L3]=amplres(h3);
[A4,w4,a4,L4]=amplres(h4);
figure(1),
n1=0:length(h1)-1;
amax=max(h1)+1;
amin=min(h1)-1;
subplot(241);
stem(n1,h1,'k');
axis([-1 2*L1+1 amin amax])
text(5,-6,'n');ylabel('h(n)');title('脉冲响应')
subplot(242);plot(w1,A1,'k');grid;
text(4,-18,'w');ylabel('A(\omega)');title('Ⅰ 型幅度响应')
n2=0:length(h2)-1;
amax =max(h2)+1;amin =min(h2)-1;
subplot(243);stem(n2,h2,'k');axis([-1 2*L2+1 amin amax]);
text(5,-6,'n');ylabel('h(n)');title('脉冲响应');
subplot(244);plot(w2,A2,'k');
grid;text(4,-28,'w');ylabel('A(\omega)');title('Ⅱ型幅度响应')
n3=0:length(h3)-1;
amax=max(h3)+1;amin=min(h3)-1;
subplot(245);stem(n3,h3,'k');axis([-1 2*L3+1 amin amax]);
text(5,-7,'n');ylabel('h(n)');title('脉冲响应')
subplot(246);plot(w3,A3,'k');grid;
```

text(4,-28,'w');ylabel('A(\omega)');title('Ⅲ型幅度响应');
n4=0:length(h4)-1;
amax =max(h4)+1;amin =min(h4)-1;
subplot(247);stem(n4,h4,'k');axis([-1 2*L4+1 amin amax]);
text(5,-8,'n');ylabel('h(n)');title('脉冲响应');
subplot(248);plot(w4,A4,'k');grid;
text(4,-12,'w');ylabel('A(\omega)');title('Ⅳ型幅度响应');
运行结果如图 5.2.7 所示。

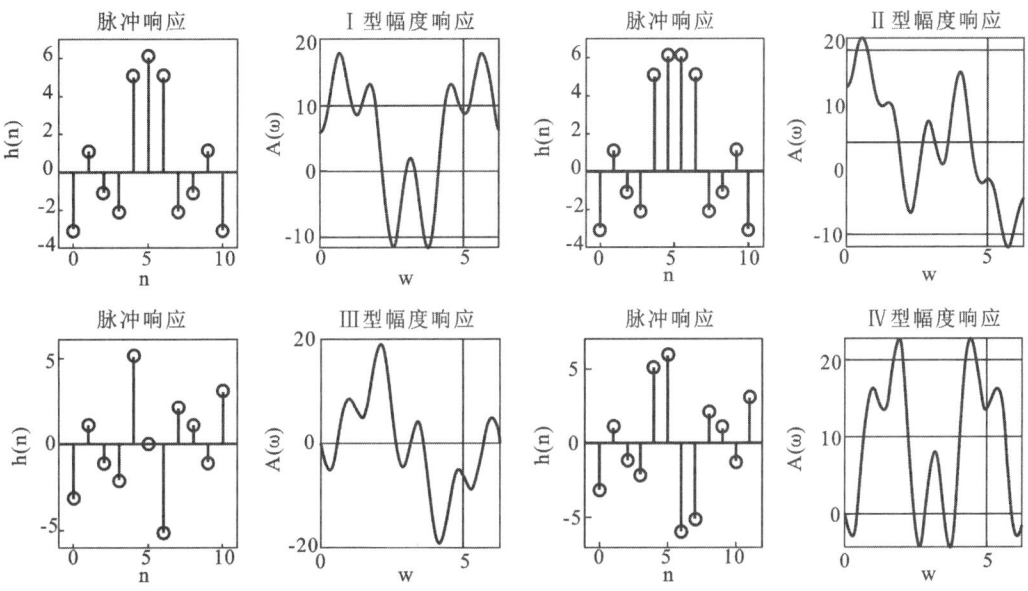

图 5.2.7 4 类线性相位低通滤波器的幅度响应

【例 5.2.9】画出所给出的 4 种滤波器的系数的零极点图。
clear   all;close   all;clc;
h1=[-4,2,-2,-2,5,7,5,-2,-2,2,-4];
h2=[-4,2,-2,-2,5,7,7,5,-2,-2,2,-4];
h3 =[-4,2,-2,-2,5,0,-5,2,2,-2,4];
h4=[-4,2,-2,-2,5,7,-7,-5,2,2,-2,4];
subplot(2,2,1);zplane(h1,1);title('Ⅰ型零极点');
subplot(2,2,2);zplane(h2,1);title('Ⅱ型零极点');
subplot(2,2,3);zplane(h3,1);title('Ⅲ型零极点');
subplot(2,2,4);zplane(h4,1);title('Ⅳ 型零极点');
运行结果如图 5.2.8 所示。

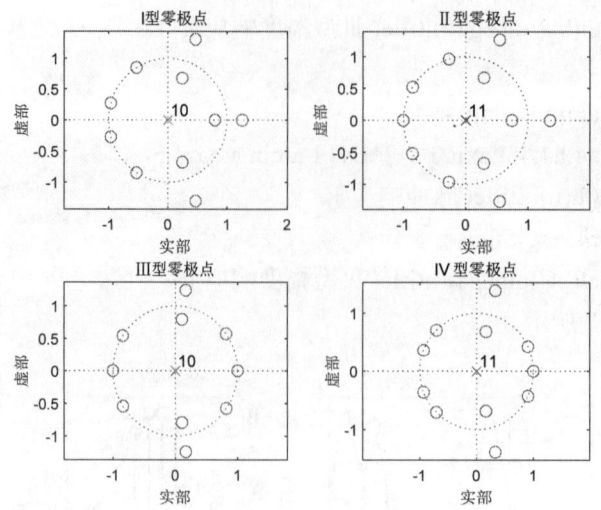

图 5.2.8　4 种滤波器的系数的零极点图

5.2.3　常用窗函数法 FIR 滤波器设计

【例 5.2.10】运用矩形窗设计 FIR 带阻滤波器。
运行过程中需要调用用户自定义的两个子程序。
调用子程序 1
function　hd=ideal_bs(Wcl,Wch,m);
alpha=(m-1)/2;
n=[0:1:(m-1)];
m=n-alpha+eps;
hd=[sin(m*pi)+sin(Wcl*m)-sin(Wch*m)]./(pi*m)
调用子程序 2
function[db,mag,pha,w]=freqz_m2(b,a)
[H,w]=freqz(b,a,1000,'whole');
H=(H(1:1:501))';w=(w(1:1:501))';
mag=abs(H);
db=20*log10((mag+eps)/max(mag));
pha =angle(H);
运行程序如下：
clear　all;
Wph=3*pi*6.25/15;Wpl=3*pi/15;Wsl=3*pi*2.5/15;Wsh=3*pi*4.75/15;
tr_width=min((Wsl-Wpl),(Wph-Wsh)); %过渡带宽度
N=ceil(4*pi/tr_width); 　　　　　　%滤波器长度
n=0:1:N-1;
Wcl=(Wsl+Wpl)/2;Wch=(Wsh+Wph)/2; %理想滤波器的截止频率
hd=ideal_bs(Wcl,Wch,N); 　　　　　　%理想滤波器的单位冲击响应

```
w_ham=(boxcar(N))';
string=[ '矩形窗','N=',num2str(N)];
h=hd.*w_ham;                    %截取取得实际的单位脉冲响应
[db,mag,pha,w]=freqz_m2(h,[1]);  %计算实际滤波器的幅度响应
delta_w=2*pi/1000;
subplot(241);stem(n,hd);title( '理想脉冲响应  hd(n)')
axis([-1,N,-0.5,0.8]);xlabel('n');ylabel('hd(n)');grid on
subplot(242);stem(n,w_ham);axis([-1,N,0,1.1]);
xlabel('n');ylabel('w(n)');text(1.5,1.3,string);grid on
subplot(243);stem(n,h);title( '实际脉冲响应  h(n)');
axis([0,N,-1.4,1.4]);xlabel('n');ylabel('h(n)');grid on
subplot(244);plot(w,pha);title( '相频特性');
axis([0,3.15,-4,4]);xlabel( '频率(rad)');ylabel( '相位(φ)');grid on
subplot(245);plot(w/pi,db);title('幅度特性(dB)');
axis([0,1,-80,10]);xlabel('频率(pi)');ylabel('分贝数');grid on
subplot(246);plot(w,mag);title( '频率特性')
axis([0,3,0,2]);xlabel('频率(rad)');ylabel('幅值');grid on
fs=15000;t=(0:100)/fs;
x=cos(2*pi*t*750)+cos(2*pi*t*3000)+cos(2*pi*t*6100);
q=filter(h,1,x);
[a,f1]=freqz(x);f1=f1/pi*fs/2;
[b,f2]=freqz(q);f2=f2/pi*fs/2;
subplot(247);plot(f1,abs(a));
title('输入波形频谱图');xlabel( '频率');ylabel( '幅度');grid on;
subplot(248);plot(f2,abs(b));
title('输出波形频谱图');xlabel( '频率');ylabel('幅度');grid on;
```
运行结果如图 5.2.9 所示。

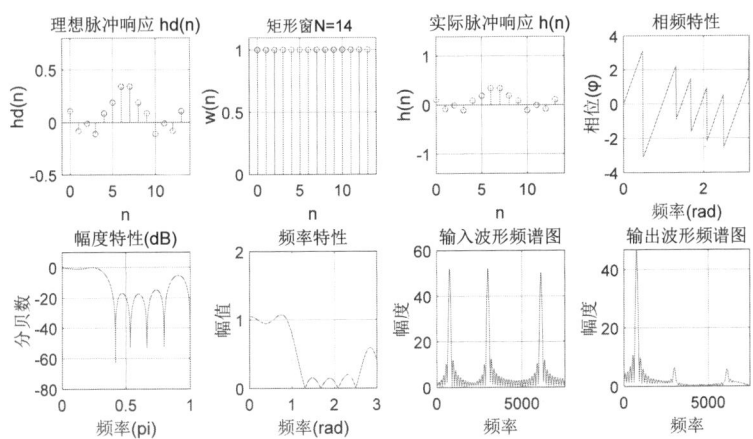

图 5.2.9 FIR 带阻滤波器及其输入输出结果

【例 5.2.11】 用海明窗设计低通滤波器。

```
clear;close all;
wd=0.875*pi;N=133;M=(N-1)/2;
nn=-M:M;n=nn+eps;
hd=sin(wd*n)./(pi*n); %理想冲激响应
w=hamming(N)';        % 海明窗
h=hd.*w;              %实际冲激响应
H=20*log10(abs(fft(h,1024)));  %实际滤波器的分贝幅度特性
HH=[H(513:1024) H(1:512)];
subplot(221),plot(nn,hd,'k');
xlabel('n');title('理想冲激响应');axis([-70 70  -0.1 0.3]);
subplot(222),plot(nn,w,'k');
axis([-70 70 -0.1 1.2]);title('海明窗');xlabel('n');
subplot(223),plot(nn,h,'k');
axis([-70 70 -0.1 0.3]);xlabel('n');title('实际冲激响应');
w=(-512:511)/511;
subplot(224),plot(w,HH,'k');
axis([-1.2 1.2 -140 20]);xlabel('\omega/\pi');
title('滤波器分贝幅度特性');set(gcf,'color','w');
```

运行结果如图 5.2.10 所示。

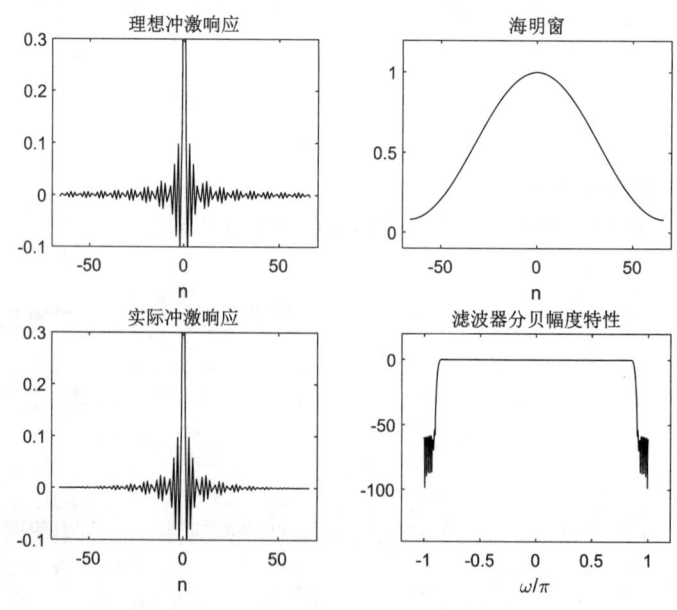

图 5.2.10 用海明窗设计低通滤波器

【例 5.2.12】 用海明窗设计高通滤波器。

```
clear;close all;
wd=0.6*pi; N=65;M=(N-1)/2;
```

```
nn=-M:M;
n=nn+eps;
hd=3*((-1).^n).*tan(wd*n)./(pi*n);
w=hamming(N)';
h=hd.*w;
H=20*log10(abs(fft(h,1024)));
HH=[H(513:1024) H(1:512)];
subplot(221),stem(nn,hd,'k');
xlabel('n');title( '理想冲激响应');
axis([-18 18 -0.8 1.2]);
subplot(222),stem(nn,w,'k');axis([-18 18 -0.1 1.2]);
title('海明窗');xlabel('n');
subplot(223),stem(nn,h,'k');
axis([-18 18 -0.8 1.2]);xlabel('n');title( '实际冲激响应');
w=(-512:511)/511;
subplot(224),plot(w,HH,'k');
axis([-1.2 1.2 -140 20]);xlabel('\omega/\pi');title('滤波器分贝幅度特性');
set(gcf,'color','w');
```

运行结果如图 5.2.11 所示。

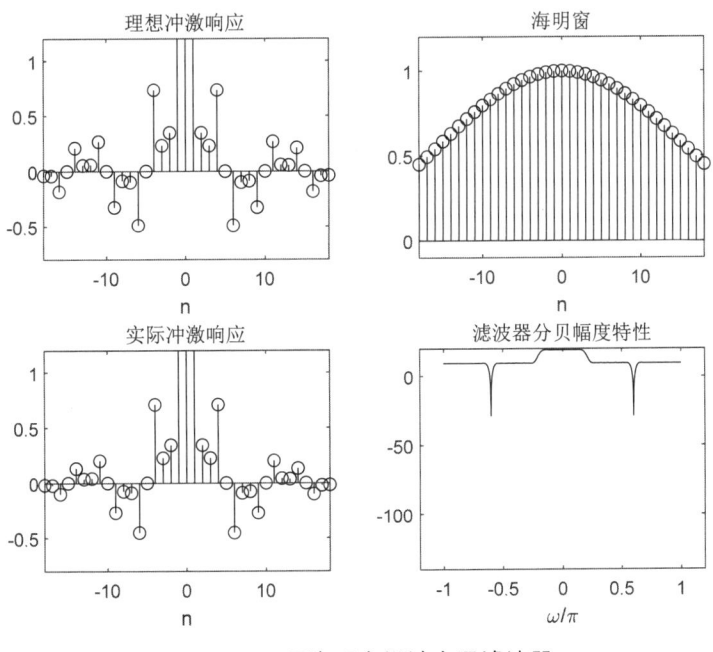

图 5.2.11 用海明窗设计高通滤波器

【例 5.2.13】用窗函数法设计数字带通滤波器。

下阻带边缘：W_{s1}=0.3 pi，A_s=65 dB，下通带边缘：W_{p1}=0.4 pi，R_p=1 dB。

上通带边缘：W_{p2}=0.6 pi，R_p=1 dB，上阻带边缘：W_{s2}=0.7 pi，A_s=65 dB。

根据窗函数最小阻带衰减的特性,以及参照窗函数的基本参数表,选择布莱克曼窗可达到 75 dB 最小阻带衰减,其过渡带为 11 pi/N。

运行过程中调用的子程序 1 为

```
function hd=ideal_lp(wc,M);
%计算理想低通滤波器的脉冲响应
%[hd]=ideal_lp(wc,M)
%hd=   理想脉冲响应 0 到 M-1
%wc=   截止频率
%M=    理想滤波器的长度
alpha=(M-1)/2;
n=[0:1:(M-1)];
m=n-alpha+eps;   %加上一个很小的值 eps 避免除以 0 的错误情况出现
hd=sin(wc*m)./(pi*m);
```

运行过程中调用的子程序 2 为

```
function [db,mag,pha,grd,w]=freqz_m(b,a)
[H,w]=freqz(b,a,1000,'whole');
H=(H(1:1:501))';w=(w(1:1:501))';
mag=abs(H);
db=20*log10((mag+eps)/max(mag));
pha=angle(H);
grd=grpdelay(b,a,w);
```

运行程序如下:

```
clear all;
wp1=0.4*pi;wp2=0.6*pi;ws1=0.3*pi;ws2=0.7*pi;
As =150;
tr_width=min((wp1-ws1),(ws2-wp2));   %过渡带宽度
M=ceil(11*pi/tr_width)+1;   %过渡带长度
n=[0:1:M-1];
wc1=(ws1+wp1)/2;   %理想带通滤波器的下截止频率
wc2=(ws2+wp2)/2;   %理想带通滤波器的上截止频率
hd=ideal_lp(wc2,M)-ideal_lp(wc1,M);
w_bla=(blackman(M))';   %布莱克曼窗
h=hd.*w_bla;   %截取得到实际的单位脉冲响应
[db,mag,pha,grd,w]=freqz_m(h,[1]);   %计算实际滤波器的幅度响应
delta_w=2*pi/1000;
Rp=-min(db(wp1/delta_w+1:1:wp2/delta_w));   %实际通带纹波
As=-round(max(db(ws2/delta_w+1:1:501)));   As =150
subplot(2,2,1);stem(n,hd);title('理想单位脉冲响应 hd(n)');
```

axis([0 M-1 -0.4 0.5]);xlabel('n');ylabel('hd(n)');grid on;
subplot(2,2,2);stem(n,w_bla);title('布莱克曼窗 w(n)')
axis([0 M-1 0 1.1]);xlabel('n');ylabel('w(n)');grid on;
subplot(2,2,3);stem(n,h);title('实际单位脉冲响应 hd(n)');
axis([0 M-1 -0.4 0.5]);xlabel('n');ylabel('h(n)');grid on;
subplot(2,2,4);plot(w/pi,db);axis([0 1 -150 10]);
title('幅度响应(dB)');grid on;xlabel('频率单位：pi');ylabel('分贝数');
运行结果如图 5.2.12 所示。

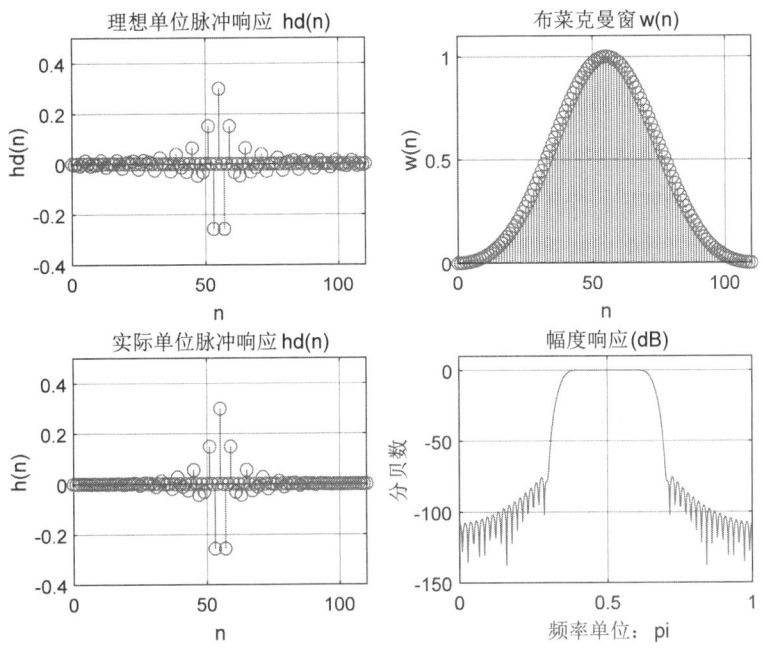

图 5.2.12 用窗函数法设计数字带通滤波器

【例 5.2.14】利用凯塞窗函数设计一个带通滤波器。
Fs=8000;N=216;
fcuts=[1000 1200 2300 2500];mags =[0 1 0];devs=[0.02 0.1 0.02];
[n,Wn,beta,ftype]=kaiserord(fcuts,mags,devs,Fs);
n=n+rem(n,2);
hh=fir1(n,Wn,ftype,kaiser(n+1,beta),'noscale');
[H,f]=freqz(hh,1,N,Fs);
plot(f,abs(H));xlabel('频率 (Hz)');ylabel('幅值|H(f)|');grid   on;
运行结果如图 5.2.13 所示。

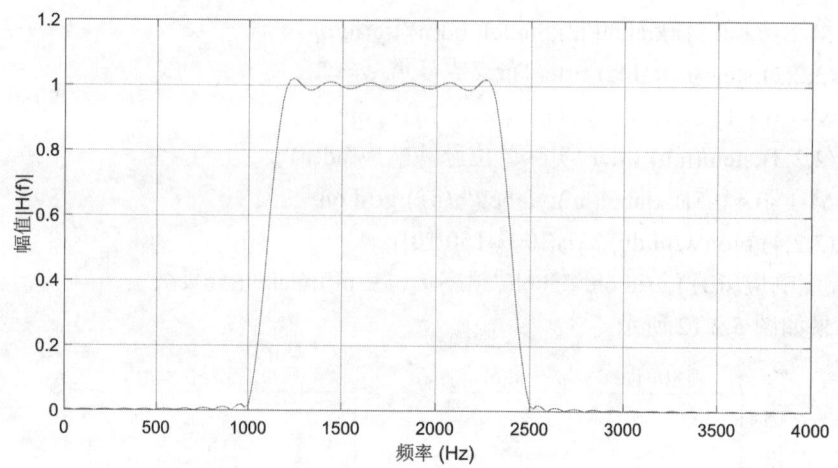

图 5.2.13 带通滤波器

用窗函数法集成设计一个 FIR 滤波器运行子程序如下：
function[h]=usefir1(mode,n,fp,fs,window,r,sample)
%mode: 模式(1--高通；2--低通；3--带通；4--带阻)
%n: 阶数，加窗的点数为阶数加 1
%fp: 高通和低通时指示截止频率，带通和带阻时指示下限频率
%fs: 带通和带阻时指示上限频率
%window: 加窗(1—矩形窗；2—三角窗；3—巴特窗；4—海明窗；
%5—汉宁窗；6—布莱克曼窗；7—凯塞窗；8—切比雪夫窗)
%r   代表加 chebyshev 窗的 r 值和加 kaiser 窗时的 beta 值
%sample: 采样率
%h: 返回设计好的 FIR 滤波器系数
if   window==1   w=boxcar(n+1);end
if   window==2   w=triang(n+1);end
if   window==3   w=bartlett(n+1);end
if window==4   w=hamming(n+1);end
if   window==5   w=hanning(n+1);end
if   window==6 w=blackman(n+1);end
if   window==7 w=kaiser(n+1,r);end
if   window==8 w=chebwin(n+1,r);end
wp=2*fp/sample;ws=2*fs/sample;
if   mode==1 h=fir1(n,wp,'high',w);end
if   mode==2   h=fir1(n,wp,'low',w);end
if   mode==3   h=fir1(n,[wp,ws],w);end
if   mode==4h=fir1(n,[wp,ws],'stop',w);end
m=0:n;
subplot(131);plot(m,h);grid on;title('冲激响应');

axis([0 n 1.1*min(h) 1.1*max(h)]);ylabel('h(n)');xlabel('n');
freq_response=freqz(h,1);
magnitude=20*log10(abs(freq_response));
m=0:511;f=m*sample/(2*511);
subplot(132);plot(f,magnitude);grid on;
title('幅频特性');
axis([0 sample/2 1.1*min(magnitude) 1.1*max(magnitude)]);
ylabel('f 幅值');xlabel('频率');
phase=angle(freq_response);
subplot(133);plot(f,phase);grid on;title('相频特性');
axis([0 sample/2 1.1*min(phase) 1.1*max(phase)]);
ylabel('相位');xlabel('频率');

【例 5.2.15】假设需设计一个 40 阶的带通 FIR 滤波器,采用巴特窗,采样频率为 10 kHz,两个截止频率分别为 2 kHz 和 3 kHz,则只需在 MATLAB 的命令窗口下输入:
　　h=usefir1(3,60,2000,3000,3,2,10000);
运行结果如图 5.2.14 所示。

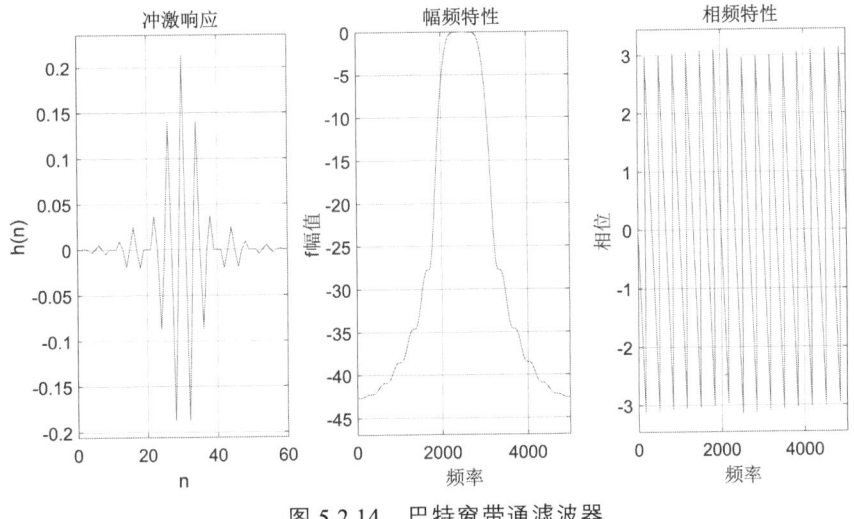

图 5.2.14　巴特窗带通滤波器

5.2.4　频率取样 FIR 滤波器的设计

【例 5.2.16】频率采样法低通滤波器。
close all;clear all;clc;
N=33;
wc=pi/3;
N1=fix(wc/(2*pi/N));
A=[zeros(1,N1),0.5304,ones(1,N1),0.5304,zeros(1,N1*2-1),0.5304,ones(1,N1),0.5304,zeros(1,N1)];
theta=-pi*[0:N-1]*(N-1)/N;

```
H=A.*exp(j*theta);
h=real(ifft(H));v=1:N;
subplot(2,2,1),plot(v,A,'k*');
title( '频率样本');ylabel('H(k)');axis([0,fix(N*1.1),-0.1,1.1]);
subplot(2,2,2),stem(v,h,'k');
title( '脉冲响应');ylabel('h(n)');axis([0,fix(N*1.1),-0.3,0.4]);
M=500;nx=[1:N];
w=linspace(0,pi,M);X=h*exp(-j*nx'*w);
subplot(2,2,3);plot(w./pi,abs(X),'k');
xlabel('\omega/\pi');ylabel('Hd(\omega)');
axis([0,1,-0.1,1.3]);title( '幅度响应');
subplot(2,2,4);plot(w./pi,20*log10(abs(X)),'k');
title('幅度响应');xlabel('\omega/\pi');ylabel('dB');axis([0,1,-80,10]);
```
运行结果如图 5.2.15 所示。

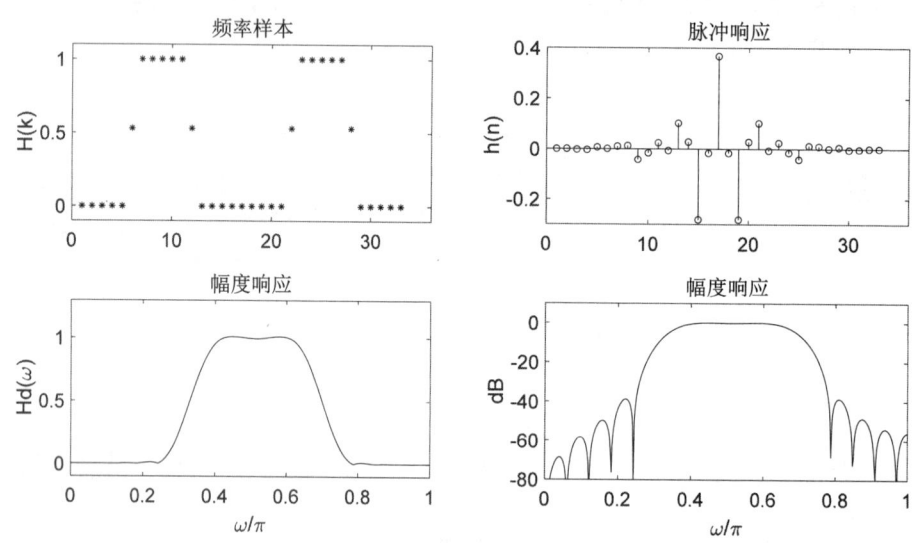

图 5.2.15 频率采样法低通滤波器

【例 5.2.17】频率采样法高通滤波器。

```
clear all;
wp=0.8*pi;ws=0.6*pi;
Rp=1;As=60;
M=33;alpha=(M-1)/2;l=0:M-1;w1=(2*pi/M)*l;
Hrs=[zeros(1,11),0.1187,0.473,ones(1,8),0.473,0.1187,zeros(1,10)];
Hdr=[0 0 1 1];wd1=[0 0.6 0.8 1];
k1=0:floor((M-1)/2);
k2=floor((M-1)/2)+1:M-1;
angH=[-alpha*(2*pi)/M*k1,alpha*(2*pi)/M*(M-k2)];
```

```
H=Hrs.*exp(j*angH)
h=real(ifft(H));
[db,mag,pha,grd,w]=freqz_m(h,1);
[Hr,ww,a,L]=hr_type1(h);
subplot(2,2,1);plot(w1(1:17)/pi,Hrs(1:17),'o',wd1,Hdr);
axis([0,1,-0.1,1.1]);title('高通：M=33,T1=0.1187,T2=0.473');
ylabel('Hr(k)');
set(gca,'XTickMode','manual','XTick',[0;.6;.8;1]);
set(gca,'XTickLabelMode','manual','XTickLabels',['0';'6';'8';'1']);
grid on;
subplot(2,2,2);stem(l,h);axis([-1,M,-0.4,0.4]);
title('脉冲响应');ylabel('h(n)');text(M+1,-0.4,'n');
subplot(2,2,3);plot(ww/pi,Hr,w1(1:17)/pi,Hrs(1:17),'o');
axis([0,1,-0.1,1.1]);title('振幅响应');
xlabel('频率/pi');ylabel('Hr(w)');
set(gca,'XTickMode','manual','XTick',[0;.6;.8;1]);
set(gca,'XTickLabelMode','manual','XTickLabels',['0';'6';'8';'1']);
grid on;
subplot(2,2,4);plot(w/pi,db);axis([0 1 -100 10]);
grid on;title('幅度响应');xlabel('频率/pi');ylabel('分贝数');
set(gca,'XTickMode','manual','XTick',[0;.6;.8;1]);
set(gca,'XTickLabelMode','manual','XTickLabels',['0';'6';'8';'1']);
set(gca,'YTickMode','manual','YTick',[-50;0]);
set(gca,'YTickLabelMode','manual','YTickLabels',[50;0]);
```

运行结果如图 5.2.16 所示。

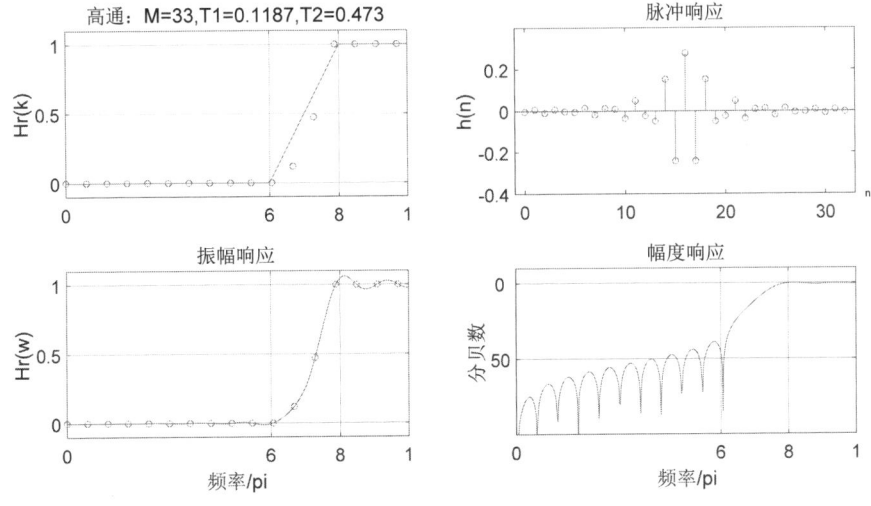

图 5.2.16　频率采样法高通滤波器

5.2.5 FIR 数字滤波器的最优设计

【例 5.2.18】 利用函数 remez 设计低通等波纹滤波器。
```
clear all;
n=40; %滤波器的阶数
f=[0 0.5 0.6 1]; %频率向量
a=[1 2 0 0]; %振幅向量
w=[1 20];
b=firls(n,f,a,w);
[h,wl]=freqz(b); %计算滤波器的频率响应
bb=remez(n,f,a,w); % 采用 remez 设计滤波器
[hh,w2]=freqz(bb);%计算滤波器的频率响应
figure;
plot(wl/pi,abs(h),'r.',w2/pi,abs(hh),'b-.',f,a,'ms');%绘制滤波器幅频响应
xlabel('归一化频率');ylabel( '振幅');
```
运行结果如图 5.2.17 所示。

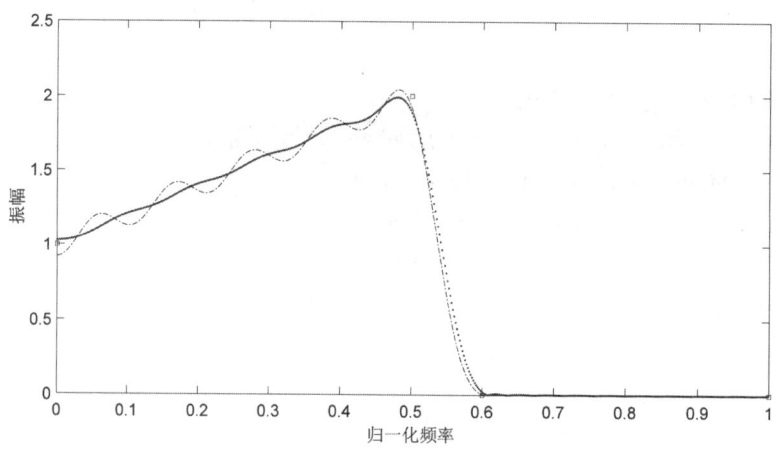

图 5.2.17 低通等波纹滤波器

【例 5.2.19】 用切比雪夫逼近法设计低通滤波器。
```
wp=0.4*pi;ws =0.6*pi;Rp =0.45;As =80; %给定指标
delta1=(10^(Rp/20)-1)/(10^(Rp/20)+1);
delta2 =(1+delta1)*(10^(-As/20)); %求波动指标
weights=[delta2/delta1 1];
deltaf =(ws-wp)/(2*pi); %给定权函数和 Δf=wp-ws
N=ceil((-20*log10(sqrt(delta1*delta2))-13)/(14.6*deltaf)+1);
N=N+mod(N-1,2); %估算阶数
f=[0 wp/pi ws/pi 1];A=[1 1 0 0]; %给定频率点和希望幅度值
h=remez(N-1,f,A,weights); %求脉冲响应
```

```
[db,mag,pha,grd,W]=freqz_m(h,[1]); %验证求取频率特性
delta_w=2*pi/1000;wsi=ws/delta_w+1;
wpi=wp/delta_w+1;
Asd =-max(db(wsi:1:500)); %求阻带衰减
subplot(2,2,1);n=0:1:N-1;stem(n,h);
axis([0,52,-0.1,0.3]);title( '脉冲响应');
xlabel('n');ylabel('hd(n)');grid on;
% 画 h(n)
subplot(2,2,2);plot(W,db);title( '对数幅频特性');
ylabel( '分贝数');xlabel('频率');grid on;
%画对数幅频特性
subplot(2,2,3);plot(W,mag);axis([0,4,-0.5,1.5]);
title('绝对幅频特性');xlabel('Hr(w)');ylabel('频率');grid on;
%画绝对幅频特性
n=1:(N-1)/2+1;H0=2*h(n)*cos(((N+1)/2-n)'*W)-mod(N,2)*h((N-1)/2+1);
% 求 Hg(w)
subplot(2,2,4);plot(W(1:wpi),H0(1:wpi)-1,W(wsi+5:501),H0(wsi+5:501));
title( '误差特性');
%求误差
ylabel('Hr(w)');xlabel('频率');grid on;
```

运行结果如图 5.2.18 所示。

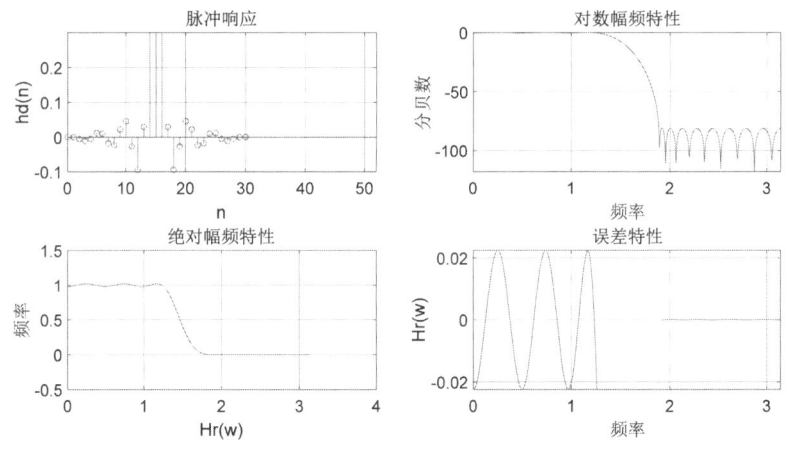

图 5.2.18 切比雪夫逼近法设计低通滤波器

习 题

1. 设计一个巴特沃思低通滤波器，满足以下性能指标：通带的截止频率 $\Omega_p = 1000 \text{ rad/s}$，通带最大衰减 $A_p = 1 \text{ dB}$，阻带的截止频率 $\Omega_p = 4000 \text{ rad/s}$，阻带最大衰减 $A_s = 40 \text{ dB}$。

2. 试导出通带波纹 δ 为 1 dB，归一化截止频率 $\Omega_c = 1\,\text{rad/s}$ 的二阶切比雪夫滤波器的系统函数。

3. 已知模拟滤波器的系统函数为

$$H_a(s) = \frac{800}{s + 800}$$

分别用冲激响应不变变换法和双线性变换法将 $H_a(s)$ 转换为数字滤波器系统函数 $H(z)$，并画出 $H_a(s)$ 和 $H(z)$ 的频率响应曲线。抽样频率分别为 1000 Hz 和 500 Hz。

4. 用双线性变换法设计一个数字巴特沃思低通滤波器，其特性曲线如题图 1 所示。在通带内 $\omega_p \leq 0.15\pi$，允许幅度误差小于 1 dB，在阻带 $\omega_s \geq 0.25\pi$ 时衰减应大于 25 dB。通带幅度归一化，使其在 $\omega = 0$ 处为 1。

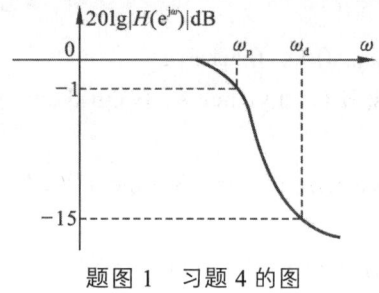

题图 1　习题 4 的图

5. 用模拟频带变换法，由二阶巴特沃思函数设计截止频率为 200 Hz，抽样频率为 500 Hz 的数字高通滤波器。

6. 设计一个数字带通滤波器，通带范围为 $0.25\pi \sim 0.45\pi$ rad，通带内最大衰减为 3 dB，0.15π rad 以下和 0.55π rad 以上为阻带，阻带内最小衰减为 15 dB。试采用巴特沃思型模拟低通滤波器。

7. 设计巴特沃思数字带通滤波器，要求通带范围为 $0.25\pi\,\text{rad} \leq \omega \leq 0.45\pi\,\text{rad}$，通带最大衰减为 3 dB，阻带范围为 $0 \leq \omega \leq 0.15\pi$ rad 和 $0.55\pi\,\text{rad} \leq \omega \leq \pi$ rad，阻带最小衰减为 40 dB。调用 MATLAB 工具箱函数 buttord 和 butter 设计，并显示数字滤波器系统函数 $H(z)$ 的系数，绘制数字滤波器的损耗函数和相频特性曲线。

8. 某 IIR 滤波器由下列差分方程描述，使用 dir2cas() 函数求它的级联结构。

$$16y(n) + 12y(n-1) + 2y(n-2) - 4y(n-3) - y(n-4)$$
$$= x(n) - 3x(n-1) + 11x(n-2) - 27x(n-3) + 18x(n-4)$$

9. 使用 dir2par() 函数将上题的系统用并联型实现。

10. 设计一个线性相位滤波器，其理想特性如题图 2 所示，通带内幅度为 1，阻带内幅度为 0，数字截止频率为 $\omega_c = \dfrac{\pi}{3}$，$N=21$。求 $h(n)$。

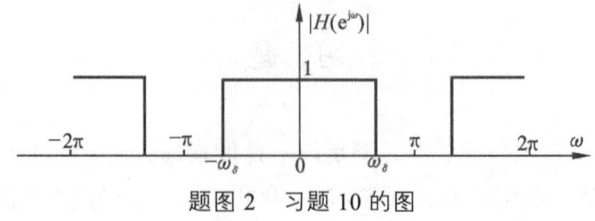

题图 2　习题 10 的图

11. 设计如题图 3 所示理想特性 FIR 线性相位数字滤波器，数字截止频率为 $\omega_c = \dfrac{3\pi}{5}$，$N=21$，求 $h(n)$。

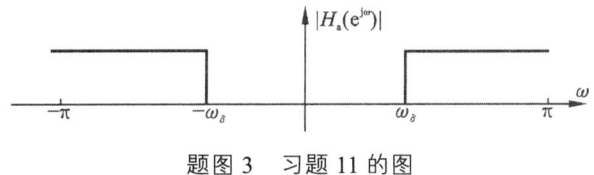

题图 3　习题 11 的图

12. 用频率抽样法设计一个如题图 4 所示的 FIR 数字低通滤波器，截止频率 $\omega = 0.3\pi$，取 $N=20$。

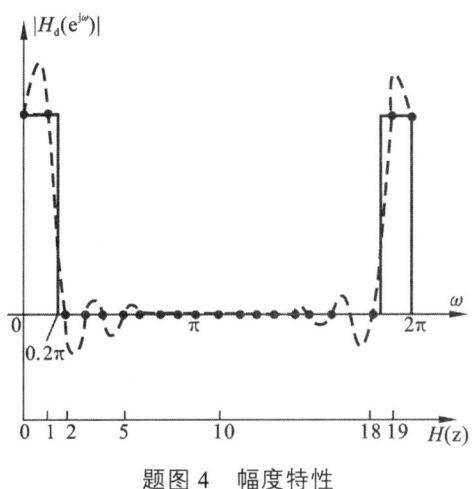

题图 4　幅度特性

6 控制系统的仿真与分析

控制,是指在受到各种扰动影响的情况下,为保证实现预期目标,而对生产机械或生产过程中的若干个物理量进行的调节。所谓的控制系统,则是指为完成某种控制任务,由被控对象和控制器按一定方式连接起来的有机整体。

控制系统有多种分类方式,按基本结构形式可分为两种类型:开环控制系统和闭环控制系统。在开环控制系统中,控制器与被控对象之间只有顺向作用而无反馈联系。其控制精度完全取决于所用元器件的精度和特性。由于元器件基本存在误差,开环系统很难实现较高的准度,因此,它一般应用于控制精度要求不高的场合。闭环控制系统由前向通道和负反馈环节构成。负反馈环节能减小系统误差;能有效抑制前向通道中各种扰动对系统输出的影响;可减小被控对象的参数变化对输出量的影响。由于负反馈环节具有上述的强大作用,实际的控制系统多数为闭环控制系统。

在实际工程应用中,控制系统需满足若干性能指标要求,方能满足应用需求,如稳定、准确、快速响应等。而系统的各项性能指标往往是彼此相互制约的。因此,在设计时应根据实际需要,对系统进行具体分析,均衡考虑各项指标,不可偏废于任何一项指标。为确保系统能满足所要求的性能指标,在开展系统设计工作之前,需先对系统进行理论分析。控制系统分析是一项较为复杂的工作,出于成本、便捷性等因素的考虑,一般依赖于系统模型而展开。模型是对实际系统有关结构信息和行为的某种形式的科学描述,是对系统的特征与变化规律的一种定量抽象,是人们认识事物的一种手段或工具。模型可分为物理模型、数学模型和仿真模型。

物理模型:指不以人的意志为转移的客观存在的实体,如飞行器研制中的飞行模型,船舶制造中的船舶模型等。

数学模型:是从一定的功能、原理或结构上进行相似,用数学的方法再现原型的功能或结构特征。

仿真模型:指根据系统的数学模型,用仿真语言转换为计算机可以实施的模型。

计算机仿真是一种基于仿真模型和计算机技术的仿真。目前,它是一种主流的仿真技术,是开展系统分析最常用的方法,因为其具有如下突出优点:

(1)经济性好。

大型、复杂系统直接实验是十分昂贵的,如空间飞行器一次飞行实验的成本在1亿美元左右。相比而言,计算机仿真的成本主要是技术人员的人力成本,经济性很好。

(2)安全性高。

某些系统的实验存在很大的危险隐患,如强电装置、核电装置等,而采用计算机仿真实验,安全具有高度的保障。

（3）快捷性高。

设计效率高，操作便捷。

（4）优化、预测功能强。

部分实际系统的结构和参数的优化设计特别困难。仿真技术可以很方便地改变系统的结构及参数，进行反复的对比分析，可以很方便地获得对系统的超前认识。

（5）操作方便，易于上手。

MATLAB 的控制系统工具箱（Control System Toolbox）提供了控制系统分析、设计和建模的各种现成的算法、模块等。研究者可以利用这些现成的算法、模块构建研究对象的仿真模型，完成系统分析。当然，研究者也可以利用 M 语言自主编写控制系统的仿真程序展开系统分析。

6.1 线性系统的 MATLAB 描述与转化

控制系统的科学描述以及各种描述之间的相互转化是开展系统分析的理论基础。本节将介绍几种常用的系统描述方法及其相互转化手段。

6.1.1 状态空间描述法

状态空间描述法采用系统状态方程描述控制系统，在 MATLAB 中，采用 ss 和 dss 命令可建立控制系统的状态方程。

用法：

G=ss(a,b,c,d)　　　　%由 a、b、c、d 参数获得状态方程模型
G=dss(a,b,c,d,e)　　　%由 a、b、c、d、e 参数获得状态方程模型

【例 6.1.1】写出二阶系统 $\dfrac{d^2 y(t)}{dt^2} + 2\zeta\omega_n \dfrac{dy(t)}{dt} + \omega_n^2 y(t) = \omega_n^2 u(t)$，当 $\zeta = 0.707$，$\omega_n = 1$ 时的状态方程。

编写仿真代码如下：

```
zeta=0.707;wn=1;
A=[0 1;-wn^2 -2*zeta*wn];
B=[0;wn^2];
C=[1 0];
D=0;
G=ss(A,B,C,D)           %建立状态方程模型
```

运行上述代码后，MATLAB 工作间出现如下信息，表明构建好了该二阶系统所对应的状态方程。

```
a =           x1        x2
    x1        0         1
    x2        -1        -1.414
```

```
b  =
       u1
   x1  0
   x2  1
c  =
       x1  x2
   y1  1   0
d  =
       u1
   y1  0
```
Continuous-time state-space model.

6.1.2 传递函数描述法

MATLAB 中使用 tf 命令来建立传递函数。

用法：

G=tf(num,den)　　　　%由传递函数分子分母得出

说明：***num*** 为分子向量，***num***=$[b_1,b_2,\cdots,b_m,b_{m+1}]$；***den*** 为分母向量，***den***=$[a_1,a_2,\cdots,a_{n-1},a_n]$。

【例 **6.1.2**】将例 6.1.1 中的二阶系统描述为传递函数的形式。

编写仿真代码如下：

```
num=1;
den=[1 1.414 1];
G=tf(num, den);        %得出传递函数
```

运行上述代码后，MATLAB 工作间出现如下信息，表明构建好了该二阶系统所对应的传递函数。

```
Transfer function:
        1
-------------------
s^2 + 1.414 s + 1
```

6.1.3 零极点描述法

MATLAB 中，zpk 命令可以利用控制系统的零极点，构建系统传递函数。

用法：

G=zpk(z,p,k)　　　　%由零点、极点和增益获得

说明：***z*** 为零点列向量；***p*** 为极点列向量；***k*** 为增益。

【例 **6.1.3**】求出例 6.1.1 中的二阶系统的零极点，然后求出系统的传递函数。

输入代码：

```
z=roots(num);          %采用 roots 函数求取多项式方程的根。
```

求得 z 零点列向量：

z =　　Empty matrix: 0-by-1

输入代码：

```
p=roots(den);
```
求得 p 极点列向量：
p =   -0.7070 + 0.7072i
      -0.7070 - 0.7072i

最后输入代码：
```
zpk(z,p,1);
```
求出系统的传递函数：
Zero/pole/gain:
         1

(s^2 + 1.414s + 1)

程序分析：roots 函数可以得出多项式的根，零极点形式是以实数形式表示的。

部分分式法是将传递函数表示成部分分式或留数形式：

$$G(s) = \frac{r_1}{s-p_1} + \frac{r_2}{s-p_2} + \cdots + \frac{r_n}{s-p_n} + k(s)$$

用法：
```
[r,p,k]=residue(num,den)
```
说明：*r* 为分部系数向量；*p* 为分部极点向量；*k* 为常数；***num*** 和 ***den*** 前面已有说明。

【例 6.1.4】 将例 6.1.2 求得的传递函数转换成部分分式法，并求出各分项的系数。
输入代码：
```
[r,p,k]=residue(num,den);
```
运行上行代码后，即可将传递函数转化为部分分式形式，可得
r =   0 - 0.7070i
       0 + 0.7070i
p =   -0.7070 + 0.7072i
      -0.7070 - 0.7072i
k =   []

6.1.4 离散系统的数学描述

1. 状态空间描述法

状态空间描述离散系统也可使用 ss 和 dss 命令。
用法：
G=ss(a,b,c,d,Ts)   %由 a、b、c、d 参数建立状态方程模型
G=dss(a,b,c,d,e,Ts)   %由 a、b、c、d、e 参数建立状态方程模型
说明：Ts 为采样周期。当采样周期未指明时，可以用-1 表示。

【例 6.1.5】 用状态空间法建立一个离散系统。
输入代码：
```
a=[-1.5 -0.5;1 0];
```

```
b=[1;0];
    c=[0 0.5];
    d=0;
    G=ss(a,b,c,d,0.1)            %采样周期为0.1s
```
运行代码后，可得

```
a =         x1      x2
    x1      -1.5    -0.5
    x2      1       0
b =         u1
    x1      1
    x2      0
c =         x1      x2
    y1      0       0.5
d =         u1
    y1      0
```
Sampling time: 0.1
Discrete-time model.

2. 脉冲传递函数描述法

脉冲传递函数也可以用 tf 命令实现。

用法：

G=tf(num,den,Ts)   %由分子、分母得出脉冲传递函数

说明：Ts 为采样周期。当采样周期未指明时，用-1 表示，自变量用'z'表示。

【例 6.1.6】创建离散系统脉冲传递函数 $G(z)=\dfrac{0.5z}{z^2-1.5z+0.5}=\dfrac{0.5z^{-1}}{1-1.5z^{-1}+0.5z^{-2}}$。

输入代码：

```
num1=[0.5 0];
den=[1 -1.5 0.5];
G1=tf(num1,den,-1)
```

运行代码后，可得

Transfer function:

```
       0.5 z
    -----------------
    z^2 - 1.5 z + 0.5
```

Sampling time: unspecified

在 MATLAB 平台，还可以用 filt 命令构建脉冲传递函数。

用法：

G=filt(num,den,Ts)   %由分子、分母得出脉冲传递函数

说明：Ts 为采样周期，当其未指明时可省略，也可用-1 表示；自变量用'z^{-1}'表示。

【例 6.1.7】 使用 filt 命令产生例 6.1.6 中的系统的脉冲传递函数。

输入代码：

num2=[0 0.5];

G2=filt(num2,den)

代码运行后的结果为

Transfer function:

      0.5 z^-1

----

1 - 1.5 z^-1 + 0.5 z^-2

Sampling time: unspecified

说明：filt 命令生成的脉冲传递函数的自变量不是 z 而是 z^{-1}，因此分子应改为"[0 0.5]"。

3. 零极点增益描述法

离散系统的零极点增益用 zpk 命令实现。

用法：

G=zpk(z,p,k,Ts)   %由零极点得出脉冲传递函数

【例 6.1.8】 使用 zpk 命令产生上题中的系统的零极点增益传递函数。

输入代码：

G3=zpk([0],[0.5 1],0.5,-1);

代码运行后的结果为

Zero/pole/gain:

    0.5 z

(z-0.5) (z-1)

6.1.5 连续系统模型之间的转换

在 MATLAB 的控制系统工具箱中，有多种实现模型转换的函数。表 6.1.1 列出的是能实现线性系统模型转换的函数。

表 6.1.1 系统模型转换函数

函数	调用格式	功能
tf2ss	[a,b,c,d]=tf2ss(num,den)	传递函数转换为状态空间方程
tf2zp	[z,p,k]=tf2zp(num,den)	传递函数转换为零极点描述
ss2tf	[num,den]=ss2tf(a,b,c,d,iu)	状态空间方程转换为传递函数
ss2zp	[z,p,k]=ss2zp(a,b,c,d,iu)	状态空间方程转换为零极点描述
zp2ss	[a,b,c,d]=zp2ss(z,p,k)	零极点描述转换为状态空间
zp2tf	[num,den]=zp2tf(z,p,k)	零极点描述转换为传递函数

1. 系统模型的转换

1）传递函数、零极点描述转换为状态空间方程

命令 ss 和 dss 能将传递函数、零极点描述转换为状态空间方程。

用法：

G=ss(传递函数)   %将传递函数转换为状态空间方程
G=ss(零极点模型)   %将零极点模型转换为状态空间方程

【例 6.1.9】将单输入双输出的系统传递函数 $G_1(s)=\begin{bmatrix}3s+2\\s^2+2s+5\end{bmatrix}\bigg/(3s^3+5s^2+2s+1)$ 转换为状态空间方程。

输入代码：

num=[0 3 2;1 2 3];
den=[3 5 2 1];
G11=tf(num(1,:),den)

运行命令可得

Transfer function:

3 s + 2
----
3 s^3 + 5 s^2 + 2 s + 1

输入代码：

G12=tf(num(2,:),den)

运行命令可得

Transfer function:

s^2 + 2 s + 3
----
3 s^3 + 5 s^2 + 2 s + 1

然后输入代码：

G=ss([G11;G12])

运行该命令可得

a =	x1	x2	x3
x1	-1.667	-0.3333	-0.08333
x2	2	0	0
x3	0	2	0

b =	u1
x1	1
x2	0
x3	0

c =	x1	x2	x3
y1	0	0.5	0.1667

| y2 | 0.3333 | 0.3333 | 0.25 |

d =　　　u1

y1　　0

y2　　0

Continuous-time model.

2）状态空间方程、零极点增益描述转换为传递函数

tf 命令可以将系统的状态空间方程、零极点增益描述转换为传递函数。

用法：

G=tf(状态方程模型)　　　%由状态空间转换为传递函数

G=tf(零极点模型)　　　　%由零极点模型转换为传递函数

【例 6.1.10】续接上题，将状态空间描述转换为传递函数。

输入代码：

G1=tf(G);

运行该命令可得

Transfer function from input to output...

$$\#1: \quad \frac{s + 0.6667}{s^3 + 1.667 s^2 + 0.6667 s + 0.3333}$$

$$\#2: \quad \frac{0.3333 s^2 + 0.6667 s + 1}{s^3 + 1.667 s^2 + 0.6667 s + 0.3333}$$

3）状态空间方程、传递函数转换为零极点描述

采用 zpk 命令可将状态空间法、传递函数转换为零极点描述。

用法：

G=zpk(状态方程模型)　%由状态方程模型转换为零极点描述

G=zpk(传递函数)　　　　%由传递函数转换为零极点描述

【例 6.1.11】续接上题，将系统的传递函数和状态方程模型转换为零极点模型。

输入代码：

G2=zpk(G)　　　　　　%由状态方程模型转换

运行该命令得到：

Zero/pole/gain from input to output...

$$\#1: \quad \frac{(s+0.6667)}{(s+1.356)(s^2 + 0.3103s + 0.2458)}$$

$$\#2: \quad \frac{0.33333 (s^2 + 2s + 3)}{(s+1.356)(s^2 + 0.3103s + 0.2458)}$$

输入代码：

```
G2=zpk(G1);              %由传递函数转换
```

运行后可得系统的零极点模型。

2. 模型参数的获取

用法：

```
[a,b,c,d]=ssdata(G)       %获取状态空间参数
[a,b,c,d,e]=dssdata(G)    %获取状态空间参数
[num,den]=tfdata(G)       %获取传递函数参数
[z,p,k]=zpkdata(G)        %获取零极点参数
```

【例 6.1.12】续接上题，获取系统模型的参数。

```
[a,b,c,d]=ssdata(G1)              %获取状态方程参数
```

运行该命令得到：

a =   -1.6667   -0.3333   -0.0833
        2.0000   0   0
           0   2.0000   0

b =   1
      0
      0

c =   0   0.5000   0.1667
     0.3333 0.3333   0.2500

d =   0
      0

输入：

```
[num,den]=tfdata(G2)      %获取传递函数参数
```

运行该命令得到：

num =   [1x4 double]
        [1x4 double]

den =   [1x4 double]
        [1x4 double]

输入：

```
[z,p,k]=zpkdata(G)        %获取零极点参数
```

运行该命令得到：

z =   [-0.6667]
      [2x1 double]

p =   [3x1 double]
      [3x1 double]

k =   1.0000
      0.3333

3. 模型类型的检验

【**例 6.1.13**】续接上题,检验系统模型的类型。

class(G)　　　　　%得出系统模型类型

运行上行命令得到:

ans = ss

输入代码:

isa(G,'tf')　　　　%检验系统模型类型

得到输出:

ans =　　　0

6.1.6　连续系统与离散系统之间的转换

模型类型检验函数及其调用格式和功能如表 6.1.2 所示。

表 6.1.2　模型类型检验函数

函数	调用格式	功能
class	class(G)	求取系统模型的类型
isa	isa(G,'类型名')	判断 G 是否对应类型名,是则为 1(True)
isct	isct(G)	判断 G 是否连续系统,是则为 1(True)
isdt	isdt(G)	判断 G 是否离散系统,是则为 1(True)
issiso	issiso(G)	判断 G 是否 SISO 系统,是则为 1(True)

1. c2d 命令

c2d 命令用于将连续系统转换为离散系统。

用法:

Gd=c2d(G,Ts,method)　　%以采样周期 Ts 和 method 方法转换为离散系统。

说明:G 为连续系统模型;Gd 为离散系统模型;Ts 为采样周期;method 为转换方法,可省略,包括五种:zoh(默认零阶保持器)、foh(一阶保持器)、tustin(双线性变换法)、prewarp(频率预修正双线性变换法)、mached(根匹配法)。

【**例 6.1.14**】将二阶连续系统转换为离散系统。

输入代码:

a=[0 1;-1 -1.414];

b=[0;1];

c=[1 0];

d=0;

G=ss(a,b,c,d);

Gd=c2d(G,0.1)

运行代码后可得

```
a =         x1        x2
    x1    0.9952    0.0931
    x2   -0.0931    0.8636
b =         u1
    x1    0.004768
    x2    0.0931
c =         x1   x2
    y1    1     0
d =         u1
    y1    0
```

Sampling time: 0.1. Discrete-time model.

2. d2c 命令

d2c 命令是 c2d 的逆运算，能将离散系统转换为连续系统。

用法：

G=d2c(Gd,method)   %转换为连续系统

说明：method 为转换方法可省略，与 c2d 相似，少了 foh（一阶保持器）方法。

【例 6.1.15】续接上题，将二阶离散系统转换为连续系统。

G=d2c(Gd)

运行上行命令后可得

```
a =          x1             x2
    x1    5.551e-016         1
    x2   -1              -1.414
b =          u1
    x1   -2.776e-016
    x2    1
c =          x1    x2
    y1     1      0
d =          u1
    y1     0
```

Continuous-time model.

3. d2d 命令

d2d 命令是将离散系统改变采样频率。

用法：

Gd2=d2d(Gd1,Ts2)   %转换离散系统的采样频率为 Ts2

说明：其实际的转换过程是先把 Gd1 按零阶保持器转换为原连续系统，然后再用 Ts2 和零阶保持器转换为 Gd2。

【例 6.1.16】将二阶离散系统改变采样频率。

```
Gd2=d2d(Gd,0.3)
```
运行上行代码后可得
```
a =            x1       x2
      x1     0.961    0.2408
      x2    -0.2408   0.6205
b =            u1
      x1    0.03897
      x2    0.2408
c =       x1   x2
      y1   1    0
d =          u1
      y1    0
Sampling time: 0.3
Discrete-time model.
```

6.2 模型对象的属性

1. 模型对象的属性

ss、tf 和 zpk 三种对象除了具有线性时不变系统共有的属性以外，还具有各自的特殊属性。它们的共有属性如表 6.2.1 所示，其各自的属性如表 6.2.2 所示。

表 6.2.1 对象共有属性

属性名	属性值的数据类型	意义
Ts	标量	采样周期，0 表示连续系统，-1 表示采样周期未定
Td	数组	输入延时，仅对连续系统有效，省略表示无延时
InputName	字符串数组	输入变量名
OutputName	字符串数组	输出变量名
Notes	字符串	描述模型的文本说明
Userdata	任意数据类型	用户需要的其他数据

表 6.2.2 三种子对象特有属性

对象名	属性名	属性值的数据类型	意义
tf	den	行数组组成的单元阵列	传递函数分母系数
	num	行数组组成的单元阵列	传递函数分子系数
	variable	s,p,z,q,z^{-1} 之一	传递函数变量
ss	a	矩阵	系数
	b	矩阵	系数
	c	矩阵	系数

续表

对象名	属性名	属性值的数据类型	意义
ss	d	矩阵	系数
	e	矩阵	系数
	StateName	字符串向量	用于定义每个状态变量的名称
zpk	z	矩阵	零点
	p	矩阵	极点
	k	矩阵	增益
	variable	s,p,z,q,z^{-1} 之一	零极点增益模型变量

表 6.2.1 和表 6.2.2 中的三种子对象的属性，在前面都已使用过，MATLAB 提供了 get 和 set 命令来对属性进行获取和修改。

2. get 命令和 set 命令

（1）get 命令可以获取模型对象的所有属性。

用法：

get(G)   %获取对象的所有属性值
get(G,'PropertyName',…)   %获取对象的某些属性值

说明：G 为模型的名称；'PropertyName'为属性名。

（2）set 命令用于修改对象的属性名。

用法：

set(G,'PropertyName',PropertyValue,…)   %修改对象的某些属性值

【例 6.2.1】已知二阶系统的传递函数 $G(s)=\dfrac{1}{s^2+1.414s+1}$，获取其传递函数模型的属性，并将传递函数修改为 $\dfrac{1}{z^2+2z+1}$。

输入代码：

num=1;
　den=[1 1.414 1];
　G=tf(num,den);
get(G)   %获取所有属性

运行代码得到：

num: {[0 0 1]}
den: {[1 1.41 1]}

输入代码：

Variable: 's'
　　Ts: 0
ioDelay: 0
InputDelay: 0
OutputDelay: 0

        InputName: {''}
             OutputName: {''}
   InputGroup: {0x2 cell}
   OutputGroup: {0x2 cell}
   Notes: {}
   UserData: []
    set(G,'den',[1 2 1],'Variable','z')   %设置属性
运行代码得到：
G

   Transfer function:
  1
   ----
   z^2 + 2 z + 1
   Sampling time: unspecified

（3）直接获取和修改属性。

【例 6.2.2】将上例的传递函数模型对象的分母修改为原来的值。

G.den=[1 1.414 1];

运行上行代码后得到：

G

   Transfer function:
  1
   ----
   z^2 + 1.414 z + 1
   Sampling time: unspecified

6.3 结构框图的模型表示

1. 串联结构

SISO 的串联结构是两个模块串联在一起，如图 6.3.1 所示。

图 6.3.1　串联结构

实现串联结构传递函数的命令：

G=G1*G2

G=series(G1,G2)

2. 并联结构

SISO 的并联结构是两个模块并联在一起，如图 6.3.2 所示。

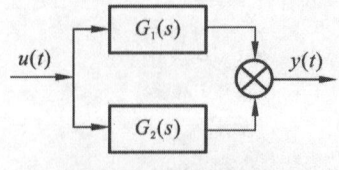

图 6.3.2 并联结构

实现并联结构传递函数的命令：
G=G1+G2
G=parallel(G1,G2)

3. 反馈结构

反馈结构是前向通道和反馈通道模块构成正反馈和负反馈，如图 6.3.3 所示。

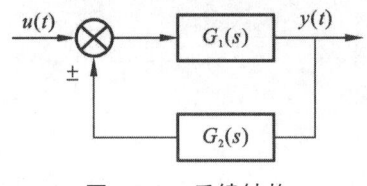

图 6.3.3 反馈结构

实现反馈结构传递函数的命令：
G=feedback(G1,G2,Sign)

说明：Sign 用来表示正反馈或负反馈，Sign=-1 或省略则表示为负反馈。

【例 6.3.1】根据系统的结构框图求出系统的传递函数，结构框图如图 6.3.4 所示，其中 $G_1(s)=\dfrac{1}{s^2+2s+1}$，$G_2(s)=\dfrac{1}{s+1}$，$G_3(s)=\dfrac{1}{2s+1}$，$G_4(s)=\dfrac{1}{s}$。

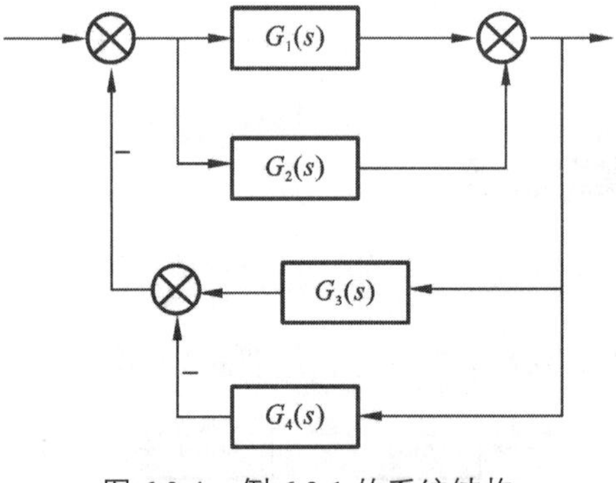

图 6.3.4 例 6.3.1 的系统结构

输入代码：
```
G1=tf(1,[1 2 1]);
G2=tf(1,[1 1]);
G3=tf(1,[2 1]);
G4=tf(1,[1 0]);
G12=G1+G2;                  %并联结构
```

```
G34=G3-G4                %并联结构
G=feedback(G12,G34,-1)   %反馈结构
```
运行代码后得到：
Transfer function:
```
   2 s^4 + 7 s^3 + 7 s^2 + 2 s
---------------------------------------
2 s^5 + 7 s^4 + 8 s^3 + s^2 - 4 s - 2
```
两个结构 G1 和 G2 并联，如果 G1 用状态空间描述，则并联运算的结果也是用状态空间法描述：

输入代码：
```
G1=ss(tf(1,[1 2 1]));           %状态空间描述
   G2=tf(1,[1 1]);
G1+G2
```
运行代码后得到：

a =	x1	x2	x3
x1	-2	-0.25	0
x2	4	0	0
x3	0	0	-1

b =	u1
x1	0.5
x2	0
x3	1

c =	x1	x2	x3
y1	0	0.5	1

d =	u1
y1	0

Continuous-time model.

4. 复杂的结构框图

复杂结构框图的数学模型的求取步骤：

（1）编号各模块的通路。

（2）建立无连接的数学模型：使用 append 命令实现各模块未连接的系统矩阵。

G=append(G1,G2,G3,…)

（3）指定连接关系：写出各通路的输入输出关系矩阵 Q，第一列是模块通路编号，从第二列开始分别为进入该模块的所有通路编号；INPUTS 变量存储输入信号所加入的通路编号；OUTPUTS 变量存储输出信号所在通路编号。

（4）使用 connect 命令构造整个系统的模型。

Sys=connect(G,Q,INPUTS,OUTPUTS)

如果各模块都使用传递函数，也可以用 blkbuild 命令建立无连接的数学模型，则第二步

修改如下：

将各通路的信息存放在变量中：通路数放在 nblocks，各通路传递函数的分子和分母分别放在不同的变量中；用 blkbuild 命令求取系统的状态方程模型。

【例 6.3.2】根据图 6.3.5 所示系统结构框，求出系统总的传递函数。

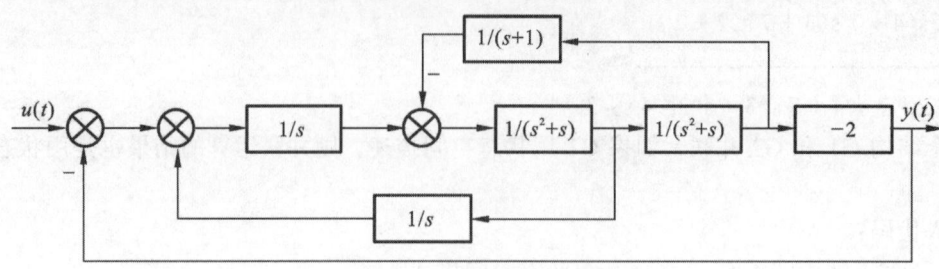

图 6.3.5　复杂系统结构

方法一：使用 append 命令。

（1）将各模块的通路排序编号，如图 6.3.6 所示。

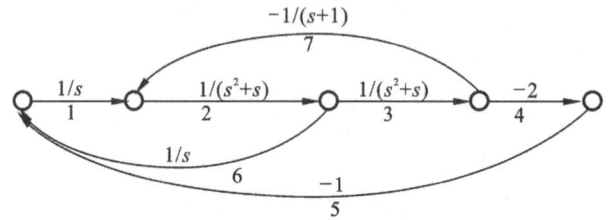

图 6.3.6　信号流图

（2）使用 append 命令实现各模块未连接的系统矩阵。

输入下列代码，求取并存储各模块传递函数：

G1=tf(1,[1 0]);
G2=tf(1,[1 1 0]);
G3=tf(1,[1 1 0]);
G4=tf(-2,1);
G5=tf(-1,1);
G6=tf(1,[1 0]);
G7=tf(-1,[1 1]);
Sys=append(G1,G2,G3,G4,G5,G6,G7);

程序分析：将每个模块用 append 命令放在一个系统矩阵中，可以看到 Sys 模块存放了七个模块的传递函数，为了节省篇幅在此未列出完整的 Sys 模块。

（3）指定连接关系。

接着输入下列代码：

Q=[1 6 5;　　　　　　　　%通路 1 的输入信号为通路 6 和通路 5
　　2 1 7;　　　　　　　　%通路 2 的输入信号为通路 1 和通路 7
　　3 2 0;　　　　　　　　%通路 3 的输入信号为通路 2
　　4 3 0;

```
            5 4 0;
            6 2 0;
            7 3 0;]
INPUTS=1;                    %系统总输入由通路 1 输入
OUTPUTS=4;                   %系统总输出由通路 4 输出
```
运行上述两段代码后可得

```
Q =   1    6    5
      2    1    7
      3    2    0
      4    3    0
      5    4    0
      6    2    0
      7    3    0
```

程序分析：Q 矩阵建立了各通路之间的关系，共有 7 行；每行的第一列为通路号，从第二列开始为各通路输入信号的通路号；INPUTS 变量存放系统输入信号的通路号；OUTPUTS 变量存放系统输出信号的通路号。

（4）使用 connect 命令构造整个系统的模型。

最后输入下行代码：

G =connect(Sys,Q,INPUTS,OUTPUTS)

运行后得到：

Transfer function:

                    -2 s^2 - 2 s
        ----
        s^7 + 3 s^6 + 3 s^5 + s^4 - s^3 - 3 s^2 - 3 s - 6.661e-016

程序分析：用 connect 命令完成整个系统的传递函数模型。

方法二：从第二步开始使用 blkbuild 命令来实现。

（1）将各通路的信息存放在变量中。

输入代码：

```
nblocks=7;                   %通路数为 7
n1=1; d1=[1 0];              %通路 1 的分子和分母
n2=1; d2=[1 1 0];
n3=1; d3=[1 1 0];
n4=-2; d4=1;
n5=-1; d5=1;
n6=1; d6=[1 0];
n7=-1;d7=[1 1];
```

程序分析：通路数 nblocks 为 7；各通路传递函数的分子存放在变量 n_i，分母存放在变量 d_i。

（2）用 blkbuild 命令求取系统的状态方程模型：

  blkbuild

运行代码后得到：
State model [a,b,c,d] of the block diagram has 7 inputs and 7 outputs.

程序分析：增广状态方程模型即 7 条通路的输入输出信号状态模型建立了，存放在 a、b、c、d 变量中。

（3）建立连接矩阵 Q 指定连接关系，Q 矩阵同前面，因此在此不再展示相关代码。

（4）使用 connect 命令构造整个系统的模型。

[A,B,C,D]=connect(a,b,c,d,Q,INPUTS,OUTPUTS)

运行代码后得到：

```
A =   0   0   0   0   2   1   0
      1  -1   0   0   0   0  -1
      0   1   0   0   0   0   0
      0   0   1  -1   0   0   0
      0   0   0   1   0   0   0
      0   0   1   0   0   0   0
      0   0   0   0   1   0  -1
B =   1
      0
      0
      0
      0
      0
      0
C =   0   0   0   0  -2   0   0
D =   0
```

6.4 控制系统频域分析

6.4.1 频域特性

频域特性由下面命令求出：

```
Gw=polyval(num,j*w)./polyval(den,j*w)
mag=abs(Gw)              %幅频特性
pha=angle(Gw)            %相频特性
```

说明：j 为虚部变量。

【例 6.4.1】由二阶系统传递函数 $G(s) = \dfrac{1}{s^2 + 1.414s + 1}$，得出频域特性。

输入代码：

```
num=1;
```

```
den=[1 1.414 1];
    w=1 ;
Gw=polyval(num,j*w)./polyval(den,j*w)        %得出系统频率特性
```
运行代码得到:
Gw = 0 - 0.7072i
再输入命令:
```
Aw=abs(Gw)                                    %得出幅频特性
```
运行代码得到:
Aw = 0.7072
最后输入命令:
```
Fw=angle(Gw)                                  %得出相频特性
```
运行代码得到:
Fw = -1.5708

6.4.2 连续系统频域特性

1. bode 图

bode 图是展示对数幅频和对数相频特性的曲线图。

用法:
```
bode(G,w)                %绘制 bode 图
[mag,pha]=bode(G,w)      %得出 w 对应的幅值和相角
[mag,pha,w]=bode(G)      %得出幅值、相角和频率
```
说明: G 为系统模型, w 为频率向量, mag 为系统幅值, pha 为系统相角。

【例 6.4.2】根据系统传递函数 $G(s) = \dfrac{1}{s(s+1)(s+2)}$, 绘制 bode 图如图 6.4.1 (a) 所示。

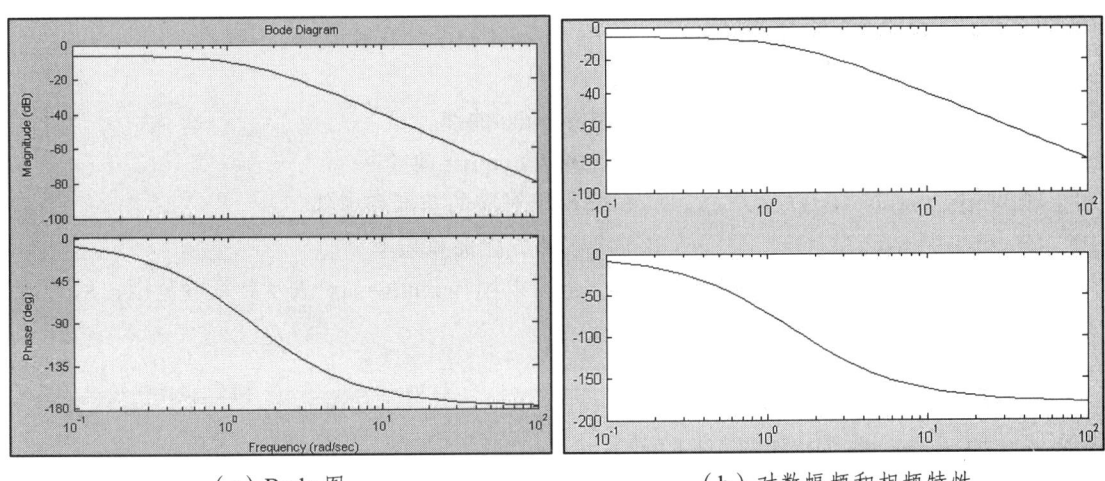

(a) Bode 图　　　　　　　　　(b) 对数幅频和相频特性

图 6.4.1　绘制 Bode 图

输入代码：

```
num=1;
den=conv([1 1],[1 ,2])
```

运行代码后输出：

den =1   3   2

输入代码：

```
G=tf(num,[den 0])
```

运行后输出：

Transfer function:

  1

----

s^3 + 3 s^2 + 2 s

最后输入代码：

```
bode(G)                %绘制 bode 图
```

运行代码后可得到系统的 bode 图，如图 6.4.1（a）所示。

【例 6.4.3】续接上题，用 semilogx 命令绘制对数幅频和相频特性，如图 6.4.1（b）所示。

输入代码：

```
w=logspace(-1,2);
[m,p]=bode(num,den,w);
subplot(2,1,1);
semilogx(w,20*log10(m));
subplot(2,1,2);
semilogx(w,p)
```

运行代码后得到图 6.4.1（b）图。

2. nyquist 曲线

nyquist 曲线是幅相频率特性曲线，使用 nyquist 命令计算和绘制。

用法：

nyquist (G,w)	%绘制 nyquist 曲线
nyquist (G1,G2,…w)	%绘制多条 nyquist 曲线
[Re,Im]= nyquist (G,w)	%由 w 得出对应的实部和虚部
[Re,Im,w]= nyquist (G)	%得出实部、虚部和频率

说明：G 为系统模型；w 为频率向量，也可以用{wmin,wmax}表示频率的范围；Re 为频率特性的实部，Im 为频率特性的虚部。

【例 6.4.4】根据传递函数 $G_1(s)=\dfrac{1}{s(s+1)(s+2)}$，$G_2(s)=\dfrac{1}{(s+1)(s+2)}$ 和 $G_3(s)=\dfrac{1}{s(s+1)}$，绘制各系统的 nyquist 曲线，如图 6.4.2 所示。

输入代码：

```
num=1;
```

den1=[conv([1 1],[1 2]),0];
G1=tf(num,den1)
运行后得到：
Transfer function:

$$\frac{1}{s^3 + 3 s^2 + 2 s}$$

再输入代码：
den2=[conv([1 1],[1 2])];
G2=tf(num,den2)
运行后得到：
Transfer function:

$$\frac{1}{s^2 + 3 s + 2}$$

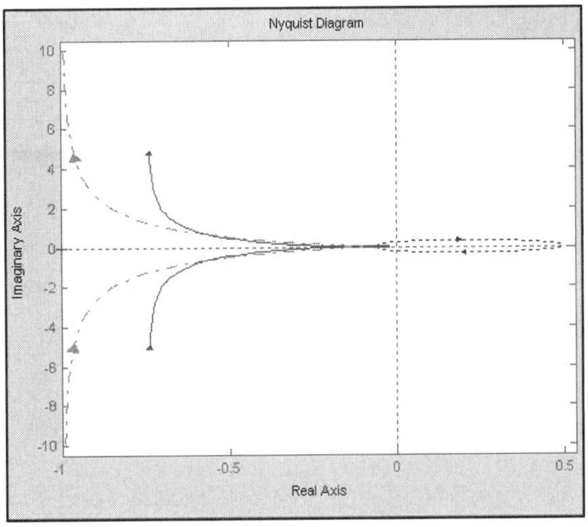

又输入代码：
den3=[1 1 0];
G3=tf(num,den3)
运行后得到：
Transfer function:

$$\frac{1}{s^2 + s}$$

继续输入：
nyquist(G1,'r',G2,'b:',G3,'g-.',{0.1,180/57.3}) ;   %频率范围{0.1,180/57.3}
w=1:2;
[re,im]=nyquist(G1,w)
运行代码后得到：
re(:,:,1) =   -0.3000
re(:,:,2) =   -0.0750
im(:,:,1) =   -0.1000
im(:,:,2) =   0.0250

图 6.4.2 nyquist 曲线

程序分析：re 和 im 是三维数组，组成为(Ny, Nu, Length(w))，其中 N_y 为输出，N_u 为输入。

3. nichols 图

nichols 图是对数幅相频率特性曲线，使用 nichols 命令绘制和计算。
用法：
nichols (G,w)   %绘制 nichols 图
nichols (G1,G2,…w)   %绘制多条 nichols 图

[Mag,Pha]= nichols (G,w)	%由 w 得出对应的幅值和相角
[Mag,Pha,w]= nichols (G)	%得出幅值、相角和频率

在单位反馈系统中，闭环系统的传递函数可以写成 $G(s)/(1+G(s))$，因此 nichols 图的等 M 圆和等 N 圆就映射成等 M 线和等 α 线，MATLAB 提供了绘制 nichols 框架下的等 M 线和等 α 线的命令 ngrid。

用法：

ngrid('new')   %清除图形窗口并绘制等 M 线和等 α 线

说明：'new'为创建的图形窗口，清除该图形窗口并绘制等 M 线和等 α 线，如果绘制了 nichols 图后可省略'new'，直接添加等 M 线和等 α 线；产生 -40 dB$\sim$40 dB 的幅值和 $-360°\sim0°$ 的范围，并保持图形。

【例 6.4.5】续接上题，根据传递函数 $G_1(s) = \dfrac{1}{s(s+1)(s+2)}$，绘制等 M 线等 α 线和 nichols 图，如图 6.4.3 所示。

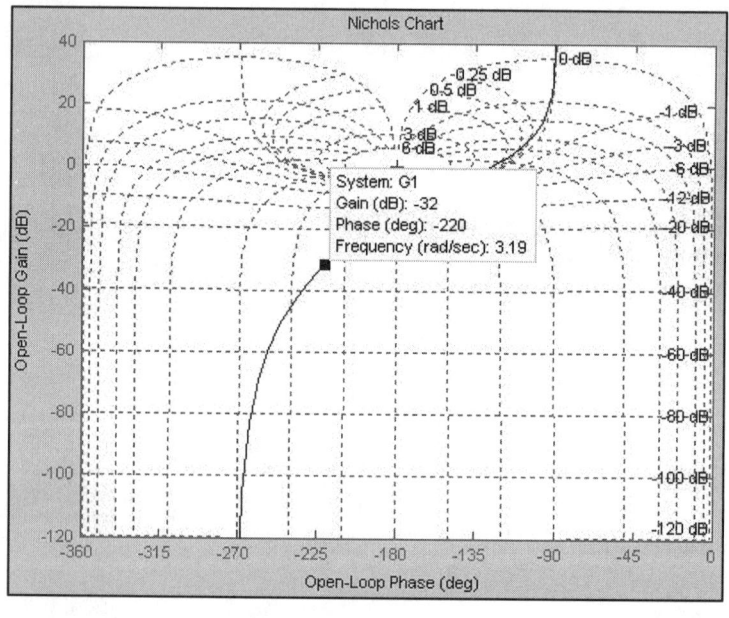

图 6.4.3   nichols 图

输入如下代码：

ngrid('nichols1')	%绘制等 M 线和等 α 线
nichols(G1)	%绘制 nichols 图
w=1:2;	
[Mag,Pha]=nichols(G1,w)	%获得幅值和相角数值

运行后得到：

Mag(:,:,1) = 0.3162

Mag(:,:,2) = 0.0791

Pha(:,:,1) = -161.5651
Pha(:,:,2) =-198.4349

程序分析：用"ngrid"命令可以创建等 M 线和等 α 线图形窗口，用鼠标单击图形中的某点，可以看到其相关信息。

6.4.3 幅值裕度和相角裕度

用法：
margin(G)   %绘制 bode 图并标幅值裕度和相角裕度
[Gm,Pm,Wcg,Wcp]=margin(G)   %得出幅值裕度和相角裕度

说明：G_m 为幅值裕度，W_{cg} 为幅值裕度对应的频率；P_m 为相角裕度，W_{cp} 为相角裕度对应的频率（穿越频率）。如果 W_{cg} 或 W_{cp} 为 NaN 或为 Inf，则对应的 G_m 或 P_m 为无穷大。

【例 6.4.6】续接上题，求取 $G_1(s)=\dfrac{1}{s(s+1)(s+2)}$ 系统的幅值裕度和相角裕度。

输入代码：
G1
运行后输出：
Transfer function:
        1
----
s^3 + 3 s^2 + 2 s
输入代码：[Gm,Pm,Wcg,Wcp]=margin(G1)
运行后输出：
Gm = 6.0000
Pm = 53.4109
Wcg = 1.4142
Wcp = 0.4457

6.4.4 离散系统频域分析

【例 6.4.7】绘制 $G(z)=\dfrac{2+5z^{-1}+z^{-2}}{1+2z^{-1}+3z^{-2}}$ 系统的 bode 图，如图 6.4.4 所示。

输入代码：
dnum=[2 5 1];
dden=[1 2 3];
dbode(dnum,dden,0.1)   %绘制 bode 图，采样周期为 0.1s
运行代码后得到图 6.4.4。

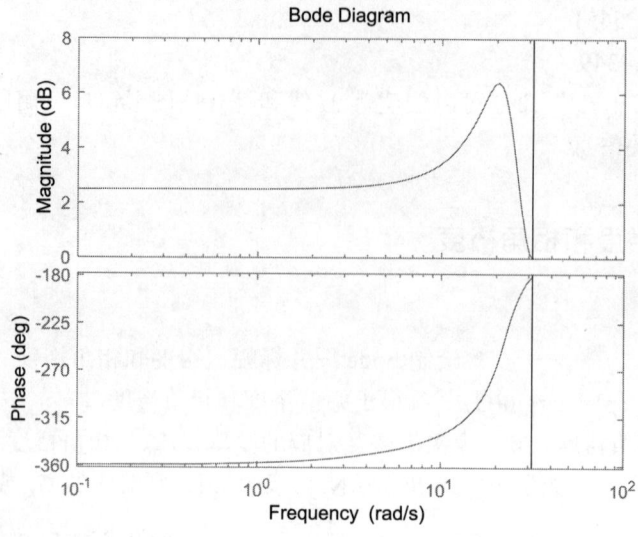

图 6.4.4　离散系统的 bode 图

6.4.5　控制系统的根轨迹分析

1. 绘制根轨迹

MATLAB 中使用 rlocus 命令绘制根轨迹。

用法：

rlocus(G)　　　　　%绘制根轨迹

rlocus(G1,G2,…)　　%绘制多个系统的根轨迹

[r,k]=rlocus(G)　　 %得出闭环极点和对应的 K

r= rlocus(G,k)　　　%根据 K 得出对应的闭环极点

（1）常规根轨迹。

【例 6.4.8】绘制开环传递函数 $G(s) = \dfrac{k}{s(s+4)(s+2-4j)(s+2+4j)}$ 的根轨迹，如图 6.4.5 所示。

输入代码：

num=1;

den=[conv([1,4],conv([1 -2+4i],[1 -2-4i])),0];

得到：

den =　　1　　0　　4　　80　　0

输入代码：G=tf(num,den);

得到传递函数：

Transfer function:

　1

\-\-\-\-\-\-\-\-\-\-\-\-\-\-\-\-\-\-\-

s^4 + 4 s^2 + 80 s

输入代码：
rlocus(G);   %绘制根轨迹
[r,k]=rlocus(G);   %得出闭环极点和增益
运行后得到图 6.4.5。

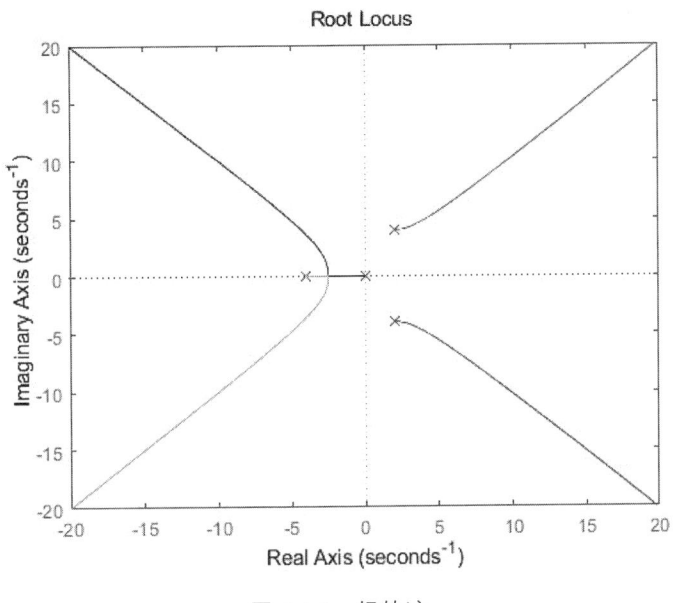

图 6.4.5　根轨迹

（2）零度根轨迹。

【例 6.4.9】系统前向通道传递函数为 $G(s) = \dfrac{k(s+2)}{(s+3)(s^2+2s+2)}$ 的正反馈，绘制其根轨迹，如图 6.4.6 所示。

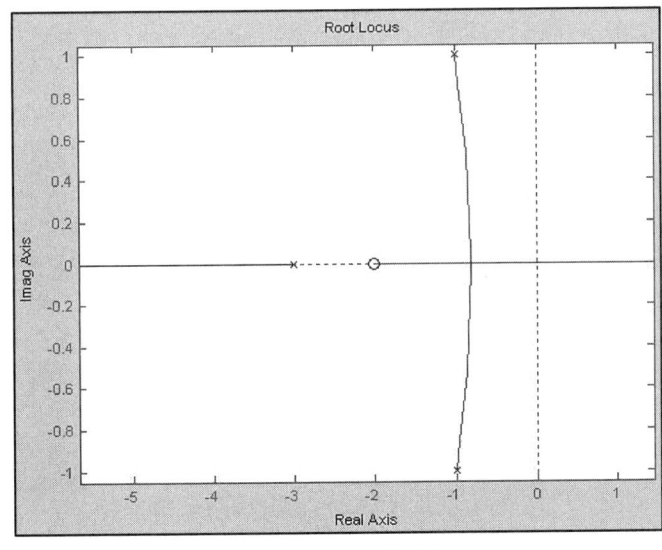

图 6.4.6　零度根轨迹

由于是正反馈,其闭环特征方程为 $1-G(s)=0$,因此将分子多项式取负号即可。

输入代码:
num=[-1 -2];
den=conv([1 3],[1 2 2]);
G=tf(num,den);

运行后得到:
Transfer function:
  -s - 2
----
s^3 + 5 s^2 + 8 s + 6

输入命令:
rlocus(G);

运行后绘制出图 6.4.6。

2. 根轨迹的其他工具

(1)指定点的开环增益。

MATLAB 控制系统工具箱提供了 rlocfind 命令,可以在绘制的根轨迹上获得定位点的增益 k 值。

用法:

[k,p]=rlocfind(G)   %获得定位点的增益 k 和极点 p

该命令在产生根轨迹后执行。执行该命令后,在命令窗口会出现提示"Select a point in the graphics window",鼠标在图形窗口显示为十字形,当单击根轨迹上的某点时就会获得该点的增益 k 和对应的所有极点 p。

【例 6.4.10】续接上题,在图 6.4.6 中使用 rlocfind 命令。

输入代码:[k,p]=rlocfind(G);

运行后输出:

Select a point in the graphics window

selected_point = -8.2323e-001 -1.5326e-001i

k = 1.8558e+000

p = -3.3843e+000
  -8.0785e-001 +1.5352e-001i
-8.0785e-001 -1.5352e-001i

程序分析:根轨迹图中,单击鼠标可获得该点坐标、增益 k 和对应的极点 p。

(2)主导极点的等 ζ 线和等 ω_n 线。

用法:

sgrid('new')   %清除图形窗口绘制等 ζ 线和等 ωn 线
sgrid(zeta,wn,'new')   %绘制指定的等 ζ 线和等 ωn 线

说明:'new'为创建的图形窗口,清除该图形窗口并绘制等 ζ 线和等 ω_n 线,如果绘制了根轨迹图后可省略'new',直接添加等 M 线和等 α 线;zeta 和 ω_n 分别为指定的 ζ 和 ω_n。

【例 6.4.11】绘制开环传递函数为 $G_1(s) = \dfrac{k}{s(s+1)(s+2)}$ 的系统根轨迹，如图 6.4.7 所示，并找出 $\zeta=0.707$ 附近的点，绘制出其相应的阶跃响应曲线。

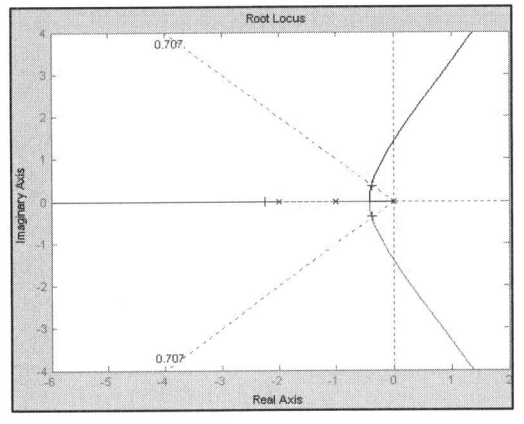

（a）等 ζ 线和等 ω_n 线

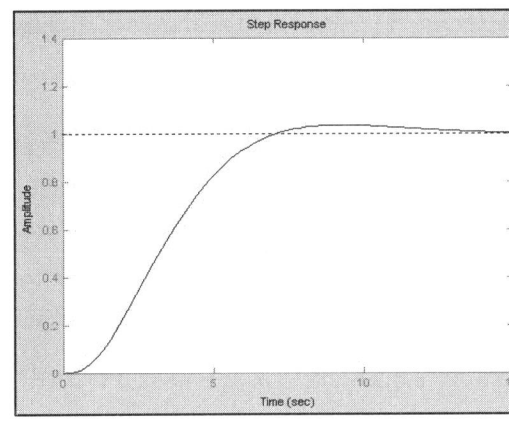

（b）阶跃响应曲线

图 6.4.7　仿真结果

输入代码：

```
num=1;
den=[conv([1 1],[1 2 ]),0];
G1=tf(num,den);
rlocus(G1)                    %在上图中绘制根轨迹。
sgrid(0.707,10)               %绘制 ζ=0.707 线和 ωn=10 线。
```

在等 ζ 线和等 ω_n 线图中 $\zeta=0.707$ 的线上，取根轨迹点的增益，将该增益构成闭环传递函数，画出其阶跃响应曲线。

```
[k,p]=rlocfind(G1)            %获取鼠标单击点的增益和所有极点。
```

运行代码后输出：

Select a point in the graphics window

selected_point =   -0.3791 + 0.3602i

k = 0.6233

p =   -2.2279

　　-0.3861 + 0.3616i

　　　-0.3861 - 0.3616i

输入命令：

```
G=feedback(k*G1,1)            %得出闭环传递函数。
```

得到：

Transfer function:

0.6233

----

s^3 + 3 s^2 + 2 s + 0.6233

输入绘图命令：

figure(2); step(G)　　　　%绘制阶跃响应曲线。

运行后，绘制出图6.4.7。

程序分析：可以看出其阶跃响应的性能较好，根据鼠标单击处的系统参数绘制阶跃响应曲线。

（3）系统根轨迹的设计工具RLTool。

MATLAB控制工具箱还提供了一个系统根轨迹分析的图形界面，使用rltool命令打开该界面。

语法：

rltool　　　　　　　　%打开空白的根轨迹分析的图形界面
rltool(G)　　　　　　　%打开某系统根轨迹分析的图形界面

【例 6.4.12】运用系统根轨迹分析的图形界面分析开环传递函数 $\dfrac{k}{s(s+4)(s^2+4s+20)}$ 的根轨迹。

输入代码：

num=1;
a=[1 0];
b=[1 4];
c=[1 4 20];
den=conv(a,b);
den=conv(den,c);
G=tf(num,den);
rltool(G);

运行代码后绘制出图6.4.8。在命令窗口输入"sisotool(G)"命令时，也可以打开该图形界面。在该图中，可以分析控制系统的一些特性，如分析根轨迹、阶跃响应等。

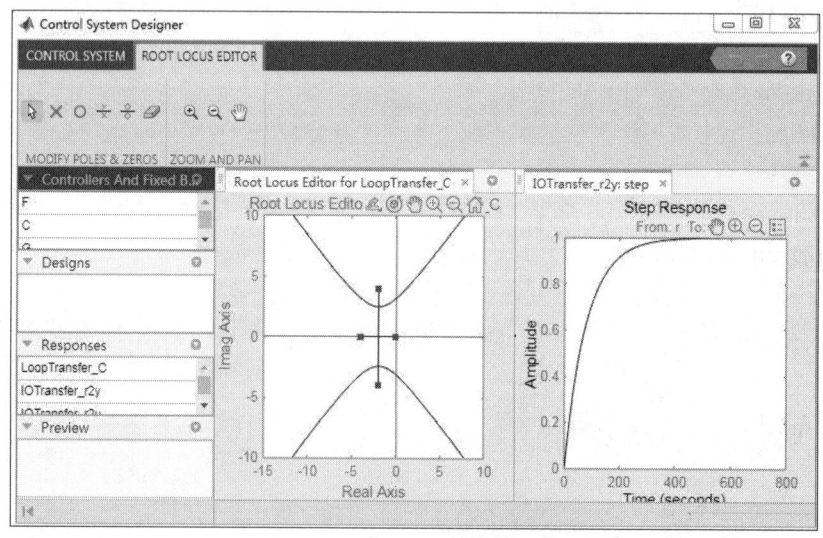

图6.4.8　系统根轨迹分析的图形界面

6.5 现代控制系统的分析

6.5.1 极点配置法

MATLAB 使用 acker 命令来对单输入单输出系统极点配置。
语法：
k=acker(A,B,p)　　　　　　%SISO 系统极点配置
说明：A、B 为系统矩阵；p 为期望特征值数组。

【例 6.4.13】已知系统状态方程 $\dot{x} = A_x(t) + B_u(t)$，$A = \begin{bmatrix} 0 & 1 & 0 \\ 0 & 0 & 1 \\ -1 & -5 & -6 \end{bmatrix}$，$B = \begin{bmatrix} 0 \\ 0 \\ 1 \end{bmatrix}$，期望特征值为 $p=[-2+2j,-2-2j,-10]$，求状态增益矩阵 k。

A=[0 1 0;0 0 1;-1 -5 -6];
B=[0;0;1];
p=[-2+2j -2-2j -10];
k=acker(A,B,p)
k =　79　　43　　8

6.5.2 最优二次型设计

1. 连续系统最优二次型设计

MATLAB 使用 lqr 命令来求解最优问题。
用法：
[K,P,E]=lqr(A,B,Q,R)　　　　%连续系统最优二次型调节器设计
说明：A、B、Q、R 矩阵定义如上，P 为 Riccati 方程的解，K 为最优增益反馈矩阵，E 为闭环特征值。

【例 6.4.14】已知系统状态方程 $\dot{x} = A_x(t) + B_u(t)$，$A = \begin{bmatrix} 0 & 1 & 0 \\ 0 & 0 & 1 \\ -35 & -27 & -9 \end{bmatrix}$，$B = \begin{bmatrix} 0 \\ 0 \\ 1 \end{bmatrix}$，$Q = \begin{bmatrix} 1 & 0 & 0 \\ 0 & 1 & 0 \\ 0 & 0 & 1 \end{bmatrix}$，$R=1$，求最优二次型解。

输入代码：
a=[0 1 0;0 0 1;-35 -27 -9];
b=[0;0;1];
q=eye(3);
r=1;
[k,p,e]=lqr(a,b,q,r)

运行代码后得到：

k = 0.0143　　　0.1107　　　0.0676
p = 4.2625　　　2.4957　　　0.0143
2.4957　　　2.8150　　　0.1107
0.0143　　　0.1107　　　0.0676
e = -5.0958
-1.9859 + 1.7110i
-1.9859 - 1.7110i

程序分析：得出最优反馈增益矩阵 *k*，系统闭环特征值 *e* 和 Riccati 方程正定矩阵解。

2. 离散系统最优二次型设计

MATLAB 提供的离散最优设计的命令为 dlqr。

用法：

[K,P,E]=dlqr(A,B,Q,R)　　　　　%离散最优二次型调节器设计

3. 对输出加权的最优二次型设计

在很多情况下，需要对输出量加权而不是对状态量加权，其代价函数为

$$J = \frac{1}{2}\int_0^\infty [y(t)^\mathrm{T} Qy(t) + u(t)^\mathrm{T} Ru(t)]\mathrm{d}t$$

MATLAB 使用 lqry 命令解相应的 Riccati 方程和最优反馈增益。

用法：

[K,P,E]=lqry(A,B,Q,R)　　　　　%系统加权最优二次型调节器设计

习　题

1. 线性连续系统一般有哪几种描述方式？
2. 线性离散系统一般有哪几种描述方式？
3. 控制系统模型转换函数有哪几种？
4. 写出二阶系统 $\frac{\mathrm{d}^2 y(t)}{\mathrm{d}t^2} + 2\zeta\omega_n \frac{\mathrm{d}y(t)}{\mathrm{d}t} + \omega_n^2 y(t) = \omega_n^2 u(t)$，其中，$\zeta=0.6$，$\omega_n=0.9$ 时的状态方程。
5. 将二阶系统 $\frac{\mathrm{d}^2 y(t)}{\mathrm{d}t^2} + 2\zeta\omega_n \frac{\mathrm{d}y(t)}{\mathrm{d}t} + \omega_n^2 y(t) = \omega_n^2 u(t)$，其中 $\zeta=0.5$，$\omega_n=0.9$ 描述为传递函数的形式。
6. 写出二阶系统 $\frac{\mathrm{d}^2 y(t)}{\mathrm{d}t^2} + 2\zeta\omega_n \frac{\mathrm{d}y(t)}{\mathrm{d}t} + \omega_n^2 y(t) = \omega_n^2 u(t)$，其中，$\zeta=0.6$，$\omega_n=0.9$ 的零极点形式。

7. 根据系统的结构框图求出系统的传递函数，结构框图如题图 5 所示，其中 $G_1(s) = \dfrac{1}{s^2+2s+1}$，$G_2(s) = \dfrac{1}{s+1}$，$G_3(s) = \dfrac{1}{2s+1}$

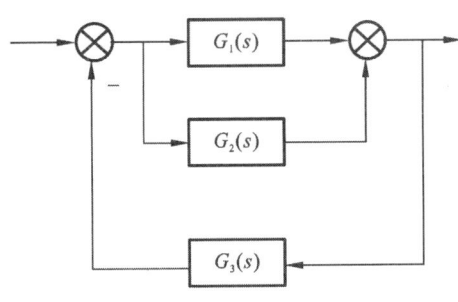

题图 5　结构框图

8. 由二阶系统传递函数 $G(s) = \dfrac{1}{s^2+1.21s+1}$，得出频域特性。

9. 绘制 $G(z) = \dfrac{2+4z^{-1}+z^{-2}}{1+2z^{-1}+3z^{-2}}$ 系统的 bode 图。

10. 绘制开环传递函数 $G(s) = \dfrac{k}{s(s+3)(s+1-4\mathrm{j})(s+1+4\mathrm{j})}$ 的根轨迹。

11. 已知二阶系统的传递函数 $G(s) = \dfrac{1}{s^2+1.414s+1}$，获取其传递函数模型的属性。

12. 系统框图的基本结构有哪三种？分别采用何种函数实现其传递函数？

7 信号处理工具
——signal Analyzer 和 filter Designer

在 MATLAB 中，signal Analyzer 是一个用于信号处理和分析的交互式应用程序。它提供了一个用户友好的界面，可以帮助用户识别和分析各种信号的特征，比如频率、相位、幅度和频率响应；filter Designer 工具用于设计各种数字滤波器。这个工具提供了一个 GUI（图形用户界面），用户可以通过选择不同的滤波器类型、参数和设计指标来创建滤波器。本章主要介绍这两部分的使用，以及如何结合使用来完成常见的数字信号处理任务。

7.1 信号分析器 signal Analyzer

信号分析器是一款交互式工具，用于在时域、频域和时频域中可视化、预处理、测量、分析和比较信号。它具有如下特点：
（1）轻松访问 MATLAB 工作区中的所有信号。
（2）可以完成对信号进行平滑处理、滤波、重采样、去趋势、去噪、复制、提取、重命名和编辑。
（3）添加和应用自定义预处理函数。
（4）同时可视化和比较信号的多种波形、频谱、持久性、频谱图和尺度图表示。
（5）测量数据和信号统计量。
（6）通过信号分析器可同时和在同一视图中处理不同持续时间的许多信号。

7.1.1 信号和频谱分析的打开

在命令窗口中输入命令 signalAnalyzer 后回车，其界面如图 7.1.1 所示。或者在 MATLAB 工具栏中的 APP 项目中选择 signal Analyzer 图标 。

7.1.2 选择要分析的信号

选择 MATLAB 工作区中可用的任何信号。该 APP 接受具有固有时间信息的数值数组和信号，例如 MATLAB 时间表、timeseries 对象、labeledSignalSet 对象。

在 MATLAB 工作区中处理向量、矩阵、MATLAB 时间表、timeseries 对象或 labeledSignalSet 对象。当启动该 APP 时，工作区中所有可用的信号都会出现在左下角的工作区浏览器中。

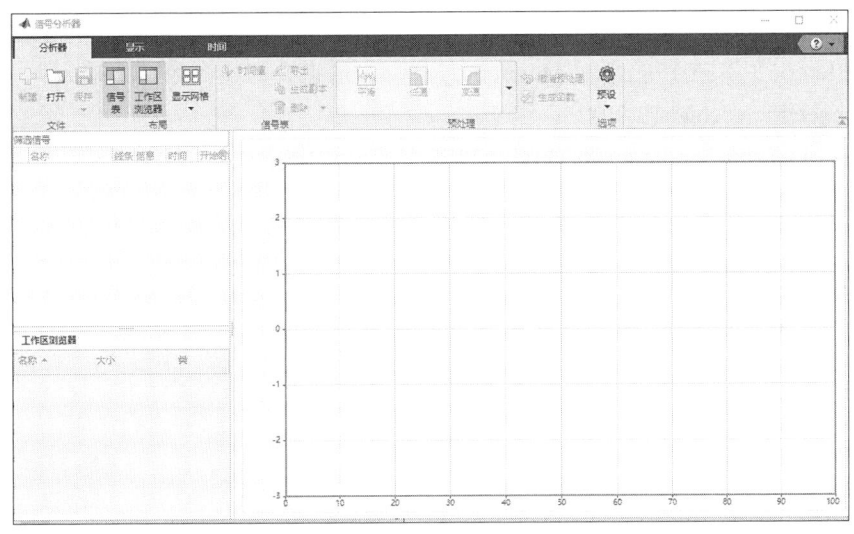

图 7.1.1　signalAnalyzer 界面

1. 从工作区浏览器中选择信号

点击信号名称并将其拖到左上角的 Signal 表。要绘制信号，将其拖到显示画面上。如果选中 Signal 表中某信号名称旁边的复选框，该信号将在选定的显示画面中绘制。也可以将信号直接从工作区浏览器拖到显示画面上。拖动的信号在显示画面中绘制，并在 Signal 表中列出。

在 Signal 表中选择信号有两种不同方式。每种方式使用不同操作方式。

通过点击 Signal 表中的 Name、Info、Time 或 Start Time 列选择信号，可以执行 Analyzer 选项卡中的所有操作。可以更改时间信息、预处理信号或复制它们。不需要绘制信号来预处理它。

选中信号名称左侧的复选框将在当前选定的显示画面中绘制该信号，并能够执行 Display 选项卡中的所有操作。可以在频域或时频域中显示信号，也可以使用游标测量信号。

如果在 MATLAB 工作区中修改了信号，工作区浏览器会自动更新。但是，APP 不会自动识别这些变化，直到通过将信号再次拖动到 Signal 表或显示画面来重新导入信号。

如果添加或删除了矩阵列，APP 会删除信号，清除其任何绘图，并使用修改后的矩阵维度创建新信号。

如果矩阵、时间表、时序和带标签的信号集包含以层次结构嵌套的通道，则会使用可清楚显示层次结构的树视图来显示数据。

【例 7.1.1】可先在命令窗口输入 sgn=rand(100,3) 创建名为 sgn 的 100×3 矩阵，在 signal Analyzer 界面的工作区浏览部分生成变量 sgn，再拖到 Signal 表中显示为 sgn。如果展开树视图，可以看到三个单独的列，分别具有标签 sgn(:,1)、sgn(:,2) 和 sgn(:,3)，如图 7.1.2 所示。

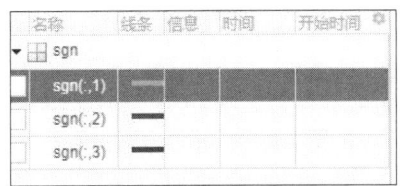

图 7.1.2　sgn 树视图

【例 7.1.2】创建包含四个变量的时间表。"Temperature"有两个通道,"WindSpeed"有一个通道,"Electric"有三个通道,"Magnetic"有一个通道。即在命令窗口输入:

tmt = timetable(seconds(0:99)', ...
  randn(100,2),randn(100,1),randn(100,3),randn(100,1));
tmt.Properties.VariableNames = ...
  ["Temperature" "WindSpeed" "Electric" "Magnetic"];

在 signal Analyzer 界面的工作区浏览部分生成 tmt 变量,将该时间表拖到 Signal 表。展开树视图如图 7.1.3 所示以查看各个通道。

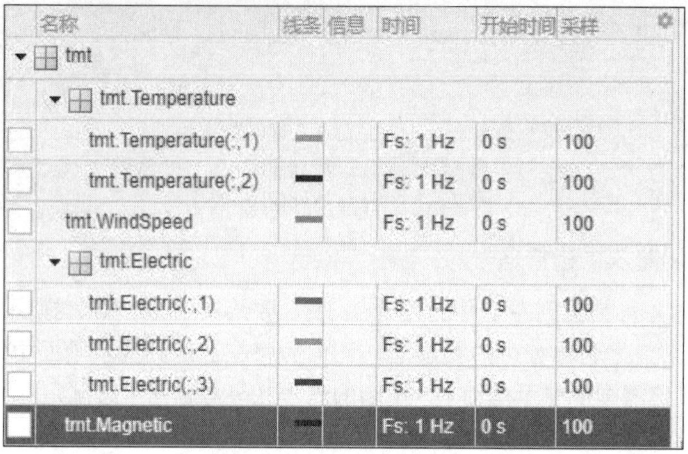

图 7.1.3 创建变量树视图

2. 对 Signal 表中的信号进行筛选

为了帮助搜索 Signal 表中的大量数据,可以对信号进行筛选。筛选标准可以是包含在信号名称或其他列中的任何文本。

要显示具有给定名称的信号,请在 Filter Signals 文本框中输入搜索短语。匹配项在筛选结果中突出显示。

【例 7.1.3】假设有三个 sig 信号,即 sig01、sig02 和 sig03,以及三个 sgn 信号,即 sgn01、sgn02 和 sgn03。可以输入 sgn 显示三个 sgn 信号,或者输入 2 显示 sig02 和 sgn02,如图 7.1.4 所示。

图 7.1.4 sig 信号树视图

还可以根据信号的时间信息筛选信号。要使用此功能,请在搜索结果框内点击,然后点击"Advanced"。可以保存和存储筛选器以供将来使用。从搜索结果框的 Advanced 菜单中，点击"Quick Search Settings"。在 Save Search As 框中输入名称，然后点击"Save"。

7.1.3 预处理信号

使用 Signal Analyzer App 执行几项信号预处理任务，如低通、高通、带通或带阻滤波器信号；去趋势并计算信号包络；使用平均值或其他方法对信号进行平滑处理；使用小波对信号进行去噪等。不同处理选项出现在 Analyzer 选项卡中，如图 7.1.5 所示。

图 7.1.5　预处理信号

预处理操作、撤销操作和函数生成会应用于 Signal 表中当前选择的所有信号。要选择信号，点击 Signal 表中信号的"Name""line""Info"和"Time"。

可以按任意顺序执行任意次数的预处理操作。Signal 表中的 Info 列包含图标，该图标指示是否已对信号执行预处理。点击该图标会列出执行的操作及其顺序。通过在 Analyzer 选项卡上或在任何由预处理操作产生的选项卡上点击"Undo Preprocessing"，可以撤销预处理步骤。撤销是从最近的步骤开始，一次撤销一个步骤。

可以预处理一个多通道信号的各个通道。如果选择一个多通道信号及其一个通道进行预处理，APP 只对该单个通道进行一次预处理。

1）复制和重命名信号

SignalAnalyzer 能够复制和重命名信号，然后对其进行预处理或导出以供进一步分析。

要复制信号，使用 Analyzer 选项卡或由预处理操作产生的任何选项卡上的 Duplicate 按钮。或者右键点击 Signal 表中的信号，然后选择 Duplicate。副本与原始信号同名，但追加了_copy 后缀，如图 7.1.6 所示。

如果选择一个信号及其通道进行复制，APP 会创建该信号的一个副本和所选通道的一个独立副本。

要重命名信号，请双击 Signal 表中的信号名称并更改名称。或者右键点击 Signal 表中的信号，然后选择"Rename"。

注意不能重命名一个多通道信号的单个通道。

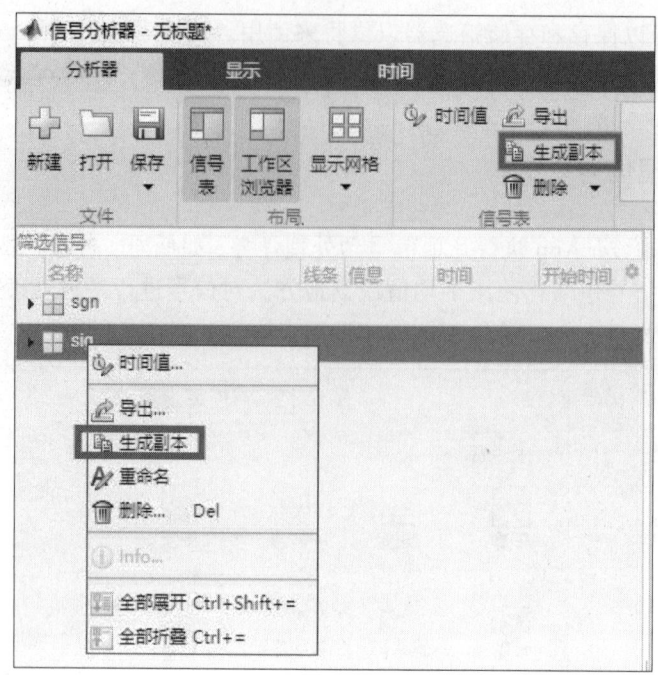

图 7.1.6　复制信号

2）对信号进行滤波

要对一个或多个所选信号进行滤波，在 Analyzer 选项卡上，在 Preprocessing 库中点击 Lowpass、Highpass、Bandpass 或 Bandstop 图标。App 使用 lowpass、highpass、bandpass 和 bandstop 函数来执行滤波，如图 7.1.7 所示。可以控制阻带衰减、通带频率和过渡区的宽度。滤波不支持非均匀采样信号。

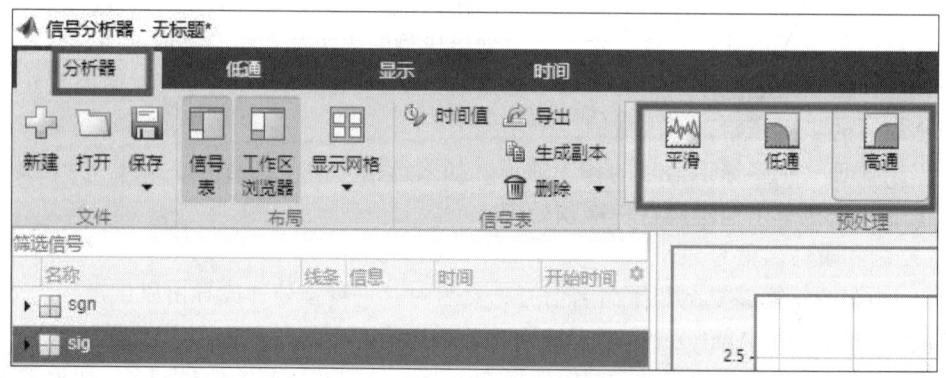

图 7.1.7　信号滤波选项

3）对信号进行平滑处理

要对一个或多个选定信号进行平滑处理，在 Analyzer 选项卡上，点击 Preprocessing 库中的 Smooth 图标。APP 使用 MATLAB 函数 smoothdata 来执行平滑处理。可使用以下平滑方法：移动均值、移动中位数、高斯平滑、线性回归、二次回归、稳健线性回归、稳健二次回归、Savitzky-Golay 滤波，如图 7.1.8 所示。

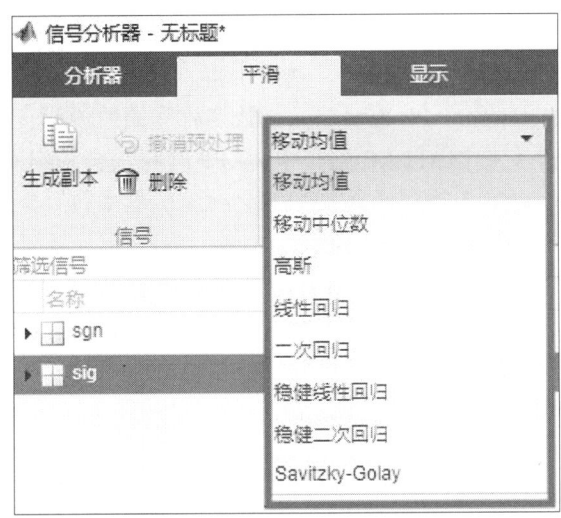

图 7.1.8　信号平滑处理选项

4）对信号重新采样

要对一个或多个选定信号重新采样，在 Analyzer 选项卡上，展开 Preprocessing 库，然后点击 Resample 图标。SignalAnalyzer 使用 Signal Processing Toolbox™ 函数 resample 执行重新采样。可使用以下选项：

（1）当信号为非均匀采样信号时，可以使用 APP 将其插值到均匀网格上。可以指定要对信号进行采样所用的插值方法和采样率。可使用以下插值方法：线性插值、保形分段三次插值、使用非结终止条件的三次样条插值。

（2）当信号为均匀采样信号时，可以使用 APP 来更改其采样率。可以指定所需的采样率或要对信号进行上采样或下采样所用的因子。在本例中，Resample 选项卡中的插值面板被禁用，因为插值操作对于均匀采样的信号没有意义。

重新采样操作需要时间信息。如果尝试对样本中的某个信号进行重新采样，APP 会发出警告。

5）对信号去趋势

要对一个或多个选定信号去趋势，在 Analyzer 选项卡上，展开 Preprocessing 库，然后点击 Detrend 图标。APP 可以从信号中去除以下趋势：恒定趋势、线性趋势、分段线性趋势。要去分段线性趋势，请将以逗号分隔的列表指定断点。

6）计算信号包络

要计算一个或多个选定信号的包络，在 Analyzer 选项卡上，展开 Preprocessing 库，然后点击 envelope 图标，可以计算每个信号上包络或下包络。可使用以下包络估计算法：

（1）"Hilbert"：通过由 Hilbert 实现的离散傅里叶变换求得的分析信号幅值来计算信号包络。

（2）"FIR"：通过使用可调大小的 Hilbert FIR 滤波器对信号进行滤波，并将结果用作分析信号的虚部，以此计算信号包络。

（3）"RMS"：通过连接使用可调长度的移动窗计算的 RMS 值来计算信号包络。

（4）"Peak"：通过对由可调数量的样本分隔的局部最大值使用样条插值来计算信号包络。

注意：包络计算不支持复信号。

7）添加自定义预处理函数

要添加自定义预处理函数，在 Analyzer 选项卡上，点击 Preprocessing 库旁边的箭头，然后选择"Add Custom Function"。APP 提示输入函数名称和简短说明，如果已编写预处理函数，并且该函数位于当前文件夹或 MATLAB 路径中，APP 会将其合并到库中。可以使用 Tab 键自动填充来搜索函数名称。若尚未编写函数，APP 会在编辑器中打开空白模板。

自定义预处理函数有必填参数和可选参数：

第一个输入参数 x 是输入信号。该参数必须为向量并被视为一个通道。

第二个输入参数 t_{In} 是时间值的向量。该向量必须与信号具有相同的长度。如果输入信号没有时间信息，函数将此参数作为空数组读取。

使用 varargin 指定其他输入参数。如果没有其他输入参数，可以省略 varargin。在 Preprocess 选项卡中，以逗号分隔的有序列表形式输入附加参数。

第一个输出参数 y 是预处理后的信号。

第二个输出参数 t_{Out} 是输出时间值的向量。如果输入信号没有时间信息，t_{Out} 将作为空数组形式返回。

【例 7.1.4】以下函数通过减去信号的均值来去除信号的 DC 值。

```
function [y,tOut] = removeDC(x,tIn)
% Remove the DC value of a signal by subtracting its mean
y = x - mean(x);
tOut = tIn;
end
```

【例 7.1.5】以下函数将信号的开始时间更改为指定值。

```
function [y,tOut] = timealign(x,tIn,startTime)
% Change the starting time of a signal
    y = x;
    t = tIn;
    if ~isempty(t)
        t = t - t(1) + startTime;
    end
    tOut = t;
end
```

还可以随时使用库中的 Manage Custom Functions 选项来编辑函数、编辑函数说明或删除函数。

注意：自定义预处理函数不能更改输入信号的复/实性。

8）生成 MATLAB 脚本和函数

7.1.4 探查信号

使用采样率、数值向量、duration 数组或 MATLAB 表达式向信号添加时间信息。绘制、测量和比较数据及其频谱、频谱图或尺度图。寻找时域、频域和时频域中的特性和模式。计算持久性频谱以分析偶发信号，并使用重排来锐化频谱图估计。从信号中提取关注的区域。

1. 绘制信号

通过在工作区浏览器或 Signal 表中点击信号名称来选择信号。然后将选择的信号拖到显示画面上进行绘制。此操作还会选中 Signal 表上信号 Name 左侧的复选框，也可以通过选中此复选框来绘制信号。APP 会显示一个时域波形坐标区和一个包含用于控制视图的选项的 Time 选项卡。

如果将一个矩阵从工作区浏览器拖到显示画面上，APP 会自动将每列绘制为一个单独信号，最多 10 列。APP 对其余列在 Signal 表中创建信号，但必须将其他信号拖到显示画面上。

注意：没有时间信息的信号在 x 轴上以采样单位绘制。具有时间信息的信号在 x 轴上以时间单位绘制。要在同一显示画面上绘制多个信号，请确保它们都有时间信息或都在样本中。否则会得到警告。

（1）在多个绘图上查看信号。

点击"Display Grid"以创建或删除显示画面。

（2）在显示画面之间移动信号。

要将信号从一个显示画面移至另一个显示画面，请点击绘制的线或在其"Legend"上选择信号名称，例如点击生成的较粗线，并将其拖到目标显示画面。

注意：如果将复信号的实部或虚部从一个显示画面移到另一个显示画面，APP 会同时移动该信号的实部和虚部。

2. 可视化信号频谱

使用 Signal Analyzer APP 分析频域中的信号。要激活信号的频域视图，请点击 Display 选项卡上的 Spectrum ▼，然后选择"Spectrum"。APP 显示一个信号频谱坐标区和一个包含用于控制视图的选项的 Spectrum 选项卡。

如果平移器是激活的并放大显示了特定关注区域，则显示画面中的频谱对应于关注区域，而不是整个信号。

如果使用 Display 选项卡上的缩放操作之一放大时间图中的某信号区域，则显示画面中的频谱对应于关注区域，而不是整个信号。

无法在 Nyquist 范围以外的频率中进行缩小显示。

要并排查看同一信号的时间图和频谱图，请使用不同显示画面。将信号拖到两个显示画面上。点击 Display 选项卡上的"Time"或"Spectrum"，以控制在每个显示画面上绘制的内容。

如果绘制任何复信号，Signal Analyzer 将显示居中的双侧频谱。

如果信号是非均匀采样信号，则 Signal Analyzer 将基于均匀网格对信号插值以计算频谱估计值。本 APP 使用线性插值，并取相邻时间点之间差值的中位数作为采样时间。要支持非均匀采样信号，时间间隔中位数和时间间隔均值必须满足

$$\frac{1}{100} < \frac{\text{Median time interval}}{\text{Mean time interval}} < 100$$

3. 可视化持久性频谱

使用 Signal Analyzer APP 可视化信号的持久性频谱：持久性频谱包含信号以给定频率位置和功率水平出现的时间相关概率。这种类型的频谱对于检测短暂事件很有用。

要激活持久性频谱，点击 Display 选项卡上的 Spectrum▼，然后选择"Persistence Spectrum"。APP 显示一个持久性频谱坐标区和一个包含用于控制视图的选项的 Persistence Spectrum 选项卡。无法在 Nyquist 范围以外的频率中进行缩小显示。

注意：在每个显示画面上只能绘制一个信号的持久性频谱。

对于复输入信号，Signal Analyzer 显示居中对称的双侧持久性频谱图。

4. 可视化信号频谱图

使用 Signal Analyzer APP 分析时频域中的信号。要激活信号的频谱图视图，点击 Display 选项卡上的 Time-Frequency▼，然后选择"Spectrogram"。APP 显示一个信号频谱图坐标区和一个包含用于控制视图的选项的 Spectrogram 选项卡。

注意：在每个显示画面上只能绘制一个信号的频谱图。

如果平移器是激活的并放大显示了特定关注区域，则显示画面中的频谱图对应于关注区域，而不是整个信号。

如果使用 Display 选项卡上的缩放操作之一放大时间图中的某信号区域，则显示画面中的频谱图对应于关注区域，而不是整个信号。

无法在 Nyquist 范围以外的频率中进行缩小显示。

要并排查看同一信号的时间图和频谱图，请使用不同显示画面。将信号拖到两个显示画面上。点击 Display 选项卡上的"Time"或"Time-Frequency"，以控制在每个显示画面上绘制的内容。

有关 Signal Analyzer 如何计算频谱图的详细信息，请参阅 Signal Analyzer 中的频谱图计算。

重排法通过将每个功率谱估计重排至其能量中心位置，来锐化经过时频局部化处理的频谱图。如果信号包含定位良好的时间分量或频谱分量，则该选项会生成更易于阅读和解释的频谱图。要将重排应用于频谱图，在 Spectrogram 选项卡中选择"Reassign"。

如果信号是非均匀采样信号，则 Signal Analyzer 将基于均匀网格对信号插值以计算频谱估计值。本 APP 使用线性插值，并取相邻时间点之间差值的中位数作为采样时间。要支持非均匀采样信号，时间间隔中位数和时间间隔均值必须满足

$$\frac{1}{100} < \frac{\text{Median time interval}}{\text{Mean time interval}} < 100$$

对于复输入信号，Signal Analyzer 显示居中对称的双侧频谱图。

5. 可视化信号尺度图

使用 Signal Analyzer APP 可视化信号的尺度图。对于识别具有低频分量的信号和分析频谱随时间快速变化的信号，尺度图很有用。要使用尺度图视图，需要 Wavelet Toolbox™许可证。

要激活信号的尺度图视图，点击 Display 选项卡上的 Time-Frequency▼，然后选择"Scalogram"。APP 显示一个信号尺度图坐标区和一个包含用于控制视图的选项的 Scalogram 选项卡。

注意：在每个显示画面上只能绘制一个信号的尺度图。

6. 缩放和平移信号

Signal Analyzer APP 具有平移器功能，能够放大和导航信号，以查看它们在频率和时间上的变化。要激活平移器，请在 Display 选项卡上，点击 Panner。

平移器中会显示信号的整体。要选择关注的区域，请点击平移器并通过拖动操作来创建缩放窗。使用鼠标调整缩放窗的大小或沿信号长度滑动缩放窗。

如果绘制了信号的频谱，则它对应于关注的区域，而不是整个信号。如果绘制了信号的持久性频谱，则它对应于关注的区域，而不是整个信号。如果绘制了信号的频谱图，则它对应于关注的区域，而不是整个信号。如果绘制了信号的尺度图，它对应于整个信号，而不是关注的区域。Signal Analyzer 执行光学变焦，使用插值显示平滑曲线。有关详细信息，请参阅 "Scalogram Computation in Signal Analyzer"。

无法在 Nyquist 范围以外的频率中进行缩小显示。

7. 编辑时间信息并按时间链接显示画面

使用 Signal Analyzer APP 向信号中添加时间信息。在 Signal 表中，选择要添加或修改其时间信息的信号。通过点击 Analyzer 选项卡中的 "Time Values"，向信号中添加时间信息。

注意：

（1）无法编辑具有继承时间信息的时间表或时序的时间信息。

（2）无法编辑带标签的信号集的时间信息。

（3）无法编辑多通道信号的单个通道的时间信息。必须编辑整个信号的时间信息。

可以用采样率或采样时间以及开始时间来表示时间信息。还可以使用数值向量、duration 数组或 MATLAB 表达式添加显式时间值。时间值必须唯一且不能为 NaN，但它们不必均匀间隔。APP 从时间值中派生一个采样率，并将其显示在 Signal 表的 Time 列中。

8. 测量信号、频谱和时频数据

使用数据游标测量数据：在 Display 选项卡上，点击 Data Cursors ▼以向所有显示画面添加一个或两个数据游标。时域和频域游标不会链接，可以独立移动。

持久性频谱、频谱图和尺度图视图会显示二维十字准线游标。要移动数据游标，请将其向左、向右、向上或向下拖到关注的点。要逐个样本移动游标，请点击时间或频率字段并使用箭头键。可以不通过拖动操作将数据游标移至特定点。点击数据游标时间或频率字段，并输入一个值。

如果信号在关注点处没有采样数据，则 APP 会使用线性插值生成该值。对于线性插值生成的值，数据游标标签中会出现星号。默认情况下，游标会吸附到最近的数据点。要更改此行为，请清除 Display 选项卡上的 Snap to Data 复选框。要切换游标，请点击 "Data Cursors"。

9. 提取关注的信号区域

Signal Analyzer APP 能够从正在研究的信号中提取关注的区域，并将其导出以供进一步分析。要提取关注的区域，请选择包含该区域的显示画面。在 Display 选项卡上，点击 "Extract Signals"，或右键点击显示画面并选择 "Extract Signals"，选择 "Between Time Limits" 可提取由所选显示画面的时间范围定义的关注区域。更改时间范围，可以使用平移器，在 Display 选项卡上选择缩放操作之一，或者在 Display、Time、Spectrogram 或 Scalogram 选项卡上更改范围值。选择"Between Time Cursors"以提取由所选显示画面中时域游标的位置定义的关注区域。如果信号有时间信息，可以通过选中"Preserve Start Time"来保留关注区域的开始时间。提取的关注区域会添加到 Signal 表的底部。

7.1.5 为信号添加标签

为机器和深度学习分类及回归任务注释信号并准备信号数据集。复信号不支持进行标注。

可以使用 Signal Analyzer APP 以交互方式为信号添加标签和可视化加标签的信号。可以对信号进行注释以用于分析，并为机器学习、深度学习分类和回归任务准备信号数据集。有关详细信息，请参阅 Signal Labeler。只有实信号支持进行标注。

注意：

要在使用 Signal Labeler 后保存带标签的信号，必须保存 Signal Analyzer 会话，或将带标签的信号从 Signal Analyzer 导出到 MATLAB 工作区或 MAT 文件。带标签的信号导出为 labeledSignalSet 对象。

提示：

保存标签时，Signal Labeler 将所有具有时间信息的信号转换为时间表。这种转换会在保存的 labeledSignalSet 中产生更深的嵌套通道层次结构。有关详细信息，请参阅"Export Labeled Signal Sets and Signal Label Definitions"。

Signal Labeler 在呈现对应于多通道信号的标签时，会对通道颜色取平均。为了获得最佳效果，请自定义线条颜色，使给定信号中的所有通道的颜色相同。请在进入 Signal Labeler 之前，在 Signal Analyzer 中进行自定义。

将 diffr（该信号的通道具有不同颜色）的标签颜色与 equal（该信号的通道具有相同颜色）的标签颜色进行比较。equal 的任何标签都呈现为与所有通道相同的蓝色。diffr 的标签呈现为与任何通道颜色都不相同的棕色。

7.1.6 共享分析

将显示内容作为图像从 APP 复制到剪贴板。将信号导出到 MATLAB 工作区或将其保存到 MAT 文件。生成 MATLAB 脚本，以自动计算功率谱、频谱图或持久性频谱估计，并自动提取关注区。保存 Signal Analyzer 会话，以便以后或在另一台机器上继续分析。

1. 复制显示画面

可以通过将一个或多个显示画面作为图像复制到剪贴板并粘贴到另一个应用程序中，来共享使用 Signal Analyzer APP 生成的绘图。要将显示画面复制到剪贴板，请在 Display 选项卡上点击 Copy All Displays ▼。然后，可以复制选定的显示画面或完整的显示画面布局。要将单个显示画面复制到剪贴板，也可以右键点击该显示画面并选择"Copy Display"。

2. 导出信号

可以将 Signal Analyzer 的 Signal 表中的任何信号导出到 MATLAB 工作区或 MAT 文件中。要导出信号，请执行以下操作：

（1）从 Signal 表中选择一个或多个信号。

（2）在 Analyzer 选项卡上，点击"Export"。

选择将所选信号导出到 MATLAB 工作区，或将其保存到 MAT 文件中。如果选择保存信号，请浏览到要保存文件的位置，命名文件，然后点击"Save"。也可以选择信号，右键点击，然后选择"Export"。

根据信号的类型，导出信号的方式也有所不同：

（1）没有时间信息的信号导出或保存为数值向量。

（2）以时间表形式存储的信号导出或保存为时间表。

具有时间信息但不以时间表形式存储的信号导出或保存为数值向量。如果要保留时间信息，可以将信号保存为时间表。在 Analyzer 选项卡上，点击"Preferences"并选中"Always use timetables when signals have time information"。

多通道信号的导出行为取决于选择的信号和通道以及设置的预设项。APP 导出的信号尽可能与原始信号具有相同名称和类型（数值或时间表）。

如果选择具有多个通道的信号，且各个通道具有相同的长度和时间信息，则 APP 会将该信号导出为单一矩阵或时间表。

如果选择的一个信号包含具有不同长度或不同时间信息的多个通道，APP 会将这些通道导出为独立信号。

如果同时选择了一个信号及其一个或多个通道，APP 会导出整个信号的一个副本以及与所选通道对应的自变量。

3. 生成 MATLAB 脚本和函数

可以生成 MATLAB 脚本来提取关注的信号区域，或者自动计算使用 Signal Analyzer APP 获得的功率谱、持久性频谱、频谱图或尺度图估计值。

要生成 MATLAB 脚本，请在 Display 选项卡上，点击"Generate Script"。生成的脚本将在编辑器中打开。

（1）选择"ROI Script Between Time Limits"生成的 MATLAB 脚本会提取由所选显示画面的时间限制定义的关注区域。根据预设项，关注的区域可保存为数值向量或时间表。

（2）选择"ROI Script Between Time Cursors"生成的 MATLAB 脚本会提取由所选显示画面中时域游标的位置定义的关注区域。根据预设项，关注的区域可保存为数值向量或时间表。

（3）选择"Spectrum Script"生成的 MATLAB 脚本会计算所选显示画面的频谱视图中出现的功率谱，包括所有当前设置。

（4）选择"Persistence Spectrum Script"生成的 MATLAB 脚本会计算所选显示画面的频谱视图中出现的持久性频谱，包括所有当前设置。

（5）选择"Spectrogram Script"生成的 MATLAB 脚本会计算所选显示画面的频谱图视图中出现的频谱图，包括所有当前设置。

（6）选择"Scalogram Script"生成的 MATLAB 脚本会计算所选显示画面的尺度图视图中

出现的尺度图,包括所有当前设置。要使用尺度图视图,需要 Wavelet Toolbox 许可证。

生成 MATLAB 函数可以自动执行使用 Signal Analyzer APP 执行的信号预处理步骤。要生成 MATLAB 预处理函数,需在 Analyzer 选项卡上,点击 Generate Function。生成的函数将在编辑器中打开。

4. 保存和加载 Signal Analyzer 会话

如果要共享会话快照或将其存档以供以后查看,将 Signal Analyzer 会话保存到 MAT 文件或 MLDATX 文件中。使用 MLDATX 文件可以加快保存和加载速度。

将会话保存到 MAT 文件或 MLDATX 文件,需执行以下操作:

(1)在 Analyzer 选项卡上,点击 Save ▼并选择"Save"。

(2)浏览到要保存文件的位置,命名文件,选择格式,然后点击"Save"。

(3)如果要更新文件,点击"Save"。如果要将会话保存到不同文件,请点击 Save ▼并选择"Save as"。

要加载保存的会话,请执行以下操作:

(1)在 Analyzer 选项卡上,点击"Open"。

(2)浏览到从上一个会话保存的 MAT 文件或 MLDATX 文件,选择它,然后点击"Open"。信号数据和属性显示为它们在上次保存文件时的状态。

(3)要开始新会话,请在 Analyzer 选项卡上,点击"New"。

【例 7.1.6】创建三个双通道信号。sgn 的每个通道都有 100 个样本。sgt 的每个通道都有 200 个样本。时间表 tmb 有两个包含 20 个样本的通道,采样率为 1 Hz。

sgn = randn(100,2);

sgt = randn(200,2);

tmb = timetable(seconds(0:19)',randn(20,2));

将这些信号拖到 Signal 表中。展开树视图以查看各个通道。选择"sgt",然后在 Analyzer 选项卡上点击"Time Values"。选择"Sample Rate and Start Time",并指定 25 Hz 的采样率。如图 7.1.9(a)所示。选择 sgn、sgt 的第一个通道和 tmb 的唯一变量的第二个通道,如图 7.1.9(b)所示。

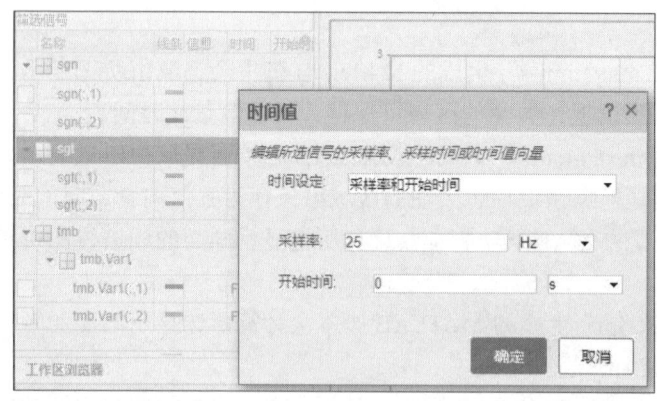
(a)

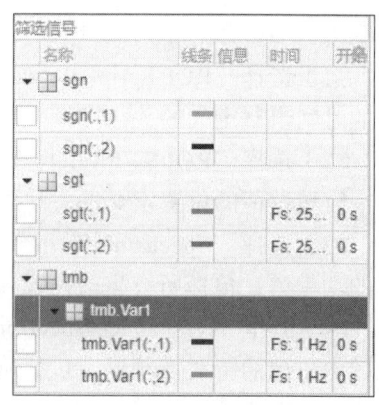
(b)

图 7.1.9 创建三个双通道信号

在 Analyzer 选项卡上，点击"Export"以将所选信号导出到 MAT 文件，使用默认文件名，将该文件加载到 MATLAB 工作区中。

【例 7.1.7】生成以 1 kHz 采样 14 s 的双通道信号。该信号具有多个不同大小和形状的峰值。读取信号的传感器在 0.1 V 时饱和。

如果数据大于给定的饱和点，传感器可以返回削波读数。要重建读数，可以通过与饱和区间相邻的点拟合多项式。编写一个执行重建的函数并将其集成到信号分析器中。程序如下。

fs = 1000;

t = 0:1/fs:14-1/fs;

sig = [chirp(t-1,0.1,17,2,"quadratic",1).*sin(2*pi*t/5);

0.85*besselj(0,5*(sin(2*pi*(t+1.5).^2/20).^2)).*sin(2*pi*t/9)]';

sigsat = sig;

stv = 0.1;

sigsat(sigsat >= stv) = stv;

打开信号分析器并将原始信号和饱和信号拖到信号表中。将每个信号的第一个通道拖至顶部显示，将每个信号的第二个通道拖至底部显示，如图 7.1.10 所示。

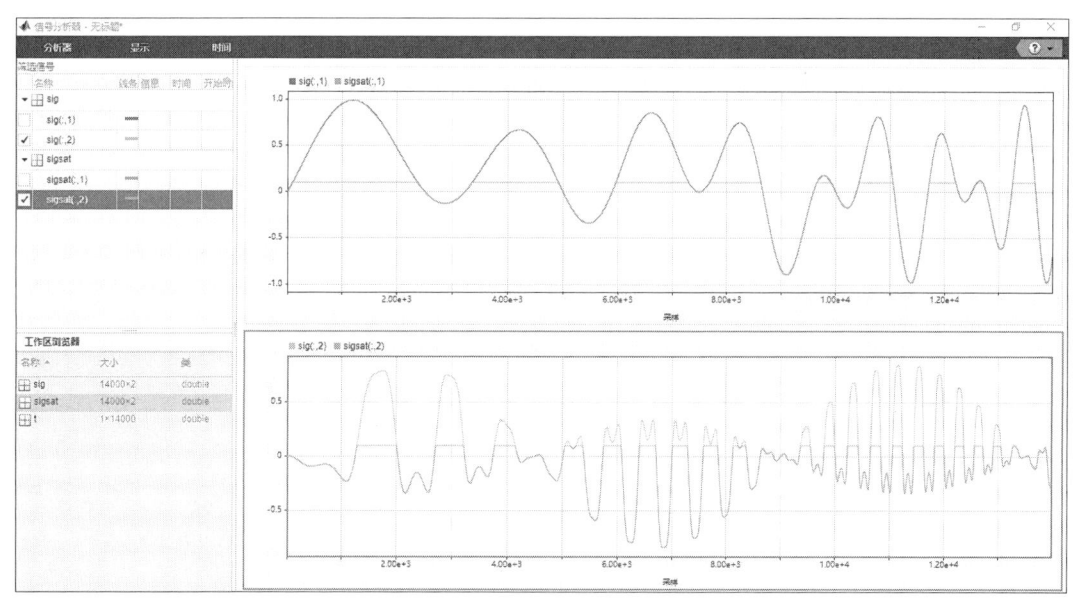

图 7.1.10　重建的函数集成到信号分析器

编写一个使用多项式来重建信号峰值的函数：

（1）第一个输入参数 *x* 是输入信号。该参数必须是向量并被视为单个通道。

（2）第二个输入参数 t_{In} 是时间值向量。矢量必须与信号具有相同的长度。如果输入信号没有时间信息，则该函数将该参数读取为空数组。

（3）用于 varargin 指定附加输入参数。如果没有其他输入参数，则可以省略 varargin。在预处理模式内的"函数参数"面板中以逗号分隔的有序列表形式输入其他参数。

（4）第一个输出参数 *y* 是预处理后的信号。

（5）第二个输出参数 t_{Out} 是输出时间值的向量。如果输入信号没有时间信息，t_{Out} 则以空数组形式返回。

（6）要实现的算法，可以如下定义函数。

```
function [y,tOut] = declip(x,tIn,varargin)% Declip saturated signal by fitting a polynomial
    % Initialize the output signal
    y = x;
    % For signals with no time information, use sample numbers as abscissas
        if isempty(tIn)
        tOut = [];
        t = (1:length(x))';
    else
        t = tIn;
        tOut = t;
    end
        % Specify the degree of the polynomial as an optional input argument
    % and provide a default value of 4
        if nargin<3
        ndx = 4;
    else
        ndx = varargin{1};
    end
    % To implement your algorithm, you can use any MATLAB or Signal
    % Processing Toolbox function
      % Find the intervals where the signal is saturated and generate an
    % array containing the interval endpoints
    idx = find(x==max(x));
    fir = [true;diff(idx)~=1];
    ide = [idx(fir) idx(fir([2:end 1]))];
    % For each interval, fit a polynomial of degree ndx over the ndx+1 points
    % before the interval and the ndx+1 points after the interval
        for k = 1:size(ide,1)
        bef = ide(k,1); aft = ide(k,2);
        intv = [bef-1+(-ndx:0) aft+1+(0:ndx)];
        [pp,~,mu] = polyfit(t(intv),x(intv),ndx);
        y(bef:aft) = polyval(pp,t(bef:aft),[],mu);
    end
end
```

将该函数作为自定义预处理函数添加到信号分析器中。sigsat 在"信号"表中进行选择，然后在"分析器"选项卡上单击"预处理"进入预处理模式。在函数库中，选择添加自定义函数。输入函数名称和描述。将函数文本粘贴到出现的编辑器窗口中。保存文件。该函数显示在函数库的自定义函数列表中，如图 7.1.11 所示。

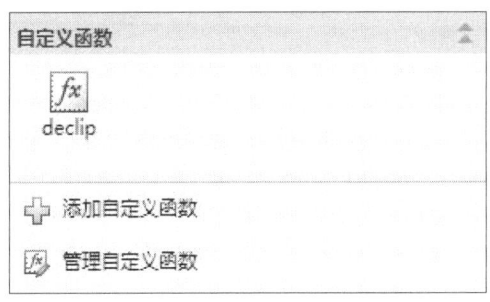

图 7.1.11 创建自定义函数 declip

【例 7.1.7】使用创建的函数可以重建饱和区域。

操作步骤如下：

（1）在信号表中选择饱和信号的第一个通道。

（2）在函数库中，选择"declip"。

（3）在"函数参数"面板中，单击"应用"，单击全部接受。

（4）添加时间信息；在信号表中选择"sig"和"sigsat"，不要选择单独的频道。

（5）在分析器选项卡上，单击时间值。选择"Sample Rate and Start Time"并指定 f_s 为采样率。

（6）当指定可选输入时，检查该函数是否有效。

（7）在信号表中选择饱和信号的第二个通道。

（8）单击"预处理"，然后从"函数"库中选择"declip"。在"函数参数"面板的"参数"字段中输入 8，然后单击"应用"。预处理函数使用 8 次多项式来重建饱和区域，单击全部接受。

【例 7.1.8】通过调节窗泄漏来解析音调。

在信号分析器中调节分析窗的频谱泄漏来解析正弦波。

要求：生成一个以 100 Hz 的频率进行 2 s 采样的双通道信号。第一个通道由一个 20 Hz 的音调和一个 21 Hz 的音调组成。两个音调的振幅均为单位振幅。第二个通道也有两个音调。一个音调的振幅为单位振幅，频率为 20 Hz。另一个音调的振幅为 1/100，频率为 30 Hz。

fs = 100;

t = (0:1/fs:2-1/fs)';

x = sin(2*pi*[20 21].*t)+[1 1/100].*sin(2*pi*[21 30].*t);

x = x + randn(size(x)).*std(x)/db2mag(40);%将信号嵌入白噪声中。指定信噪比为 40 dB

打开信号分析器并绘制信号。在分析器选项卡上，选择信号表中的信号，点击时间值并选择"Sample Rate and Start Time"。将采样率指定为 f_s Hz，并将开始时间指定为 0 s。在显示选项卡上，点击频谱以将频谱图添加到显示画面中。如图 7.1.12 所示。

点击频谱选项卡。用于控制频谱泄漏的滑块位于中间位置，对应于约 1.28 Hz 的分辨率带宽。第一个通道中的两个音调未得到解析。第二个通道中的 30 Hz 音调可见，尽管比另一个音调弱得多。

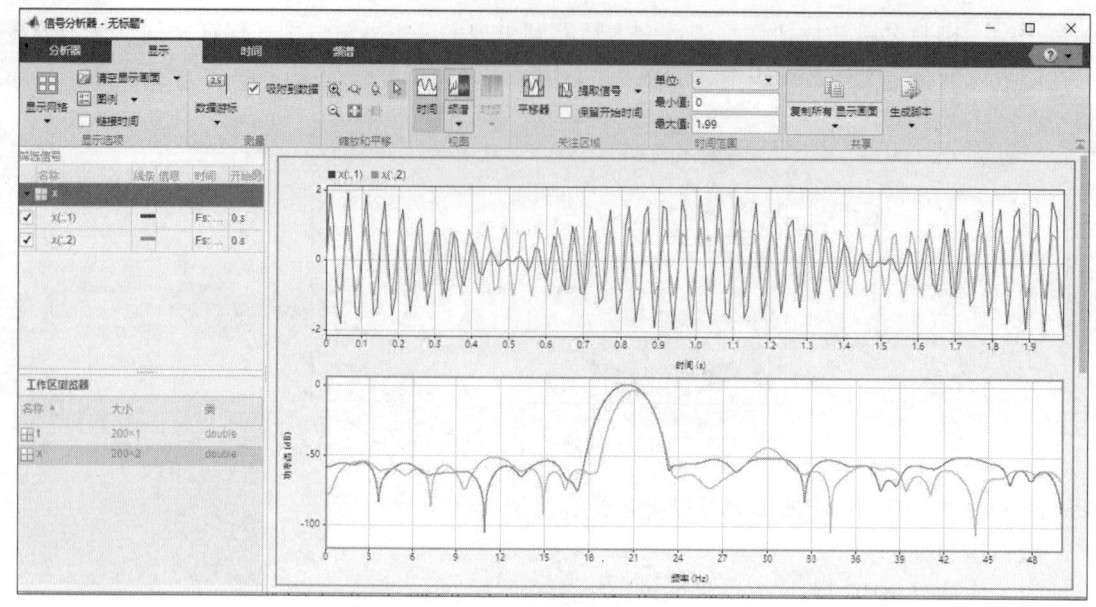

图 7.1.12　信号及频谱显示

增加泄漏，使分辨率带宽约为 0.83 Hz。如图 7.1.13 所示。第二个通道中的弱音调被清楚地解析。

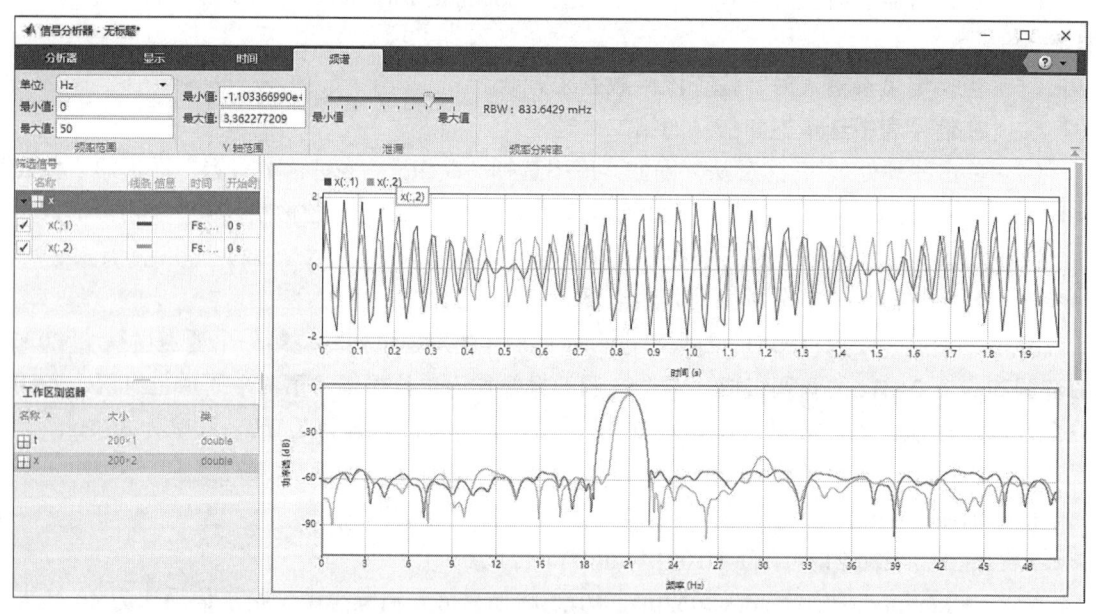

图 7.1.13　信号及频谱显示（分辨率带宽约为 0.83 Hz）

将滑块移至最大值。分辨率带宽约为 0.5 Hz。第一个通道中的两个音调得到解析。第二个通道中的弱音调被大窗旁瓣所掩盖。

点击显示画面选项卡。使用水平缩放放大频率轴。向显示画面添加两个游标，并拖动频域游标来估计音调的频率。如图 7.1.14 所示。

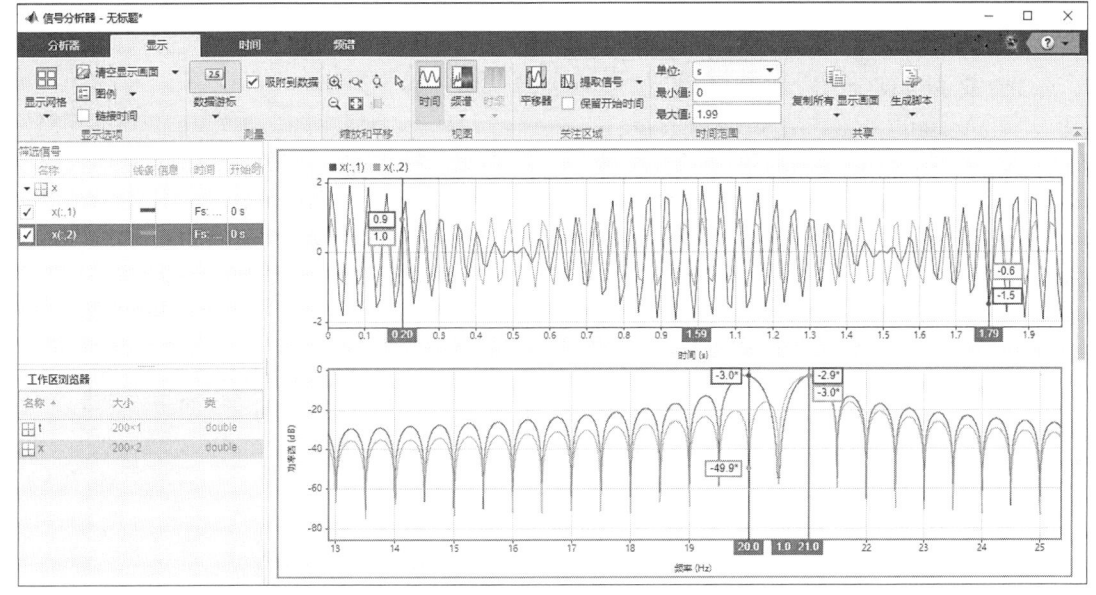

图 7.1.14　信号及频谱显示（分辨率带宽约为 0.5 Hz）

7.2　滤波器设计工具 filter Designer

滤波器设计器（filter Designer）提供了一个交互式的滤波器设计环境，将根据幅值和零极点图的设置，自动地进行数字 IIR 和 FIR 滤波器的设计。通过 filter Designer，可以设计任意长度和类型的 IIR 和 FIR 滤波器，它们都具有标准的频率带宽结构，如 highpass、lowpas、bandpass、bandstop 以及 multiband。

Filter Designer 提供以下功能：

（1）具有标准频率带宽结构的 IIR 滤波器的设计，可以采用 Butterworth，Chelyshev type Ⅰ，Chebyshev type Ⅱ 等类型。

（2）具有标准频率带宽结构的 FIR 滤波器的设计，可以采用等波纹（equiripple），最小方差（least squares）以及 Kaiser 窗口等设计选项。

（3）通过零极点编辑器，实现具有任意频率带宽结构的 FIR 和 IIR 滤波器设计。

（4）通过调整传递函数零极点的图形位置，实现滤波器的再设计。

（5）在滤波器的幅值响应图中添加一个频谱。

7.2.1　滤波器设计器的打开

MATLAB 中滤波器的设计可以使用 filter Designer 工具进行，在命令窗口中输入"filterDesigner"命令后回车。或者在 MATLAB 工具栏中的 APP 项目中选择 filter Designer 图标 。

将显示每日提示对话框，其中包含使用滤波器设计工具的建议。然后，GUI 显示默认滤波器。打开滤波器的设计界面如图 7.2.1 所示。

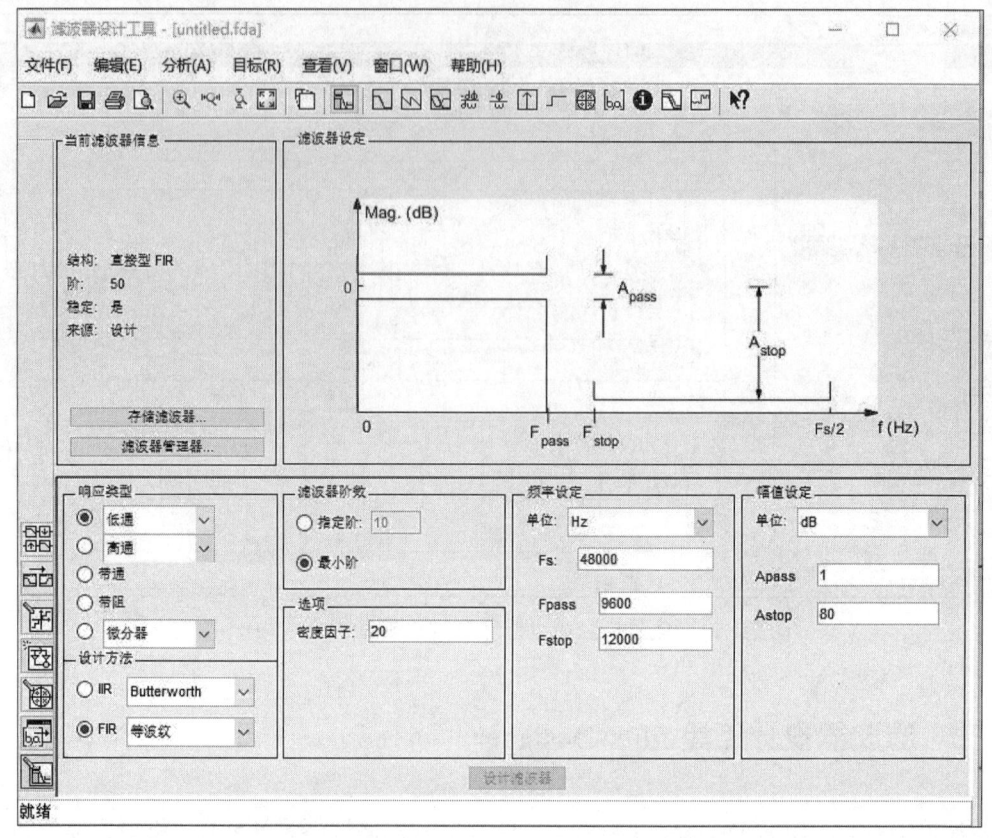

图 7.2.1　filter Designer

GUI 有三个主要区域：①"当前滤波器信息"区域；②"滤波器设定"区域；③"设计"面板。

GUI 的上半部分显示当前滤波器的滤波器设定和响应信息。左上角的"当前滤波器信息"区域显示滤波器属性，即滤波器结构、阶、使用的节数以及滤波器是否稳定。还可以通过它访问滤波器管理器以处理多个滤波器。

右上角的"滤波器设定"区域显示各种滤波器响应，如幅值响应、群延迟和滤波器系数。GUI 的上半部分是滤波器设计工具的交互部分。下半部分中的"设计"面板用于对滤波器进行设定。它控制两个上部区域中显示的内容。使用边栏按钮可以在下半部分中显示其他面板。该工具包括快捷帮助。可以右键单击或点击"这是什么？"按钮以获取关于该工具不同部分的信息。

下面使用 filter Designer 工具箱设计采样率 48 000 Hz，3 dB 截止频率是 19 000 Hz 的低通滤波器来讲解。

7.2.2　滤波器设计

用 filter Designer 设计采样率 48 000 Hz，3 dB 截止频率 19 000 Hz 的低通滤波器。
（1）通带衰减 1 dB，阻带衰减 60 dB。

（2）在响应类型的下拉菜单中选择"低通"，在 FIR 设计方法下选择"等波纹"。通常，当更改响应类型或设计方法时，滤波器参数和"滤波器显示"区域会自动更新。

（3）在滤波器阶数区域中选择最小阶数。

（4）FIR 等波纹滤波器有一个密度因子选项，用于控制频率网格的密度。增大该值会创建一个更接近理想等波纹滤波器的滤波器，但由于计算量会增加，因此需要更多的时间。将此值保留为 20。

（5）在频率设定区域的"单位"下拉菜单中，选择 HZ。

（6）在频率设定区域中，Fs 设置 48 000，Fpass 设置 19 000，Fstop 设置 19 500。

（7）幅值设定区域的"单位"下拉菜单中，选择 dB。

（8）幅值设定区域中的 Apass 和 Astop 是衰减值，Apass 设置为 1，Astop 设置为 60。

（9）完成设计设定后，点击 GUI 底部的设计滤波器按钮来设计滤波器。如图 7.2.2 所示。

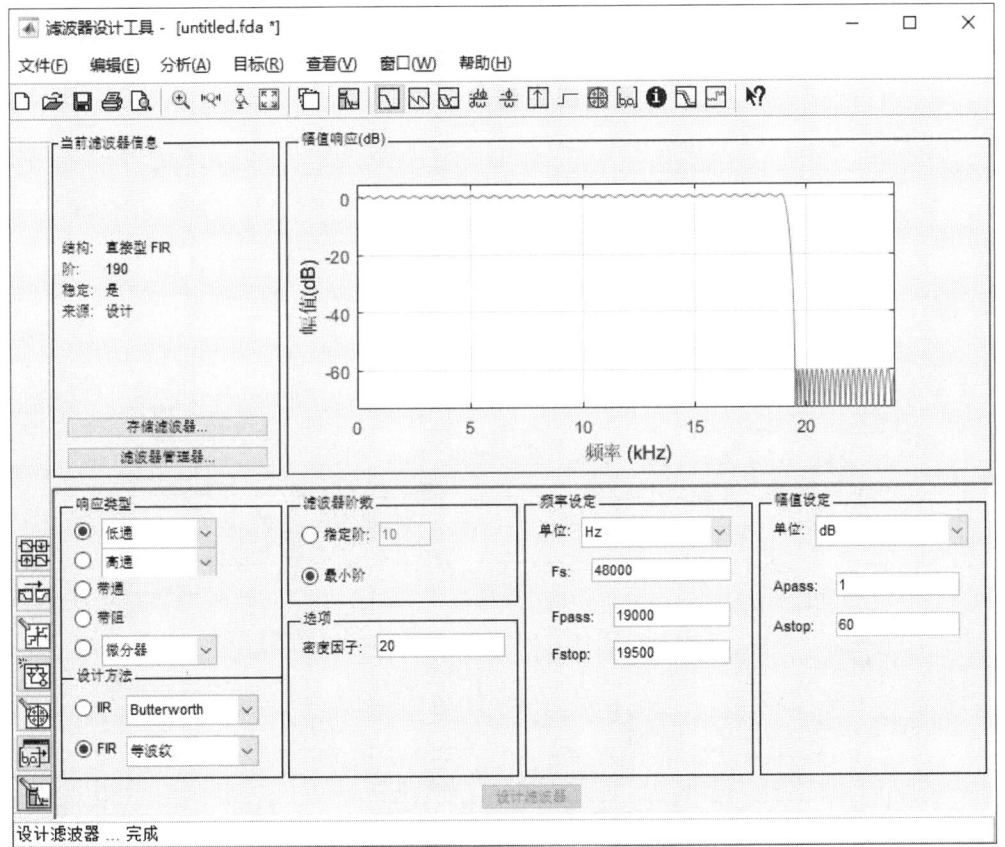

图 7.2.2　滤波器设计

7.2.3　查看滤波器参数

1. 频谱特性

点击 ▨，其频谱特性如图 7.2.3 所示。

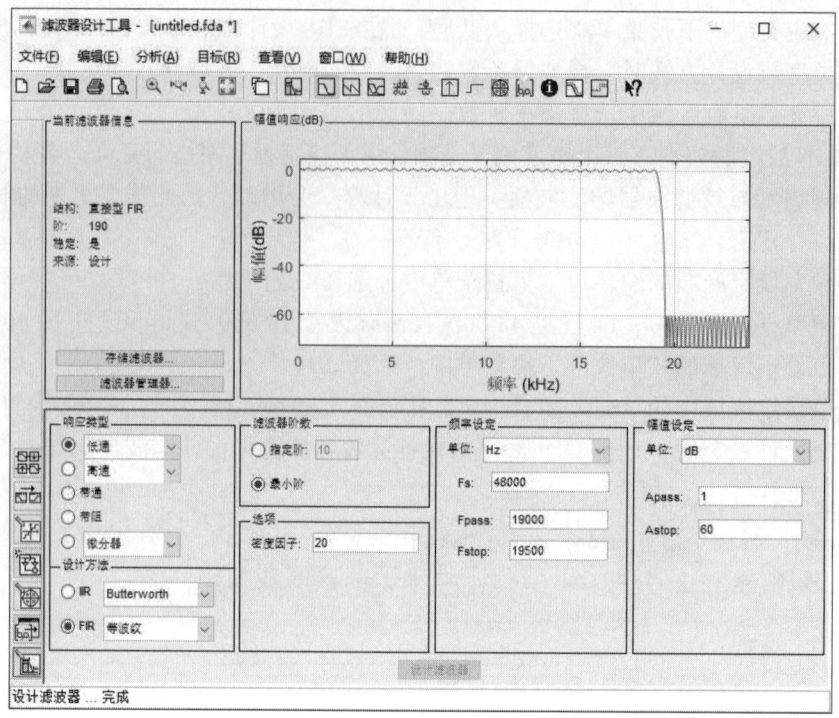

图 7.2.3　频谱特性

2. 相频特性

点击 ⃞，其相频特性如图 7.2.4 所示。

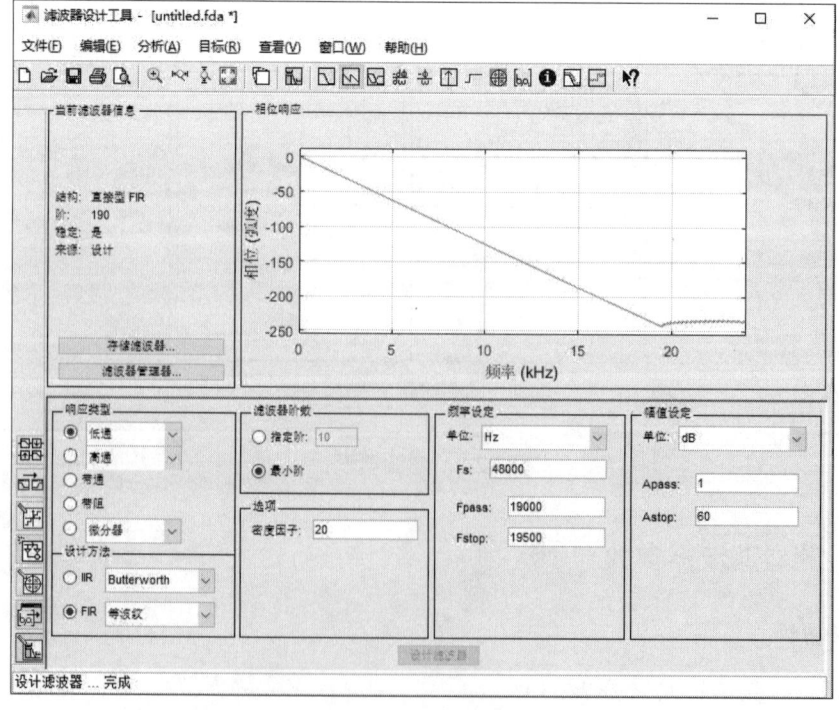

图 7.2.4　相频特性

3. 冲击响应

点击 ![icon]，其冲击响应如图 7.2.5 所示。

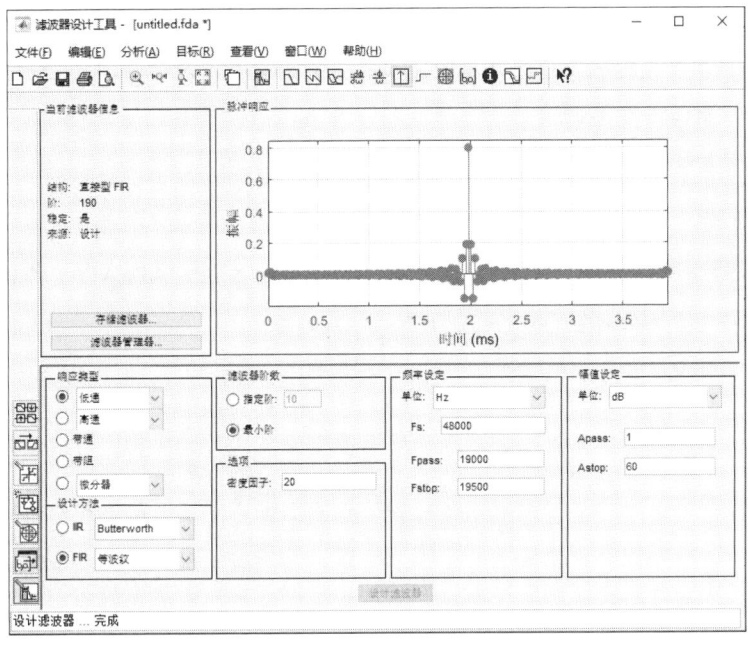

图 7.2.5　冲击响应

4. 零极点

点击 ![icon]，其零极点如图 7.2.6 所示。

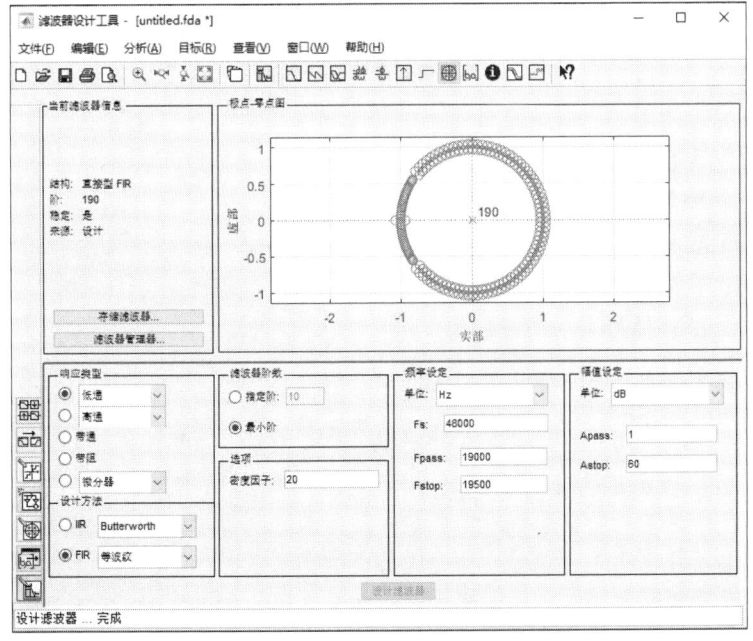

图 7.2.6　零极点

7.2.4 导出滤波器

对于滤波器设计工具中设计好的滤波器，可以将其转换为如下三种形式，以便后续进一步处理：

（1）导出滤波器到 MATLAB 工作区、MAT 文件、文本文件、SPTool 中。
（2）生成 MATLAB 文件。
（3）导出为 Simulink 模型。

1. 导出滤波器

以前面设计的滤波器为例，将其系数（分子部分）导入到 MATLAB 工作区。其步骤为依次点击文件→导出，弹出菜单如图 7.2.7 所示。

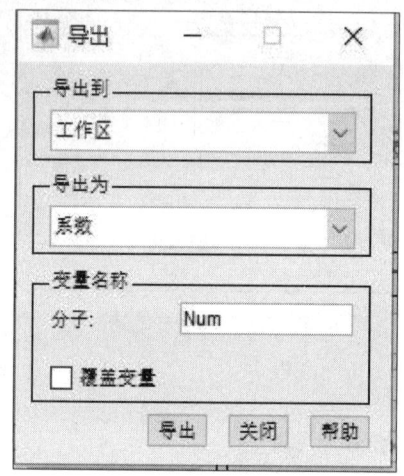

图 7.2.7　导出滤波器到 MATLAB 工作区

点击"导出"，即可将第二部分设计的滤波器导入到 MATLAB 工作区中，这样我们就可以对其进行进一步的处理。

其中导出到包括如下 4 个选项：
① 工作区：将滤波器导入到 MATLAB 工作区。
② Coefficient File（ASCII）：将滤波器导入文本文件。
③ MAT-File：将滤波器导入 Mat 文件。
④ SPTool：将滤波器导入 SPTool。

其中导出为包括如下 3 个选型：
① 系数：导出滤波器系数。
② 对象：导出滤波器对象。
③ System Object：导出滤波器为 System Object。

2. 生成 MATLAB 文件

滤波器设计工具允许生成 MATLAB 代码来重新创建所设计的滤波器，能够将设计嵌入到现有代码中，或在脚本中自动创建滤波器。

以下代码是根据上面设计的最小阶滤波器生成的：

点击文件→生成 MATLAB 代码→滤波器设计函数，并在"生成 MATLAB 代码"对话框中指定文件名，保存设计的滤波器。如图 7.2.8 所示。

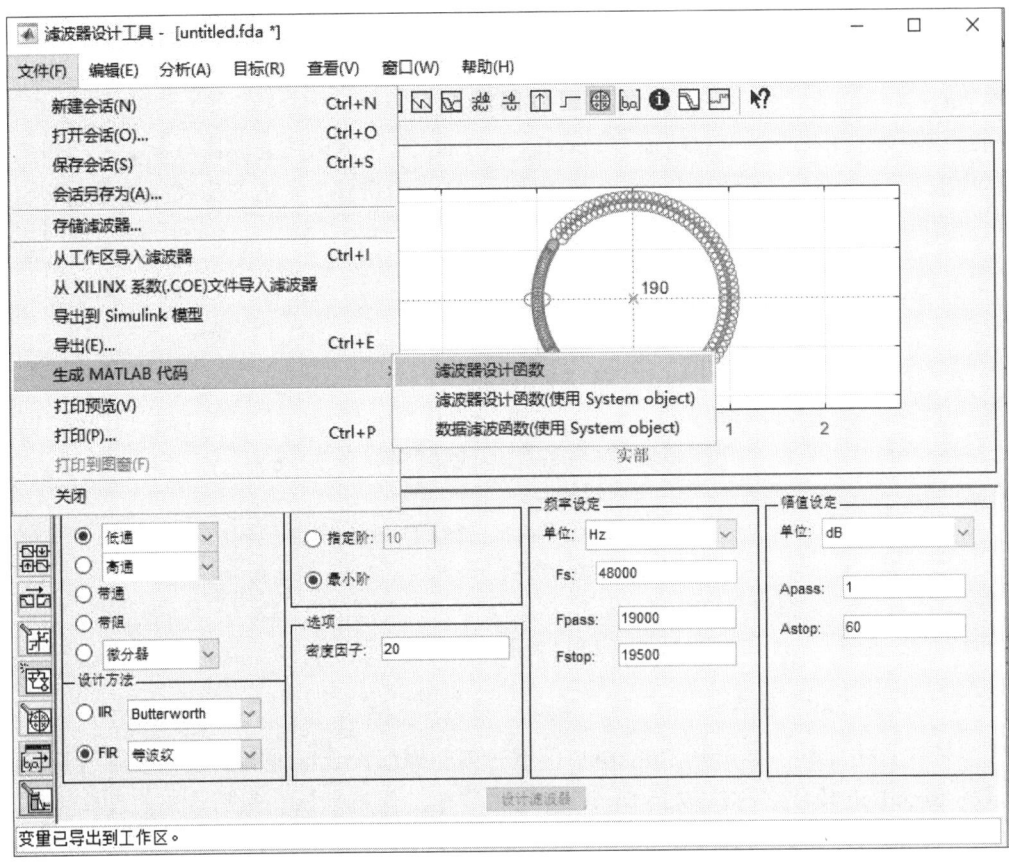

图 7.2.8　生成 MATLAB 代码

保存之后结果如下。

function Hd = fir_lowpass

%FIR_LOWPASS 返回离散时间滤波器对象。

% MATLAB Code

% Generated by MATLAB(R) 9.11 and Signal Processing Toolbox 8.7.

% Generated on: 26-Dec-2024 10:29:40

% Equiripple Lowpass filter designed using the FIRPM function.

% All frequency values are in Hz.

Fs = 48000; % Sampling Frequency

Fpass = 19000; % Passband Frequency

Fstop = 19500; % Stopband Frequency

Dpass = 0.057501127785; % Passband Ripple

Dstop = 0.001; % Stopband Attenuation

dens = 20; % Density Factor

```
% Calculate the order from the parameters using FIRPMORD.
[N, Fo, Ao, W] = firpmord([Fpass, Fstop]/(Fs/2), [1 0], [Dpass, Dstop]);
% Calculate the coefficients using the FIRPM function.
b = firpm(N, Fo, Ao, W, {dens});
Hd = dfilt.dffir(b);
% [EOF]
```

通过该函数就可以指令 Lowpass_filter=fir_lowpass 来构造低通滤波器对象了。比如我们在命令行中输入 Lowpass_filter=fir_lowpass 然后执行，就可以得到一个低通滤波器对象，如图 7.2.9 所示。

```
>> Lowpass_filter=fir_lowpass

Lowpass_filter =

     FilterStructure: 'Direct-Form FIR'
          Arithmetic: 'double'
           Numerator: [1x191 double]
    PersistentMemory: false
```

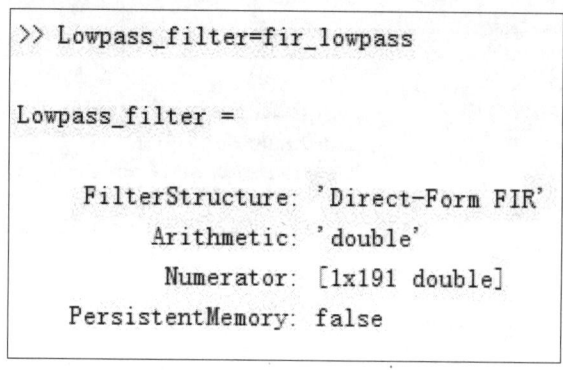

图 7.2.9　低通滤波器对象

3. 导出为 Simulink 模型

通过依次点击文件→导出到 Simulink 模型，则在模型设计区域弹出模型参数设置界面，将生成的 Simulink 模块名称修改为 fir_lowpass，其他的保持默认，然后点击实现模型，如图 7.2.10 所示，即可将设计的滤波器导出为 Siumulink 模型，如图 7.2.11 所示。

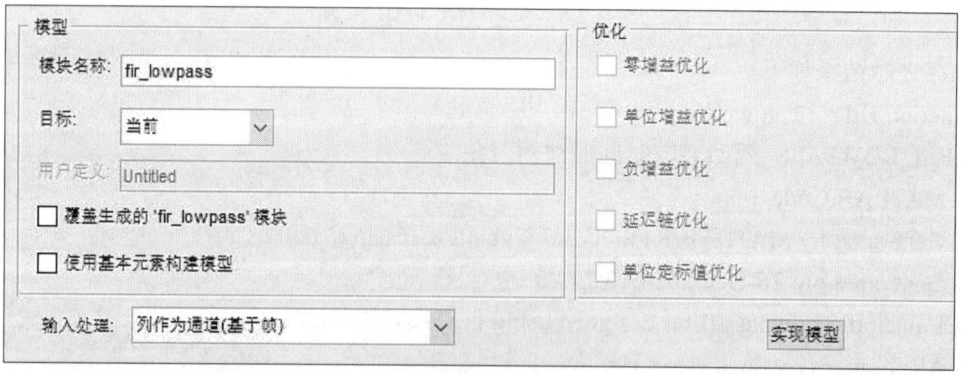

图 7.2.10　模型参数设置界面

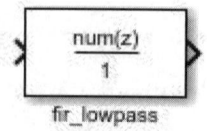

图 7.2.11　滤波器导出 Siumulink 模型

7.2.5 其他高级功能

1. 目标菜单的使用

通过滤波器设计中的目标菜单,可以生成生成如下各种类型的代码来表示设计好的滤波器:
① C 头文件。
② XILINX 系数(COE)文件。
③ VHDL、Verilog 文件。

2. 与其他工具箱的交互

滤波器设计工具还具有与如下的其他工具箱进行交互的功能:
① DSP System Toolbox:增加高级 FIR 和 IIR 设计方法,例如,滤波器变换、多速率滤波器,还可以为滤波器生成等效模型。
② Embedded Coder:为 Texas Instruments C6000 处理器生成、编译与布署代码。
③ Filter Design HDL Coder:为定点滤波器生成可合成的 VHDL 或 Verilog 代码。
④ Simulink:从原子 Simulink 模块生成滤波器。

【例 7.2.1】信号由一个 10 Hz 信号叠加一个 20 000 Hz 正弦波,使用前文设计的低通滤波器将 20 000 Hz 的信号滤除。

```
clear all;close all;
f1=20000;f2=10;fs=48000;
t=0:1/fs:0.3;
x=sin(2*pi*f1*t)+sin(2*pi*f2*t);
subplot(2,1,1);plot(x);title('滤波之前信号')
y=filter(Hd,x);subplot(2,1,2);plot(y);title('滤波之后信号')
```

程序运行结果如图 7.2.12 所示。

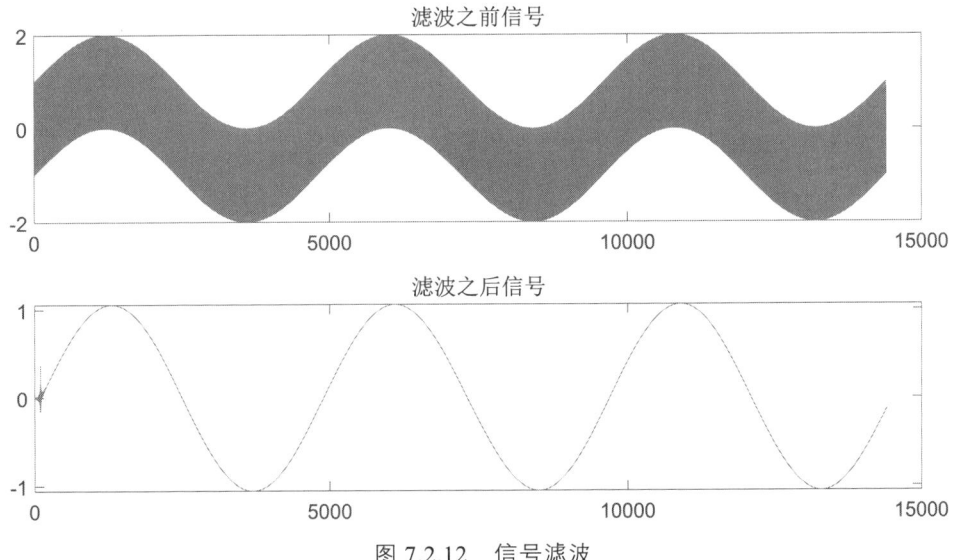

图 7.2.12　信号滤波

【例 7.2.2】设计一个巴特沃斯低通滤波器，采样率为 4000，指定阶数为 20 阶，截止频率为 10 Hz。

参数设置如图 7.2.13 所示。

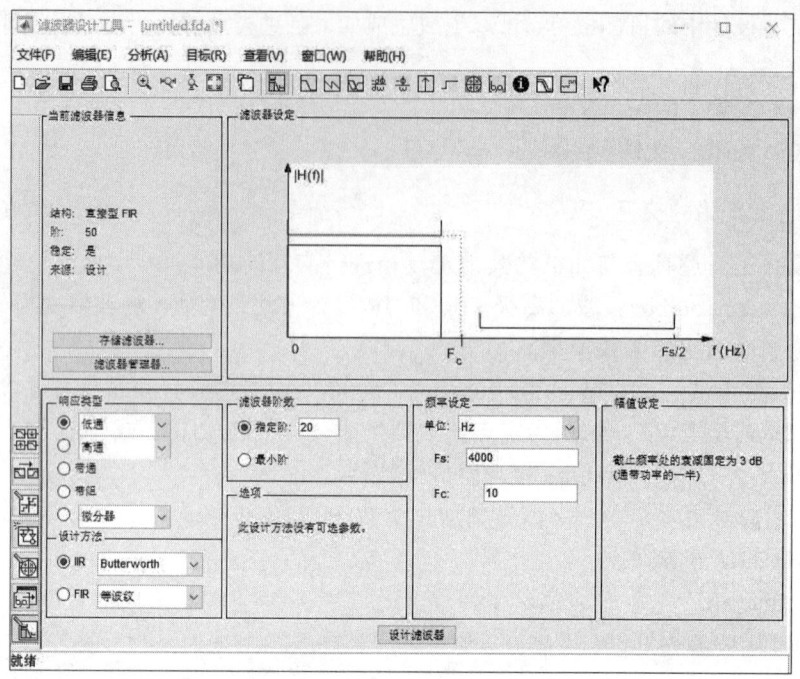

图 7.2.13　滤波器参数设置

参数设置完成后，点击"设计滤波器"，如图 7.2.14 所示。

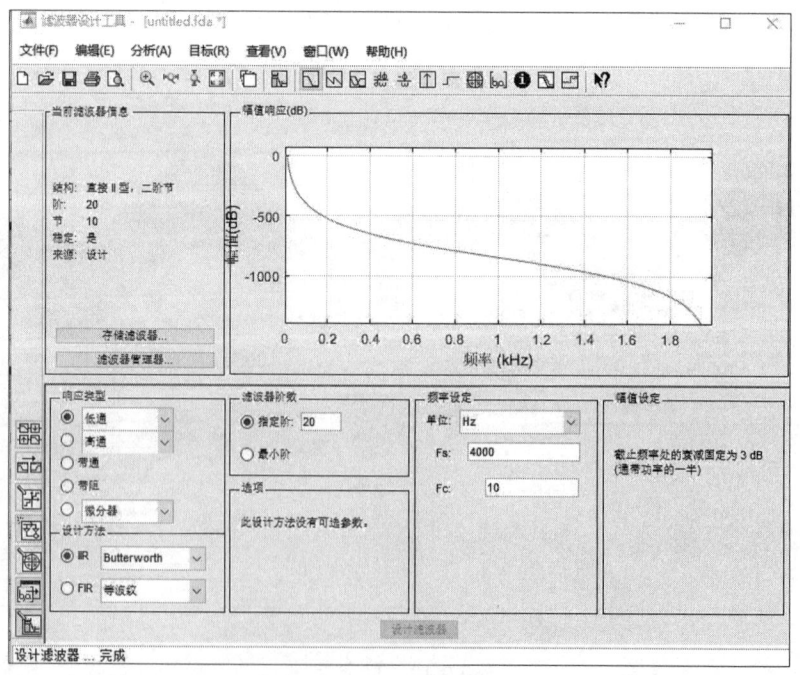

图 7.2.14　设计滤波器

点击文件→生成 MATLAB 代码→滤波器设计函数，会生成一个滤波器函数文件，生成代码如下：

```
function Hd = ButterI
%BUTTERII 返回离散时间滤波器对象。
% MATLAB Code
% Generated by MATLAB(R)9.11 and signal Processing Tooibox 8.7.
% Generated on: 25-Apr-2024 20:42:54
% Butterworth Lowpass filter designed using FDESIGN.LOWPASS
% All frequency values are in Hz.
Fs = 4000;%Sampling Frequency
N = 20;% Order
Fc = 10;% Cutoff Frequency
%Construct an FDESIGN object and call its BUTTER method.
h=fdesign.lowpass('N,F3dB',N,FC,FS);
Hd = design(h,'butter');
% [EOF]
```

接着就可以使用该函数进行滤波功能了。

习 题

1. 从一段的音频信号中提取感兴趣的区域，利用 signal Analyzer 分析频谱成分。

2. 利用 filter Designer 设计用于信号分离带通滤波器，其中信号采样频率为 20 Hz，选用巴特沃斯滤模拟原型滤波器。

（1）滤波器阶数为 4，通带下限截止频率为 0.1 Hz，通带上限截止频率为 0.5 Hz；

（2）滤波器阶数为 8，通带下限截止频率为 0.8 Hz，下限上限截止频率为 2.0 Hz。

3. 利用 filter Designer 设计用于 IIR 型巴特沃斯数字低通滤波器，其中采样率为 4000，指定阶数为 20 阶，截止频率为 10 Hz。

4. 利用 filter Designer 设计巴特沃思数字带通滤波器，要求通带范围为 0.25π rad$\leqslant\omega\leqslant$ 0.45π rad，通带最大衰减为 3 dB，阻带范围为 $0\leqslant\omega\leqslant0.15\pi$ rad 和 0.55π rad$\leqslant\omega\leqslant\pi$ rad，阻带最小衰减为 40 dB。

5. 利用 filter Designer 设计一个工作于采样频率 80 kHz 的巴特沃思低通数字滤波器，要求通带边界频率为 4 kHz，通带最大衰减为 0.5 dB，阻带边界频率为 20 kHz，阻带最小衰减为 45 dB。

8 MATLAB 工程应用实例

8.1 基于 MATLAB 语音信号处理

语音作为一种搭载着特定的信息模拟信号,已成为人们社会生活中获取信息和传播信息的重要的手段。语音信号处理的目的就是在复杂的语音环境中提取有效的语音信息。环境干扰在语音传播过程中对信号的影响不容小觑,因此语音信号处理的抗噪声能力已经成为一个重要的研究方向。

8.1.1 语音信号处理的基础知识

1. 语音产生的过程

语言是人类进行沟通交流的表达方式。语言是人与人交流的一种方式,尽管通过图片、动作、表情等可以传递人们的思想,但是语言是其中最重要的,也是最方便的媒介,更是文化的重要载体。语言是伴随劳动产生的,语言是社会的产物。

声音经过唇、齿、舌配合作出发音动作和呼吸道空腔的共鸣,产生语音。人的发声过程一般为,由肺部收缩送出一股气流,经气管流至喉头声门处(声带开口处),对声带产生冲击,使声带产生振动,然后通过声道响应变成语音。由于发不同音时,声道的形状不同,所以听到不同的语音。

语音按其激励形式的不同大致可以分成三类:当气流通过声门时,声带绷紧,气流通过时会使得开口变成一开一闭的周期性动作,造成周期性的激发气流,这一气流激励声道就产生浊音;声带完全舒展,而声道在某处收缩,迫使气流以高速通过这一收缩部分而产生湍流就产生清音或摩擦音;声带完全舒展,声道在完全闭合的情况下突然释放空气压力快速释放就产生爆破音。

声带不断快速地张开闭合,即导致了声带的振动,形成了周期性的脉冲气流。声带每张开和闭合一次的时间称为音调周期或者基音周期。基音周期的倒数称为基音频率,简称基频,即为声带振动的频率。其数值由声带的物理特性决定,例如声带的大小、厚薄、松紧程度等。基音频率也决定了人的音高,频率快则音调高,频率慢则音调低。一般,男性的基音频率为 60~200 Hz,而女性和小孩的基音频率为 200~450 Hz。典型的声门脉冲波形如图 8.1.1 所示。

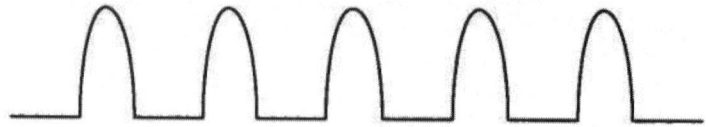

图 8.1.1 典型的声门脉冲串波形

人的声道和鼻道都是非均匀的声道管,声道是一个谐振腔,它放大声音气流的某些频率分量而衰减其他频率分量,被放大的频率称之为共振峰或共振峰频率。共振峰和声道的形状与大小有关,每种形状都有一套共振峰频率作为其特征。改变声道的形状就产生不同的声音,当声道的形状改变时,语音信号的频谱特性就随之改变。语音的频率特性主要是由共振峰决定的。而声道的共振峰特性决定所发声音的频谱特性,即音色。元音的音色和区别特征主要取决于声道的共振峰特性。共振峰特性可以从语音信号频谱分析得到的幅频特性观察到。

2. 语音信号产生的数字模型

语音信号数字模型的建立对于语音分析和处理具有重要的意义。当然,要建立一个十分精确的语音产生模型是很困难的,这是因为语音的产生不仅是一个复杂的生理和心理过程,而且与声道的形状、声道中的声激励等因素都有关系。对大多数语音信号来说,通常认为激励与声道的面积函数在 10~30 ms 的时间范围内是近似不变的。在发浊音时,激励为准周期脉冲;在发清音时,激励为随机噪声。因而可以设想,语音产生的数学模型是一个缓变的线性系统,这个线性系统的参数在 10~20 ms 时间范围内是近似不变的。因此语音信号在较短的时间内,其特性不随时间变化,认为语音信号为短时平稳信号,可采用线性时不变模型进行描述。

以基音周期重复的脉冲序列激励声道滤波器产生浊音合成语音;以白噪声随机序列激励声道滤波器产生清音合成语音。从频域观点看,相当于激励信号具有白色谱,经声道滤波器加色;从时域观点看,相当于样点之间增加相关性。

图 8.1.2 给出了语音产生的离散时域模型,包括三个部分:激励模型、声道模型和辐射模型。

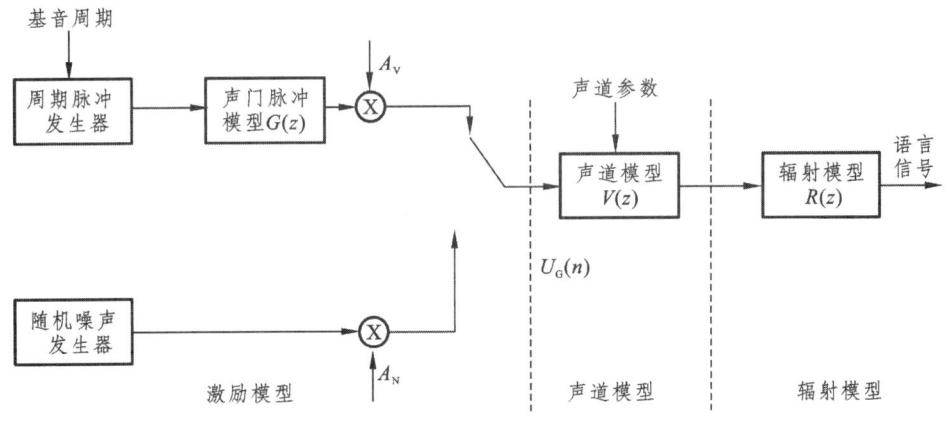

图 8.1.2 语音产生的模型

1)激励模型

激励模型一般将发音粗略分为清音激励和浊音激励。发浊音时,肺部气流对绷紧的声带持续冲击,形成声带准周期的振动,从而产生准周期的脉冲。脉冲周期,即基音频率,取决于个人声带物理情况。而清音由随机噪声激励。

由周期脉冲发生器输出的单位冲激序列,其冲激之间的间隔即为所要求的基音周期。这一冲激串去激励一系统函数 $G(z)$ 的线性系统,经过幅度控制后的输出 $u_G(n)$ 即为我们所要求的浊音激励,$G(z)$ 的反变换 $g(n)$ 可以用 Rosenberg 函数近似表示为

$$g(n) = \begin{cases} \dfrac{1}{2}\left(1 - \cos\dfrac{\pi n}{N_1}\right), & 0 \leq n \leq N_1 \\ \cos\dfrac{\pi(n - N_1)}{2N_2}, & N_1 \leq n \leq N_1 + N_2 \\ 0, & 其他 \end{cases} \quad (8.1.1)$$

其中，N_1 为斜三角波上升部分时间，约占基音周期一半；N_2 为其下降部分时间，约占基音周期的 35%，这个比例关系是和声带开启的面积与时间的关系相对应的。

单个斜三角波波形及频谱 $G(e^{j\omega})$ 的图形如图 8.1.3 所示。由图 8.1.3 可见，它是一个低通滤波器。通常，更希望将它表示成 Z 变换的全极点模型的形式：

$$G(z) = \dfrac{1}{\left(1 - e^{-CT}z^{-1}\right)^2} \quad (8.1.2)$$

其中 C 为常数。显然，式（8.1.2）表示斜三角波形可描述为一个二极点的模型。

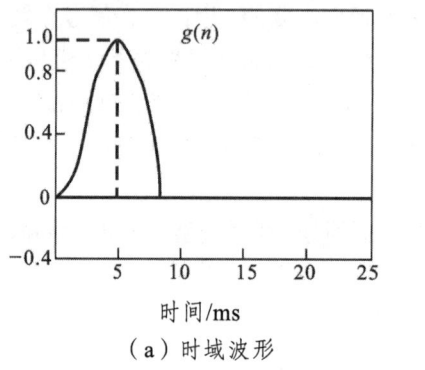 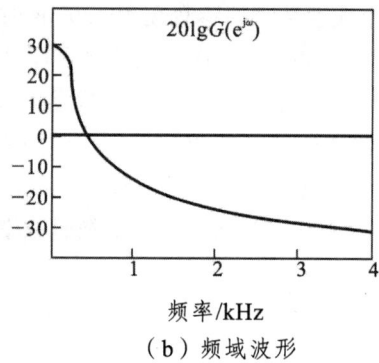

（a）时域波形　　　　　　　　　　（b）频域波形

图 8.1.3　单个斜三角波及其频谱

因此，斜三角波串可视为：加权了的单位脉冲串激励上述单个斜三角波模型的结果。而该单位脉冲串及幅度因子则可表示成如式（8.1.3）所示的 Z 变换形式：

$$E(z) = \dfrac{A_v}{1 - z^{-1}} \quad (8.1.3)$$

所以整个激励模型可表示为

$$U(z) = \dfrac{A_v}{1 - z^{-1}} \cdot \dfrac{1}{\left(1 - e^{-CT}z^{-1}\right)^2} \quad (8.1.4)$$

当发出清音时，声带不发生明显振动，气流通过声门直接进入声道，声道形成湍流，此时的激励模型为随机白噪声，可使用均值为 0、方差为 1 的噪声来表示，并在时间或幅值上为白色分布的序列作为激励源。

2）声道模型

对于声道，常见的数学模型有声管模型和共振峰模型。声管模型将声道视为由多个等长的不同截面积的声管串联而成的系统；而对于常用的共振峰模型，其将声道视为一个谐振腔，在发某个音时，声道具有各种不同的形状变化，从而使声道具有不同的谐振频率（共振频率）。

（1）声管模型。

在多数情况下，声管模型中的传输函数 $V(z)$ 是一个全极点模型。假设声管的个数为 N，$V(z)$ 可以表示为

$$V(z) = \frac{1}{1 - \sum_{m=1}^{N} a_m z^{-m}} \tag{8.1.5}$$

其中，a_m 为实数。当 N 取值越大，模型的传输函数与声道实际传输函数的吻合程度就越高。实际应用中，N 一般取 8~12。

实际上，声道滤波器可以采用 ARMA 模型近似。由于 ARMA 模型系数求解困难，且阶数足够高的 AR 模型可以很好地描述声道滤波器，并且 AR 模型有递归求解算法，故声道滤波器常采用全极点模型。

（2）共振峰模型。

从物理声学观点可以很容易推导出均匀断面的声管的共振峰频率。一般成人的声道约为 17.5 cm，因此算出其开口时的共振峰频率为 $F_i = \frac{(2i-1)c}{4L}$，i 取正整数，表示共振峰的序号，c 为声速，L 为声管长度。按此算出：$F_1 = 500\,\text{Hz}$，$F_2 = 1500\,\text{Hz}$，$F_3 = 2500\,\text{Hz}$。发元音[e]时声道的形状最接近于均匀断面，所以它的共振峰最接近上述数值。但发其他音时，声道的形状很少是均匀断面的，所以还必须研究如何从语音信号求出共振峰的方法。另外，除了共振峰频率之外，这套参数还应包括共振峰带宽和幅度等参数，也必须求出来。

基于上述共振峰理论，可以建立起 3 种实用的共振峰模型，即级联型、并联型和混合型，具有不同的适用描述对象。现推导如下：

A. 级联型。

这时认为声道是一组串联的二阶谐振器。由共振峰理论，整个声道具有多个谐振频率和多个反谐振频率，所以它可被模拟为一个零极点的数字模型。但对于一般元音，用全极点模型就可以了，其传输函数如式（8.1.6）所示：

$$V(z) = \frac{G}{1 - \sum_{k=1}^{N} a_k z^{-k}} \tag{8.1.6}$$

其中，N 是极点个数；G 是幅值因子；a_k 是系数；k 是正整数。此时可将此传输函数分解为多个二阶极点的网络的串联，则得

$$V(z) = \prod_{k=1}^{M} \frac{1 - 2\mathrm{e}^{-B_k T}\cos(2\pi F_k T) + \mathrm{e}^{-2B_k T}}{1 - 2\mathrm{e}^{-B_k T}\cos(2\pi F_k T)z^{-1} + \mathrm{e}^{-2B_k T}z^{-2}}$$

$$= \prod_{i=1}^{M} \frac{a_i}{1 - b_i z^{-1} - c_i z^{-2}} \tag{8.1.7}$$

其中，$c_i = -\mathrm{e}^{-2B_i T}$，$b_i = 2\mathrm{e}^{-B_i T}\cos(2\pi F_i T)$，$a_i = 1 - b_i - c_i$，$G = a_1 \cdot a_2 \cdot a_3 \cdots a_N$，$M = \left[\frac{N+1}{2}\right]_{\text{int}}$。

而若 z_k 是第 k 个极点，则有 $z_k = \mathrm{e}^{-B_k T}\mathrm{e}^{-2\pi F_h T}$，$T$ 是取样周期，B_k 是一半带宽。

取式（8.1.7）中的某一级，设为

$$V_i(z) = \frac{a_i}{1 - b_i z^{-1} - c_i z^{-2}} \qquad (8.1.8)$$

则可画出其幅频特性 $|V_i(e^{j\omega})|$ 及其流图，如图 8.1.4 所示。

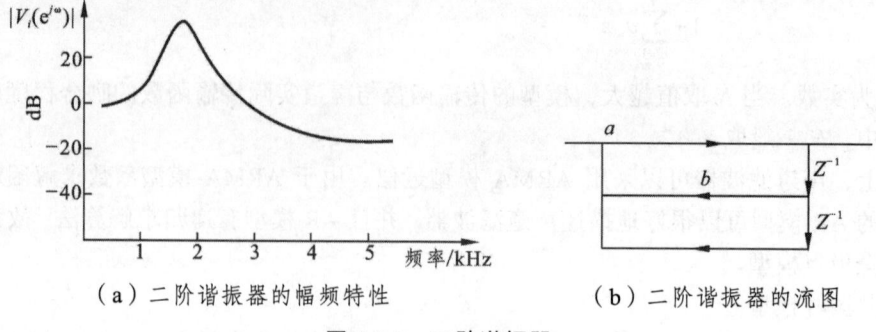

（a）二阶谐振器的幅频特性　　　　（b）二阶谐振器的流图

图 8.1.4　二阶谐振器

如果 $N=10$，则 $M=5$，此时声道可模拟成如图 8.1.5 所示的模型。图 8.1.5 中的激励模型和辐射模型可以参照前述结果。

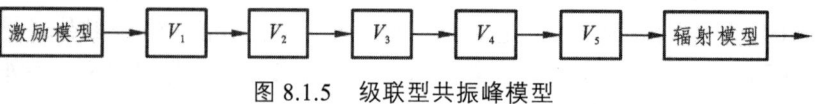

图 8.1.5　级联型共振峰模型

B. 并联型。

对于非一般元音以及大部分辅音，必须考虑零极点模型。此时，模型的传输函数为

$$V(z) = \frac{\sum_{r=0}^{R} b_r z^{-r}}{1 - \sum_{k=1}^{N} a_k z^{-k}} \qquad (8.1.9)$$

通常 $N>R$，且设分子与分母无公因子及分母无重根，则式（8.1.9）可分解为部分分式之和的形式：

$$V(z) = \sum_{i=1}^{M} \frac{A_i}{1 - B_i z^{-1} - C_i z^{-2}} \qquad (8.1.10)$$

这就是并联型共振峰模型（$M=5$），如图 8.1.6 所示。

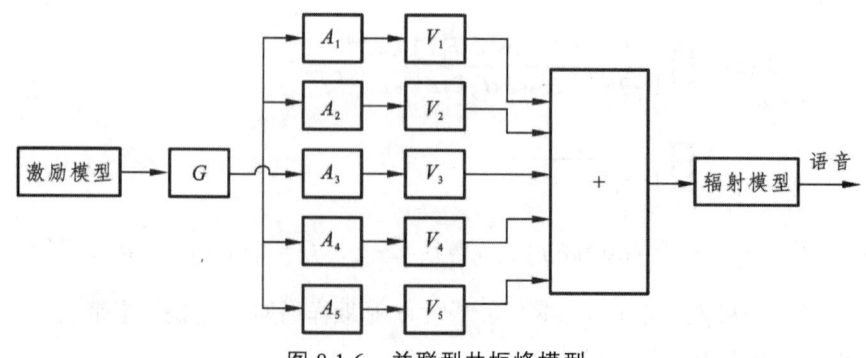

图 8.1.6　并联型共振峰模型

C. 混合型。

上述两种模型中，级联型比较简单，可用于描述一般元音。级联的级数取决于声道的长度。一般成年男子的声道长度约 17.5 cm，取 3~5 级即可。对于女子或儿童，则可取 4 级。当鼻化元音或鼻腔参与共振，以及阻塞音或摩擦音等情况时，级联模型就不能胜任了。这时腔体具有反谐振特性，必须考虑加入零点，使之成为零极点模型。采用并联型的目的就在于此。它比级联型复杂些，每个谐振器的幅度都要独立地加以控制。但对于鼻音、塞音、擦音以及塞擦音都可以适用。

综上所述，混合型也许是比较完备的一种共振峰模型。如图 8.1.7 所示，根据要描述的语音，自动地进行切换。图中的并联部分，从第一到第五共振峰的幅度都可以独立地进行控制和调节，用来模拟辅音频谱特性中的能量集中区。此外，并联部分还有一条直通路径，其幅度控制因子为 AB。这是专为一些频谱特性比较平坦的音素而考虑的。

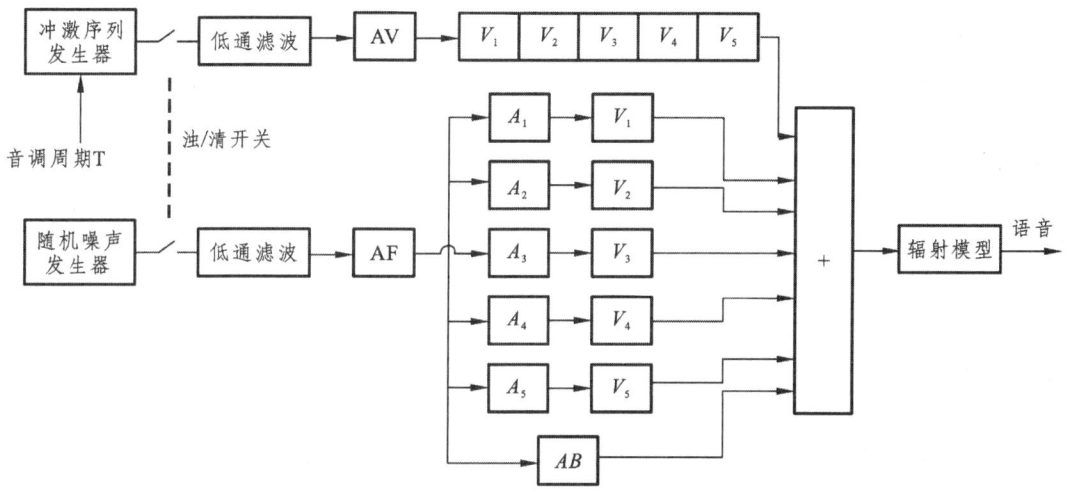

图 8.1.7　混合型共振峰模型

3）辐射模型

辐射模型 $R(z)$ 与发音时的嘴型有关，一般可以表示为 $R(z)=(1-rz^{-1}), r\approx 1$。

辐射、声道以及声门激励的组合谱效应用一个数字滤波器来表示，其稳态系统函数的形式为

$$H(z)=\frac{S(z)}{E(z)}=-\frac{G}{1-\sum_{i=1}^{N}a_i z^{-1}} \quad (8.1.11)$$

对于浊音语音，这个系统受冲激串激励；对于清音语音，则受随机噪声序列激励。因此，这个模型的参数有：浊音/清音分类 U/V，基音周期 T（对于浊音语音），增益参数 G，数字滤波器的系数 $\{a\}$ 等部分。当然，所有这些参数都随时间缓慢变化；在极短的时段内，如几毫秒至几十毫秒，可以近似为短时不变。

这种简化的全极点模型对于非鼻音浊音语音是一种合乎自然的描述，而对于鼻音和摩擦音，细致的声学理论表明声道传输函数既有极点又有零点。如果预测器的阶数足够高，全极点模型可以表述几乎所有语音。这个模型的主要优点在于，可以用线性预测分析法对增益参

数 G 和滤波器的系数 $\{a\}$ 进行直接、高效率的计算。

还需要指出的是，简单地把激励分为浊音和清音两种情况是有局限性的。其一，对诸如塞音这样的暂音来说此模型欠佳。其二，对理论要求有零点的鼻音和擦音也受到限制。其三，浊擦音不是简单的浊音和清音的叠加，是很复杂的过程，此模型不能给出模拟。尽管如此，此模型对大多数语音仍不失为一个好的模型，而且合成出较满意的语音，它一直是分析语音最重要的基础。

8.1.2 语音信号的时域分析

1. 语言信号的数字化和预处理

为了将原始的模拟语音信号转变为数字信号，必须进行取样和量化，进而得到时间和幅度上均为离散的数字语音信号。根据 Nyquist 取样定理的条件要求，取样率必须大于或等于信号带宽的 2 倍，这可以保证取样过程中不丢失信息，并且从取样信号中可以重构原始信号波形。因此根据用途需要，对输入的语音信号作低通（反混叠）滤波，先滤波后采样 A/D 转换。其滤波器应是模拟的，若先采样 A/D 转换，后滤波，其滤波器就是数字的。如果工频干扰（50 Hz 或 60 Hz）不严重或另有措施抑制，则不必用带通滤波器，而只需用低通滤波器就可以，它的截止频率由实际语音信号带宽确定。

取样之后的语音信号需要进行量化。量化过程是将语音信号的幅度值分割为有限个区间，将落入同一区间的样本都赋予相同的幅度值。量化后的信号值与原始信号之间的差值称为量化误差，也称为量化噪声。信号与量化噪声的功率之比称为量化信噪比。可以证明，量化器中每位字长对量化信噪比的贡献为 6 dB。当量化位为 7 时，量化信噪比为 35 dB。有研究表明，语音波形的动态范围一般为 55 dB，因此采用 10 位以上量化较为合适。

在对语音信号数字分析处理之前，对其进行抗工频干扰，反混叠滤波，A/D 转换都应是预处理，这些技术较为常用。这里讲的预处理是指对语音信号的特殊处理：预加重或称高频提升，分帧处理。

在推导语音信号数字模型时，声门激励是一个两极点模型，嘴唇辐射是一个零点模型，如果一个零点抵消一个极点，那么还有一个极点的影响。在语音波形中，如果对语音信号的分析是建立在声道模型的基础上，那么就应该人为地设置一个零点将声门激励的另一个极点抵消掉。这样作语音信号的频谱上效果就是高频提升（6 dB/oct），使其变得平坦，便于进行频谱分析或声道参数分析。预加重滤波器一般是一阶的，即

$$H(z) = 1 - \mu \cdot z^{-1} \tag{8.1.12}$$

其中，μ 值接近于 1，典型值为 0.94。

语音信号是非平稳过程与时变的，但是由于人的发声器官的肌肉运动速度较慢，所以语音信号可以认为是短时平稳的，这样将使语音信号的分析大大简化。因此，语音信号分析常分段或分帧来处理，一般每帧的时长约为 10~30 ms，视实际情况而定，分帧既可用连续的，也可用交叠分段的方法，在语音信号分析中常用"短时分析"表述。

短时分析实质上是把语音信号截成一段一段的，这个操作对于数字信号极为简单，实质上是用了一个矩形窗截取信号。数字信号处理理论告诉我们，两个信号的时域相乘，在频域

相卷积,矩形信号频谱高频成分必将影响语音信号的高频部分,一般用高频分量幅度较小的窗形,以避免这些影响。哈明(Hamming)窗的带宽是矩形窗的两倍,但带外衰减却比矩形窗要大得多。根据处理的要求,只要以不影响或少影响处理需要的语音特性为标准来选窗形较为适宜。

【例 8.1.1】 利用声卡录音,内容为"我是江西人,他是上海人",并画出波形图。

```
clear all; close all; clc;
[y,fs]=audioread('record1.wav');
sound(y,fs);
plot(y);title('语音波形');
```

程序的运行结果如图 8.1.8 所示。

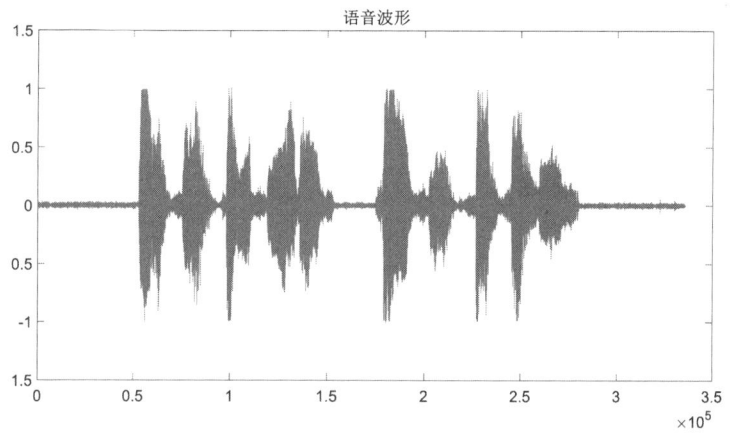

图 8.1.8　显示录制的语音波形

2. 短时能量分析

语音信号能量分析是基于语音信号能量随时间有相当大的变化,特别是清音段的能量一般比浊音段小很多。能量分析包括能量和幅度两个方面。下面定义短时平均能量 E,如式(8.1.3)所示:

$$E_n = \sum_{m=-\infty}^{\infty} [x(m)w(n-m)]^2 = \sum_{m=n-N+1}^{n} [x(m)w(n-m)]^2 \tag{8.1.13}$$

用矩形窗时

$$E_n = \sum_{m=n-N+1}^{n} x(m)^2 \tag{8.1.14}$$

若令

$$h(n) = w^2(m) \tag{8.1.15}$$

则式(8.1.13)可写成

$$E_n = \sum_{m=-\infty}^{\infty} x^2(m)h(n-m) = x^2(n) \cdot h(n) \tag{8.1.16}$$

式(8.1.16)表示窗函数加权的短时能量相当于语音信号的二次方通过一个线性滤波器的输出,该滤波器的单位取样响应为 $h(n)$。

由此可见，不同窗函数的选择（形状和长度）将决定短时平均能量的性质。一般窗函数是中心对称的，用得较多的是矩形窗和哈明窗。不同窗的特性已在第 7 章进行了介绍，这里不再赘述。

窗口的长度 N 对于能否反映语音信号的幅度变化，将起决定作用。窗口长度的长或短，都是相对于语音信号的基音周期而言的，通常认为在一个语音帧内，应含有 1~7 个基音周期为好。考虑到语音的基音周期值是时变的，而且离散性很大，通常折中地选择 N 为 100~200 个样点为宜。

【例 8.1.2】利用矩形窗对语音数据进行分帧的函数。

```
%例 8.1.2 利用矩形窗对语音数据进行分帧的函数
%输入：  x: 语音数据；
%       win: 窗口长度
%       inc:窗口每次移动的长度
%输出：  f:   矩阵，每列表示一帧数据
function f=enframe(x,win,inc)
nx=length(x(:));
len =win;
if(nargin<3)
inc =len;
end
nf=fix((nx-len+inc)/inc);
f=zeros(nf,len);
indf=inc*(0:(nf-1)).';
inds=(1:len);
f(:)=x(indf(:,ones(1,len))+inds(ones(nf,1),:));
f=f;
```

短时平均能量 E 反映了语音能量随着时间缓慢变化的规律，它的主要用途有：

① 可以从清音中区分出浊音来，因为浊音时 E 值要比清音时 E 值大得多。
② 可以用来确定声母与韵母、无声与有声、连字等的分界。
③ 可以作为一种超音段信息用于语音识别。

【例 8.1.3】利用例 8.1.1 和例 8.1.2 对语音数据加窗分帧，在不同窗口长度的情况下，计算平均能量。

```
% 例 8.1.3  计算不同窗口长度时，语音的短时能量
F1=enframe(y,200);eng=sum(F1.^2);
subplot(2,2,1);plot(eng);xlabel( '帧');ylabel( '短时平均能量');title('N=200');
F2=enframe(y,150);eng=sum(F2.^2);
subplot(2,2,2);plot(eng);xlabel( '帧');ylabel( '短时平均能量');title('N=150');
F3=enframe(y,100);eng=sum(F3.^2);
subplot(2,2,3);plot(eng);xlabel('帧');ylabel('短时平均能量');title('N=100');
F4=enframe(y,50);eng=sum(F4.^2);
```

subplot(2,2,4);plot(eng);xlabel('帧');ylabel('短时平均能量');title('N=50');
程序的运行结果如图8.1.9所示。

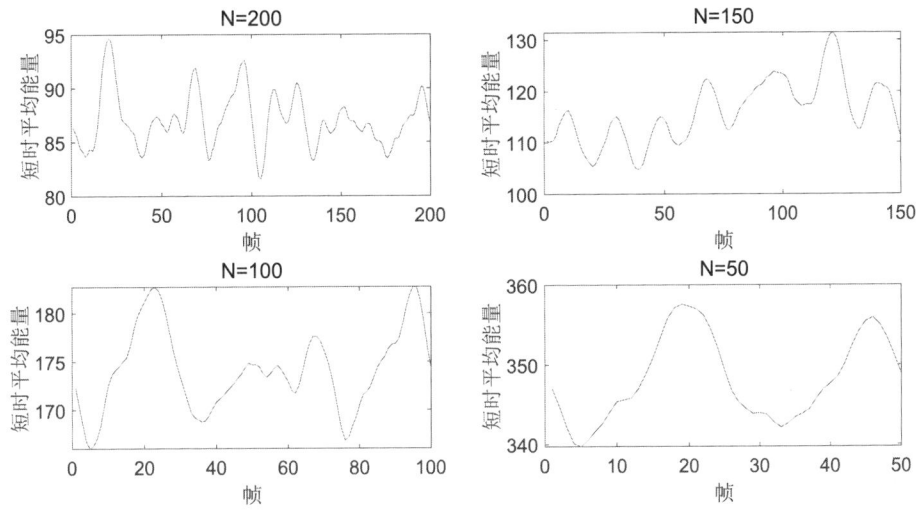

图8.1.9 语音分帧平均能量结果

短时平均能量E, 对于高电平信号, 其二次方处理方式显得过于灵敏, 在处理器字长有限的情况下, 容易产生溢出, 对于这种情况, 可以采用另一种度量语音信号幅度变化的参量, 即短时平均幅度M, 其定义如下:

$$M_n = \sum_{m=-\infty}^{\infty} |x(m)| w(n-m) \qquad (8.1.17)$$
$$= |x(n)| \cdot w(n)$$

显然, 采用这个参数后, 语音时域分析时清/浊音的M_n值不如E_n那样有明显的差异。

【例8.1.4】利用例8.1.1和例8.1.2对语音数据加窗分帧, 在不同窗口长度的情况下, 计算语音的短时平均幅度。

F1=enframe(y,200);
eng=sum(abs(F1));
subplot(2,2,1);plot(eng);xlabel('帧');ylabel('短时平均能量');title('N=200');
F2=enframe(y,150);
eng=sum(abs(F2));
subplot(2,2,2);plot(eng);xlabel('帧');ylabel('短时平均能量');title('N=150');
F3=enframe(y,100);
eng=sum(abs(F3));
subplot(2,2,3);plot(eng);xlabel('帧');ylabel('短时平均能量');title('N=100');
F4=enframe(y,50);
eng=sum(abs(F4));
subplot(2,2,4);plot(eng);xlabel('帧');ylabel('短时平均能量');title('N=50');
程序的运行结果如图8.1.10所示。

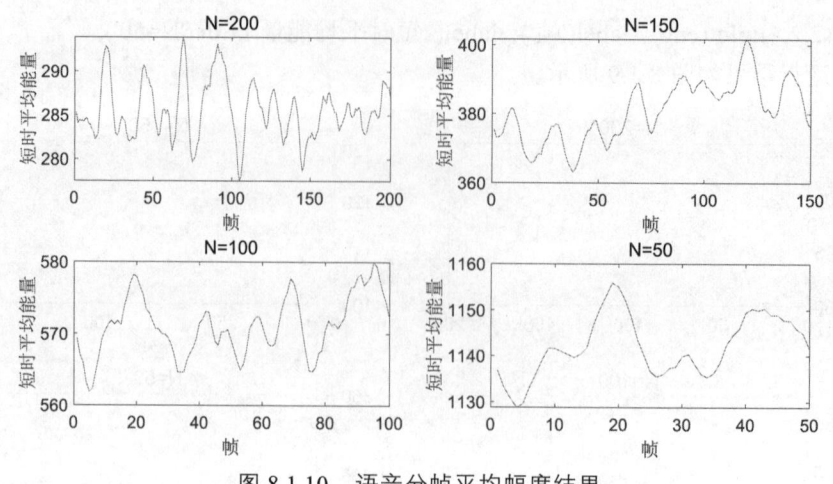

图 8.1.10 语音分帧平均幅度结果

3. 短时过零分析

信号的幅度值从正值到负值要经过零值,从负值到正值也要经过零值,称其为过零,如果统计信号 1 s 有几次过零,就称为过零率,或单位时间过零的次数,这 1 s 就是一个单位时间。如果信号按段分割,就称为短时,把各段信号的过零率作统计平均,就是短时平均过零率。

对于周期信号,为了说明概念,假设为正弦信号,其频率 f_0(Hz),也就是其周期为 $T_0 = \dfrac{1}{f_0}$(s),抽样频率为 f_s(Hz),则每正弦周期内有 f_s/f_0 个样点,每一正弦周期内有两次过零,所以长时的平均过零率为

$$z = 2(过零/周期)\dfrac{f_0(周期/s)}{f_s(样点/s)} = 2\dfrac{f_0}{f_s}(过零/样点) \quad (8.1.18)$$

所以由平均过零率 z 及抽样率 f_s,可以精确地推算出正弦序列的频率 f_0。

然而,语音信号序列并不是如此简单的正弦序列,它是一类宽带的局部平稳信号序列,不能简单地用频率来描述,但用短时平均过零率客观地估计其频率性质还是十分有效的。

语音信号序列 $x(n)$ 的短时平均过零率 Z_n 定义为

$$\begin{aligned} Z_n &= \sum_{m=-\infty}^{\infty} \left| \operatorname{sgn}[x(m)] - \operatorname{sgn}[x(m-1)] \right| w(n-m) \\ &= \left| \operatorname{sgn}[x(n)] - \operatorname{sgn}[x(n-1)] \right| \cdot w(n) \end{aligned} \quad (8.1.19)$$

其中,sgn[ ]是符号函数:

$$\operatorname{sgn}[x(n)] = \begin{cases} 1, & x(n) \geq 0 \\ -1, & x(n) < 0 \end{cases} \quad (8.1.20)$$

而 $w(n)$ 是窗函数,在这里一般用矩形窗。为了平均,窗的幅度取为 $1/N$,为了使过零率作为"频率"的概念理解,窗的幅度再除以 2,所以:

$$w(n) = \begin{cases} \dfrac{1}{2N}, & 0 \leq n \leq N-1 \\ 0, & 其他 \end{cases} \quad (8.1.21)$$

短时过零率的主要用途有:

① 在语音信号分析中进行清/浊音判决。
② 对语音信号作频域分析。
③ 在有/无声的判断中估计话音的起点和终点位置。

【例 8.1.5】利用例 8.1.1 和例 8.1.2，对语音数据加矩形窗分帧，在不同窗口长度的情况下，计算语音的短时平均过零率。

F1=enframe(y,200);
S1=F1>=0;
K1=diff(S1);
Z1=sum(abs(K1))./2;
subplot(2,2,1);plot(Z1);xlabel('帧');ylabel('短时平均过零率');title('N=200');
F2=enframe(y,150);
S2=F2>=0;
K2=diff(S2);
Z2=sum(abs(K2))./2;
subplot(2,2,2);plot(Z2);xlabel('帧');ylabel('短时平均过零率');title('N=150');
F3=enframe(y,100);
S3=F3>=0;
K3=diff(S3);
Z3=sum(abs(K3))./2;
subplot(2,2,3);plot(Z3);xlabel('帧');ylabel('短时平均过零率');title('N=100');
F4=enframe(y,50);
S4=F4>=0;
K4=diff(S4);
Z4=sum(abs(K4))./2;
subplot(2,2,4);plot(Z4);xlabel('帧');ylabel('短时平均过零率');title('N=50');

程序的运行结果如图 8.1.11 所示。

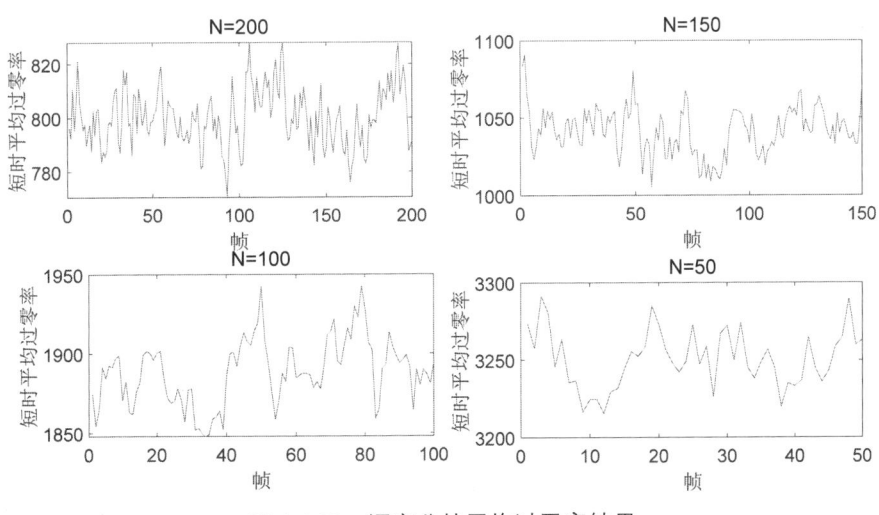

图 8.1.11　语音分帧平均过零率结果

4. 短时相关分析

语音信号短时自相关函数定义为

$$R_n(k) = \sum_{m=-\infty}^{\infty} x(m)w(n-m)x(m+k)w(n-m-k) \quad (8.1.22)$$

由于自相关函数是偶函数，可以改写成

$$\begin{aligned}R_n(k) = R(-k) &= \sum_{m=-\infty}^{\infty}[x(m)x(m-k)][w(n-m)w(n-m-k)] \\ &= \sum_{m=-\infty}^{\infty}[x(m)x(m-k)]h_k(n-m) \\ &= [x(n)x(n-k)] \cdot h_k(n)\end{aligned} \quad (8.1.23)$$

在实际语音信号计算中，窗口长度的选择至少要大于基音周期两倍，对于浊音，找出其第二个、第三个最大点是必需的（$R(0)$是其第一个最大值点）。如果序列是周期的，则其自相关函数也是周期的，且周期相同。因此，对语音信号进行相关分析，可以估计基因周期。

上述算法是以窗截信号为基础的，窗外信号为零，这样计算出来的自相关函数是线性衰减的。对于语音这样的复杂信号的第二个最大点、第三个最大点等就很可能衰减得不明显，其信号的周期性很难检出。为了解决这一问题，使人为加窗的因素不影响自相关函数，有人对短时自相关函数作了修正，其要点是用不等长的两个窗函数截取语音，作任何 k 的自相关，都有相同的点数相乘相加。这实质上相当于作两个函数的互相关，修正短时自相关函数定义如下：

$$\hat{R}_n(k) = \sum_{m=-\infty}^{\infty} x(m)w_1(n-m)x(m+k)w_2(n-m-k) \quad (8.1.24)$$

或

$$\hat{R}_N(k) = \sum_{m=-\infty}^{\infty} x(n+m)w_1'(m)x(n+m+k)w_2'(m+k) \quad (8.1.25)$$

如果用矩形窗，其函数表述如式（8.1.26）和式（8.1.27）所示：

$$w_1'(m) = \begin{cases} 1, & 0 < m < N-1 \\ 0, & \text{其他} \end{cases} \quad (8.1.26)$$

$$w_2'(m) = \begin{cases} 1, & 0 < m < N-1+k \\ 0, & \text{其他} \end{cases} \quad (8.1.27)$$

对于式（8.1.25），可简化成：

$$\hat{R}_n(k) = \sum_{m=0}^{N-1} x(n+m)x(n+m+k) \quad 0 \leqslant k \leqslant K \quad (8.1.28)$$

这里特别注意的是，$\hat{R}_n(k)$ 已不是自相关函数，所以它不具备自相关函数的性质，但它又是来自同一信号，所以它仍具有原信号的周期性且周期相同。其次，N 的长度只要比基音周期大即可，而 k 可以很大，使运算量减少许多。

【例 8.1.6】短时修正自相关函数。

function out=autocorr(frame)　　%计算短时自相关函数 autocorr(frame)
%输入：frame·帧语音数据；
%输出：out 自相关结果；
out=zeros(size(frame));
for au=0:(length(frame)-1)
out(au+1)=sum(frame(au+1:end).*frame(1:end-au))/(length(frame));
end

【例 8.1.7】利用例 8.1.1 和例 8.1.2，对语音数据加矩形窗分帧，对第 5 帧（清音帧）和第 8 帧（浊音帧）分别进行相关分析。

clear all; close all; clc;
[y,fs]=audioread('record1.wav');
F=enframe(y,200);
f5=F(:,5);
out5=autocorr(f5);
subplot(2,2,1);plot(f5);xlabel('样点');title('清音帧波形图');
subplot(2,2,3);plot(out5);xlabel('延时');title('清音帧短时自相关结果');
f8=F(:,8);
out8=autocorr(f8);
subplot(2,2,2);plot(f8);xlabel('样点');title('浊音帧波形图');
subplot(2,2,4);plot(out8);xlabel('延时');title('浊音帧短时自相关结果');

程序的运行结果如图 8.1.12 所示。

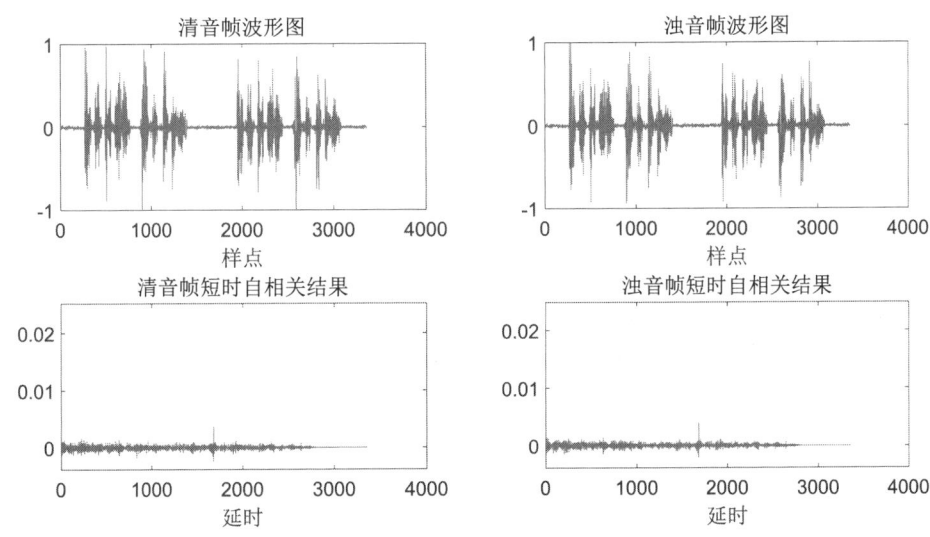

图 8.1.12　语音清音帧和浊音帧短时自相关结果

8.1.3 语音信号的频域分析

1. 短时傅里叶变换

由于可以认为语音信号是局部平稳的，所以可以对某一帧语音进行傅里叶变换，即短时傅里叶变换。其定义如式（8.1.29）所示：

$$X_n(e^{j\omega}) = \sum_{m=-\infty}^{\infty} x(m)w(n-m)e^{-j\omega m} \qquad (8.1.29)$$

由定义可知，短时傅里叶变换是窗选语音信号的标准傅里叶变换。这里用下标 n 区别于标准的傅里叶变换。式（8.1.29）中，$w(n-m)$ 是窗口函数序列。同样，不同的窗口函数序列，将得到不同的傅里叶变换的结果。由式（8.1.29）可知，短时傅里叶变换有两个自变量：n 和 ω。所以它既是关于时间 n 的离散函数，又是关于角频率 ω 的连续函数。与离散傅里叶变换和连续傅里叶变换的关系一样，如令 $\omega = 2\pi k / N$，则得离散的短时傅里叶变换：

$$X_n\left(e^{j\frac{2\pi k}{N}}\right) = X_n(k) = \sum_{m=-\infty}^{\infty} x(m)w(n-m)e^{-j\frac{2\pi km}{N}} \quad 0 < k < N-1 \qquad (8.1.30)$$

它实际上是 $X_n(e^{j\omega})$ 在频域的取样。由式（8.1.29）和式（8.1.30）可以看出，这两个公式都有两个解释：

（1）当 n 固定不变时，它们是序列 $w(n-m)x(m)$ $(-\infty < m < \infty)$ 的标准的傅里叶变换或标准的离散傅里叶变换。此时 $X_n(e^{j\omega})$ 与标准的傅里叶变换具有相同的性质，而 $X_n(k)$ 与标准的离散傅里叶变换具有相同的特性。

（2）当 ω 或 k 固定时，$X_n(e^{j\omega})$ 或 $X_n(e^{j\omega})$ 看作时间 n 的函数。它们是信号序列和窗口函数序列的卷积，此时窗口的作用相当于一个滤波器。

2. 语谱图

语音信号随时间而变化的频谱特性可以利用语谱图显示。语谱图是一种三维图形，纵轴对应于频率，横轴对应于时间，图像的黑白度正比于语音信号的能量。因此，声道的谐振频率在语谱图上就表示成黑带；浊音部分由于其准周期性，则显现为条纹图形；清音部分的图形则显得很致密。

可以使用 MATLAB 中的 spectorgram 函数进行语谱图的绘制。

【例 8.1.8】利用例 8.1.1，对语音数据绘制语谱图，要求窗长分别为 512 和 128。

clear all;close all;
[cleanAudio,fs]=audioread('ysy.wav');
%读取音频文件，按照采样频率 fs 存储在计算机的数字信号（一维数据），其值代表幅度值。
figure;
subplot(2,1,1);
specgram(cleanAudio,512,fs);%绘制语谱图
title('窗长=512');
subplot(2,1,2);
specgram(cleanAudio,128,fs);

title('窗长=128')

程序的运行结果如图 8.1.13 所示。

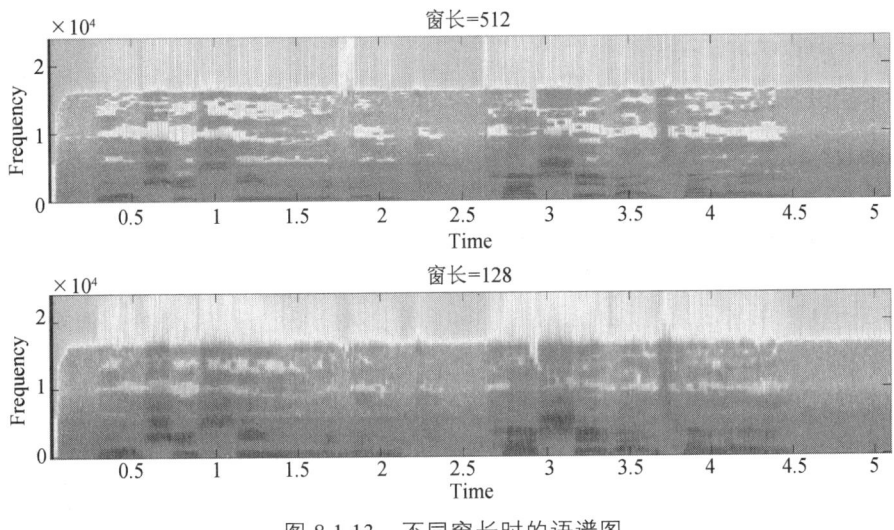

图 8.1.13 不同窗长时的语谱图

8.1.4 语音信号的线性预测分析

1. 线性预测分析的原理

采用全极点模型，辐射、声道以及声门激励的组合谱效应的传输函数为

$$H(z) = \frac{S(z)}{E(z)} = \frac{G}{1-\sum_{i=1}^{G} a_i z^{-i}} = \frac{G}{A(z)} \quad (8.1.31)$$

其中，P 是预测器阶数，一般取 10~14；G 是声道滤波器增益。由此，语音抽样 $s(n)$ 和激励信号 $e(n)$ 之间的关系可以用差分方程（8.1.32）来表示：

$$s(n) = Ge(n) + \sum_{i=1}^{p} a_i s(n-i) \quad (8.1.32)$$

即语音样点间有相关性，可以用过去的样点值预测未来样点值。

对于浊音，激励 $e(n)$ 是以基音周期重复的单位冲激；对于清音，$e(n)$ 是白噪声。

$A(z)$ 称为逆滤波器，传输函数为

$$A(z) = 1 - \sum_{j=1}^{p} \alpha_j z^{-j} = \frac{E(z)}{S(z)} \quad (8.1.33)$$

预测误差 $e(n)$ 为

$$\varepsilon(n) = s(n) - \sum_{j=1}^{p} a_j s(n-j) \quad (8.1.34)$$

要解决的问题是，给定语音序列，求预测系数的最佳估值 a_j。现在以最小方均误差作为估计模型参数的准则求 a_j。

短时平均预测误差定义为

$$E\left\{\{\varepsilon^2(n)\} = E\left\{\left[s(n)-\sum_{j=1}^{p}a_js(n-j)\right]^2\right\}\right. \tag{8.1.35}$$

对 a_j 求偏导，并令其为零，有

$$E\left\{\left[s(n)-\sum_{j=1}^{p}a_js(n-j)\right]s(n-i)\right\}=0 \quad i=1,\cdots,p \tag{8.1.36}$$

式（8.1.36）表明采用最佳预测系数时，预测误差 $\varepsilon(n)$ 与过去的语音样点正交。记 $\Phi_n(i,j)$ 为

$$\Phi_n(i,j)=E\{s_n(m-i)s_n(m-j)\}$$

则有

$$\sum_{j=1}^{p}a_j\Phi_n(i,j)=\Phi_n(i,0) \quad i=1,\cdots,p \tag{8.1.37}$$

希望找到一种有效的方法求解这组包含 p 个未知数的 p 个方程，就可以得到在语音段 $s(n)$ 上使均方预测误差为最小的预测系数 $\{a_j\}$，$j=1,\cdots,p$。

利用式（8.1.35）和式（8.1.36），最小方均预测误差可以表示成

$$E_n = E\left\{[s(n)]^2 - \sum_{j=1}^{p}a_js(n)s(n-j)\right\} \tag{8.1.38}$$

$$E_n = \Phi_n(0,0) - \sum_{j}^{p}a_j\Phi_n(0,j) \tag{8.1.39}$$

语音信号具有短时平稳性，可分帧处理。从 n 时刻开窗选取 N 个样点，分析本帧的预测系数 a_j。

2. 线性预测分析的求解

常用解自相关方程的 Levinson-Durbin 递推解法进行线性预测分析的求解。

设窗函数在 $0\leqslant m\leqslant N-1$ 之外为零，即只用 $s(n),\cdots,s(n+N-1)$ 个语音样点，因此：

$$\Phi_n(i,j)=\frac{1}{N}\sum_{m=0}^{N-1-|i-j|}s_n(m)s_n(m+|i-j|) \tag{8.1.40}$$

又由于

$$\Phi_n(i,j)=R_n(|i-j|) \tag{8.1.41}$$

因此有

$$\sum_{j=1}^{p}a_jR_n(|i-j|)=R_n(i) \quad i=1,\cdots,p$$

或写成

$$\begin{bmatrix} R_n(0) & R_n(1) & \cdots & R_n(p-1) \\ R_n(1) & R_n(0) & \cdots & R_n(p-2) \\ \vdots & \vdots & & \vdots \\ R_n(p-1) & R_n(p-2) & \cdots & R_n(0) \end{bmatrix} \begin{bmatrix} a_1 \\ a_2 \\ \vdots \\ a_n \end{bmatrix} = \begin{bmatrix} R_n(1) \\ R_n(2) \\ \vdots \\ R_n(p) \end{bmatrix} \quad (8.1.42)$$

简写为

$$\boldsymbol{R}^P \boldsymbol{a}^p = \boldsymbol{f}^p \quad (8.1.43)$$

求解 a_i^p 就是对自相关矩阵 $\boldsymbol{R}^p$ 求逆。一般 $\boldsymbol{R}^p$ 是非奇异矩阵，它的逆矩阵存在：

$$\left[\boldsymbol{R}^p\right]^{-1} \boldsymbol{R}^p = 1 \quad (8.1.44)$$

$\boldsymbol{R}^p$ 是 Toeplitz 矩阵。它不但对称，而且其沿着各轴向的元素值都相等。可以用 Levinson-Durbin 迭代算法求解 a_i^p。

$$\boldsymbol{a}^p = \left[\boldsymbol{R}^p\right]^{-1} \boldsymbol{f}^p \quad (8.1.45)$$

可以使用 MATLAB 中的 lpc 函数进行线性预测分析。

【例 8.1.9】利用例 8.1.1 和例 8.1.2，对语音数据加矩形窗分帧，对第 5 帧（清音帧）和第 8 帧（浊音帧）分别进行线性预测分析。

```
close all;
[y,fs]=audioread('record1.wav');
F=enframe(y,200);
f5=F(:,5);
a=lpc(f5,12);
est_f5=filter([0-a(2:end)],1,f5);
e=f5-est_f5;
[acs,lags]=xcorr(e,'coeff');
subplot(2,2,1);plot(1:199,f5(1:199),1:199,est_f5(1:199),'--');
title('原始信号 vs.LPC 估计信号(清音帧)');xlabel('样点');ylabel('幅度');grid;
legend('原始信号','LPC 估计信号')
subplot(2,2,2);plot(lags,acs);
title('预测误差的自相关(清音帧)');xlabel('延时');ylabel('归·化值');grid;
f8=F(:,8);
a=lpc(f8,12);
est_f8=filter([0-a(2:end)],1,f8);
e=f8-est_f8;
[acs,lags]=xcorr(e,'coeff');
subplot(2,2,3);
plot(1:199,f8(1:199),1:199,est_f8(1:199),'-');
```

```
title('原始信号 vs.LPC 估计信号(浊音帧)');
xlabel('样点');ylabel('幅度');grid;
legend('原始信号','LPC 估计信号');
subplot(2,2,4);plot(lags,acs);
title('预测误差的自相关(浊音帧)');xlabel('延时');ylabel('归一化值');grid;
```
程序的运行结果如图 8.1.14 所示。

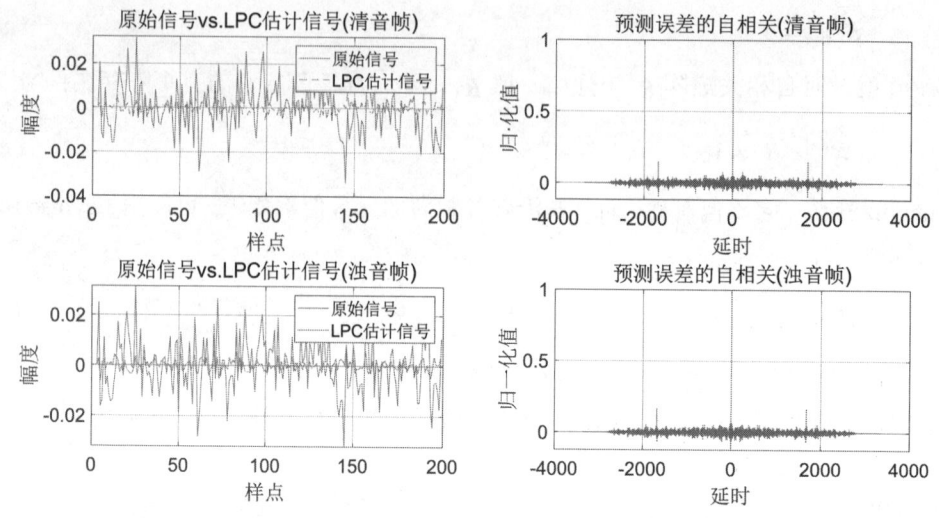

图 8.1.14　语音信号的线性预测分析及预测误差（预测阶数 $p=12$）

8.2　防抱装置的建模与仿真

防抱装置（Antilock Braking System，ABS）是 20 世纪 80 年代末兴起的一项汽车新技术，能有效提高汽车制动的安全性，现已经成为家用轿车的强制标准配置。ABS 的工作原理是通过安装在车轮上的传感器监测车轮的速度。当传感器检测到车轮即将被抱死时，ABS 控制单元会立即指令调节器降低该车轮制动缸的油压，减小制动力矩。经过一段时间后，系统会恢复原有的油压，这样的循环过程每秒可达 5~10 次，确保车轮与地面在制动时保持着"抱而不死，死而不抱"的状态，使得车轮与地面之间的摩擦力达到最大，同时又避免出现后轮侧滑、前轮丧失转向能力的现象，提高汽车行驶的安全性。

本节将对 ABS 进行 MATLAB 建模，并对车辆在紧急制动情况下的动态行为进行仿真分析。车辆是一个由多个车轮组成的系统，为简化建模过程，可以先对单个车轮建模，然后重复多次以创建多轮车辆的模型。

1. 原理分析

（1）确定 slip 目标值。

施加制动之前，车辆行驶的速度等于车轮线速度。施加制动之后，车辆的线速度与车轮线速度将会因制动作用而产生差异，进而出现滑动现象。滑动系数（slip）是一种能描述车辆速度与车轮速度之间差异大小的数学工具,下面是它的定义过程。

一般地,角速度与线速度之间存在下述关系:

$$w = \frac{V}{R} \quad (8.2.1)$$

那么,车辆线速度对应的概念上的角速度为

$$w_v = \frac{V_v}{R_r} \quad (8.2.2)$$

则滑动系数定义为

$$slip = 1 - \frac{w_w}{w_v} \quad (8.2.3)$$

其中,w_v、w_w、$slip$、R_r分别表示车辆的角速度、车轮角速度、滑动系数、车轮半径。

从式(8.2.3)可以看出,当车轮速度和车速相等时,滑动为零;当车轮抱死时,车轮角速度为0,此时滑动等于1。综合考虑制动距离和制动安全性因素,理想的滑动值是0.2,此时轮胎和道路之间的附着力最大,在可用摩擦力的作用下使停车距离最小;另一方面,由于此时车轮并未抱死(w_w等于w_v的0.8倍),说明车辆未处于完全的滑行状态,因此不会出现后轮侧滑、前轮丧失转向能力的危险现象。上述分析表明,应该将目标slip设定为0.2。

(2)车辆速度分析。

依据物理运动学,摩擦系数μ与车轮重量W相乘,可得到作用在轮胎胎面上的摩擦力F_f。F_f除以车辆质量m得出车辆加速度(为负数),车辆制动初始速度减去车辆加速度的积分,即可获得车速。

(3)车轮速度分析。

当车辆制动时,油门处于完全松开状态,制动踏板下踩,车辆对车轮的驱动力消失,制动力作用于车轮。此时,车轮同时受到车辆制动力和路面对车轮摩擦力的作用。其中,车辆施加的制动力是阻碍车轮的旋转运动,路面对车轮的摩擦力属于驱动性质。

(4)选定控制策略。

采用PID控制策略,以实际slip与目标值0.2的偏差作为控制器的输入,利用积分I环节消除稳态误差,确保slip能够达到目标值0.2。合理设置比例P环节,使得控制系统具有良好的调节速度。为避免车辆出现频繁、剧烈的颠簸,增强乘客的舒适性,控制器不设置微分D环节。

2. MATLAB建模

(1)处理mu-slip曲线。

轮胎和路面之间的摩擦系数mu是滑动系数slip的经验函数,称为mu-slip曲线。在滑动系数的取值空间[0 1],以0.05为间隔,对mu-slip曲线等间隔取样,得到mu-slip关系表8.2.1。对照mu-slip关系表设置n-D Lookup Table模块的"表编辑器"。当仿真运行时,n-D Lookup Table模块就可以通过查找或插入mu-slip关系表,将任意的slip输入值映射到对应的mu输出值。

表 8.2.1　mu-slip 关系

slip	0	0.05	0.10	0.15	0.20	0.25	0.30	0.35	0.40	0.45	0.50
mu	0	0.40	0.80	0.97	1	0.98	0.96	0.94	0.92	0.90	0.88
slip	0.55	0.60	0.65	0.70	0.75	0.80	0.85	0.90	0.95	1	null
mu	0.855	0.83	0.81	0.79	0.77	0.75	0.73	0.72	0.71	0.70	null

（2）系统建模。

根据前面的原理分析，建立 ABS 的仿真模型如图 8.2.1 所示。用到的仿真模块列于表 8.2.2 之中。

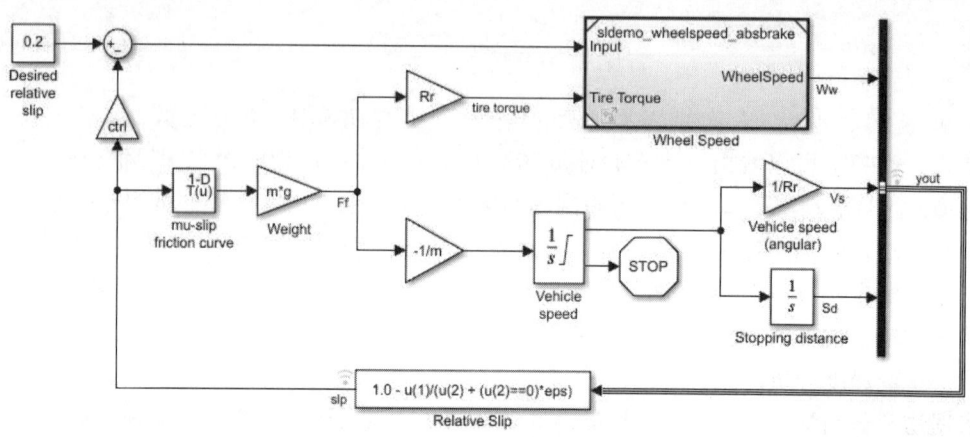

图 8.2.1　防抱死制动系统的模型

表 8.2.2　ABS 模型的主要仿真模块

序号	模块名称	功能/作用	所在模块库	参数设置
1	Constant	常量	Simulink / Commonly Used Blocks	0.2
2	Sum	输入信号执行加减	Simulink / Math Operations	设为：+-
3	Gain	输入乘以一个常量值	Simulink / Commonly Used Blocks	根据实际设定
4	n-D Lookup Table	执行 n 维插值表查找，包括索引搜索	Simulink / Lookup Tables	见图 8.2.3 和表注 1
5	Integrator	对输入进行连续时间积分	Simulink / Commonly Used Blocks	勾选限制输出、过零检测，并见表注 2
6	Fcn	以输入信号为变量构建函数	Simulink / Math Operations	函数表达式填入滑动系数表达式
7	Bang-bang controller	Bang-bang 控制器	自建模块	见表注 3
8	Transfer Fcn	传递函数	Simulink / Continuous	分子设为[100]；分母设为[0.01　1]

注：1. n-D Lookup Table 参数对话框中"编辑表和断点"，采用表 8.2.1 数据进行设置。

　　2. Brake: pressure 的积分器初始值设为 0；Vehicle speed 的积分器初始值设为 70；Wheel Speed 的积分器初始值设为 70/R（R 为车轮半径）。

　　3. 输入大于 0，输出为 1；输入小于 0，输出为 -1；输入等于 0，输出为 0。

在此模型中，车轮角速度是在名为 sldemo_wheelspeed_absbrake 的子系统模型中计算的。双击该模型，将其打开，子系统模型如图 8.2.2 所示。此子系统根据给定的车轮滑动、期望的车轮滑动和轮胎扭矩计算车轮角速度。

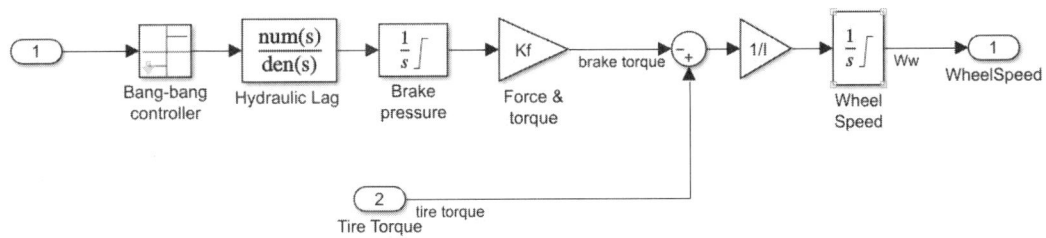

图 8.2.2　车轮速度的计算系统

需注意的是，顶层模型和子系统模型都使用变步长求解器，因此 Simulink 将跟踪引用模型中的过零情况。

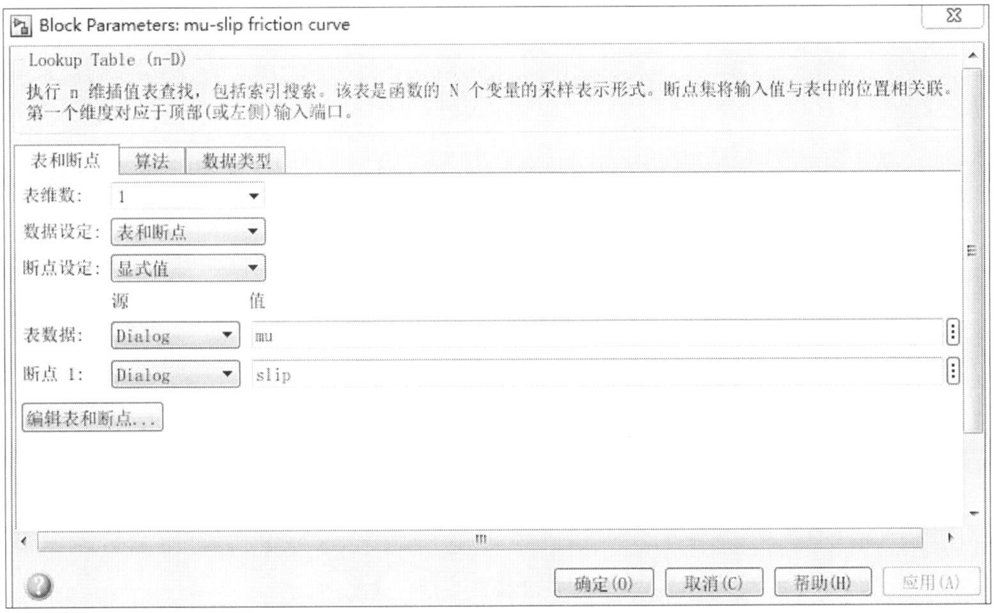

图 8.2.3　n-D Lookup Table 模块参数设置

在模型构建过程中，使用了理想的防抱装置控制器，它根据实际滑动值和期望滑动值之间的偏差使用 bang-bang 控制与 PID 控制。我们将期望滑动值设置为 mu-slip 曲线达到峰值时的滑动值 0.2，这是最小制动距离的最佳值。

特别需要强调的是，实际车辆没有直接测量滑动值，因此这种控制算法并不能直接应用于工程实践。本例的作用与意义主要是：① 展示构建控制系统仿真模型的构造思路和方法；② 尽管此类仿真在工程中不具备直接应用的价值，但是在设计与分析控制系统之前，能较便捷地验证理论可能性，因此具有参考价值。

该模型用期望的滑动值减实际滑动值，先将滑动偏差信号输入 bang-bang 控制器（+1 或 -1，具体取决于误差的符号），输出为开/关速率。再将开/关速率通过一阶时滞环节（该时滞环节反映制动系统的液压管路引起的延迟作用），之后，对延迟后的开/关速率进行积分以产生制动力。所得信号乘以活塞面积和相对于车轮的半径（K_f），即为施加到车轮上的制动扭矩。

该模型将车轮上的摩擦力乘以车轮半径（R_r），得出路面作用于车轮的加速扭矩。再用加速扭矩减去制动扭矩，即可得到作用于车轮的净扭矩。将净扭矩除以车轮转动惯量 I，得出车轮加速度，然后将其积分以得到车轮速度。在实际中，车轮速度和车辆速度为非负的，因此该模型使用了有限积分器。

3. 在 ABS 模式下运行仿真

在 Simulink 工具栏上，点击运行启动仿真。在仿真过程中，ABS 处于工作状态。该模型的部分数据记录到 MATLAB 工作区中的 sldemo_absbrake_output 的结构体。如要查看参数信息，这部分数据不能直接通过仿真模块的参数设置对话框查看，需要在 MATLAB 工作区查看。

图 8.2.4 显示 ABS 仿真结果（使用默认参数）。图 8.2.4（a）显示车轮速度和车辆角速度在制动过程中的变化情况。在制动过程中，车轮速度保持在车速以下，车辆一直处于有效制动状态；另一方面，除制动末端外，车轮速度始终为正，说明车轮避免了抱死现象，制动的安全性很高；从制动速度来看，车辆速度速在不到 13 s 就减速为零。综合上述分析，制动的总体效果较好。图 8.2.4（b）显示了滑动值的变化情况，启动制动 6 s 后，滑动系数保持在 0.2 理想值左右。

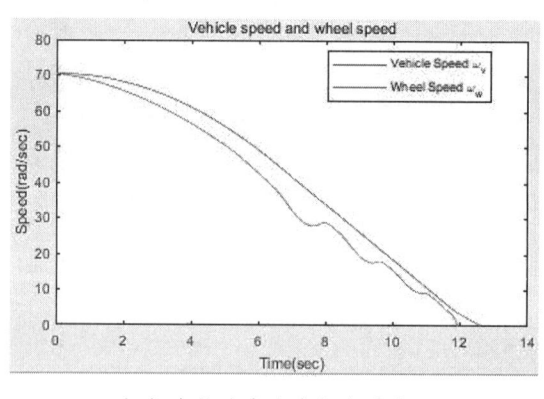

（a）车轮速度和车辆角速度　　　　　　（b）滑动值变化过程

图 8.2.4　ABS 模式下运行仿真图

4. 无 ABS 的情况下运行仿真

为了获得更有意义的结果，需要考虑没有 ABS 的情况下的车辆行为。在 MATLAB 命令行中，设置模型变量 ctrl=0。这将断开控制器与滑动反馈的连接，从而产生最大制动。令 ctrl=0，现在再次运行仿真。这将对没有 ABS 的制动进行建模，仿真运行结果见图 8.2.5。

5. ABS 制动与一般制动的比较

在显示车速和车轮速度的图 8.2.5 中，我们看到车轮在大约 7 s 后抱死。从该时刻起，制动进入滑动曲线的次优部分。也就是说，当 slip=1 时，正如滑动图所示，轮胎在路面上滑动太厉害，摩擦力已下降。

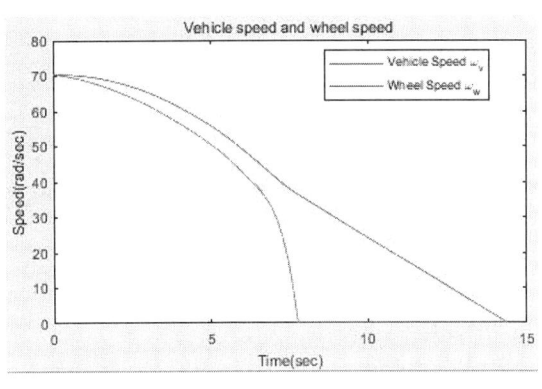
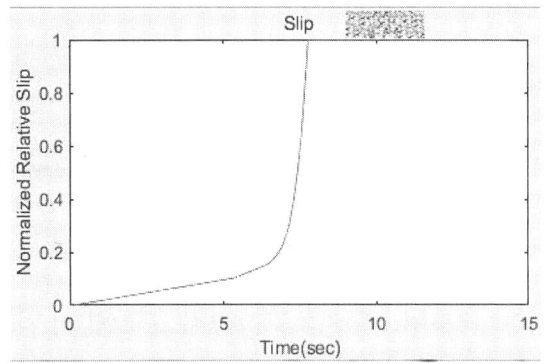

图 8.2.5 无 ABS 的情况下运行仿真图

从图 8.2.6 所示的比较来看,这也许更有意义。图中绘制了这两种情况下车辆行驶的距离。如果没有 ABS,汽车会多滑行 100 英尺(30.48 m),完全停止所需的时间也会多出大约 3 s。

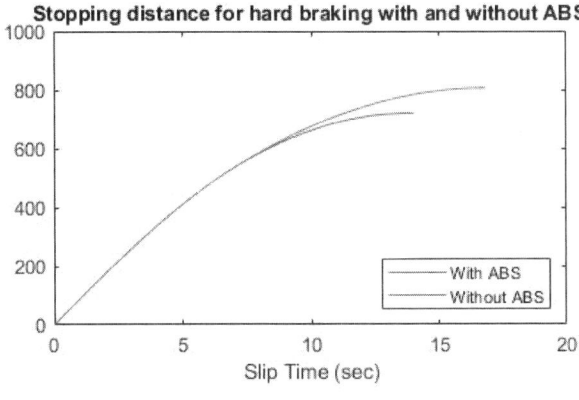

图 8.2.6 运行比较图

此模型说明如何使用 Simulink 对 ABS 控制器作用下的制动系统进行仿真。此示例中的控制器是理想化的,实际应用中,需要根据实际条件进一步优化控制算法才能用于工程实践。作为技术开发人员,可以考虑将 Simulink Coder 和 Simulink 结合使用,快速构建优化后的仿真模型。然后,生成和编译 C 代码,写入控制器硬件对车辆开展实物测试。这样能够在开发产品的早期进行实际测试,从而大大缩减验证设计思路的时间。

参考文献

[1] 沈再阳. 精通 MATLAB 信号处理[M]. 北京：清华大学出版社，2015.

[2] 党宏社. 信号与系统实验（matlab 版）[M]. 西安：西安电子科技大学出版社，2007.

[3] 王彬，于丹，汪洋. MATLAB 数字信号处理[M]. 北京：机械工业出版社，2015.

[4] 丛玉良. 数字信号处理原理及其 MATLAB 实现[M]. 3 版. 北京：电子工业出版社，2015.

[5] 宋知用. MATLAB 数字信号处理 85 个实用案例精讲——入门到进阶[M]. 北京：北京航空航天大学出版社，2016.

[6] 陈亚勇. MATLAB 信号处理详解[M]. 北京：人民邮电出版社，2002.

[7] 陈怀琛. 数字信号处理教程——MATLAB 释义与实现[M]. 北京：电子工业出版社，2013.

[8] BLANDFORD D，PARRA J. 数字信号处理及 MATLAB 仿真[M]. 陈后金，等译. 北京：机械工业出版社，2015.

[9] SHENOI B A. 数字信号处理与滤波器设计[M]. 白文乐，等译. 北京：机械工业出版社，2017.

[10] 袁世英. 数字信号处理[M]. 成都：西南交通大学出版社，2020.

[11] 洪乃刚. 电力电子、电机控制系统的建模与仿真[M]. 北京：机械工业出版社，2009.

[12] 徐德鸿. 电力电子系统建模及控制[M]. 北京：机械工业出版社，2006.

[13] 王兆安，黄俊. 电力电子技术[M]. 北京：机械工业出版社，2000.

[14] 黄江平. 自动控制理论[M]. 北京：电子工业出版社，2014.

[15] 占自才. 自动控制原理[M]. 北京：电子工业出版社，2014.

[16] 沈清波，宋云东，杨静. 控制系统 MATLAB 仿真[M]. 北京：北京理工大学出版社，2021.

[17] 于浩洋，初红霞，王希凤. MATLAB 实用教程——控制系统仿真与应用[M]. 北京：化学工业出版社，2009.

[18] 赵广元. MATLAB 与控制系统仿真实践[M]. 北京：北京航空航天大学出版社，2016.

[19] Matlab 滤波器设计：滤波器设计工具的使用方法[EB/OL]. [2024-12-22]. https://cloud.tencent.com/developer/article/2191144

[20] MATLAB 帮助中心. 信号分析器[EB/OL]. http://ww2.mathworks.cn/help/signal/ref/ signalanalyzer-app.html